Steffi Sammet und Stefan Schwartz

Existenzgründung für Dummies

3., überarbeitete und aktualisierte Auflage

WILEY

WILEY-VCH Verlag GmbH & Co. KGaA

Bibliografische Information der Deutschen Nationalbibliothek
Die Deutsche Nationalbibliothek verzeichnet diese Publikation in der Deutschen Nationalbibliografie; detaillierte bibliografische Daten sind im Internet über http://dnb.d-nb.de abrufbar.

3., überarbeitete und aktualisierte Auflage 2016

FSC www.fsc.org
MIX
Papier aus verantwortungsvollen Quellen
FSC® C083411

Printed in Germany

Gedruckt auf säurefreiem Papier

Coverfoto: © Trueffelpix-Fotolia.com
Projektmanagement und Lektorat: Evelyn Boos, Schondorf am Ammersee
Korrektur: Petra Heubach-Erdmann und Jürgen Erdmann, Düsseldorf
Satz: inmedialo Digital- und Printmedien UG, Plankstadt
Druck und Bindung: CPI books GmbH, Leck

ISBN: 978-3-527-71248-9

Existenzgründung für Dummies – Schummelseite

So finden Sie Ihre Geschäftsidee

- ✔ **Aus Erfahrung gut:** Der Weg zur Selbstständigkeit in der eigenen Branche. Der Klassiker in Handwerk und Handel.
- ✔ **Aus Leidenschaft gut:** Machen Sie Ihr Hobby zum Beruf. Ein populärer Weg in der Freizeitgesellschaft.
- ✔ **Aus Beobachtung gut:** Die Übertragung ausländischer Geschäftsideen nach Deutschland. Eine Reise in die USA als Startschuss in das Unternehmerleben.
- ✔ **Aus Überzeugung gut:** Die eigene Innovation zur Basis einer Firma machen. Der harte Weg vom Tüftler zum Unternehmer.

Was Sie über Ihren Markt und Ihre Kunden wissen sollten

Drei Fragen zum Markt

1. **Wie groß ist Ihr Markt?**
2. **Welche Einflussfaktoren bestimmen Ihren Markt?**
3. **Wie groß ist das Umsatzpotenzial für Ihr Unternehmen?**

Drei Fragen zum Wettbewerb

1. **Wer sind Ihre Wettbewerber?**
2. **Welche Strategien verfolgen Ihre Wettbewerber?**
3. **Wo liegt die Alleinstellung Ihres Unternehmens im Wettbewerb?**

Drei Fragen zum Kunden

1. **Wer sind Ihre Kunden?**
2. **Wie viel Geld geben Ihre Kunden aus?**
3. **Welche Faktoren beeinflussen die Kaufentscheidungen Ihrer Kunden?**

So funktioniert ein Business-Plan

Welche Fragen Ihr Business-Plan beantworten muss:

- ✔ Was bietet Ihr Unternehmen an?
- ✔ Wem (Kunden)?
- ✔ Mit welchen Argumenten (USP)?
- ✔ Zu welchen Konditionen (Preis)?
- ✔ Wo? (Standort)
- ✔ Mit wem? (Team)
- ✔ Mit welchem Background? (Organisation)
- ✔ Mit welchem Profit? (Finanzplanung)

Existenzgründung für Dummies – Schummelseite

Die wichtigsten Kapitalquellen

- ✔ Der Unternehmer selbst: Startkapital, Sacheinlagen
- ✔ Die 3Fs: Family, Friends and Fools: Eigenkapital und Kredite von Familie, Freunden und Förderern
- ✔ Die staatlichen Förderer: KfW und Co
- ✔ Die Profis für das Eigenkapital: Business Angels, Venture Capital-Fonds
- ✔ Die Profis für Kredite: Die ersten Gespräche mit den Banken
- ✔ Helfer für Unternehmer: Factoring, Leasing und Kommissionsgeschäfte

Die richtige Form für Ihr Unternehmen

- ✔ **Das Einzelunternehmen:** Der unkomplizierte Rahmen für Starter
- ✔ **Die Personengesellschaft:** Ein guter Rahmen für Gründerteams
- ✔ **Das Limited-Unternehmen**: Viele Freiheiten mit einigen Tücken
- ✔ **Die Kapitalgesellschaft:** Strenge Formen, geringe Haftung – das persönliche Vermögen bleibt geschützt

Los geht's: Was Ihr Unternehmen am Tag 1 braucht

- ✔ Im Mittelpunkt steht Ihr Produkt oder Ihre Dienstleistung mit seinen Alleinstellungsmerkmalen – sprich der Positionierung, die es eindeutig vom Wettbewerb abhebt
- ✔ Der Business-Plan legt Ihr Handeln für die ersten 365 Tage fest und gibt Ihrem Unternehmen einen kaufmännischen Rahmen
- ✔ Die Rechtsform bildet den formellen Rahmen für Ihr Unternehmen
- ✔ Der Unternehmenssitz (Laden, Büro oder Firmengelände) bindet Ihren Betrieb an einen Ort
- ✔ Die Corporate Identity (vom Logo bis zum Webauftritt) bestimmt den Außenauftritt Ihrer Firma

10 Fallen der ersten 365 Tage

- ✔ Unrealistische Planung
- ✔ Am Kunden vorbei arbeiten
- ✔ Zu wenig akquirieren, zu viel abarbeiten
- ✔ Die Konkurrenz aus den Augen verlieren
- ✔ Zu viel Risiken in zu kurzer Zeit eingehen
- ✔ Vor lauter Sparen zu investieren vergessen
- ✔ Stur am ursprünglichen Plan festhalten
- ✔ Durcharbeiten bis zur totalen Erschöpfung
- ✔ Zu früh expandieren
- ✔ Zu ängstlich agieren

Existenzgründung für Dummies

Über die Autoren

Steffi Sammet beschäftigte sich viele Jahre mit dem Thema Existenzgründung – in sicherer Position als Wirtschaftsredakteurin für das Nachrichtenmagazin Focus. Zu ihren weiteren Themengebieten zählten unter anderem Karriere und Arbeitsmarkt, aber auch so Spezialmärkte wie Spielwaren und Sportartikelhersteller. Das Interesse an Adidas, Puma und Co. stammt vor allem aus ihrer Zeit als Leistungssportlerin – Steffi Sammet spielte lange Zeit in der höchsten deutschen Tennis-Liga und gewann mit bayerischen Auswahlmannschaften mehrere deutsche Meisterschaftstitel.

Seit 2005 ist Steffi Sammet ihr eigener Chef – und das mit Erfolg. Als freie Autorin betreibt sie ein Medienbüro und 2008 war sie als Korrespondentin in China tätig. Neben Artikeln für Magazine und Tageszeitungen verfasst die studierte Germanistin unter anderem ausführliche Unternehmensporträts beziehungsweise Investor Relations-Texte und Geschäftsberichte.

Insgesamt verfasste Steffi Sammet bisher fünf Bücher. *Existenzgründung für Dummies* ist ihr zweites Buch; außerdem erscheint in der *Für Dummies*-Reihe noch *Freiberufler für Dummies* und *Immobilien kaufen für Dummies* von ihr.

Stefan Schwartz weiß aus eigener Erfahrung um die Chancen und Risiken einer Existenzgründung, hat er doch in den vergangenen Jahren bereits drei Unternehmen mitgegründet. Über die Risiken lernte er eine Menge bei einer kleinen Eventagentur, die wegen der falschen Einschätzung des Marktes früh scheiterte. Die Chancen eines Unternehmers erlebte er bei einer Kommunikationsagentur sowie einer Bildagentur. Seit 2007 ist Stefan Schwartz Freiberufler. Er berät insbesondere Mittelständler, Unternehmensberater und Private-Equity-Gesellschaften in Kommunikationsfragen und erstellt für diese Texte jeder Art – vom Namensbeitrag in Zeitschriften bis hin zum kompletten Geschäftsbericht.

Die Lust am Gründen beziehungsweise an der Selbstständigkeit steckt dem studierten Volkswirt wohl in den Genen; sowohl seine Eltern als auch seine Großeltern waren selbstständig. Er selbst kam aber erst auf Umwegen auf den Geschmack am Unternehmertum. Nach einer kaufmännischen Ausbildung beim Bayer-Konzern und dem Studium arbeitete Stefan Schwartz sieben Jahre lang als Wirtschaftsredakteur beim Nachrichtenmagazin Focus.

Existenzgründung für Dummies ist Stefan Schwartz' fünftes Buch und das zweite in der *Für Dummies*-Reihe.

Cartoons im Überblick

von Christian Kalkert

Seite 27

Seite 53

Seite 101

Seite 149

Seite 205

Seite 255

Internet: www.stiftundmaus.de

Inhaltsverzeichnis

Einführung

Offenkundig träumen Sie vom eigenen Unternehmen, sonst hätten Sie dieses Buch nicht zur Hand genommen. Stimmt's? Wie lange träumen Sie eigentlich schon und was hindert Sie daran, Ihre Träume zu leben? Dieses Buch trägt dazu bei, dass Sie spätestens jetzt zu träumen aufhören und zu arbeiten beginnen. Träumen Sie noch oder gründen Sie schon? Nach der Lektüre dieses Buchs gründen Sie!

Vergessen Sie allerdings nie, dass das Unternehmerleben harte Arbeit bedeutet und Sie immer wieder zwingt, sich in neue Themen einzuarbeiten. Denn Unternehmer sein bedeutet auch

- ✔ Einkaufen
- ✔ Mitarbeiter führen
- ✔ Organisieren
- ✔ Netzwerken
- ✔ Strategien entwickeln
- ✔ Rechtsfragen klären
- ✔ Kapitalgeber überzeugen
- ✔ Konflikte managen

Keine Sorge, all diese Aufgaben sind lösbar. Und zu all diesen Aufgaben finden Sie in diesem Buch wertvolle Hinweise, Tipps und Checklisten. Schließlich ist die Gründung eines Unternehmens keine Zauberei, sondern eine Mischung aus Zahlen, Daten, Fakten und viel Handwerk. Na ja, und ein Schuss Inspiration gehört auch dazu! Realisieren Sie Ihre Wünsche und folgen Sie damit dem Rat unserer Großväter: »Wer selbstständig ist, sollte es auch werden.«

Über dieses Buch

Dieses Buch hilft Ihnen, Ihre Existenzgründung schrittweise zu realisieren. Es startet mit Möglichkeiten der Generierung von Geschäftsideen und endet mit Tipps für das zweite Unternehmerjahr. Je nachdem, inwieweit Sie Ihre Gründung schon vorbereitet haben, können Sie das eine oder andere Kapitel überblättern. Sie werden aber immer wieder Informationen entdecken, über die Sie bisher noch nicht nachgedacht haben, nicht nachdenken wollten, aber nachdenken müssen.

Existenzgründung für Dummies wird Ihr Unternehmen einen gewaltigen Schritt nach vorne bringen und Sie über das erste Unternehmerjahr hinweg sicher begleiten. Nehmen Sie sich doch einfach alle drei Monate wichtige Checklisten zur Hand und prüfen Sie selbstkritisch, inwieweit Sie immer noch auf dem richtigen Weg sind. Klar, dass das Buch an vielen Stellen auch verrät, wie Sie in Krisenzeiten wieder den richtigen Weg finden.

Konventionen in diesem Buch

Damit Sie sich leichter zurechtfinden, finden Sie in diesem Buch wie auch in den anderen *für Dummies*-Büchern bestimmte Konventionen:

- ✔ *Kursivdruck* wird verwendet, um neue Wörter oder Begriffe hervorzuheben.
- ✔ **Fettdruck** wird verwendet, um die wichtigen Elemente bei Schrittleitungen oder Auflistungen hervorzuheben.
- ✔ `In dieser Schriftart` werden Internetadressen dargestellt.

Was Sie nicht lesen müssen

Sie brauchen den Text in den grauen Kästen, die hin und wieder in diesem Buch auftauchen, nicht zu lesen. Auch der Inhalt der Copyright-Seite ist nicht so wahnsinnig interessant. Sie verletzen auch nicht unsere Gefühle, wenn Sie dieses Buch nicht von vorne bis hinten durchlesen. Blättern Sie einfach mal durch, sehen Sie im Index nach und suchen Sie sich eine interessante Stelle heraus.

Törichte Annahmen über den Leser

Ob Sie es glauben oder nicht, aber wir brauchen nicht Kaffeesatz zu lesen, um etwas über Sie, liebe Leser, liebe Leserin, zu wissen. Denn mit hoher Wahrscheinlichkeit trifft nämlich die eine oder andere der folgenden Aussagen auf Sie zu:

- ✔ Sie haben eine großartige Geschäftsidee und können es gar nicht erwarten, Ihr eigenes Unternehmen zu gründen und zu führen.
- ✔ Sie wollen sich möglichst schnell und umfassend über alle Kriterien und Bedingungen informieren, wie Sie Ihre geplante Existenzgründung am besten durchziehen.
- ✔ Sie möchten alles über Hilfsmittel, Strategien und den Alltag eines Unternehmers erfahren.

Haben wir es erraten? In welcher Situation Sie sich aktuell auch befinden, Sie brauchen all die Informationen auf keinen Fall mühevoll zusammenzutragen. Lesen Sie lieber dieses Buch. Wir können zwar auch nicht die Zukunft beziehungsweise den Erfolg Ihres Unternehmens vorhersagen, aber mit dem Rüstzeug, mit dem wir Sie ausstatten, sind Sie für Ihre Gründungspläne ideal gewappnet. Und natürlich begleiten wir Sie bei jedem einzelnen Schritt.

Wie dieses Buch aufgebaut ist

Existenzgründung für Dummies ist in sieben Teile unterteilt. Sie müssen nicht alle Teile lesen und schon gar nicht die angegebene Reihenfolge einhalten. Jedes Kapitel ist einem bestimmten Thema der Existenzgründung gewidmet, wobei einige Kapitel für Sie wichtiger sein können als andere.

Teil I: Wer selbstständig ist, sollte es auch werden

Aller Anfang ist schwer: Eine Existenzgründung bedeutet, dass Sie Ihr bisheriges Leben komplett umkrempeln. Sie müssen sich plötzlich mit Dingen wie Marktforschung, Rechtsformen und Kapitalbedarfsplänen auseinandersetzen. In lockerer Form führt Sie der erste Teil in das Unternehmerleben ein und klärt zugleich die Frage, inwieweit Sie überhaupt über unternehmerische Talente verfügen.

Teil II: Der Startschuss für die Selbstständigkeit: Die Geschäftsidee

Kopieren, professionalisieren, imitieren – alles ist erlaubt auf dem Weg zur eigenen Firma. In diesem Teil führen wir Sie durch den Wirrwarr an Wegen, auf denen Sie sich selbstständig machen können. Sie erfahren auch, welche Rolle Patente, Markenrechte und Co. spielen. Detailliert können Sie sich auch mit dem Umfeld Ihrer Geschäftsidee auseinandersetzen: Ihrem Markt, Ihrem Wettbewerb und Ihren Kunden.

Teil III: Fakten, Zahlen, Rechnungen: Warum der Business-Plan so wichtig ist

Ihre Geschäftsidee ist nur so gut wie Ihr Business-Plan, denn erst anhand der harten Fakten wie Umsätze, Kosten, Liquiditätsbedarf erkennen Sie, ob sich Ihre Geschäftsidee wirklich rechnet. Ausführlich informieren wir Sie, wie Sie einen solchen Business-Plan erstellen, welche Faktoren Sie berücksichtigen müssen und wie Sie welche Kosten im Zaum halten.

Teil IV: Das Schmiermittel zum Erfolg: Die Förderhilfen

In diesem Teil steht das Startkapital für Ihr Unternehmen voll im Mittelpunkt. Sie lesen detailliert, welche Wege sich Ihnen bieten, um an das nötige Geld für Ihre Existenzgründung heranzukommen. Sie lernen, dass nicht nur Vater Staat Existenzgründer unterstützt, sondern auch private Geldgeber wie Venture-Capital-Geber. Im Zentrum der meisten Finanzierungen stehen die so genannten 3F: Family, Fools and Friends. Sie erfahren, wie Sie Kreditverträge mit Freunden abschließen und wie Sie Förderer für Ihr Unternehmen gewinnen.

Teil V: Jetzt geht's los – Endlich wird gegründet

So langsam dürfen Sie sich aufs Parkett wagen: Der Business-Plan liegt gedruckt vor Ihnen, die Finanzierung Ihres Unternehmens steht, erste Vorstellungsgespräche mit potenziellen Mitarbeitern haben Sie auch schon geführt. Teil V informiert Sie ausführlich, welche Rechtsform für Ihr Unternehmen in Frage kommt, wie Sie am besten den richtigen Namen für Ihr Unternehmen finden und bei welcher Behörde Sie mit welchen Informationen über Ihre Firma vorstellig werden müssen.

Teil VI: Das verflixte erste Jahr – Jeden Tag was unternehmen

Sie haben inzwischen alle Formalitäten hinter sich gebracht – Ihr Unternehmen ist gegründet. In diesem Teil erfahren Sie, wie Sie Ihren Joballtag so gestalten, dass Sie so effizient und effektiv wie möglich agieren, einen Überblick über alle Zahlen bewahren und die richtige Balance zwischen Freizeit und Ihrem Berufsleben finden.

Teil VII: Der Top-Ten-Teil

In diesem Teil haben wir alle wesentlichen Hinweise, Tipps und Stolperfallen zusammengestellt, die Sie bei einer Existenzgründung berücksichtigen sollten. Hier dreht sich alles um das Ereignis einer Existenzgründung – lesen Sie diesen Teil, wenn Sie das Gefühl haben, sich zu verzetteln und wieder einen Überblick gewinnen wollen.

Anhang

Im Anhang stellen wir Ihnen ein Business-Plan-Beispiel vor, damit Sie wissen, wie eines der wichtigsten Elemente für Ihre Gründung aussieht. Außerdem finden Sie die Beschreibung einer erfolgreichen Existenzgründung.

Symbole, die in diesem Buch verwendet werden

Links neben dem Text finden sie hin und wieder Symbole, die Folgendes bedeuten:

Dieses Symbol kennzeichnet Tipps, mit denen Sie die Konkurrenz abhängen können.

Dieses Symbol soll Ihre Aufmerksamkeit auf bemerkenswerte Beispiele aus der Unternehmenswelt lenken.

Vorsicht: Sie könnten sich die Finger verbrennen, wenn Sie die Warnungen nicht beachten.

Diese Tipps sollten Ihnen immer in Erinnerung bleiben.

Dieses Symbol zeigt an, wenn Sie die Checkliste auch auf der CD finden. Die CD-Inhalte finden Sie auch zum Herunterladen unter `http://www.downloads.fuer-dummies.de`

Wie es weitergeht

Nehmen Sie sich Zeit und blättern Sie durch das Buch, um sich mit dem Inhalt vertraut zu machen. Dann lesen ein oder zwei Kapitel, die Sie besonders interessieren. Ober noch besser: Lesen Sie ein Kapitel zu einem Thema, über das Sie bereits etwas wissen. Wenn Sie ganz wagemutig sind, dann fangen Sie am Anfang an.

Vergessen Sie das Inhaltsverzeichnis nicht, in dem Sie sich jeweils die für Sie interessanten Kapitel heraussuchen können. Auch der Index ist geeignet, um schnell bestimmte Themen zu finden.

Auf der CD und zum Download

Wir haben für Sie die wichtigsten Checklisten aus diesem Buch auf eine CD gebrannt. So können Sie sie auf Ihrem PC speichern, auf Ihre eigenen Bedürfnisse abändern und ausdrucken. Sie können natürlich auch Ihre Antworten und Ideen ins Buch schreiben, aber dann müssten Sie in dieses schöne Buch Eselsohren machen, und dafür ist es doch wohl zu schade ...

Auf der CD finden Sie zwei Ordner. Im Ordner »WORD« finden Sie die Checklisten im Word-Format und im Ordner »RTF« befinden sich die gleichen Dateien im RTF-Format, damit Sie mit den Checklisten auch arbeiten können, wenn Sie nicht über Microsoft Word verfügen. Die einzelnen Checklisten sind nach Kapiteln sortiert. Und da Ordnung bekanntlich das halbe Leben ist, haben sie auf der CD dieselbe Nummer wie im Buch.

Die Checklisten finden Sie auch zum Download, damit Sie sie auch auf mobilen Geräten nutzen können, die vielleicht kein CD-Laufwerk haben. Gehen Sie einfach auf `www.downloads.fuer-dummies.de` und laden sich die zip-Datei herunter.

Teil I

Wer selbstständig ist, sollte es auch werden

In diesem Teil ...

Den Traum, sein eigener Chef zu werden, haben in Deutschland Hunderttausende. Ehe Sie jedoch Ihre eigene Agentur oder Ihren eigenen Laden eröffnen, gibt es eine Menge zu tun. In diesem Teil zeigen wir Ihnen, was alles auf Sie zukommt, wenn Sie sich entschieden haben, Ihr eigener Chef zu werden.

Außerdem informieren wir Sie, welche Eigenschaften ein Gründer unbedingt mitbringen muss, um Erfolg zu haben. Wir zeigen Ihnen, wie Sie sich kritisch analysieren und herausfiltern, ob Sie wirklich geeignet sind, sich selbstständig zu machen.

Ich werde mein eigener Chef!

1

In diesem Kapitel

- Ein erster Einblick in das Unternehmertum
- Schritt für Schritt Ihr eigenes Unternehmen gründen
- Was Sie in diesem Buch erwartet

Auf die Plätze, fertig, los! In die drei Phasen eines Rennens lässt sich auch Ihr Start als Unternehmer einteilen. *Auf die Plätze* steht für die Vorbereitung, *fertig* für die Gründung und *los* für Ihr Unternehmerleben. Und wie so viele Sportler wagen viel zu viele Unternehmer den Start ohne ausreichendes Training. *Existenzgründung für Dummies* könnte, um im Bild zu bleiben, Ihr persönliches Workout-Buch für die kommenden Monate werden!

In diesem ersten Kapitel erfahren Sie mehr über Ihren ganz persönlichen Trainingsplan, der Sie Schritt für Schritt zum Unternehmer macht. Grob lassen sich auf diesem Weg sechs Stufen unterscheiden, in denen Sie fünf zentrale Fragen beantworten müssen, bevor Sie starten:

Phase 1: Die Geschäftsidee – Was mache ich?

Phase 2: Die Marktforschung – Wer braucht das?

Phase 3: Der Business-Plan – Wie verdienen Sie Geld?

Phase 4: Die Finanzierung – Wer gibt Geld?

Phase 5: Die Gründung – Wie starte ich?

Phase 6: Der erste Tag – So starten Sie durch!

Wenn Sie bei der Lektüre dieses Kapitels oder des gesamten Buchs zweifeln sollten, ob Sie sich DAS nun wirklich alles antun wollen, denken Sie immer an drei Dinge:

1. **Selbstständigkeit macht Spaß.** Es ist enorm befriedigend, Tag für Tag für die eigene Sache und vor allem für die eigene Rechnung zu arbeiten.
2. **Sie haben mit der Selbstständigkeit die Chance, Ihre Ideen, Ihre Pläne in die Tat umzusetzen** – und dafür lohnt es sich, eine ganze Menge von Problemstellungen zu lösen.
3. **Mit jedem Tag lernen Sie als Unternehmer dazu und können dieses Wissen direkt wieder gewinnbringend anwenden** – und dieser Gewinn fließt in Ihre Tasche.

Die Phase der Entscheidung

Jedes Jahr entstehen in Deutschland circa 350.000 neue Unternehmen. Im Jahr 2009 waren es sogar stolze 410.000 neue Existenzgründer. Das Spektrum reicht von einer neuen Filiale einer Schnellimbisskette bis hin zu Biotech-Buden, die mit einer neuen Pille die Welt verändern wollen. Keine Bange; 99 Prozent der Gründungen verändern die Welt nicht oder nur ein wenig, so dass Sie sich mit Ihrer Idee auf keinen Fall verstecken müssen. Fragt sich nur, wie Sie zu Ihrer ganz persönlichen zündenden Idee kommen und wer Ihnen eventuell dabei hilft.

Die zündende Idee

Eines sei direkt ganz klar gesagt: Der Stoßseufzer, »Es gibt doch schon alles«, gilt nicht! Warum? Ganz einfach. Wenn es schon alles gäbe, hätte erstens kein neuer Anwalt und kein neuer Arzt eine Chance – aber in jeder größeren Stadt öffnet wöchentlich eine neue Kanzlei oder Praxis. Zweitens würde dies voraussetzen, dass Sie als Konsument mit allen Produkten und Dienstleistungen zufrieden sind, die Sie so im Laufe eines Jahres erwerben. Und sind Sie wirklich mit dem Service in jedem Laden und in jedem Restaurant zufrieden? Wohl kaum! Und genau deshalb müssen sich Newcomer auch nicht vor den Platzhirschen am Ort verstecken – Sie müssen Ihr Produkt oder Ihre Dienstleistungen einfach nur besser, leckerer, pünktlicher oder freundlicher anbieten.

»Aber welche Dienstleistung soll ich denn anbieten? Mir fällt nichts ein.« Ihnen fällt wirklich nichts ein?

- ✔ Und was war mit Ihrer Beobachtung beim letzten USA-Urlaub, dass es in Deutschland noch gar nicht so witzige T-Shirt-Shops gibt?
- ✔ Und wann haben Sie zum letzten Mal an Ihrem Arbeitsplatz gedacht, das müsste man doch nun wirklich besser machen. Erwischt?

Dieses kurze Fragespiel zeigt Ihnen bereits zwei populäre Wege der Generierung von Geschäftsideen: Den Import von Ideen aus dem Ausland oder die Gründung eines Unternehmens aus dem eigenen Arbeitsumfeld heraus. Nach Ansicht eines erfahrenen Kapitalgebers, der bereits über 20 Unternehmen aus der Taufe gehoben hat, kommt es mehr auf die Art der Betrachtung seiner Umwelt an, ob einer solche Ideen aufspürt oder findet. Schmunzelnd erklärt er Ratsuchenden: »Ich sehe mindestens eine neue Idee pro Woche.«

Ganz so viele Geschäftsideen müssen und sollten Sie überhaupt nicht produzieren. Konzentrieren Sie sich auf eine – und setzen Sie diese konsequent um. Je innovativer Ihre Idee ist, umso wichtiger ist es, zu Beginn zu prüfen, ob und wie sie diese schützen können. Nur die wenigsten Ideen lassen sich patentieren, aber eventuell kommt ja für Ihr neues Produkt ein Gebrauchsmuster in Frage? Ebenso wichtig sind Marken- und Urheberrechte, denn sie verhindern plumpe Kopien Ihrer Kopie. Umgekehrt lernen Sie bei einem Blick in die einschlägigen Register, ob es Ihre Marke oder Ihr Konzept eventuell schon gibt.

Eine gute Alternative zu diesen Überlegungen ist auch die Prüfung vorhandener Angebote am Markt. Mehr als 1.000 Unternehmen in Deutschland – von McDonald's bis zum Studienkreis – bieten in Deutschland Franchise-Konzepte an. Dabei machen Sie sich mit der Idee des Franchise-Partners selbstständig, der Ihnen auch den Rahmen für Ihr Unternehmen liefert. Unternehmen müssen Sie dennoch selbst noch eine Menge, denn die Führung Ihres Unternehmens ist und bleibt Ihr Job. Wussten Sie eigentlich, dass allein McDonald's in Deutschland mittlerweile über 60.000 Menschen beschäftigt?

Eine andere populäre Möglichkeit, in bestehende Geschäftsmodelle einzusteigen, ist der Kauf von Unternehmen oder der Buy-out von Unternehmensteilen des alten Arbeitgebers. In Kapitel 3 *Vom Traum zur Wirklichkeit* finden Sie detaillierte Informationen, wie Sie systematisch nach Ihrer eigenen Geschäftsidee suchen können.

Orientierungshilfen – Bücher, Internet, Berater

Die Wege zur eigenen Geschäftsidee sind unendlich. Wenn Sie nicht schon lange mit Ihrer Idee schwanger gehen, heißt die Grundregel: Betrachten Sie die Welt mit Unternehmeraugen. Was könnten Sie wo wie besser machen? Viele Geschäftsideen entstehen aus der genauen Beobachtung einer Branche und ihrer Schwächen. Gehen Sie auf Messen, besuchen Sie potenzielle Wettbewerber, reisen Sie und fragen Sie.

Schriftliche Unterlagen können Ihnen dagegen nur begrenzt helfen, die eigene Idee zu finden. Bücher wie dieses sind hervorragende Begleiter auf Ihrem Weg zum Unternehmer, können Ihnen aber immer nur einen kleinen Ausschnitt des Spektrums möglicher Firmen präsentieren. Gleiches gilt für Gründerseiten im Internet, deren beste wir in Kapitel 22 vorstellen. Wenn Sie dagegen einmal eine Idee haben, ist das Internet ein tolles Medium für Ihre Marktforschung, Wettbewerbsanalyse, Business-Plan-Erstellung und Kapitalsuche.

Am Anfang aber sind und bleiben Sie gefragt. Selbst Berater können Ihnen lediglich mögliche Geschäftsideen oder ganze Unternehmen zum Kauf andienen. Der zündende Funke muss von Ihnen kommen. Aber das wissen Sie doch schon längst, schließlich lesen Sie dieses Buch, um jetzt mehr über Ihren Weg zum Unternehmer zu erfahren.

Die Marktforschung: Wartet die Welt auf meine Idee?

Wenn Sie Ihre Idee gefunden haben, schweben Sie erst einmal auf Wolke sieben – ähnlich wie ein verliebter Teenager. Doch direkt danach muss der Härtetest beginnen – was taugt diese Idee in der Praxis? Zwingen Sie sich, diese Frage so ehrlich wie möglich zu beantworten – auch wenn es schwer fällt. Ansonsten zahlen Sie spätestens bei der Umsetzung in die Praxis bitteres Lehrgeld, wenn die Kunden von Ihrer Firma einfach nichts wissen wollen.

Ein Markt für Millionen

Wenn Sie mit Ihrem Geschäftsmodell in Deutschland starten wollen, sind allein die schieren Rahmendaten beeindruckend: Knapp 82 Millionen Menschen erwirtschaften hier ein Bruttoinlandsprodukt – die Maßgröße, die den gesamten Output einer Volkswirtschaft misst – von weit über 2,7 Billionen Euro. Das entspricht einer Zahl mit 13 Ziffern! Wow! Wenn Ihr Unternehmen davon nur ein Promille abzweigen könnte, wären das 270 Millionen Euro – für den Anfang nicht schlecht.

Okay, so naiv gehen Sie an Ihre Marktforschung nicht heran. Aber wie dann? Die Krux für einen Unternehmerneuling liegt darin, sich erstens die nötigen Daten zu beschaffen und zweitens daraus die richtigen Schlüsse zu ziehen. Grundsätzlich stehen Ihnen zwei Wege der Datenbeschaffung offen:

- die primäre Marktforschung
- die sekundäre Marktforschung

Hinter dem so wichtig klingenden Begriff *primäre Marktforschung* verbergen sich altbekannte Methoden: Kundenbefragungen, Kundenanalysen, sprich alles, was Sie direkt aus erster Hand im Markt erfahren können. Für den Gründer scheiden viele professionelle Angebote auf Grund der damit verbundenen Kosten aus. Eines sollten Sie aber auf jeden Fall selber machen: Möglichst frühzeitig möglichst viele potenzielle Kunden über ihre Vorlieben, Wünsche und Abneigungen befragen.

Die *sekundäre Marktforschung* befasst sich demgegenüber mit der Auswertung von Datenmaterial aus bestehenden Quellen. Sie werden staunen, wie viele Quellen Informationen zu Ihrem Markt bereitstellen können. Dies sind ein paar gute Anlaufstellen:

- die Kammern und Innungen für Ihre Branche
- die Arbeitgeber- und Branchenverbände Ihrer Industrie
- die statistischen Landesämter sowie das Bundesamt
- örtliche Medien
- örtliche Finanzinstitute

Und dann wären da noch das Internet und Suchmaschinen wie Google. Einen Tag sollten Sie mindestens investieren, um die großen und kleinen Anbieter von Datenmaterial im Netz zu durchforsten!

Sie wollen mehr über Marktforschung wissen? Dann gehen Sie einfach in Kapitel 4, *Machen Sie sich über den Markt schlau*.

König Kunde

Am Ende wollen alle Unternehmer nur das eine: Möglichst viele, möglichst umsatzstarke und möglichst zahlungskräftige Kunden! Die Frage ist nur: Wie kriegt man die? So einfach die Frage, so kompliziert die Antwort – denn noch hat keiner die magische Formel erfunden, die Kunden für alle Zeiten an ein Unternehmen bindet.

Marketing-Professoren, selbsternannte Gurus und gewerbsmäßige Verkäufer wie Werber predigen dabei unisono ein Thema: Die *Unique Selling Proposition*, den *USP*. Unique steht für einzigartig, Selling fürs Verkaufen und Proposition für die Aufstellung. Es geht also um die Einzigartigkeit Ihres Unternehmens beim Verkauf – und der Gedanke ist gar nicht so dumm: Wenn es Ihnen gelingt, sich von den Wettbewerbern eindeutig abzuheben und ganz klar herauszustellen, warum ein Kunde nur bei Ihnen etwas bekommt, haben Sie es erheblich leichter, dass das Geld des Kunden in Ihre Kassen fließt.

Als Unternehmer werden Sie aber Tage um Tage verbringen, um statt der Zauberformel mit harter Arbeit mehr über dieses rätselhafte Wesen zu erfahren – und diese Arbeit beginnt bereits weit vor dem Tag, an dem Sie Ihr Unternehmen beim Handelsregister anmelden. Bereits Monate vor dem Start sollten Ihre Gedanken immer wieder um Herrn oder Frau X kreisen: Warum sind diese bereit, Geld und Zeit für ein bestimmtes Produkt oder eine bestimmte Dienstleistung aufzuwenden? Und wie schaffen Sie als Unternehmer es, dass dieses Geld in Ihre Kassen fließt?

Stellen Sie sich daher immer drei zentrale Fragen zu Ihrem Angebot:

1. Was mache nur ich?
2. Was mache ich besser als die Wettbewerber?
3. Was mache ich anders als die Wettbewerber?

Je mehr Antworten auf die erste Frage Sie finden, desto besser!

Knallharte Konkurrenz

Als Unternehmer werden Sie Ihre Wettbewerber hassen und lieben lernen. Hassen, da er Ihre Ideen rasch kopiert, Ihre Preise unterbietet und Ihre Kunden umschmeichelt. Lieben, da Sie seine Ideen kopieren, seine Preise torpedieren und dadurch seine Kunden abwerben können. Egal, welches Gefühl gerade überwiegt, auf jeden Fall werden Sie sich immer wieder mit Ihren Konkurrenten am Markt auseinandersetzen müssen.

Hierbei ist es gar nicht so leicht zu definieren, wer nun eigentlich Wettbewerber ist – und wer nicht! Wir würden wetten, dass der Walkmankönig Sony die ersten Ansätze des Computerbauers Apple im Bereich der digitalen Musik entweder überhaupt nicht registriert oder verspottet hat. Ein Irrtum, der sich bitter rächte. Ein Bestandteil Ihrer Arbeit im Vorfeld der Gründung ist es daher, Ihre Wettbewerber erst einmal zu definieren und kennen zu lernen. Eine solche Definition kann an verschiedene Kriterien anknüpfen:

- ✔ Regionen – alle Betriebe in der Stadt X
- ✔ Kundensegmente – alle Konsumenten mit Monatseinkommen von mehr als 5.000 Euro
- ✔ Kundenbedürfnis – alle Angestellten mit dem Bedürfnis nach einem Snack zur Lunchzeit

Während die ersten beiden Abgrenzungen noch relativ leicht fallen, wird es beim dritten Beispiel spannend: Um den hungrigen Büroangestellten konkurrieren Kantinen, Schnellimbisse, Restaurants, Fertiggericht-Produzenten und Schokoladenriegelhersteller, nicht zu vergessen Obstbauern und Pizza-Services. Genau um dieses dritte Thema sollten Sie sich als Unternehmer vor Beginn eine Menge Gedanken machen: Wer, außer Ihnen selbstverständlich, erfüllt ein bestimmtes Bedürfnis mehr oder minder gelungen?

Kapitel 5, *Seine Majestät, der Kunde*, und Kapitel 6 *Die Konkurrenz schläft nicht*, dieses Buches gewähren Ihnen einen umfangreichen Einblick in die Kunden- und Wettbewerbsanalyse.

Ohne Plan läuft nichts

Sie wissen, was Sie machen wollen und für wen? Dann können Sie direkt mit der nächsten Herausforderung starten: der Umsetzung Ihrer Geschäftsidee in einen Business-Plan. Wie der genau aussieht, verrät Kapitel 7, *Ohne Plan kein Ziel.*

Sie fragen sich, warum in aller Welt Sie einen solch formalen Business-Plan brauchen? Das ist am Ende nur viel Papier, viel Planrechnungen und wenig Konkretes! Fünf gute Gründe sprechen indes dafür, sich diese Arbeit zu machen. Ein guter Business-Plan zeigt,

- ✔ dass sich Ihre Geschäftsidee rechnet
- ✔ dass Ihr Unternehmen wachsen kann
- ✔ Höhe und Zeitpunkt anstehender Kosten
- ✔ Anzahl und Zeitpunkt von Neueinstellungen
- ✔ Höhe und Zeitpunkt Ihres Kapitalbedarfs

Kurzum: Ein Business-Plan zeigt Ihnen den Weg als Unternehmer und schützt Sie vor bösen Überraschungen. Wenn das die Arbeit nicht lohnt!

Form und Inhalt

Es gibt keine DIN- oder ISO-Normen und keine internationalen IFRS-Richtlinien für Business-Pläne. Und dennoch gleichen sich die Geschäftspläne von Atlanta, Georgia, bis Zwickau, Sachsen, auf auffällige Weise: eine ähnliche Struktur, ähnliche Inhalte, ähnliche Themen. Die folgende Übersicht zeigt in aller Kürze, was Ihr Business-Plan unbedingt enthalten muss:

- ✔ Produkt/Dienstleistung
- ✔ Alleinstellung
- ✔ Markt
- ✔ Wettbewerb
- ✔ Marketing
- ✔ Mitarbeiter
- ✔ Gründer
- ✔ Management
- ✔ Organisation
- ✔ Chancen und Risiken
- ✔ Finanzierung
- ✔ Planung

Landläufig wird der Business-Plan gerne mit dem letzten Punkt gleichgesetzt: In ein bis zwei Excel-Tabellen rechnen Unternehmer ihr Geschäftsmodell für ein oder zwei Jahre durch und denken, dies wäre nun ihr Business-Plan. Das ist grottenfalsch und das ist schon ganz richtig. Wie jetzt? Ganz einfach: Ein Business-Plan ist, wie dargestellt, weit mehr als eine knappe Rechnung. Aber zumeist stecken in dieser Rechnung alle oben stehenden Gedanken drin: So setzt die Planung der Personalkosten voraus, dass Sie sich Gedanken darüber machen, wann Sie wen einstellen. Und die Planung der Marketingkosten funktioniert nur, wenn Sie genaue Vorstellungen darüber haben, wie Sie wann wen ansprechen wollen!

Wegweiser für die Zukunft

Nehmen Sie sich Zeit für Ihren Business-Plan! Er begleitet Sie die ersten Jahre als Unternehmer und ist am Anfang Ihr bestes Werkzeug, um zu erkennen, ob Ihr Unternehmen wirklich gut läuft. Indem Sie regelmäßig Ihre unternehmerische Wirklichkeit mit dieser Planung konfrontieren, sehen Sie schnell, ob Sie wirklich in der geplanten Zeit die geplanten Gewinne erwirtschaften und somit Ihre Startkredite zurückzahlen können. Mehr noch: Durch eine Kontrolle der einzelnen Positionen lernen Sie rasch, welche Kosten aus dem Ruder laufen oder weit geringer ausfallen als gedacht. Letzteres ist nicht unbedingt ein gutes Zeichen, denn wenn Ihre Marketingkosten gering bleiben, könnte es auch sein, dass Sie zu wenig Zeit in die Gewinnung neuer Kunden stecken!

Der Business-Plan ist aber noch weit mehr als ein Controlling-Instrument. Er ist

1. Richtschnur für Sie selbst und quasi als Selbstverpflichtung – das, was Sie dort niedergelegt haben, wollen Sie auch erreichen. Na klar, dass nicht jede Planung 100-prozentig aufgeht, aber zumindest sollten Sie sich bei jeder Abweichung genau fragen, warum Sie jetzt abweichen.
2. Ihre Visitenkarte bei jeder Art von Kapitalgebern – von möglichen Unterstützern aus dem Freundes- oder Familienkreis bis hin zu Venture-Capital-Gesellschaften oder Banken. Je professioneller Ihr Business-Plan, desto leichter das Entree bei den Herren des Geldes.

Startgeld – Damit es in der Kasse klingelt

Es gibt tonnenweise Ratgeber darüber, wie angehende Unternehmer Geld von anderen bekommen können. Doch in der Wirklichkeit sind Sie selbst Ihr bester Kapitalgeber. Sie lösen Ersparnisse für Ihr Startkapital auf, beleihen Ihre Immobilie oder Lebensversicherung und bringen Ihr Auto und Ihren Laptop als Sacheinlage ein. Nichts davon ist verkehrt, wobei jeder Unternehmer, und insbesondere jeder Familienvater, jederzeit überlegen sollte, welches Risiko er wirklich tragen kann.

Alles auf eine Karte! So gut Ihre Idee auch immer sein mag, setzen Sie nicht Ihr gesamtes Kapital für die Gründung Ihres Unternehmens ein. Zumindest sollte immer eine Risikolebensversicherung Ihre Familie und eine Rücklage Ihr Einkommen der ersten Monate absichern!

Darüber hinaus stammt das Kapital der meisten Gründer immer noch nicht in erster Linie von professionellen Kapitalgebern, sondern schlicht und einfach von ihrer Familie und Freunden. Eltern gewähren einem jungen Meister ein Darlehen für die Einrichtung seines ersten Betriebs; Freunde fördern die Selbstständigkeit einer alten Bekannten durch zinslose Darlehen – das ist die Realität. Allerdings sollten Sie als Unternehmer mit Freunden und Familien die gleichen Regeln anwenden wie mit Fremden.

Wenn Sie Startkapital von der Familie oder von Freunden erhalten, behandeln Sie diese genau so professionell wie eine Bank. Schließen Sie einen schriftlichen Vertrag ab, der Rahmenbedingungen wie Zinshöhe, Tilgung und Mitspracherechte regelt, und halten Sie auch dessen Klauseln. Mehr dazu in Kapitel 10, *Das Startgeld*.

Fremde Kassenfüller

Sie haben bislang am Wert eines Business-Plans gezweifelt? Spätestens, wenn Sie das Geld anderer für Ihr Unternehmen haben wollen, kommen Sie eh nicht mehr um die Mischung aus Word- und Excel-Dokumenten herum, die Ihre Geschäftsidee und deren Potenziale beschreiben. Das gilt, ganz gleich ob Sie mit so genannten Business Angels, vermögenden Privatleuten mit einem Faible für die Gründungsfinanzierung, anbandeln oder einfach nur Ihre Hausbank aufsuchen. Zahlen, Daten, Fakten sind alles, was dort zählt.

Lohnt sich denn der Aufwand? JA! Auch wenn Ihr Bankberater bei Ihrem ersten Besuch angesichts Ihrer Geschäftsidee noch milde lächelt, lohnt sich ein zweites oder drittes Gespräch durchaus. Vielleicht finanziert ja Ihre Bank nicht Ihr ganzes Unternehmen, aber vielleicht stellt sie dann doch einen Kontokorrentkredit bereit oder gibt Ihnen wertvolle Hinweise zu alternativen Finanzierungsquellen.

Das Risiko des Scheiterns ist bei jungen Unternehmen groß! Kein Wunder also, dass die Banken Ihnen nur ungern Geld leihen. Wenn Sie allerdings Sicherheiten mitbringen, Ihre private Immobilie, eine Maschine, ein Firmengrundstück, hellt sich das Gesicht Ihres Bankberaters gleich auf. Und wenn dann auch noch Ihr Business-Plan überzeugt ... dann könnten Sie sogar Geld von Ihrer Bank erhalten.

Falls Sie Geld vom Staat haben wollen (siehe *Der Staat hilft mit* im folgenden Abschnitt), kommen Sie um einen Besuch bei Ihrer Bank eh nicht herum. Denn bei der staatlichen Förderung gilt in der Regel das Hausbankprinzip; sprich Ihr Antrag und Ihre Finanzierung wird über eine ortsansässige Bank abgewickelt.

Der Staat hilft mit

Subventionen kriegen doch nur Bergleute und Bauern! Eine völlig falsche Vorstellung, denn der deutsche Staat fördert in nicht unerheblichem Umfang auch und gerade Gründer quer durch alle Branchen. Besonders angetan haben es ihm Technologieunternehmen, da er sich von denen mittelfristig besonders viele Arbeitsplätze und besonders viele Steuereinnahmen erwartet. Aber auch Ihre Schneiderei, Ihr Architekturbüro oder Ihre Suppenküche hat durchaus Chancen, Geld vom Staat zu bekommen.

Zentrale Anlaufstellen für Kapitalsuchende sind:

- ✔ **Die KfW Bankengruppe.** Die bundeseigene Bank bietet eine breite Palette – vom Mikrokredit in Höhe von 25.000 Euro bis zur maximalen Finanzierung in Millionenhöhe.
- ✔ **Die Landesbanken.** Jedes Bundesland fördert aus verschiedenen Töpfen und auf verschiedenen Wegen Unternehmer vor Ort.
- ✔ **Die Arbeitsämter.** Auch die Bundesagentur für Arbeit hält Kapital für Gründer bereit, die eine Karriere als Unternehmer versuchen wollen.

Den meisten staatlichen Programmen liegen dabei gleiche Prinzipien zugrunde:

1. **Das Hausbankprinzip:** Ihre Hausbank leitet Ihren Förderantrag weiter.

2. **Die Primärhaftung:** Ihre Hausbank haftet für Ihr Unternehmen, so lange staatliche Stellen nicht als Bürge einspringen.
3. **Die Eigenmittel:** Der Staat unterstützt Sie nur, wenn Sie selber Geld mitbringen.
4. **Die Vorbeginnsklausel:** Sie erhalten nur vor Beginn Ihrer Unternehmertätigkeit Geld.
5. **Die Vollexistenz:** Sie müssen schon den ganzen Schritt als Unternehmer wagen; Nebenerwerbsgründer kriegen kein Geld.

Bevor wir es vergessen: Jegliche Form der staatlichen Förderung gibt es nur, wenn Sie geduldig ganze Formularberge gewissenhaft ausfüllen. Aber keine Bange: Im Internet finden Sie Unterstützung en gros und auch die Gründungsberater von Kammern oder regionalen Banken kennen sich mit den zahllosen Anträgen bestens aus! Und wenn Sie vorher Kapitel 11 *Startgeld vom Staat* durchgearbeitet haben, wissen Sie ebenfalls schon gut Bescheid.

Wege durch den rechtlichen Dschungel

Sie haben eine Idee, einen Kunden, einen Business-Plan und Geld? Na dann können Sie ja endlich Ihre Firma gründen. Zwei grundsätzliche Entscheidungen müssen Sie noch treffen, bevor Sie Ihr eigenes Unternehmen beim Handelsregister anmelden dürfen: Wie heißt die Firma und wie lautet die Rechtsform? Fangen wir mit Antworten auf die zweite Frage an. Folgende Rechtsformen sind in Deutschland gängig:

- ✔ Einzelunternehmen
- ✔ Offene Handelsgesellschaft (OHG)
- ✔ Kommanditgesellschaft (KG)
- ✔ Gesellschaft mit beschränkter Haftung (GmbH)
- ✔ Private Company Limited by Shares (Ltd.)
- ✔ Aktiengesellschaft (AG)

Von oben nach unten steigen die Komplexität und die Auflagen eines Unternehmens. Zugleich reduziert sich aber die persönliche Haftung Ihrer Person: Während Sie bei einem Einzelunternehmen mit Haus und Hof für Ihre Firma einstehen, ist die Haftung bei der Aktiengesellschaft auf das Grundkapital begrenzt. Dafür müssen Sie aber bei der AG einen Vorstand und einen Aufsichtsrat installieren und zumindest einmal pro Jahr eine Hauptversammlung abhalten. Mehr über die Vorteile und Nachteile der einzelnen Möglichkeiten erfahren Sie in Kapitel 14 *Vom Notar zur Bank: Die ersten formellen Schritte als Unternehmer*.

Dort informieren wir Sie auch detailliert, welchen Namen Ihr Betrieb überhaupt tragen darf! Sie dachten, Sie könnten hier tun und lassen, was Sie wollen? Falsch gedacht! Der Gesetzgeber legt fest, dass der Name Ihres Unternehmens Folgendes darf:

- ✔ Ihren persönlichen Namen enthalten
- ✔ Auf den Geschäftsgegenstand Ihres Unternehmens hinweisen
- ✔ Eine Mischung aus Ihrem Namen und dem Geschäftsgegenstand sein
- ✔ Frei erfunden sein

Allerdings sind Ihrer Erfindungsgabe Grenzen gesetzt! Denn der Name darf nicht irreführend sein oder die Rechte anderer verletzen. Also vergessen Sie es gleich wieder, Ihr Café in Stade »Stades Starbucks« zu nennen.

Formularstau auf dem Schreibtisch

Auch wenn Sie eigentlich gar kein Papierproduzent werden wollten – zu Beginn Ihrer Unternehmerkarriere werden Sie unweigerlich dazu. Dabei beschränken sich die einzelnen Behörden durchaus bei ihrer Neugier über den neuen Klienten. Das entscheidende Problem ist, dass so viele Behörden in so kurzer Zeit etwas wissen wollen. Zu den wichtigsten zählen:

- Gewerbeamt
- Handelsregister
- Finanzamt
- Arbeitsamt
- Berufsgenossenschaft
- Krankenversicherung
- Industrie- und Handelskammer

Vorsicht Falle: Da Betrüger wissen, dass Sie als Neu-Unternehmer mit Anfragen überschüttet werden, versuchen sie ihr Glück mit Rechnungen über Handelsregistereinträge. Sie erhalten einen seriös aussehenden Auszug aus dem Handelsregister mit den Originaldaten Ihres Unternehmens, ein Anschreiben auf Recycling-Papier und einen Überweisungsvordruck. Wenn Sie überweisen, haben Sie Pech, denn die Betrüger hatten Sie im ganz klein Gedruckten darauf hingewiesen, dass Sie für Ihr Geld in ein obskures Handelsregister, häufig in einer osteuropäischen Provinzstadt, eingetragen werden.

Falls Sie von Beginn an Mitarbeiter einstellen, wird der Wissensdurst unterschiedlicher Behörden besonders groß. In der Regel empfiehlt es sich, die Anmeldung von Angestellten bei den Sozialversicherungen und dem Finanzamt einem Steuerberater oder einem spezialisierten Lohnbüro zu überlassen. Schließlich wollen Sie als Unternehmer ja nicht zum Experten für solche Themen werden, sondern mit Ihrer Idee möglichst schnell möglichst viele Kunden begeistern.

Zu Hause noch mehr Formulare

In der Regel starten Erstunternehmer ihre Selbstständigkeit aus einem Angestelltenverhältnis heraus. Während sie dort noch durch ihren Arbeitgeber bei den staatlichen Sozialkassen zwangsversichert waren, endet dieser Zwang, aber zugleich auch der daraus erwachsende Schutz mit der Kündigung. Falsch wäre es jetzt aufzuatmen und die gesparten Beiträge zu 100 Prozent in die Firma zu stecken. Auch Unternehmer brauchen einen Mindestschutz – und das bedeutet leider auch zu Beginn der Unternehmertätigkeit das Ausfüllen von noch mehr Formularen.

Folgende Risiken sollten Sie unbedingt privat absichern:

✔ Krankheit

✔ Berufsunfähigkeit

✔ Pflege

✔ Altersvorsorge

✔ Todesfall (bei Familie)

Während die ersten drei Punkte direkt einleuchten, lässt sich das Thema Altersvorsorge von zwei Seiten beleuchten: Entweder Sie stellen sich auf den Standpunkt, dass Ihr Erfolg als tätiger Unternehmer genügend Spielräume lässt, um Vermögen im und außerhalb des Betriebes aufzubauen und damit im Alter Ihr Auskommen zu bestreiten, oder Sie folgen dem Rat des Gros der Experten, die unabhängig von der wirtschaftlichen Situation eine langfristige und regelmäßige Altersvorsorge empfehlen. Was tun?

Die Entscheidung hängt von Ihrer persönlichen Lebenssituation, Ihrem Alter und Ihrem Business-Plan ab. Der Reihe nach: Wenn Sie Frau und Kinder ernähren, sollten Sie diese auf jeden Fall langfristig absichern! Je jünger Sie als Unternehmer sind, desto größer die Chance, über Ihr Berufsleben hinweg eine so werthaltige Firma aufzubauen, dass Sie daraus Ihr Alterseinkommen bestreiten können – indem Sie das Unternehmen eines Tages verkaufen oder eine betriebliche Rente mit sich selbst vereinbaren. Und je hohere Margen und Gewinne Ihr Business-Plan vorsieht, desto leichter fällt es daraus, die notwendigen Rücklagen für Ihr Alter zu bilden.

Ansonsten gilt: Vorsorgen ist besser als ärgern; selbst wenn Sie dafür noch umfangreiche Selbstauskünfte der Versicherer ausfüllen müssen. Was Sie alles beachten müssen, verrät Kapitel 13, *Ein kurzer Blick auf die privaten Finanzen*.

Jetzt geht's endlich los!

Los! Wer von seiner Geschäftsidee überzeugt ist, hat sich trotz Formularen, trotz Aufwand beim Business-Plan, trotz Marktforschung und trotz tausend anderer Themen nicht abschrecken lassen. Wer von seiner Geschäftsidee überzeugt ist, macht sein Ding – und das mit Herzblut und aller Konsequenz. Wer allerdings gedacht hat, dass er mit der Gründungsphase die größten Hürden gemeistert hat, irrt sich gewaltig. Jetzt erst beginnt die richtige Arbeit und jetzt erst zeigt es sich, ob alle Ihre Pläne, Ideen und Konzepte in der Realität wirklich etwas taugen. Aber wenn sie etwas taugen (und warum sollten sie das nach all Ihrer Vorarbeit nicht tun?), beginnt jetzt für Sie ein neues Leben – das Leben als Unternehmer.

Alltägliche Aufgaben

Als Unternehmer müssen Sie ein Generalist sein. Sie müssen morgens mit einem Lieferanten verhandeln, mittags ein Teammeeting leiten, danach einen Kunden besuchen und abends mit Ihrem Steuerberater über Ihren Monatsabschluss diskutieren. Sie sind Gesprächspartner für Anwälte, Verbandsvertreter, Kapitalgeber und die Bank.

Um diese Vielfalt zu bewältigen, helfen drei Grundregeln:

1. **Priorisieren**
2. **Delegieren**
3. **Negieren**

Das klingt auf den ersten Blick banal. Doch wenn Sie diese Regeln beherzigen, laufen Sie nicht Gefahr, vor lauter Gesprächen mit Beratern Ihren Kunden aus den Augen zu verlieren oder am Ende mit Ihren Lieferanten mehr Zeit zu verbringen als mit Ihren Mitarbeitern und Ihren Kunden.

Priorisieren: Was ist wirklich wichtig?

Sie merken, der Kunde taucht hier öfter auf – und genau der sollte auf Ihrer Prioritätenliste auch ganz oben stehen. Mehr Kunden bedeuten mehr Umsatz; mehr zufriedene Kunden bedeuten mehr nachhaltigen Umsatz; mehr sehr zufriedene Kunden ziehen wiederum weitere Kunden nach sich. Widmen Sie daher mindestens 50 Prozent Ihrer Zeit den Kunden beziehungsweise Ihrem Markt. Wenn es Ihnen nicht eh im Blut stecken sollte, versuchen Sie permanent, Ihr Angebot weiter zu verbessern, indem Sie mit Kunden sprechen oder Ihren Wettbewerb beobachten.

Delegieren: Erledigen lassen, um nachher nicht selbst erledigt zu sein

Die zweite Priorität sollte Ihrem Team gehören; den Menschen, die entscheidend mit dazu beitragen, dass Ihr Unternehmen beim Kunden Erfolg hat. Das bedeutet zweierlei: Reservieren Sie zumindest einen Tag pro Woche für den Dialog mit Ihren Angestellten, für Gruppenmeetings, Einzelgespräche und eine unverbindliche Tasse Kaffee. Und denken Sie hierbei immer daran: Je mehr Dinge Sie delegieren, desto mehr Zeit haben Sie für neue Ideen und Ihren Kunden!

Negieren: Sagen Sie klar und deutlich Nein

Bleibt die dritte Grundregel: Negieren. Auch als Unternehmer bleibt Ihr Arbeitstag vermutlich auf 12 bis 14 Stunden begrenzt – schließlich wollen Sie ja zumindest noch essen und schlafen. Und diese Zeit sollten Sie optimal nutzen und nicht mit überflüssigen Terminen und Themen vergeuden. Besonders beliebte Zeitfresser sind unter anderem:

- ✔ immer neue Angebote von immer neuen Dienstleistern – treffen Sie nur diejenigen, die Ihrem Unternehmen einen Mehrwert versprechen.
- ✔ Meetings ohne Agenda und ohne Zeitrahmen – so klein Ihr Betrieb auch ist, sollten Sie niemals Zeit mit gruppendynamischen Diskussionen verschwenden.
- ✔ zaudernde Kunden – lernen Sie zwischen interessanten Kunden und Menschen zu unterscheiden, die für ein minimales Budget maximale Leistung verlangen.

Mehr über überflüssige Zeitfresser und Methoden, den Unternehmertag zu strukturieren, erfahren Sie in Kapitel 17, *Wie sich Gründer das Unternehmerleben erleichtern*.

Bloß nicht nachlassen!

Noch ist es ein Traum, aber in 365 Tagen vielleicht wahr: Ihre Firma läuft, die Kunden sind zufrieden und mehren sich, die Umsätze steigen und unter dem Strich bleibt ein Gewinn. Und jetzt? Endlich Ferien, endlich das Leben als Unternehmer genießen und lang gehegte Wünsche erfüllen? Falsch! Natürlich sollten Sie sich einen Urlaub gönnen und Wünsche erfüllen, aber Ihr Unternehmerjob bleibt ein Full-Time-Job, noch für viele Jahre. Selbst wenn Sie noch so gute Mitarbeiter gewonnen und noch so intelligent Arbeiten delegiert haben, die Seele Ihres Unternehmens bleiben Sie – und das ist auch gut so!

Die folgenden Themen bleiben in der Regel Chefsache und füllen Ihren Arbeitsalltag mehr als aus:

- ✔ Kontakt zu Schlüsselkunden
- ✔ Kontakt zu Schlüssellieferanten
- ✔ Kontakt zu Kapitalgebern
- ✔ Kontakt zu Multiplikatoren – von der Politik bis zum Branchenverband
- ✔ Mitarbeiterführung
- ✔ Organisationsentwicklung
- ✔ Strategie

Hinter diesem schlichten letzten Wort »Strategie« steckt die wohl schwierigste und zugleich spannendste Aufgabe: Es ist Ihr Job, für Ihr Unternehmen vorzudenken, in welche Richtung es sich entwickeln soll: Wie sehen die Produkte und Dienstleistungen in den kommenden Jahren aus? Wer sind morgen Ihre Kunden? Wie verändert sich Ihr Markt? Antworten auf diese Fragen erhalten Sie zum Teil durch Ihre tägliche Arbeit und im Gespräch mit Kunden, zum Teil durch Lektüre, zum Teil auch bei entsprechenden Branchenveranstaltungen. Eingang sollten diese Antworten danach wieder in Ihren Business-Plan finden – der unverzichtbare Wegbegleiter für Ihr gesamtes Unternehmerleben.

Tugend, Talent, Temperament – Bin ich eine Gründerpersönlichkeit?

2

In diesem Kapitel

- Persönliche Voraussetzungen für Gründer
- Die eigenen Stärken finden
- Vorteile eines Starts im Team

Auf die Malediven reisen, Porsche fahren, im Luxus leben: So oder so ähnlich stellen sich Millionen Bundesbürger das Leben von Unternehmern vor. Mit der Wirklichkeit hat dies allerdings herzlich wenig zu tun. Denn Unternehmer sein bedeutet in erster Linie harte Arbeit, 50 bis 60 Stunden die Woche, mit wenig Urlaub und dafür jede Menge Verpflichtungen am Wochenende. Der Start eines Unternehmerlebens bedeutet zudem noch finanzielle Unsicherheit, Verzicht auf Absicherung und damit ein hohes persönliches Risiko. Vergessen Sie nie:

- ✔ Im ersten Unternehmerjahr machen die meisten Gründer Verluste.
- ✔ Im zweiten Unternehmerjahr holen sie diese Verluste auf und erst
- ✔ ab dem dritten Unternehmerjahr erwirtschaften sie Gewinne.

Ach ja, und wenn diese Gewinne dauerhaft anfallen und Ihr Unternehmen prosperiert, dann, aber auch nur dann ist nach einigen Jahren tatsächlich der Urlaub auf den Malediven oder vielleicht sogar der Kauf des Traumwagens drin. Dieses Kapitel bietet Ihnen Anhaltspunkte, mit denen Sie prüfen können, ob Sie wirklich Karriere als Unternehmer machen wollen und können.

Seien Sie kritisch mit sich selbst

Unsere Großväter hatten einen Leitspruch: Wer selbstständig ist, sollte es auch werden. Dank der damals üblichen Lehr- und Wanderjahre wussten Kaufleute, Händler und Handwerker, was danach auf sie zukam. Heute hat sich die Berufswelt geändert, die Grundsätze des Unternehmertums sind aber geblieben: Selbstständigkeit bedeutet:

- ✔ **Unabhängigkeit!** Sie entscheiden, wann Sie was machen.
- ✔ **Management!** Ihr Aufgabenspektrum reicht von der Produktentwicklung bis hin zur Einstellung neuer Mitarbeiter.
- ✔ **Führung!** Als Unternehmer sind Sie Vorbild und Ansprechpartner für feste und freie Mitarbeiter sowie Dienstleister.

Selbstständigkeit bedeutet aber auch

- längere und ungeregelte Arbeitszeiten
- weniger Urlaub
- Verzicht auf ein festes, monatliches Einkommen
- Verzicht auf soziale Absicherung.

Gerade über diese »Schattenseiten« müssen sich Unternehmer von Beginn an klar sein. Wer, warum auch immer, meint, auf seinen dreiwöchigen Sommerurlaub niemals verzichten zu können, und auch schlecht schläft, wenn einen Monat mal das übliche Einkommen ausbleibt, sollte sich den Sprung in die Selbstständigkeit gut überlegen. Denn Ihr Unternehmen wird in hohem Maß davon leben, wie Sie sich engagieren, und mehr noch, wie Sie sich mit Ihrem Vorhaben identifizieren! Wer hier fremdelt oder sogar skeptisch bleibt, sollte lieber als Angestellter Karriere machen. Sie verzichten dann allerdings auf eine fantastische Möglichkeit, Ihre Talente nach Ihren eigenen Vorstellungen im eigenen Betrieb zur Entfaltung zu bringen – und das wäre doch verdammt schade, oder?

Erkennen Sie Ihre eigene Motivation

»Selbstständig heißt, man arbeitet selbst und das ständig.« Gerne zitieren Unternehmer diesen Spruch, wenn sie von angehenden Kollegen um Rat gefragt werden. Nun will niemand nur ein Unternehmen gründen, damit er ständig selbst arbeitet. Vielmehr verfolgen Gründer mit ihrem Handeln ganz unterschiedliche Ziele: Sie wollen entweder eine seit langem gehegte Idee endlich verwirklichen, der Fron des Angestelltendaseins entkommen oder einen Ausweg aus der Arbeitslosigkeit suchen. Beantworten Sie sich selbst offen und ehrlich die Fragen, die in den folgenden Punkten stecken, und Sie erkennen viel über Ihre eigene Motivation.

Ich mache mich selbstständig weil,

- ich eine gute Geschäftsidee verwirklichen will
- ich eine lukrative Lücke im bestehenden Angebot am Markt entdeckt habe
- ich meine eigene Erfindung vermarkten möchte
- ich Teil eines guten Gründerteams werde
- ich mein eigener Chef werden möchte
- ich mich als Meister jetzt selbstständig machen kann
- ich die Chance habe, einen Betrieb (der Eltern, von Freunden etc.) zu übernehmen.

Warum, sag mir, warum!

Das sind sieben wirklich gute Gründe, den Schritt ins Unternehmertum zu wagen. Häufig gibt es auch anders gelagerte Motivationen.

Ich mache mich selbstständig, weil

- ich meinen Chef satt habe

- ✔ ich meinen bisherigen Job satt habe
- ✔ mich mein Job langweilt
- ✔ mein jetziger Job vielleicht bald wegrationalisiert wird
- ✔ mein bisheriger Job keine Perspektiven bietet
- ✔ ich arbeitslos bin.

Auslöser für Überlegungen zur Selbstständigkeit sind hierbei Frust und Angst. Das muss gar nicht verkehrt sein, denn gerade die Erfahrungen mit der Ich-AG haben in den frühen Jahren des 3. Jahrtausends in Deutschland gezeigt,dass hieraus durchaus veritable Kleinunternehmen entstehen können. Allerdings ist es gefährlich, wenn die Motivation, ein Unternehmen zu gründen, ausschließlich von solch negativen Überlegungen getragen wird.

Denn dabei geht der Spaß an der eigenen Existenz, die Lust auf das Unternehmen, unter. Aber genau dies trägt die meisten Unternehmer über die ersten, häufig schwierigen Monate. Zudem kommen auch genervte Angestellte nicht umhin, gezielt am Markt eine Nische für ihr Produkt und ihren Service zu finden. So lange sie diese nicht gefunden haben, sollten Sie sehr genau überlegen, ob Sie Ihren Job einfach so kündigen oder nicht besser noch ein paar Monate die Zähne zusammenbeißen und systematisch Ihre Gründung vorbereiten.

Sind Sie reif für eine eigene Firma?

Die folgende Checkliste hilft Ihnen, zu erkennen, ob Sie persönlich reif für die Selbstständigkeit sind. Sie finden diese Checkliste auch auf der CD, damit Sie sie sich ausdrucken können.

Bin ich reif für die Selbstständigkeit?	Ja	Nein
Habe ich meine Gründung schon seit zumindest sechs Monaten vorbereitet?		
Kenne ich meinen künftigen Markt, meine Wettbewerber und die wichtigsten Player in meiner Branche?		
Verfüge ich über ausreichend Berufserfahrung für mein Unternehmen?		
Habe ich die erforderliche Ausbildung für mein Unternehmen?		
Besitze ich genügend kaufmännische/betriebswirtschaftliche Kenntnisse, um ein Unternehmen zu führen?		
Habe ich Erfahrungen im Einkauf und Verkauf?		
Habe ich mich mit Grundzügen des Steuer- und Arbeitsrechts auseinandergesetzt?		
Bin ich fit am PC?		

Abbildung 2.1: Checkliste: Nötige Reife für die Selbstständigkeit

Wenn Sie auf eine oder mehrere dieser Fragen mit nein antworten müssen, heißt dies auf keinen Fall, dass Sie jetzt die Lektüre dieses Buches beenden und Ihren Traum vom Unternehmertum begraben müssen. Es heißt aber, dass Sie noch Zeit und eventuell auch Geld investieren sollten, um sich auf diesen Gebieten fit zu machen. In Kapitel 4, *Machen Sie sich über den Markt schlau,* erfahren Sie, wie Sie Informationen zu Ihrem Markt und Ihrem Wettbewerb sammeln können. Kaufmännisches Basiswissen vermittelt dieses Buch insbesondere in den Kapiteln 7 und 8, doch ersetzt deren Lektüre nicht den Besuch einschlägiger Kurse bei Industrie- und Handelskammern, Handwerkskammern, Volkshochschulen, Arbeitsämtern oder privaten Fortbildungsinstituten.

Ohne kaufmännisches Basiswissen ist selbst die beste Geschäftsidee zum Scheitern verurteilt – und das gilt ohne jede Ausnahme. Ausreden wie der Hinweis auf die schlechte Mathematiknote aus der Schule und die Vorliebe für den Kauf teurer Schuhe zählen nicht. Sie wollen Unternehmer und Kaufmann sein und müssen sich daher mit deren Handwerkszeug auseinandersetzen. Aber keine Bange: So schwer ist der Umgang mit Soll und Haben oder Plan und Ist gar nicht, und wenn Sie erst einmal entdecken, wie Sie Ihren ganz persönlichen Gewinn errechnen, werden Sie noch Gefallen am Kaufmannsdasein finden.

Finden Sie Ihre eigenen Stärken

Im Idealfall sind Unternehmer Alleskönner. Sie haben Ahnung von ihrer Branche, verfügen über persönliche und fachliche Managementqualitäten, kennen Gott und die Welt im Vertrieb und in ihrer Branche, mögen Mitarbeiter leiten und binden und haben auch noch Zeit, sich in ihrer Branche und ihrer Kommune zu engagieren. Nur, wer ist schon ein Idealfall? Das eigene Defizit stört auch nicht, wenn Sie als angehender Unternehmer darum wissen. Beantworten Sie sich selbst die folgenden Fragen. Keiner braucht Ihre Antworten zu kennen außer Sie persönlich, aber wenn Sie nicht ehrlich zu sich sind, können Sie nicht herausfinden, inwieweit Sie über Unternehmer-Eigenschaften verfügen:

1. **Gehen Sie Risiken ein?** Als Unternehmer müssen Sie ständig Entscheidungen über die Zukunft treffen, und Sie können nicht in die Zukunft schauen; im Klartext: Sie wissen heute noch nicht, ob sich Ihr neues Produkt morgen verkauft.

2. **Sind Sie entscheidungsfreudig?** Konzerne beschäftigen ganze Stäbe, um Entscheidungen vorzubereiten; als Unternehmer haben Sie nur Ihr Know-how und vielleicht das von ein oder zwei Mitarbeitern. Entscheiden müssen Sie trotzdem – und zwar ständig und schnell!

3. **Sind Sie veränderungsbereit?** Gute Unternehmer stellen in regelmäßigen Abständen alle Bestandteile ihres Geschäftskonzepts in Frage und verbessern sie so.

4. **Halten Sie Misserfolge aus?** Erstens lernen Unternehmer kaum schneller und brutaler als aus Fehlschlägen und zweitens müssen Sie akzeptieren lernen, dass trotz genialer Präsentation einfach nicht jeder Kunde zuschlägt.

5. **Sind Sie extrovertiert?** Das Herzstück Ihres Unternehmers ist der Verkauf, die Gewinnung und Bindung von Kunden, und damit ein ständiger Dialog. Wer weniger kontaktfreudig ist, sollte von Beginn an überlegen, ob er nicht Teil eines Gründerteams wird.

6. **Sind Sie fit?** 50- bis 60-Stunden-Arbeitswochen und die Risiken eines Unternehmerlebens halten Sie besser aus, wenn Sie körperlich und geistig fit sind. Ihre Fitness sollten Sie trotz Arbeitsbelastung auch regelmäßig weiter trainieren!
7. **Sind Sie ein Organisationstalent?** Vom Materialeinkauf bis zur Weihnachtsfeier: Ständig sind Sie als Unternehmer zu organisatorischen Themen gefragt. Glücklich, wer dieses Talent bereits als Angestellter oder in seiner Freizeit in einer ehrenamtlichen Tätigkeit ausleben durfte.
8. **Sind Sie ein Improvisationstalent?** Selbst talentierten Organisatoren geht immer wieder etwas schief. Als Unternehmer müssen Sie daher auch improvisieren können und so für den Kunden schnell eine Lösung finden, wie Sie das Produkt jetzt möglichst schnell doch noch zu ihm bekommen.
9. **Können Sie sich selbst motivieren?** Als Unternehmer haben Sie keinen Chef mehr, der Ihnen Ziele setzt und Arbeiten vorgibt. Sie selbst sind der Chef und müssen sich täglich selber anleiten und antreiben!
10. **Können Sie sich selbst Ziele setzen?** Mehr noch: Halten Sie sich an die Ziele, die Sie sich selbst stecken? Man könnte jetzt boshaft fragen, wie oft Sie sich schon vorgenommen haben, das Rauchen aufzuhören, aber im Kern geht es genau darum: Als Unternehmer müssen Sie geplante Vorhaben auch wirklich umsetzen!

Kaum einer wird, wenn er ehrlich zu sich selbst ist, alle Fragen direkt mit einem 100-prozentigen JA! beantworten – und das ist auch gar nicht schlimm. Sie sollten sich aber diese Schwächen merken und bewusst daran arbeiten, diese Defizite durch Training oder die Einstellung zusätzlicher Mitarbeiter auszugleichen. So gleicht eine erfahrene Assistentin in vielen Unternehmen die Schwächen eines kreativen, klugen, aber chaotischen Chefs aus.

Im weiteren Sinne zu den eigenen Stärken zählt darüber hinaus das Thema »Unternehmer und Familie«. Denn Sie können als Unternehmer nur Ihre volle Leistung in der eigenen Firma bringen, wenn Ihre Familie Sie bei Ihrem Weg in die Selbstständigkeit unterstützt und Ihnen die unerlässlichen Freiräume für Ihre Arbeit lässt. Es wäre einfach unwahrscheinlich, dass Sie es als erster Teilzeit-Unternehmer der Republik schaffen, Ihre Firma nach vorne zu bringen. Eine Alternative zur Selbstständigkeit in Eigenregie kann in einem solchen Fall die Selbstständigkeit gemeinsam mit einem ganzen Team sein, wie es der folgende Abschnitt dieses Buches näher beschreibt.

Sind Sie ein Einzelkämpfer oder Teamplayer?

»Keiner kann alles!« Von dieser Erkenntnis getrieben gründen viele gemeinsam mit anderen ein Unternehmen. In der Regel setzen sich diese Gründer aus drei unterschiedlichen Charakteren zusammen:

- ✔ **einem Geschäftsführer, Vorstandsvorsitzenden oder CEO.** Sein Job: Strategie, Unternehmensführung und Verkauf. Der Geschäftsführer ist das Gesicht des Unternehmens nach außen und muss daher ein extrovertierter, lernfähiger, verkäuferischer Typ sein. Sein Problem: Detailliertes Arbeiten liegt ihm eher weniger.

- **einem kaufmännischen Geschäftsführer, Finanzvorstand oder CFO.** Sein Job: Finanzen, Personal, Recht, Verwaltung. Der kaufmännische Geschäftsführer hat, wie der Titel es schon sagt, in der Regel einen kaufmännischen Background und zeichnet sich mehr durch Genauigkeit und strukturiertes Arbeiten aus. Sein Nachteil: Begeistern und motivieren kann dieser Typ Mensch in der Regel nicht, weshalb er mehr im Hintergrund wirkt.
- **einem technischen Geschäftsführer, Technologievorstand oder CTO.** Sein Job: Technologie, Forschung und Entwicklung. Der technische Geschäftsführer ist das Gehirn der Firma, der sieben Tage in der Woche die Produkte des Unternehmens weiterentwickelt und vor genialen Ideen nur so strotzt. Sein Manko: Er ist weder kommunikativ noch ein guter Verkäufer seiner selbst oder seiner Produkte.

Sie schmunzeln bei diesen Charakterisierungen? Dann schauen Sie mal in die Wirklichkeit der Chefetagen in vielen Start-ups. In der Tat treffen hier ganz unterschiedliche Typen aufeinander, die sich aber auf ihre Art sehr gut ergänzen und in ihrer Verschiedenartigkeit sogar schätzen. Venture-Capital-Geber bevorzugen solche Teams, da dadurch von Beginn an die vielfältigen Aufgaben eines Unternehmers auf mehrere Schultern verteilt werden und zugleich der Sachverstand aus ganz unterschiedlichen Gebieten sicherstellt, dass jedes einzelne Ressort gut geführt wird.

Bin ich ein Teamplayer?

Bevor Sie sich jetzt direkt auf die Suche nach ein oder zwei Mitgründern machen, sollten Sie kurz prüfen, ob Ihr Unternehmenskonzept ein solches Team von Beginn an ernähren kann und ob Sie als angehender Unternehmer auch wirklich in einem solchen Team arbeiten wollen.

Die Antwort auf die Frage, »Trägt mein Geschäftskonzept ein Gründerteam?«, gibt Ihnen Ihr Business-Plan. Kapitel 7, *Ohne Plan kein Ziel,* zeigt detailliert, wie Sie einen solchen Plan aufstellen und welche Kostenfaktoren Sie dabei berücksichtigen müssen. Die Antwort auf die Frage, ob Sie in einem Team arbeiten wollen, fällt Ihnen anhand der folgenden Checkliste leichter. Drucken Sie sie sich von der CD, wenn Sie die Antworten nicht ins Buch schreiben wollen.

Bin ich ein Team-Player?	**Ja**	**Nein**
Ich weiß um meine Schwächen		
Ich muss nicht alles selbst entscheiden		
Ich vertraue kompetenten Dritten		
Ich schätze den Austausch im Team		
Ich stelle mich gern der Kritik eines Teams		
Ich akzeptiere, dass Geschäftspartner nicht genauso denken wie ich		
Ich agiere gerne in Gruppen		
Ich bin bereit, den Erfolg meines Unternehmens zu teilen		

Abbildung 2.2: Checkliste: Teamplayer

Um Ihre Fähigkeit als Teamplayer einschätzen zu können, hilft darüber hinaus ein Blick in Ihr Privatleben: Spielen Sie Fußball oder Tennis? Denn wer von klein auf im Team spielt und agiert, findet sich auch in der Selbstständigkeit wesentlich leichter in einer solchen Gruppe zurecht als der geborene und trainierte Solist.

Die Vorteile einer Gründung im Team

Der größte Vorteil liegt sicher darin, dass sich mehrere Gründer in ihren fachlichen und persönlichen Eigenschaften ergänzen können. Darüber hinaus sind aber auch ein paar andere Vorzüge gar nicht zu verachten:

- ✔ **Zwei Gründer schaffen mehr als einer.** Ihre Arbeitskraft verdoppelt sich, zugleich halbiert sich Ihr Risiko. Und gerade, wenn Sie von Beginn an mehrere Filialen im In- oder Ausland betreiben wollen oder beispielsweise Ihre Produktion auslagern, können Sie zu zweit wesentlich leichter ein solches Unternehmen führen und kontrollieren.
- ✔ **Zwei Gründer sehen mehr als einer.** Durch regelmäßigen Austausch gewährleisten sie im Gründerteam eine gewisse Kontrolle aller Entscheidungen – und bewahrt Sie häufig vor kostspieligen Fehlern.
- ✔ **Ein Gründer ist immer an Bord.** Bei zwei Unternehmern fällt es wesentlich leichter, längere Dienstreisen, Messebesuche oder sogar Urlaube zu planen, weil der Partner die unerlässliche Präsenz vor Ort sicherstellt.
- ✔ **Zwei Gründer haben mehr Geld als einer.** Zu zweit fällt es wesentlich leichter, das Startkapital aus eigener Kraft aufzubringen als alleine.

Es spricht also einiges dafür, von Beginn an auf ein Gründerteam zu setzen, fragt sich nur, wie Sie jetzt ein solches Team finden. In der Praxis finden sich drei typische Wege:

1. **Ein Team hat eine Idee.** In vielen Fällen entsteht bereits die Idee zu einem Unternehmen in einem Team. Das kann ein Team von Kollegen sein, wie beispielsweise in den 70ern bei IBM, wo sich ein kleines Team als SAP in die Selbstständigkeit wagte. Das kann aber auch ein Team aus privaten Freunden und Bekannten sein, die nach Feierabend an ihrer Idee feilen.
2. **Ein Genie sucht Anschluss.** Gerade bei Gründungen von Technologieunternehmen steht häufig die Selbsterkenntnis am Beginn einer Gründung: Ich bin zwar ein guter Technologe, aber ein schlechter Kaufmann. Von dieser Erkenntnis getrieben, suchen Naturwissenschaftler und Ingenieure systematisch einen Partner, sei es über ihr Netzwerk, sei es über die örtlichen Kammern oder über private Vermittler.
3. **Ein Kapitalgeber fordert Verstärkung.** Professionelle Kapitalgeber machen ihren Einstieg manchmal von einer Verstärkung des Teams gerade durch einen Kaufmann abhängig. Die gute Nachricht: Sie nehmen häufig auch die Suche nach einer solchen Ergänzung selbst in die Hand oder verfügen sogar über ein Reservoir von Talenten.

Geld plus Chef vom Kapitalgeber

Das 1991 gegründete Münchener Venture-Capital-Unternehmen Wellington Partners (`www.wellington-partners.com`) beschäftigt in seinem kleinen Team nicht nur, wie zu erwarten, Branchenexperten und Analysten, sondern auch eine eigene Headhunterin. Diese hilft zum einen Start-ups bei allen Personalfragen und sucht zum anderen passende Ergänzungen für das Führungsteam. Ein Fulltime-Job! Denn bereits beim Einstieg macht Wellington oftmals deutlich, dass es die Geschäftsidee zwar exzellent, das Führungsteam aber mittelfristig verbesserungsbedürftig findet. Wider Erwarten stößt dieser Ansatz bei Gründern nicht auf blanke Ablehnung, sondern vielmehr auf großes Interesse, wissen diese doch in vielen Fällen um ihre Schwächen.

Die größte Schwäche ist häufig der Verkauf und die allergrößte Schwäche der Verkauf im größten Hightech-Markt der Welt, den USA. Zielgerichtet verstärkt Wellington daher seine Gründerteams mit US-Amerikanern und erleichtert somit jungen europäischen Unternehmen den Sprung nach Silicon Valley.

Mit dieser Unterstützung durch eine eigene Headhunterin handelt Wellington keinesfalls altruistisch: Denn je erfolgreicher die eigenen Beteiligungen diesseits und vor allem auch jenseits des Atlantiks agieren, desto höher der mögliche spätere Kaufpreis für ein solches Unternehmen – und damit verdient Wellington sein Geld.

Die Nachteile einer Gründung im Team

Bevor Sie nähere Informationen darüber finden, wie Sie im Team erfolgreich starten, wollen wir nicht verhehlen, dass eine Gründung im Team auch mit Nachteilen verbunden sein kann. Das größte Problem lässt sich aus der Definition von Team in großen Organisationen ableiten: »*T*oll, *e*in *a*nderer *m*acht's!« Sprich, nur wenn Sie von Beginn an klar festlegen, wer welche Verantwortung trägt und wer was leisten muss, vermeiden Sie Enttäuschungen im Alltag.

Außerdem gibt es Probleme, wenn die Chemie nicht stimmt. Denken Sie immer daran, dass Sie mit Ihrem Co-Unternehmer in den nächsten Jahren mehr Zeit verbringen werden als mit Ihrer Familie. Wenn Sie sich in einer solchen Situation von Beginn an nicht wirklich riechen können, sollten Sie es beim Schnuppern belassen, anstatt jahrelang über den Gestank zu jammern.

Drum prüfe, wer sich länger bindet: Bevor Sie sich endgültig auf Ihr Gründerteam einlassen, sollten Sie Ihre Mitunternehmer gut kennen lernen. Im Minimum heißt das: Mehrere persönliche mehrstündige Diskussionen über Ziele und Strategien Ihres neuen Unternehmens, wenn möglich auch über Nacht, damit Sie sich persönlich auch besser kennen gelernt haben. Ein bis zwei Treffen im Familienkreis, damit auch Ihr privater Partner die Chance hat, Ihre künftigen Geschäftspartner kennen zu lernen und einzuschätzen.

Was Gründerteams regeln müssen

Sie schätzen die fachlichen und persönlichen Qualifikationen Ihres Mitgründers? Sie wollen gemeinsam sofort starten? Klasse, aber bevor Sie wirklich Ihr Unternehmen aus der Taufe heben, nehmen Sie sich die Zeit und regeln Sie die Eckpunkte Ihrer Zusammenarbeit in einem Vertrag. Das gilt auch, wenn Sie bereits seit Jahren befreundet sind und die Idee gemeinsam entwickelt haben: MACHEN SIE EINEN VERTRAG!

Warum? Man könnte sagen, es ist wie in einer Ehe: Am Anfang stehen die großen Gefühle und rote Rosen, am Ende bleibt der Rosenkrieg. Wenn Sie zu Beginn nicht detailliert regeln, wer was macht und wer welche Verantwortungen trägt, stehen Sie im Falle eines Misserfolgs rasch vor einem Scherbenhaufen. Allzu menschlich schieben dann alle Beteiligten die Schuld hin und her. Eine ausführliche schriftliche Vereinbarung schützt also vor Streitigkeiten – für den Fall der Fälle.

Ihre Vereinbarung sollte einige bestimmte Punkte enthalten. Sie können durchaus auch Teil Ihrer Satzung bzw. der Geschäftsordnung sein. Wo Sie es regeln, ist egal – aber Sie sollten die folgenden Punkte regeln.

Entscheidungsvollmacht

Hier müssen Sie zwei Punkte regeln.

1. **Legen Sie fest, welche Entscheidungen Sie nur einstimmig treffen dürfen.** Dies sollten Sie insbesondere für Geschäfte mit großer Tragweite wie Immobilienkäufe und -verkäufe, Kredite und Unternehmensbeteiligungen vereinbaren. Zu Beginn sollten Sie auch über Mitarbeiter ab einem gewissen Gehaltsniveau, über Anschaffungen ab einer gewissen Summe sowie über Miete, Pacht und Leasing gemeinsam entscheiden.

2. **Definieren Sie, wie in allen anderen Fällen Mehrheiten zustande kommen.** Dieser Punkt ist besonders heikel, wenn ein Zweierteam mit gleichen Anteilen an den Start geht. Die Lösung liegt in solchen Fällen entweder in der Einbindung eines oder mehrerer Dritter, beispielsweise in Form eines Beirats, oder in Zuordnung einzelner Themen zu einzelnen Personen; sprich bei Personalfragen hat ein Partner das letzte Wort, bei Einkaufsfragen der andere.

Ausstieg

Legen Sie zu Beginn fest, mit welchen Fristen Sie oder Ihre Partner das Unternehmen verlassen und wie lange Sie danach Ihrem Unternehmen keine Konkurrenz machen dürfen. Wie erwähnt, diese Regelungen gelten nur für den Fall der Fälle!

Vorkaufsrecht

Dem gleichen Zweck dienen Regelungen über die Behandlung von Anteilen für den Fall, dass Ihr Kompagnon schwer erkrankt, stirbt oder etwas völlig anderes machen will. Die verbleibenden Gesellschafter sollten das Recht haben, seinen Anteil zu erwerben, und den Kaufpreis über mehrere Jahre hinweg zu zahlen. (Bei Sofortzahlung droht Illiquidität!)

Gehälter

Einigen Sie sich zu Beginn auf Ihre Gehälter und legen Sie auch fest, wer für welche Leistungen welche Prämien erhält. Ein wichtiger Punkt sind auch die sonstigen Leistungen, sonst toben Sie eines Tages, wenn Ihr Mitgründer mit dem geleasten Porsche vorfährt!

Der Unterschied zwischen Freunden und Geschäftsfreunden

Wie wichtig klare Regeln sind, verdeutlicht das Beispiel eines Münchener Beratungsunternehmens. Gegründet von zwei Freunden aus Kindertagen, ausgestattet mit dem Kapital einer der beiden Familien, legte das Team einvernehmlich und erfolgreich los. Auf Verträge und Ähnliches meinten sie in den Gründertagen verzichten zu können, schließlich kannten sich bereits die Eltern seit Jahrzehnten. Während der Wirtschaftskrise 2008/2009 schien sich das auf Freundschaft basierende Konzept sogar zu bewähren, denn zur Sicherung des Bestandes ihres Unternehmens reduzierten die Macher zu gleichen Teilen ihre Gehälter.

Schwierigkeiten tauchten erst im Aufschwung auf, als das Unternehmen begann, Gewinne zu machen. Für diesen Fall hatte keiner vorgesorgt. Während der eine Gründer, den Schock der Rezession noch in den Knochen, weiter sparen wollte, setzte der andere auf das Prinzip »Man gönnt sich ja sonst nichts.« Dieser empfand es auch als gerechten Lohn für jahrelange Plackerei, endlich mal etwas kürzer zu treten.

Da es weder klare Entscheidungsprozesse noch Regeln über eine Aufgabenverteilung gab, verliefen die Diskussionen zu diesem Thema im Sande. Versuche, jetzt solche Regeln einzuführen, stießen auf Misstrauen, schließlich hatte es doch die ganze Zeit gut ohne funktioniert. Noch schwieriger waren Gespräche über die Gewinnverwendung, denn je nach Interessenlage und Beitrag zum Erfolg wollte der eine brüderlich teilen, der andere leistungsgerecht entlohnen.

Am Ende erwies sich der Streit der ehemaligen Freunde als unüberbrückbar und selbst für diesen Fall gab es keine Regeln: Wer wann wie aussteigen konnte, war nie angedacht worden, und so war unklar, ob es möglich sei, den Betrieb zu teilen oder gegenseitig Anteile herauszukaufen. Mühsam einigte man sich auf den Versuch eines gemeinsamen Verkaufs, der am Ende sogar funktionierte.

Teil II

Der Startschuss für die Selbstständigkeit: Die Geschäftsidee

In diesem Teil ...

Möglicherweise schwirrt Ihnen schon seit einiger Zeit eine tolle Geschäftsidee durch den Kopf, aber Sie waren bisher noch nicht so weit, sich damit intensiv auseinanderzusetzen. »Zu viel anderes zu tun«, »Mein Job macht mir doch eigentlich Spaß« – so oder so ähnlich klingen dann meist die Ausreden. Schließlich droht Ihnen nicht nur Arbeit – mit einer Existenzgründung krempeln Sie voraussichtlich weite Teile Ihres Lebens um.

In diesem Teil zeigen wir Ihnen zunächst, welche Möglichkeiten es gibt, eine Geschäftsidee zu finden beziehungsweise Ihre Idee effektiv auszubauen. Sie lernen, dass Ihr eigenes Unternehmen nicht unbedingt etwas ganz Neues und Einmaliges schaffen muss. Wir geben Ihnen Orientierungshilfen, welche Chancen sich Ihnen bieten, um Ihre Geschäftsidee umzusetzen.

Und um in einigen Monaten die Konkurrenz auszustechen, müssen Sie einiges Wissen sammeln: über Ihren Markt, Ihre Kunden, Ihre Konkurrenz. Wir beschreiben, wie Sie Kunden- und Marktanalysen aufstellen. Und Ihre Konkurrenz lassen wir auch nicht aus den Augen.

Vom Traum zur Wirklichkeit

3

In diesem Kapitel

- Möglichkeiten, auf eine Geschäftsidee zu kommen
- Die Rolle von Innovationen
- Mögliche Wege in die Selbstständigkeit

Daniel Düsentrieb quoll über vor Ideen. Jeden Tag erfand er neue nützliche, weniger nützliche oder unnütze Dinge – und wurde doch kein Unternehmer. Ein Unternehmer dagegen war Dagobert, ohne dass man so richtig verstand, was er da eigentlich tat. Nur was er tat, das reichte, um in Goldmünzen baden zu können! Eine Lehre können Gründer aus den klassischen Micky-Maus-Comics auf jeden Fall ziehen: Erfinden und unternehmen sind zweierlei. Die folgenden Seiten zeigen vielfältige Wege zum eigenen Unternehmen auf – und die Vermarktung von Innovationen ist nur eine Möglichkeit unter vielen.

Egal, wie! Aber machen Sie es gut!

Abgucken, probieren, kopieren oder hereinwachsen: Auf dem Weg zur Geschäftsidee sind dem eigenen Tatendrang keine Grenzen gesetzt. Während gerade in handwerklichen Berufen der Weg in die Selbstständigkeit in der eigenen Branche vorgezeichnet ist, verlaufen Unternehmerkarrieren im Dienstleistungssektor oder in der Informationstechnologie häufig höchst unkonventionell: Sowohl die Übertragung von US-Konzepten nach Europa als auch die Professionalisierung einer Freizeitaktivität kann hier zum Erfolg führen. Der beste Beleg sind Erfolgsbeispiele wie die zahlreichen Coffee Shops oder Social-Networking-Plattformen auf der einen Seite oder der Siegeszug des Nordic Walking auf der anderen Seite. Ein Faktor indes eint alle Wege zur eigenen Geschäftsidee: Bei deren Umsetzung agierten die Macher höchst professionell – und das machte am Ende den Erfolg aus.

Aus Erfahrung gut: Der Weg zur Selbstständigkeit in der eigenen Branche

Der klassische Weg zum Unternehmer führt über Lehr- und Gesellenjahre in der eigenen Branche, bevor Unternehmer sich mit den erworbenen Fertigkeiten auf eigene Beine stellen. Bis heute beschreitet insbesondere im Handwerk die Mehrzahl der Gründer diesen Weg. Für den Weg vom Lehrling über den Gesellen in verschiedenen Betrieben zum Lehrherrn sprechen eine Menge guter Gründe:

1. Sie lernen als Auszubildende und Gesellen Ihr Handwerk im wahrsten Sinne des Wortes und profitieren dabei vom Know-how der Älteren.

2. Wenn Sie die Möglichkeit haben, in mehrere Betriebe hineinzuschnuppern, dann können Sie tolle Einblicke in Themen wie Kundengewinnung, Kundenbindung und Abrechnung erhalten.

3. Berufsschule, Meisterkurse und Fortbildungsveranstaltungen helfen dabei, sich systematisch auf die eigene Existenz vorzubereiten.

Pech nur, dass eine solch systematische Ausbildung weitgehend auf klassische Gewerke beschränkt ist und nur noch eingeschränkt die Wirklichkeit zu Beginn des 21. Jahrhunderts widerspiegelt. Sicher, auch für Multimediadesigner oder Systemgastronomen gibt es mittlerweile Ausbildungsberufe, doch fehlt in diesen Branchen die Tradition der Gesellen- und Wanderjahre inklusive der begleitenden Schulungen. Doch auch aus diesen Branchen heraus entstehen jährlich Tausende Unternehmen. Auch hier schauen sich die Jüngeren ein Stück weit von den Älteren ab, wie sie ihr Geschäft betreiben und wie sie Kunden gewinnen und halten.

Und wenn Sie Glück haben, ergibt sich aus dieser Mit- und Zusammenarbeit über kurz oder lang eine Idee für die eigene Selbstständigkeit. Dies kann aus der Beobachtung fußen, dass Ihr bisheriger Arbeitgeber bei einer neuen Technologie nicht mehr à jour bleibt, dass er ein zu großes Gebiet abzudecken versucht oder er bestimmte Nischen in seinem Geschäft nicht erkennt. Noch einfacher: Sie sehen, dass die Kunden nicht so behandelt werden, wie sie es erwarten. Eine Selbstständigkeit kann sich aber auch dadurch ergeben, dass Sie früher oder später das Unternehmen Ihres Chefs wegen dessen Alter übernehmen oder gemeinsam mit ihm eine neue Filiale oder Zweigstelle aufbauen.

Aus Leidenschaft gut: Machen Sie Ihr Hobby zum Beruf

Sicher kennen Sie auch Menschen, die über ihren Job klagen, aber mit Leidenschaft einem Hobby nachgehen: Fitness, Kochen oder Reisen. Egal, was die Freizeit dieser Menschen ausfüllt: Sie gehen ihrer Beschäftigung dort mit Leidenschaft und hohem Engagement nach, treten mit dem Anspruch an, Bestleistungen zu erbringen, und achten nicht auf Arbeitszeiten – beste Voraussetzungen für das Unternehmertum.

Und in der Tat machen immer wieder Menschen ihr Hobby zum Beruf – und haben Erfolg. Drei Beispiele aus der persönlichen Umgebung mögen hier stellvertretend Mut machen. Eine Hamburger Architektin bastelte bereits seit ihrer Kindheit für ihr Leben gern und betreibt heute einen Shop für handgefertigte Kerzen – insbesondere Taufkerzen verkaufen sich sehr gut. Ein Journalist nutzte jede freie Minute fürs Reisen und das Wandern und organisiert heute Wanderreisen in Afrika. Und ein ehemaliger Vorstand, der Industrieobjekte sammelte, entwirft seit seinem 40. Geburtstag erfolgreich Bestecke, Lampen und Kleinmöbel.

Das Interessante an diesen Lebenswegen ist, dass solche Unternehmer vom ersten Tag an ihren Markt und ihren Wettbewerb hervorragend kennen; schließlich haben sie sich jahrelang genau damit beschäftigt. Die Herausforderung liegt darin, aus einem Hobby heraus eine tragfähige Existenz zu schaffen und damit auch ein belastbares Geschäftsmodell in die Realität umzusetzen.

Hobby und Arbeit sind zweierlei: Wenn Sie Ihre Leidenschaft zum Beruf machen, müssen Sie umdenken! Denn nun müssen Sie wie jeder Unternehmer Umsätze machen, dazu Kunden gewinnen und zugleich Ihre Kosten im Griff behalten. Sie werden aber staunen, wie leicht das fällt, wenn Sie sich doch den ganzen Tag mit den Dingen beschäftigen können, die Sie sowieso gerne machen!

Aus Beobachtung gut: Die Übertragung ausländischer Geschäftsideen

Die deutsche eBay, die deutsche Amazon, die deutsche Yahoo! In den Boomzeiten der New Economy stammten viele Geschäftsideen direkt aus den USA – und das ist wörtlich zu nehmen. Pfiffige junge Unternehmensberater und Technologiefreaks kauften sich tatsächlich ein Flugticket nach San Francisco oder Boston, schauten sich einige Zeit die Gründeraktivitäten vor Ort an und transferierten diese Konzepte dann nach Europa. Ihr Pech war nur, dass eine ganze Menge Leute die gleiche Idee hatten und so in Deutschland parallel einige Dutzend Amazons und genauso viele eBays entstanden. Am Ende setzten sich einige wenige Unternehmerpersönlichkeiten durch, die heute entweder noch selbstständig sind oder mittlerweile Teil des Originals wie die Berliner Alando, die heute eBay gehört.

Die Idee, Geschäftsideen zu importieren, bleibt auch nach dem Platzen der dot.com-Blase eine prima Methode, ein Unternehmen zu starten. Der bevorzugte Ort für Importe bleibt die USA, aus drei Gründen: Erstens bietet insbesondere Silicon Valley einen idealen Nährboden für Hightech-Innovationen, aus denen ganze Industrien entstehen können. Denken Sie nur an Themen wie Blogging, Podcasting oder Social Networking. Zweitens besteht in den USA eine größere Neugier gegenüber Innovationen, die dazu führt, dass sich hier neue Geschäftskonzepte schneller durchsetzen. Risikokapitalgeber sprechen gerne von einer »Good enough culture«, in der Unternehmen wie Verbraucher 80- oder 90-Prozent-Lösungen akzeptieren. Die Schattenseite kann jeder erleben, der ein US-Auto fährt! Und drittens bietet die sehr vom Wettbewerb geprägte US-Kultur ideale Testbedingungen für neue Geschäftsideen: Wer sich hier durchsetzt, hat die Tauglichkeit seines Geschäftskonzepts bereits bewiesen. Gute Beispiele hierfür sind Gastronomie-Konzepte wie Starbucks oder Friday's, Einzelhandelsideen wie Abercrombie & Fitch oder Entertainment-Konzepte wie »Wer wird Millionär?«.

Aber Vorsicht: Nicht jede US-Geschäftsidee besteht in Europa und in Deutschland. Ein gutes Beispiel ist das spektakuläre Scheitern von Wal-Mart im deutschen Einzelhandelsmarkt.

Antworten auf drei Fragen helfen zu entscheiden, ob ein Import gelingen kann.

1. Löst das Konzept ein bislang nicht gelöstes Kundenproblem?
2. Passt das Konzept zum hiesigen Verbraucherverhalten?
3. Wie sieht das bisherige Wettbewerbsumfeld aus?

Geglückter Kaffee-Import – Missglückte Handelsattacke

Die US-Kaffeekette Starbucks hat eine neue Generation von Kaffeehausbesuchern für sich entdeckt, die sich in den klassischen europäischen Cafés nicht wohl fühlte, aber eine Alternative zur Kneipe für eine Ruhepause oder einen Treff mit Freunden suchte. Starbucks passt dabei mit seinem Konzept in die Innenstädte, da man hier schon immer zwischen den Einkäufen einen Kaffee trank oder sich einfach mal setzen wollte. Die Krux war nur, dass es kein gescheites Angebot gab; unvergesslich die gelbbraunen Stehcafés von Tchibo.

Das Beispiel Wal-Mart zeigt, was alles schiefgehen kann. Wal-Mart ist in den USA *der* Billiganbieter im Einzelhandel, traf aber in Deutschland auf Aldi, Lidl und Penny. Billiger einkaufen konnte man bei Wal-Mart auch nicht und der Ansatz, mit US-amerikanischem Service Deutschland zu erobern, interessierte zu wenige. Denn der deutsche Einzelhandel ist vom Preiswettbewerb bestimmt; der Verbraucher ist es gewohnt, seine Waren aus Pappkartons herauszunehmen und sie selber einzupacken. Genau dieses Konzept beherrschen die heimischen Handelsriesen perfekt – und ließen Wal-Mart keine Chance.

Aus Überzeugung gut: Der Sprung ins kalte Wasser

Abgucken, Kopieren, Professionalisieren: Die vorigen Abschnitte hinterlassen den Eindruck, dass Unternehmer nicht wirklich etwas Neues schaffen können oder sollten. Aber das wäre falsch. Immer wieder wagen Unternehmer mit einer Idee auch den Sprung in ein völlig fremdes Gewerbe und haben bei entsprechender Planung und hohem Engagement auch häufig Erfolg.

Wenn man allerdings hinterfragt, wie in diesen Fällen die Geschäftsidee entstanden ist, landet man dann doch häufig wieder bei den bisher beschriebenen Modellen, ergänzt noch um die Beobachtung eines Branchenfremden in einem bislang fremden Umfeld. So wagen auch Branchenneulinge den Sprung in den Einzelhandel, nachdem sie über längere Zeit gesehen haben, dass ein bestimmter Bedarf an einem bestimmten Ort nicht abgedeckt wird. Und Journalisten ärgern sich so lange über das Unvermögen von PR-Agenturen, bis sie selber eine gründen.

Eine Gründung in einem fremden Gebiet ist sicher die größte Herausforderung für einen angehenden Unternehmer.

1. Er muss sich in einem Umfeld über den Markt und den Wettbewerb von klein auf informieren.
2. Er muss die in diesem Markt unerlässlichen Qualifikationen (Meisterbrief, Fachstudium etc.) besitzen oder noch erwerben oder direkt jemanden einstellen, der bereits über diese verfügt.
3. Er verfügt in seinem neuen Arbeitsfeld in der Regel nicht über das unerlässliche Netzwerk und muss dieses von Grund auf neu aufbauen.

Aber: Abschrecken sollten diese Randbedingungen keinen! Schließlich würden nie echte Innovationen auf den Markt kommen, wenn sich alle nur in bekannten Fahrwassern bewegen würden. Und davon kann bei großen Unternehmern wie Apple-Gründer Steve Jobs, SAP-Macher Hasso Plattner oder Virgin-Frontmann Richard Branson nun wirklich keine Rede sein.

Innovation oder Imitation: Wie neu muss ein Geschäftskonzept sein?

Eigentlich ist die Antwort einfach: Es muss nicht neu, aber es muss besser sein. Oder anders: Sie müssen die Welt nicht neu erfinden, aber Sie müssen ein Geschäftskonzept erfinden, das Kunden überzeugt und bindet. Die Übersicht in Abbildung 3.1 verdeutlicht die Bedeutung innovativer Geschäftssysteme und Produkte bzw. Dienstleistungen und relativiert damit zugleich die Bedeutung vom engen Begriff der Innovation, der Erfindung.

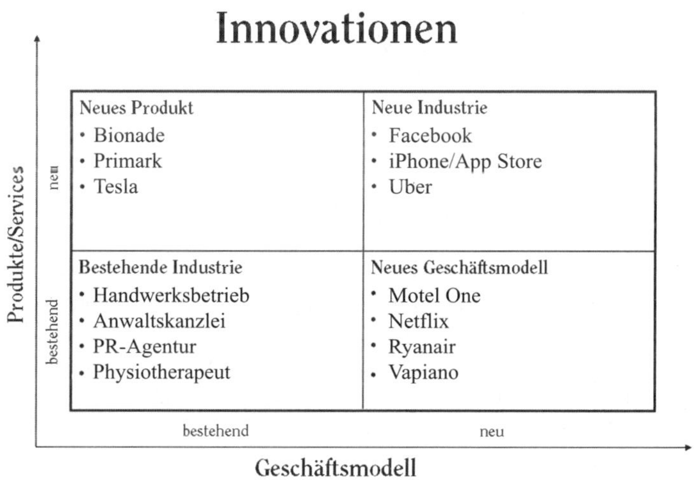

Abbildung 3.1: Zwei Dimensionen der Innovation: Neue Produkte können ebenso Märkte von Grund auf verändern wie neue Geschäftsmodelle

In allen vier Feldern sind Unternehmensgründungen möglich! Noch besser: Beispiele wie die Billigfluglinien Ryanair und Easyjet zeigen, mit welchem Erfolg ein Unternehmen mehr oder minder etablierte Industrien von Grund auf angreifen kann. Die Innovation steckt in diesen Fällen im Geschäftssystem – und genau das verschafft diesen Unternehmen die am Markt unerlässliche Alleinstellung.

Patentiert oder patent: Die Suche nach der Alleinstellung

Bei einem Patent ist die Sache einfach: Das Patent verleiht seinem Inhaber das Recht, als Einziger seine Erfindung zu vermarkten, und schließt somit Wettbewerb von vornherein für begrenzte Zeit aus. Wenn man jetzt denken würde, dass ein solches Patent der Schlüssel zum

Unternehmerglück sein müsse, dann denkt man falsch! So liegen in den Schubladen von Forschungsinstituten und Hochschulen zum Teil Hunderte von Patenten – und dennoch leben diese Institutionen von staatlichen Subventionen und nicht von eigenen Umsätzen.

Warum? Ein Patent ist nur der erste Schritt hin zu einem erfolgreichen Unternehmen, da es ihm von Beginn an eine Alleinstellung verschafft. Ein erfolgreiches Unternehmen wird daraus aber erst, wenn dahinter ein Geschäftskonzept, ein Business-Plan, das nötige Kapital und ein Team steht – und daran mangelt es den Patentinhabern häufig! Wer dagegen über diese Zutaten für ein erfolgreiches Unternehmen verfügt, kann im Zweifelsfall auf das Patent verzichten: Die eigene Idee, der eigene Einsatz und der Wille zum Erfolg verschaffen wesentlich häufiger eine Alleinstellung am Markt als ein mit amtlichem Siegel versehenes Papier, das Patent.

Alleinstellung oder neudeutsch: *Unique Selling Proposition (USP):* An diesem Punkt scheiden sich erfolgreiche von weniger erfolgreichen Konzepten. Alleinstellung heißt, dass ein Unternehmen in seinem Markt ein Produkt oder eine Dienstleistung auf eine andere, sprich bessere, Art liefert als der Wettbewerb. Diese Alleinstellung kann im Produkt liegen, das sicherer, größer oder leckerer ist als andere, aber auch in Faktoren wie Kundendienst (»Wenn wir 9 Uhr sagen, meinen wir 9 Uhr!«), Preis oder Service. Diese Alleinstellung steht im Idealfall im Zentrum sämtlicher Marketing-Aktivitäten und bestimmt auch die Strategie des Unternehmers. Die zentrale Frage lautet hierbei jeden Tag: Wie kann ich meine Alleinstellung weiter ausbauen? Wenn dabei ein Patent oder ein anderes Schutzrecht die Alleinstellung sichert, umso besser.

Das zweite Glück von Coca-Cola

Dass es mit einer Erfindung allein nicht getan ist, zeigt das Beispiel Coca-Cola. Erfunden wurde die Formel für die Brause 1886 per Zufall durch den Drogisten John S. Pemberton. Er brachte seine Erfindung in den lokalen Markt – und verkaufte kaum mehr als 15 Gläser davon pro Tag. Ein Flop! Na ja, dachte zumindest Mr. Pemberton und verkaufte die Cola-Formel nach fünf Jahren für immerhin 2.300 US-Dollar an einen Unternehmertypen namens Candler. Der schmeckte, überlegte und siegte: Binnen vier Jahren baute er ein landesweites Vertriebsnetz in den USA auf und begann mit dem Export nach Mexiko und Kanada. Die Erfolgsgeschichte von Coca-Cola hatte begonnen.

Geschützter Wettbewerbsvorsprung: Patente, Markenrechte & Co. als Startkapital

Was ist eigentlich ein Patent? »Die einem Erfinder oder dessen Rechtsnachfolger vom Deutschen Patentamt oder vom Europäischen Patentamt erteilte ausschließliche, zeitlich begrenzte Befugnis eine Erfindung zu nutzen«. Alles klar? Eigentlich schon, denn im Klartext heißt das, dass nur der Erfinder beziehungsweise dessen Erben eine Erfindung für 20 Jahre nutzen können. Das einzige Problem dabei: Was ist eine Erfindung? Selbstverständlich ist eine neue Maschine oder ein neues Medikament eine Erfindung, »eine technisch-schöpferische Neuheit«. Aber viele Innovationen, mit denen Unternehmer ihre Alleinstellung begründen, sei es ein Markenname, ein Markenauftritt, ein besonderer Service lassen sich so nicht schützen. Na ja, fast nicht, denn es gibt noch weitere Formen des Schutzes von Innovationen.

- ✔ **Gebrauchsmuster:** Der kleine Bruder des Patents schützt nicht ganz so bahnbrechende technische Innovationen für zehn Jahre gegen Nachahmer.
- ✔ **Marken:** Ja, auch der Cola-Schriftzug und das goldene M von McDonald's sind geschützt. Marken lassen sich für zehn Jahre schützen, wobei dieses Recht im Gegensatz zum Patent beliebig oft verlängerbar ist. Voraussetzungen: ein unterscheidungskräftiges Zeichen, eben eine Marke. In Kapitel 14 finden Sie weiterführende Informationen.
- ✔ **Geschmacksmuster:** Der Schutz kann noch weiter gehen – auch die Cola-Flasche ist nämlich geschützt. Als Geschmacksmuster lassen sich zwei- oder dreidimensionale Gebrauchsgegenstände vor Nachahmern schützen, sofern sie auf einer schöpferischen Leistung beruhen.

Sie merken, die Definitionen werden weicher und damit auch die Gefahr, dass sich trotz Schutz Nachahmer finden. Eine Besonderheit bildet darüber hinaus das Urheberrecht – der Schutz geistigen Eigentums. Ein weites Feld, denn darunter fällt sowohl dieses Buch als auch ein Kunstwerk als auch ein neues Computerprogramm. Das Urheberrecht tritt automatisch nach Fertigstellung in Kraft und gilt gleich 70 Jahre. Die Krux dabei: Es ist verdammt schwierig nachzuweisen, dass ein anderer lediglich kopiert und nichts selbst geleistet hat – fragen Sie mal einen durchschnittlichen Lehrer, der Tag für Tag das Abschreiben zu verhindern versucht!

Für wen der Schutz sich lohnt

Am Ende bleibt immer die Abwägung zwischen den Vorteilen eines amtlich abgesicherten Patents oder Schutzrechts und den damit verbundenen Kosten inklusive des nicht unbeträchtlichen Zeitaufwands. Je einzigartiger die Erfindung, desto eher lohnt das Patent, lautet die Grundregel. Doch nicht alle der jährlich rund 60.000 Anmeldungen zum Patent allein beim Deutschen Patentamt sind echte Innovationen. Gerade große Unternehmen nutzen diese Rechte, um eine mögliche Erfindung großflächig abzusichern (Vorratspatente) oder Konkurrenzprodukte im Keim zu verhindern (Schutzpatente). Für Sie als junger Unternehmer bedeutet dies: Wenn Sie mit einer Innovation starten wollen, müssen Sie in jedem Fall die Patentsituation überprüfen. Sonst könnte eine Klage Ihrer Innovation und damit Ihrem Unternehmen rasch den Garaus machen. Das Gleiche gilt übrigens für das Markenrecht. Rund 25 Millionen Marken sind weltweit geschützt. Und wenn Ihre Firma mit Ihrem Namen oder dem Namen eines Produktes eines dieser Markenrechte verletzt, müssen Sie nur kurz nach Gründung diesen Namen schon wieder ändern. Lesen Sie mehr zum Thema Namensrecht in Kapitel 14.

Von zentraler Bedeutung sind Patente und auch Markenrechte im Übrigen für Kapitalgeber: So meiden Private-Equity-Firmen Unternehmen, bei denen die Patentlage nicht geklärt ist. Typischer Fall: Ein junges Forscherteam macht sich aus der Hochschule heraus selbstständig und nutzt zu Beginn dabei eine patentierte Erfindung ihres alten Arbeitgebers gegen eine Lizenzgebühr. Die Krux: Keiner weiß, ob die Hochschule auf Dauer mit diesem Deal einverstanden bleibt und ob sie nicht weitere Lizenzen an mögliche Konkurrenten ausgibt. Fazit: Wer im forschungsintensiven Umfeld tätig ist, kommt um die Patentanmeldung nicht herum.

Ansonsten gilt: Besser schützen als später ärgern. Je schneller allerdings Ihre Branche neue Innovationen hervorbringt, desto fragwürdiger wird die Prozedur eines Patents. Bestes Beispiel hierfür ist die Software-Industrie, die durchaus schützenswerte Produkte hervorbringt, aber meistens auf Patente verzichtet. Denn bis das Patent erteilt ist, bringen diese Unternehmen längst schon wieder die nächste Generation ihres Produkts auf den Markt.

Wege in die Selbstständigkeit

Selbstständigkeit = eigene Unternehmensgründung. Diese Gleichung geht heute nicht mehr auf. Wer gründet, gründet immer häufiger unter dem Dach einer starken Marke (Franchise) oder mit Rückendeckung seines alten Arbeitgebers (Management-Buy-out). Viele beschränken sich auch auf die eigene Person als Unternehmen (Freiberufler oder neudeutsch Freelancer) oder kaufen sich in bestehende Strukturen ein (Übernahme).

Selbstversuch: Mein neues Unternehmen und ich

Im Zentrum aller Überlegungen von Gründern steht sicher die klassische Gründung eines Einzelunternehmers, einer Personen- oder Kapitalgesellschaft. Ein Unternehmen eben, mit eigenem Namen, eigenem Türschild und eigener Website. Daher behandeln auch viele der folgenden Kapitel dieses Buches dieses eigene Unternehmen und erklären beispielsweise, welche Rechtsformen es gibt, wie man gründet und wie man selber seinen ersten Business-Plan erstellt.

Selbstständigkeit light: Freelancer/Freiberufler

»Ich bin mein eigener Chef und mein einziger Mitarbeiter« – auf diese einfache Formel lässt sich die Selbstständigkeit als Freiberufler zurückführen, die weltweit wachsende Popularität genießt. Allein in den USA sind zu Beginn der zweiten Dekade des 21. Jahrhunderts bereits zwölf Millionen Ein-Mann- beziehungsweise Ein-Frau-Unternehmen tätig – und die Zahl soll dem Marktforschungsinstitut IDC zufolge in den kommenden Jahren weiter auf 14 Millionen steigen. In Deutschland dürfte die Entwicklung ähnlich verlaufen

In den 90er Jahren hätte hier der Gesetzgeber dem Siegeszug der Ein-Mann-Unternehmer beinahe den Garaus gemacht, indem er über das Argument einer *Scheinselbstständigkeit* Zehntausende in die Sozialversicherung zwingen wollte. Mittlerweile ist das Gesetz aber entschärft, weshalb aktuell nur solche Freelancer in das Visier des Staates geraten, die über Jahre hinweg für einen einzigen Auftraggeber, möglichst noch mit einem Schreibtisch vor Ort, arbeiten. Und ehrlich gesagt: Das hat mit Unternehmertum auch wirklich nicht viel zu tun!

Warum gibt es immer mehr Freiberufler?

Lean Management, Digitalisierung und Flexibilisierung heißen die drei Schlagworte, die den säkularen Trend weg von einer Angestelltengesellschaft hin zu einer Unternehmergesellschaft treiben. Klingen toll. Oder? Seit den 80er Jahren setzen immer mehr Unternehmen auf die Konzentration auf ihre Kernkompetenzen – nach dem Motto »Schuster, bleibt bei deinen

Leisten« und vergeben externe Aufträge für alle andere. *Outsourcing* heißt das Zauberwort. Das Gute für Sie als Möchte-gern-Unternehmer: Von diesem Trend profitieren sowohl Dienstleister als auch Spezialisten – Freelancer eben. Letztere bekommen dabei häufiger den Vortritt, wenn es um spezialisierte, temporäre Arbeiten geht oder wenn wirklich nur die Arbeitskraft genau dieser Person gesucht wird – und nicht der Apparat eines Unternehmens mit all seinen Serviceangeboten und Produktfeatures.

Auch Freelancer können am sozialen Netz teilhaben

Wer schreibt, entwirft, spricht oder irgendetwas anderes halbwegs Kreatives als Freelancer treibt, könnte aber dennoch in das Visier der Sozialversicherung geraten. Unter dem unscheinbaren Namen *Künstlersozialversicherung* lockt ein in der Öffentlichkeit weitgehend unbekannter Arm des Staates Kreative an. Auf den ersten Blick ist das Angebot charmant: Wie in einem festen Job übernimmt sie die Hälfte der Sozialversicherungsbeiträge, die andere Hälfte zahlen der Bund und über eine Umlage Ihre Auftraggeber. Zwei Tücken hat das Angebot indes:

1. Sie als Unternehmer zahlen dann doch wieder in die bekanntermaßen äußerst renditeschwache staatliche Altersvorsorge ein, anstatt selber vorzusorgen.
2. Der Staat zieht gerade die Zügel an und möchte immer genauer wissen, was Künstler denn nun wirklich verdienen – in der Vergangenheit gab er sich mit Schätzungen zufrieden. Für Sie als Selbstständiger bedeutet das: Im Zweifelsfall zahlen Sie künftig mehr!

Auf der anderen Seite sind Sie dank der Künstlersozialversicherung gesetzlich krankenversichert und zahlen auch dort nur den »Arbeitnehmeranteil«. Vor allem wenn Sie Kinder haben, können Sie so gegenüber einer privaten Versicherung richtig Geld sparen.

Was tun?

1. **Sie haben Zeit!** Ab Beginn einer freiberuflichen Tätigkeit haben Sie fünf Jahre, in denen Sie in die Künstlersozialkasse wechseln können.
2. **Abwägen.** Vielleicht bleibt ja der Beitrag für die zugegeben marode Rentenversicherung geringer als die Ersparnis bei der Krankenversicherung? Und eventuell lohnt sich sogar die Einzahlung in diesen Topf, da Sie vermutlich als Angestellter zuvor bereits bestimmte Zeiten für eine Rente angesammelt haben?
3. **Schlau machen.** Zwei Anlaufstellen bieten Ihnen Orientierung bei dieser für einen Freiberufler extrem wichtigen Entscheidung. Zum einen die Künstlersozialkasse selbst (`http://www.kuenstlersozialkasse.de`). Zum anderen die gute alte Rentenversicherung, die in persönlichen Beratungsgesprächen erläutert, wann sich welche Rentenbeiträge für wen lohnen. Eine Übersicht der Beratungstellen finden Sie unter `http://www.deutsche-rentenversicherung.de`.

Dank breitbandigem Internetanschluss, Laptop und Smartphone können Sie als Freiberufler heute in Unternehmen in einer Art und Weise eingebunden werden, als ob Sie im Büro nebenan sitzen würden. Dabei sitzen Sie daheim, kümmern sich zwischendurch um die Kinder oder die Eltern oder genießen einfach Ihre Traumumgebung am Strand oder in den Bergen. Denn das Freelancer-Dasein kommt auch einem steigenden Bedürfnis nach flexiblen und damit familiengerechten Arbeitszeiten und -orten entgegen.

Welche Branchen auf Freelancer setzen

Vorreiter in Sachen Freelancer ist klar die IT-Industrie. Von Beginn an banden Software- und Hardwarehäuser sowie TK-Ausrüster hochspezialisierte Programmierer, Systementwickler und Ingenieure in ihre Arbeitsprozesse mit ein und honorierten sie mit hohen Tagessätzen. Frühzeitig erkannten Bill Gates, Steve Jobs & Co., welche Vorteile es bringen kann, Spezialisten auf Zeit in Teams zu integrieren, anstatt sämtliche Fertigkeiten im eigenen Haus vorzuhalten und dafür entsprechende Gehälter zu zahlen. Auf der anderen Seite fand die Branche dabei von Beginn an einen Weg, Computer-Freaks und Eigenbrötler in ihre Prozesse einzubinden, die überhaupt keine Anstellung mehr anstrebten. Welche Dynamik eine solche Community entfalten kann, zeigte sich dann nach 1990 beim Siegeszug des Betriebssystems Linux oder in den vergangenen Jahren bei der explosionsartigen Vermehrung von Apps.

Typische Einsatzgebiete für Freelancer sind unter anderem:

- ✔ Programmierung
- ✔ Text
- ✔ Grafik
- ✔ Projektleitung
- ✔ Lektorat

Wie werde ich Freelancer?

Wer für seinen Job hauptsächlich seinen Kopf, einen Laptop und einen Internetanschluss benötigt, kann prinzipiell als Freelancer starten und sich so die eigene Existenz aufbauen. Dabei kann das Freelancer-Dasein bereits das Ziel der beruflichen Wünsche sein oder einfach die Startbasis für ein eigenes, kleines Beratungsunternehmen.

Für die typischen Freiberufler-Tätigkeiten braucht man in der Regel nur ein geringes Startkapital. Über den Erfolg des Ein-Personen-Unternehmens entscheidet, ob es ihm gelingt, schnell ausreichend Kunden zu finden. In der Regel starten Freelancer bereits mit ein bis zwei festen Kunden, die sie bislang nach Feierabend betreut haben oder die ihnen der eigene Arbeitgeber als Startkapital mit auf den Weg gibt – im Gegenzug spart er sich ja das Gehalt, Sozialversicherung, bezahlten Urlaub & Co. Noch stärker als kleine Unternehmen leben Freelancer danach von Empfehlungen und Referenzprojekten. In vielen Fällen zieht ein gut erledigter Auftrag den nächsten nach sich – warum sollten Agenturen auch einen neuen Texter suchen, wenn der aktuelle Freelancer so gut und zuverlässig arbeitet?

Für wen lohnt sich das freie Leben?

Freiberufler und Familie: In vielen Fällen und gerade für Frauen scheinen die beiden F-Wörter perfekt zusammenzupassen: Wenn die Kinder in der Schule sind, schlafen oder Sport treiben, schieben sie zwei bis drei Stunden kreative Tätigkeit für ein Architektur- oder Grafikbüro ein. Umgekehrt gelingt es Vätern mit einer Freelancer-Tätigkeit oft besser, ihre Ansprüche an Beruf und Familie unter einem Hut zu bekommen.

Aber Vorsicht! Freiberufler hat per Definition nichts mit Freizeit zu tun – im Gegenteil:

- ✔ Freelancer haben viele Aufträge mit festen Abgabeterminen.
- ✔ Freelancer wollen und müssen hundertprozentige Leistung abliefern, um Folgeaufträge zu sichern.
- ✔ Gute Freelancer bekommen häufig mehr Aufträge als geplant und manchmal auch gewünscht.

So sitzt ein bekannter Münchener Texter mittlerweile bis zu zwölf Stunden pro Tag an seinem Schreibtisch, um für führende Beratungsgesellschaften und börsennotierte Unternehmen Artikel und ganze Geschäftsberichte zu schreiben. Sein logischer Schritt: Er erweitert sein Büro mit einem Partner und stellt gleich noch eine Assistentin ein – ein neues Unternehmen ist geboren. Wer mehr über die Chancen und den Alltag von Freiberuflern erfahren will, wird im Buch *Freiberufler für Dummies* fündig.

Freiberufler: Die Bilanz

Der Schritt in die Selbstständigkeit als Einzelkämpfer sollte gut überlegt sein. Der Unabhängigkeit und Flexibilität der eigenen Tätigkeit steht die Abhängigkeit des Umsatzes von der eigenen Arbeitskraft entgegen.

positiv	negativ
wachsende Nachfrage	beschränkte Einkommensmöglichkeit
kaum Fixkosten	temporäre Abhängigkeit von einem Auftraggeber
Flexibilität	fehlende Wachstumspotenziale

Tabelle 3.1: Pro und kontra Selbstständigkeit

Selbstständigkeit mit starkem Partner: Franchise

Egal, ob Sie Villen, Hamburger oder Englisch-Kurse verkaufen wollen: In all diesen Fällen können Sie dies entweder auf eigene Rechnung und unter eigenem Namen machen oder sich einem Franchise-Partner anschließen. Franchise-Geber wie Engels & Voelkers, McDonald's oder Wallstreet-Institute liefern Unternehmern in spe dabei eine Geschäftsidee, eine etablierte Marke, das notwendige Know-how und Gebietsschutz und erwarten im Gegenzug unternehmerischen Einsatz sowie Gebühren.

In der Regel fallen drei Arten von Gebühren an:

1. eine Eintrittsgebühr (in Höhe von ein paar Tausend bis zu 500.000 Euro und mehr)
2. eine Umsatzbeteiligung als laufende Gebühr
3. Werbekostenzuschüsse – am Ende bezahlen also Sie, damit in Ihrer Tageszeitung für Ihr Produkt geworben wird

Gute Gründe für Franchise

Ganz klar ist die Marke der Hauptvorteil von Franchising! Sie müssen nicht erst selber Ihren Namen bekannt machen, sondern profitieren von der Bekanntheit und den mit einem Unternehmen verbundenen Attributen eines etablierten Players am Markt. Konkret: Sie müssen niemanden in Ihr Lokal locken, der zum ersten Mal einen Hamburger testet. Zudem bieten seriöse Franchise-Geber umfangreiche Hilfestellungen und erklären Neu-Unternehmern, wie Sie Ihr Geschäft betreiben sollten oder müssen. Gerade Letzteres empfinden übrigens viele Franchise-Nehmer nach einigen Jahren als Belastung, schränkt es doch die eigene Handlungsfreiheit arg ein. Die Franchise-Geber achten aber aus gutem Grund auf die Einhaltung ihrer Richtlinien: Schließlich soll ein Fast-Food-Konsument sich in Ihrem Lokal in Deutschland genauso fühlen wie in einem Lokal in Los Angeles oder Shanghai. Etablierte Franchise-Geber geben zusätzlich zum Handbuch noch eine Menge Hilfestellung: Das Spektrum reicht von der Marktforschung über die Standortwahl und die Erstellung eines Business-Plans bis hin zu Werbung und PR.

Ein sehr wichtiger Punkt ist der Gebietsschutz: In den Franchise-Verträgen wird genau festgehalten, in welchem Gebiet der Franchise-Nehmer jeweils exklusiv tätig sein darf. Fehlt ein solcher Punkt im ersten Entwurf, sollte man auf jeden Fall nachhaken! Denn, was hilft die beste Marke und der härteste Einsatz, wenn 50 Meter ein Anbieter der gleichen Filiale seine Pforten öffnet?

Und die Kehrseite der Franchise-Medaille

In erster Linie ist es die Abhängigkeit von einem Unternehmen. Sie sind zwar selbstständig, sind es aber doch nicht. Sie arbeiten auf eigene Rechnung und auf eigenes Risiko, können aber längst nicht so schalten und walten, wie Sie dies vielleicht gerne würden. Und im Zweifelsfall müssen Sie auch Fehlentscheidungen Ihres Unternehmens ausbaden.

Für viel Aufsehen sorgten beispielsweise in den 90er Jahren Werbekampagnen von Benetton, die mit Bildern von Aids-Kranken oder Flüchtlingen schockieren wollten, aber letztendlich die Kunden aus den Läden heraushielten. Die Entscheidung über eine solche Kampagne traf die Benetton-Zentrale in Italien, die Folgen in Form von Umsatzeinbußen trugen die Franchise-Nehmer überall auf der Welt.

Das richtige Franchise-System für Sie!

In Deutschland gibt es knapp 1.000 Franchise-Systeme. Das Spektrum reicht von der Systemgastronomie über den Handel bis hin zu vielfältigen Dienstleistungen, von der Nachhilfe bis hin zum Sonnenstudio. Die größten Franchise-Geber sind TUI/First, eine Reisebürokette, McDonald's, zwei Organisationen für Schülernachhilfe und die Bäckerei-Kette Kamps.

Bei der Entscheidung, welches Angebot für einen selbst das richtige sein könnte, sollten drei Fragen im Zentrum stehen:

- ✔ Was kann ich?
- ✔ Welche Chancen hat welches Konzept in meinem Markt?
- ✔ Wer ist mein Partner?

Vorsicht vor schwarzen Schafen! Franchise-Systeme können eine gute Möglichkeit sein, sich selbstständig zu machen – wenn das Konzept bewährt und der Anbieter seriös ist. Immer wieder versuchen aber kleinere Firmen mit unausgereiften Geschäftsmodellen und überteuerten Gebühren, auf den Erfolgszug Franchise aufzuspringen. Wer auf Nummer sicher gehen will, beschränkt seine Überlegungen zum Thema Franchise auf etablierte Player sowie im Deutschen Franchise-Verband (`www.franchiseverband.com`) registrierte Unternehmen.

Prüfe, wer sich lange bindet: Die Franchise-Checkliste

Wie bei jeder Unternehmensgründung sollten Sie auch ein Franchise-Konzept vor dem Start einer sorgfältigen Prüfung unterziehen. Dazu zählen insbesondere die eigene Marktforschung sowie ein Check des häufig Dutzende Seiten umfassenden Vertragswerkes. Denn nach Vertragsabschluss kommen Sie nur noch schwer aus Ihrer neuen Rolle als Unternehmer light heraus. Prüfen Sie Ihr Konzept anhand der Fragen in Abbildung 3.2 kritisch.

Selbstständigkeit mit altem Partner: Unternehmensnachfolge

Mehr als 70.000 Unternehmen in Deutschland, quer durch alle Branchen, benötigen jedes Jahr einen Nachfolger. Sicher, in der Mehrzahl der Fälle übernimmt unverändert traditionsgemäß die nächste Generation den Betrieb. Aber, sei es aus Kindermangel oder mangelndem Interesse des Nachwuchses, immer mehr Unternehmer suchen einen externen Käufer für ihre Firma – eine Chance für neue Unternehmer!

Der Charme des Bekannten: Was Betriebsübernahmen attraktiv macht

Die Produktion läuft, die Kunden sind bekannt und die Mitarbeiter eingearbeitet: Es ist leicht sich vorzustellen, welche Vorteile der Kauf eines bestehenden Betriebs mit sich bringt, wenn man sich die Ungewissheiten einer Neugründung vor Augen hält. Dazu kommt im Idealfall ein Unternehmer, der über viele Jahre Erfahrung in seinem Geschäft verfügt und auch noch gerne bereit ist, seinen Nachfolger so einzuarbeiten, dass das Unternehmen auf Dauer weiterbesteht.

Wie soll ich das bloß bewerten? Die Bewertung von Unternehmen

Um in ein solch gemachtes Bett schlüpfen zu können, zahlen Neu-Unternehmer einen Preis, den Kaufpreis; in vielen Fällen bildet dieser Preis die Altersversorge des Altunternehmers. Hierbei kommt in der Regel eines der folgenden Verfahren oder eine Kombination derselben zum Einsatz: Ertragswert, Substanzwert, Vergleichswert oder branchenübliche Multiplikatoren.

Fragen zum Franchise-Konzept	**Antwort**
Wie groß ist mein Markt?	
Wie strikt ist der Gebietsschutz?	
Wie kann ich potenzielle Kunden ansprechen? Welche Unterstützung bietet der Franchise-Geber – zu welchen Kosten?	
Welche Wettbewerber gibt es in diesem Markt?	
Wie laufen andere Filialen der Kette? (Unbedingt drei bis fünf Franchise-Nehmer vorab kontaktieren!)	
Wie solide ist der Franchise-Geber?	
Wie ist das Image des Franchise-Gebers?	
Bietet der Franchise-Geber Schulungen, Einführungen und Weiterbildung?	
Wie umfangreich und realitätsnah ist das Betriebshandbuch?	
Wie realistisch im Marktvergleich sind die Einkaufskonditionen des Franchise-Gebers? Lässt der Vertrag auch einen Wareneinkauf über Dritte zu?	
Wie viel Kapital muss ich mitbringen?	
Wie weit hilft mir der Franchise-Geber bei der Planung?	
Wie realistisch ist der Business-Plan, bspw. im Vergleich zu anderen Filialen?	
Sind die Franchise-Gebühren im Marktvergleich realistisch und lassen sich diese auch in schwächeren Zeiten erwirtschaften?	
Über welchen Zeitraum läuft der Vertrag? Welche Kündigungsfristen werden vereinbart?	
Im Falle einer Kündigung: Darf ich die Geschäftsausstattung weiterveräußern oder wird diese gegen Bezahlung zurückgenommen?	
Im Falle einer Kündigung: Gibt es Wettbewerbsverbote und Konkurrenzklauseln? Werden diese honoriert?	

Abbildung 3.2: Checkliste: Franchise-Angebot

Der *Ertragswert* ist am schwierigsten zu ermitteln, aus Sicht des Erwerbers aber sicher die attraktivste Bewertungsmethode. Denn beim Ertragswert wird versucht, den Wert eines Unternehmens anhand seiner künftigen Erträge = Gewinne zu bestimmen. Wie geht das? anhand des Business-Plans entwickeln Käufer und Verkäufer ein Zahlengerüst über künftige Umsätze und Kosten und gelangen so zu einer Schätzung künftiger Gewinne. Diese künftigen Zahlen werden dann mit einem verhandelbaren Zinssatz – einen Anhaltspunkt liefern die Zinssätze von Banken für langfristige Kredite – abgezinst, und führen so zu einem Kaufpreis.

»Damit es schneller geht«, ermitteln Verkäufer und Berater den Ertragswert gerne auf Basis von Vergangenheitswerten. Sprich: Sie nehmen die Gewinne der vergangenen drei Jahre, rechnen einmalige Effekte sowie den Unternehmerlohn heraus und ermitteln daraus ein durchschnittliches Ergebnis der kommenden Jahre. Dieses Verfahren berücksichtigt aber keine Veränderungen im Markt oder Veränderungen, die sich aus dem Ausscheiden des Altunternehmers ergeben.

Beim *Substanzwert* bewertet man in erster Linie all die Dinge, die man auch bilanzieren kann: Grundstücke, Maschinen, Patente und Dienstwagen. Grundlage der Bewertung ist die Beantwortung der Frage, was es kosten würde, das Unternehmen mit seinem aktuellen Vermögen neu zu errichten. In einem zweiten Schritt werden von diesem Wert die Schulden abgezogen und das Ergebnis ist der Substanzwert. Der große Nachteil dieses Verfahrens liegt in der Konzentration auf bestehendes Vermögen und der Vernachlässigung der eigentlich entscheidenden Erfolgsfaktoren eines Unternehmens: seinen Kundenbeziehungen, seinem Know-how und seinen Mitarbeitern.

Beim *Vergleichswert* ziehen Verkäufer und Käufer Vergleichswerte aus der eigenen Branche heran:

- ✔ Was hat ein Käufer für einen vergleichbaren Betrieb in der Nachbargemeinde gezahlt?
- ✔ Zu welchem Preis wurde ein Wettbewerber von einem größeren Lieferanten geschluckt?

Antworten auf diese Fragen können die Berufsverbände, Industrie- und Handelskammern, Handwerkskammern oder Unternehmensberater liefern. Solche Angaben sind allerdings mit Vorsicht zu genießen und können lediglich eine Verhandlungsbasis liefern.

Am Ende ist der Kaufpreis immer ein verhandelter Preis mit viel Spielraum auf beiden Seiten. Je größer das Interesse des Käufers, desto eher steigt der Preis. Je größer der Bedarf des Unternehmens, einen Nachfolger zu finden und eventuell auch seine Altersversorgung zu sichern, umso eher sind Preisnachlässe drin.

Noch einfacher als beim Vergleichswert machen es sich viele Freiberufler, die Arztpraxen, Anwaltskanzleien oder Architekturbüros übernehmen. Hier haben sich über die Jahre bestimmte Multiplikatoren eingebürgert, mit denen die bestehenden Umsätze zu bewerten sind. Allerdings: Auch hier sollte und muss man verhandeln!

Zahlen Sie die Kaufsumme in Raten

Die Unsicherheit über den künftigen Gewinn des Unternehmens schwindet, wenn man den Kauf, egal nach welcher Methode, Schritt für Schritt abwickelt und den endgültigen Preis vom Erfolg in den ersten Jahren nach der Übernahme abhängig macht. Sprich: Der Verkäufer erhält in einem ersten Schritt nur die Hälfte des Kaufpreises und die andere Hälfte in den kommenden zwei Jahren. Ein Dienstleistervertrag mit entsprechender Entlohnung motiviert den Unternehmer zusätzlich, in diesen zwei Jahren den Wert seines Unternehmens weiter zu steigern. Der endgültige Kaufpreis steht erst nach diesen zwei Jahren fest: Je erfolgreicher das Unternehmen läuft, umso mehr erhält der Verkäufer und umso mehr ist das Unternehmen für den Käufer wert!

Nicht ohne meinen Berater! Mehr als noch der Kauf einer Immobilie belastet der Kauf eines Unternehmens das eigene Vermögen auf das Äußerste. Trotz dieser Belastung wäre es töricht, im Kaufprozess auf fachmännischen Rat zu verzichten. Sowohl ein Anwalt als auch ein Wirtschaftsprüfer sollten Verträge und Unternehmen gesehen haben, bevor Sie vor dem Notar den Kauf besiegeln lassen.

Woher nehmen, wenn nicht stehlen: Kapitalgeber bei Übernahmen

Die gute Nachricht beim Unternehmensverkauf lautet: Mit dem Unternehmen erwerben Sie beleihbare Substanz: Gebäude, Grundstücke oder greifbares Vermögen, auf das Banken Kredite geben. Zudem stellen sich auch mehr und mehr Förderprogramme auf die Bedürfnisse von Nachfolgern ein. Der beste Weg, die eigene finanzielle Belastung in Grenzen zu halten, bleibt es aber, die Auszahlung des Kaufpreises zu stückeln und ihn so zu einem guten Teil aus den laufenden Einnahmen Ihres neuen Unternehmens zu bedienen.

Der Mief des Altbekannten: Was Übernahmen riskant macht

Trotz der Vorteile des Einkaufs in ein bestehendes Unternehmen bleiben in Deutschland Jahr für Jahr Tausende Unternehmen ohne Käufer – immer wieder warnen Magazine reißerisch vor einem Unternehmenssterben, da Unternehmer aufgeben. Doch die Skepsis vieler Käufer hat gute Gründe: Häufig nämlich sind Unternehmen sehr stark auf den Eigentümer zugeschnitten. Das gilt für die Entscheidungsprozesse genauso wie für die Mitarbeiter und Kunden. Für einen Externen ist es schwer, solche Strukturen zu durchbrechen, die Ablehnung von Seiten wichtiger Kunden kann sogar die Existenz eines eingeführten Betriebs gefährden.

Vielleicht ist ein fließender Übergang über mehrere Jahre eine Lösung? Dann geht es nicht hoppla-hopp, sondern Sie als neuer Chef rutschen langsam hinein und auch der alte Eigentümer kann sich langsam an den Gedanken gewöhnen, dass bald Sie das Zepter in der Hand halten werden. Ein weiterer Vorteil: Auch der Kaufpreis wird dann gleitend, also in Raten, über die Eingewöhnungszeit verteilt, fällig.

Ein zweites Risiko liegt in möglichen Altlasten, einem überalterten Maschinenpark, renovierungsbedürftigen Gebäuden oder Mitarbeitern mit veraltetem Know-how. Im Verkaufsgespräch wird jeder Unternehmer seine Firma so vorteilhaft wie möglich darstellen. Versuchen Sie also, hinter die Fassade zu schauen, und handeln Sie nicht zu spontan. Lassen Sie sich von externen Beratern vor vorschnellen Entschlüssen schützen und recherchieren Sie genau zum Objekt der Begierde. Unverzichtbar ist auch eine *Legal Due Diligence* – eine rechtliche Überprüfung sämtlicher Verträge – durch einen versierten Anwalt, um auch vertragliche Altlasten und Haftungsrisiken zu erkennen.

Checkliste: Zehn Dinge, die Sie klären müssen, bevor Sie einsteigen, und wie Sie sie dokumentieren

Ein Firmenkauf ist eine langwierige Sache und wenn sich Käufer und Verkäufer endlich handelseinig sind, möchten beide nur noch die lästigen Formalitäten über die Bühne kriegen. Das kann ein Riesenfehler sein! Nehmen Sie sich Zeit, überprüfen Sie sorgfältig die Punkte in Abbildung 3.3 und dokumentieren Sie vor allem detailliert, was Sie eigentlich erwerben.

Fragen beim Firmenkauf	notwendige Unterlagen	erledigt
Was erwerbe ich?	Inventarliste aller erworbenen Gegenstände	
Was ist geschützt?	Offenlegung aller Patente, Markenrechte sowie weiterer gewerblicher Schutzrechte	
Was sagen die Kunden?	vollständige Kundenliste Kontakte zu Schlüsselkunden	
Wer sind meine Partner?	Alle Liefer-, Vertriebs- und Kooperationsverträge	
Wo arbeite ich?	Zustimmung des Vermieters zur Übernahme	
Wer macht mit?	Zustimmung der Mitarbeiter	
Was sagt die Bank?	Dokumentation der Geschäftsbeziehungen inklusive aller Kreditverträge	
Was sagt das Finanzamt?	Negativbescheinigung des Finanzamts, wonach zum Stichtag keine Steuerschulden bestehen Bestätigung der Betriebsprüfung	
Was sagt die Versicherung?	Bestätigung, dass keine Beiträge rückständig sind	
Wer macht Ärger?	Zusicherung des Verkäufers, dass keine gerichtlichen und außergerichtlichen Auseinandersetzungen laufen (Prozessklausel)	

Abbildung 3.3: Checkliste: Unternehmensübernahme

Selbstständigkeit mit vertrautem Partner: Management-Buy-out

Der Management-Buy-out (MBO) ist eine besondere Spielform der Betriebsübernahme. Zwei Ausgangsszenarien sind denkbar:

1. Das Auskaufen eines Unternehmensgründers oder eines Unternehmers durch die nächste, familienfremde und bislang als Manager angestellte Generation
2. Die Übernahme von Betriebsteilen oder Tochtergesellschaften durch ein Managementteam innerhalb größerer Unternehmen.

Beide Spielarten eint die Tatsache, dass Angestellte zu Unternehmern werden, mit allen Vor- und Nachteilen.

Der größte Vorteil eines Management-Buy-outs ist sicher, dass das Team das Unternehmen, seine Kunden, Lieferanten und Mitarbeiter bereits kennt und so das Risiko der Selbstständigkeit sehr gut abschätzen kann. Der größte Nachteil eines MBO liegt darin, dass Sie neben diesen Assets auch die Altlasten eines bestehenden Unternehmens übernehmen: verknöcherte Strukturen, verhärtete Fronten zwischen Arbeitnehmern und -gebern oder lang genutzte Betriebsgrundstücke mit eventuellen Altlasten. Die größte Herausforderung eines Management-Buy-outs liegt damit darin, mit dem Wissen um die Schwächen das neue Unternehmen rasch so aufzustellen, dass es künftiger stärker am Markt dasteht.

Die größte Hürde bei einem solchem Management-Buy-out liegt im Buy-out-Team selbst. In der Regel hat es über Jahre hinweg selbst die Strukturen in einem Unternehmen geprägt und ist jetzt gefordert, statt als Angestellter als Unternehmer mit allen Risiken (und Chancen!) zu agieren und liebgewordene Gewohnheiten und Prozesse kritisch auf den Prüfstand zu stellen. Am besten gelingt dies häufiger bei Management-Buy-outs aus großen Konzernen, wo ein Team jüngerer Manager sich über Jahre an den Regularien der Muttergesellschaft gerieben hat und nun, befreit von diesen Fesseln, als Unternehmer richtig durchstartet. Voraussetzung: Das Team funktioniert. Hierbei gelten die gleichen Regeln wie für jedes Gründerteam: Erstens müssen die Verantwortungen klar geregelt sein, zweitens müssen alle finanziellen Fragen ausdiskutiert und möglichst schriftlich fixiert sein und drittens muss die Chemie stimmen.

Zentrale Voraussetzungen für ein Management-Buy-out

Die elementaren, unabdingbaren Voraussetzungen für ein erfolgreiches Management-Buy-out sind:

- ✔ ein erfahrenes Managementteam
- ✔ ein tragfähiges Unternehmenskonzept
- ✔ genügend Eigenkapital
- ✔ ein positiver Cashflow

Die Attraktivität eines Management-Buy-outs steigt, wenn für die erste Zeit noch eine Bindung an das Mutterunternehmen bestehen bleibt. Beispielsweise lagern viele Unternehmen im Rahmen der derzeit propagierten Konzentration auf Kernkompetenzen Randaktivitäten wie die Logistik oder die IT in eigenständige Betriebe aus, schließen aber zugleich noch längerfristige Lieferverträge mit dem neuen Unternehmen. Für das Management-Buy-out-Team bedeutet dies einen Unternehmerstart light, denn sie haben schon vor Beginn ihres Unternehmerlebens einen ersten wichtigen Kunden. Einen Nachteil birgt dieser Schnellstart aber: Allzu gerne verharren solche ausgegliederten Gesellschaften als verlängerter Arm der ehemaligen Mutterfirma und vergessen, rechtzeitig neue Kunden zu erschließen. Wenn der drei- bis fünf-jährige Kontrakt dann ausläuft, ist das Unternehmen nicht auf den wirklichen Wettbewerb vorbereitet.

Machen Sie sich über den Markt schlau

4

In diesem Kapitel

- Was Sie über Ihren Markt wissen sollten
- Wie Sie es direkt oder über Dritte erfahren können
- Welche Adressen Sie bei Ihrer Marktforschung unterstützen

Sie haben eine Idee? Fein! Sie löst ein Problem bei einem Kunden? Sehr gut! Aber wo könnte dieser Kunde diese Problemlösung nachfragen, wie groß ist dieser Markt, welche Wettbewerber tummeln sich darauf und zu welchen Konditionen bieten diese an? Diese Fragen können Sie mit Hilfe der Marktforschung beantworten. Keine Sorge: Marktforschung heißt nicht, dass Sie jetzt erst einmal Emnid, Infas oder die GfK als großen externen Dienstleister einschalten. Marktforschung heißt vielmehr, dass Sie sich die Zeit nehmen, durch Gespräche, Lektüre und Besuche mehr über Ihren Markt zu erfahren.

Die nackten Zahlen: So grenzen Sie Ihren Markt ein

Sie wollen den Weltmarkt erobern? Okay, das weltweite Bruttosozialprodukt beträgt rund 30 Billionen Euro. Sie wollen in Deutschland starten? Das deutsche Bruttosozialprodukt liegt bei 2,7 Billionen Euro. Ihre Geschäftsidee ist ein Einzelhandelskonzept? Der deutsche Einzelhandel setzt etwa 400 Milliarden Euro pro Jahr um. Sie starten mit einem Geschäft in München? Hier erreicht der Einzelhandelsumsatz vielleicht noch zehn Milliarden Euro. Ihr Geschäft liegt in Schwabing? Sie verkaufen Schuhe? Damenschuhe?

Schritt für Schritt wird in diesem Beispiel ein Markt abgegrenzt, die absoluten Zahlen sinken, aber die Relevanz für Ihr Unternehmen steigt. Für Ihren Business-Plan ist nur die letzte Zahl wirklich von Interesse, aber genau die lässt sich gar nicht so leicht ermitteln. Denn erstens geben die drei bestehenden Geschäfte in einer bestimmten Straße sicher nicht freiwillig ihre Umsätze zur Veröffentlichung frei und zweitens hat in dem Detaillierungsgrad auch kein kommerzieller Anbieter Interesse, diese Daten zu erfassen.

Die Herren der Zahlen: Anlaufstellen für Ihre Marktforschung

Um einen Überblick über den eigenen relevanten Markt zu bekommen, müssen sich angehende Unternehmer daher einer Mischung aus der Nutzung von Sekundärquellen und persönlicher Recherche bedienen. Sie werden staunen, wer am Ende in Deutschland über Daten zu Ihrem Markt verfügt.

- ✔ **das Statistische Bundesamt** (`www.destatis.de`) und seine Landesämter, die offiziellen Behörden für die Datensammlung und -auswertung

- **die örtlichen Industrie- und Handelskammern, Innungen und Verbände.** Entweder halten sie schriftliches Informationsmaterial vor oder sie gewähren im persönlichen Gespräch Einblicke in die Marktsituation vor Ort.
- **ortsansässige Medien.** Jeden Tag berichten sie über die Wirtschaft in Ihrer Region und verwenden dabei eine Vielzahl öffentlich zugänglicher, aber auch interner Quellen. Im Zuge einer Recherche in ihren Archiven finden sich häufiger Marktdaten und Prognosen.
- **Webrecherche.** Je nach Branche und Region können Sie staunen, in welchem Maß kleinere Beratungsunternehmen, Marktforscher oder regionale Hochschulinstitute bereits über Ihren Markt geforscht und nachgedacht haben.

Nutzen Sie diese Quellen.

Im Idealfall verfügen Sie als Ergebnis Ihrer Recherche über weit mehr als nackte Daten über Marktvolumina, beispielsweise über Daten zur Kundenstruktur, Käufergewohnheiten sowie Kauffrequenzen. Je mehr Sie in diesem Stadium über Ihren Markt und seine Gegebenheiten wissen, desto zielgerichteter können Sie im Rahmen der Entwicklung Ihres Business-Plans sowie des Geschäftskonzepts bereits Ihre Produkte und Dienstleistungen auf Ihre Zielgruppen zuschneidern und entsprechende Marketingmaßnahmen entwickeln.

Ein Blick sagt mehr als 1000 Studien

Bislang haben wir uns auf die so genannte *Sekundärmarktforschung* konzentriert, sprich die Nutzung von Unterlagen von Institutionen, die direkt am Markt Daten gesammelt und danach zusammengefasst haben. Diese Unterlagen verschaffen Ihnen einen wichtigen ersten Überblick. Einen Einblick erhalten Sie aber erst, wenn Sie selbst anfangen, Ihren Markt zu erforschen. Drei Wege stehen Ihnen hierbei offen:

1. **Persönliche Beobachtungen**
2. **Persönliche Gespräche**
3. **Befragungen**

Was macht denn die Konkurrenz so?

In der Schule haben wir gelernt, dass man nicht abgucken soll. Im Unternehmerleben sollten Sie diese alte Mahnung schnellstmöglich vergessen! Ihr Unternehmen muss und wird die Welt nicht neu erfinden, sondern kann von den Erfahrungen einer Vielzahl bestehender Unternehmen profitieren. Wenn Sie also einen Laden aufmachen sollen, verwenden Sie Stunden, ja Tage dafür, bestehende Ladenkonzepte anzuschauen und zu prüfen:

- Wie werden die Waren ausgestellt?
- Wie werden Kunden angesprochen?
- Welche Kunden sind im Laden?
- Wie lange bleiben sie drin?

Beobachten Sie die Situation und fragen Sie permanent: Was könnten Sie besser machen? Was könnten Sie nachahmen? Das gleiche Prinzip gilt für jede Branche: Sicher, Sie können einen Maler nicht den ganzen Tag bei seiner Arbeit begleiten, Sie können aber durchaus seinen Betrieb in Augenschein nehmen, selbst einmal ein unverbindliches Beratungsgespräch führen und dessen Werbemaßnahmen recherchieren: Wie sieht sein Internetauftritt aus? Schaltet er Anzeigen? Wie präsentiert er sich auf den Baustellen?

Prüfen Sie, was Sie besser machen können und merken Sie sich, was Ihnen gefällt. Noch mehr über die Auseinandersetzung mit Ihrer Konkurrenz erfahren Sie in Kapitel 6.

Kontakte zu Marktkennern zahlen sich aus

Es ist allzu menschlich, dass man nur ungern fremde Menschen anspricht. Aber erstens müssen Sie dies als Unternehmer eh lernen und zweitens bringen solche Gespräche Ihre Geschäftsidee enorm weiter. Und Sie werden staunen, wie bereitwillig Unternehmer selbst potenziellen Konkurrenten Auskunft geben. Denn auch dies ist allzu menschlich: Man berichtet einfach zu gerne über eigene Erfahrungen und Erfolge.

Sicher, Sie müssen im Einzelfall prüfen, wie Sie potenzielle Gesprächspartner angehen. Ein probates Mittel sind Referenzen von Freunden und Bekannten, die einfach ein Gespräch bei einem gestandenen Unternehmer vermitteln. Dieser sieht Sie in dieser Stunde weniger als Konkurrent, sondern vielmehr als fördernswerter Junior. Eine Grundregel sollten Sie bei solchen Gesprächen indes beherzigen: Reden Sie niemals über betriebswirtschaftliche Fakten, sprich Gewinne und Verluste! Denn da sind Unternehmer verschlossen, ja misstrauisch. Reden Sie über Strategien und Märkte, Kundenverhalten und Erfahrungen, und Sie lernen eine Menge.

Gleiches gilt für Gespräche mit *Multiplikatoren*, beispielsweise bei Kammern, in Verbänden oder selbst bei Medien. Der erfahrene Fachjournalist für Ihre Branche ist vielleicht bereit, bei einem Mittagessen über Ihre Idee und den Markt zu plaudern? Fein! Ein Lieferant für die ganze Branche sieht Sie als neuen potenziellen Kunden und trifft sich für zwei Stunden? Super! Diese Liste ließe sich fortsetzen ... es ist an Ihnen, Türen zu öffnen und Fragen zu stellen.

Schalten Sie Profis ein – Befragungen und Testmärkte

Je nach Umfang Ihrer Geschäftsidee kann es Sinn machen, bereits in einem frühen Stadium professionell potenzielle Kunden über ihre Vorlieben und ihre Zahlungsbereitschaft befragen zu lassen. Wie Sie direkt mit den Kunden der Konkurrenz ins Gespräch kommen, lesen Sie in Kapitel 5.

Alternativ bieten professionelle Marktforschungsinstitute solche Befragungen an, verlangen dafür aber auch entsprechende Honorare. Falls Sie eine solche Befragung benötigen, nehmen Sie sich ausreichend Zeit für die Entwicklung des Fragebogens und die Definition der Zielgruppe. Denn die Ergebnisse einer Befragung können nur so gut sein wie ihr Input!

Marktforschung zum Schnäppchenpreis: Eine kostensparende Möglichkeit, etwas Aufschluss über Ihren Markt zu erlangen, bietet die Beteiligung an so genannten *Omnibus-Umfragen*. Dabei bündeln Marktforscher die Fragen verschiedener Kunden und konfrontieren ihre Gesprächspartner mit 20 bis 30 Fragen zu so unterschiedlichen Themen wie einer neuen Seife, Bausparverträgen und Urlaubsreisen. Aber Vorsicht: Da Sie hier nur drei oder vier Fragen loswerden können, müssen Sie sich genau überlegen, was Sie in der Kürze der Zeit herausfinden wollen. Gute Marktforschungsinstitute beraten Sie bei der Auswahl und vor allem bei der Formulierung der Fragen!

Erheblich aufwändiger als eine Befragung ist der Launch Ihres Produkts in einem Testmarkt; dies ist aber immer noch wesentlich günstiger als ein bundesweiter Roll-out. Beispielsweise könnten Sie mit Ihrem Produkt nur in ein bis zwei Läden starten und dort selbst Verkaufsgespräche führen. So erfahren Sie aus erster Hand, wie Ihre Innovation ankommt beziehungsweise was potenziellen Käufern auf den ersten Blick missfällt. In der Regel starten kleine Unternehmen aber eh auf einem »Testmarkt«, ihrem regionalen Heimatmarkt.

Gewusst was: Was Sie über Ihren Markt am Ende wissen sollten

Mal auf den Punkt gebracht. Über den für Ihre Dienstleistung oder Ihr Produkt relevanten Markt sollten Sie Folgendes in Erfahrung bringen:

- ✔ Volumen
- ✔ Kundenzahlen
- ✔ Kundenstruktur (Alter, Geschlecht, Bildung)
- ✔ Gewohnheiten der Kunden
- ✔ Wege der Ansprache von Kunden
- ✔ Wettbewerb

Im Kapitel 7 informieren Sie sich noch detaillierter über die Abgrenzung Ihres Marktes.

Rechnen mit Marktdaten – Vom Marktvolumen zur Absatzchance

Die Schritte in Abbildung 4.1 erläutern, wie Sie auf Basis Ihrer Marktforschung einen ersten Überblick über Ihre Umsatzchancen gewinnen können. Da dieses Thema so wichtig ist, haben wir es wieder für Sie als Checkliste auf die CD gepackt.

Schritt 1: Abgrenzung des Marktes	
Aus externen Quellen erhalten Sie Antworten auf folgende Fragen:	**Antwort**
Wie viele Menschen leben in meinem Einzugsgebiet?	
Wie viele Menschen davon verfügen über ein Haushaltsnettoeinkommen von mehr als 2.000 Euro pro Monat?	
Wie viele Wettbewerber sind bereits am Markt?	
Schritt 2: Errechnung der Kaufkraft	
Ebenfalls aus externen Quellen lassen sich die Antworten auf folgende Fragen finden:	**Antwort**
Was geben Bundesbürger im Durchschnitt für mein Produkt/meine Dienstleistung aus?	
Wie entwickeln sich diese Ausgaben?	
Zu welchen Umsätzen müsste diese Kaufkraft in meinem Einzugsbereich führen?	
Schritt 3: Errechnung bestehender Umsätze	
Jetzt gilt es abzuschätzen, was die Konkurrenz aktuell umsetzt.	**Antwort**
Wie viele Mitarbeiter beschäftigt die Konkurrenz?	
Wie hoch ist der Wareneinsatz?	
Welche Fläche beansprucht dessen Unternehmen? Zu welchen Kosten?	
Welche Marketingmaßnahmen ergreift das Unternehmen?	
Schritt 4: Errechnung des Umsatzpotenzials	
Gegenüberstellung der Kaufkraft mit den bestehenden Umsätzen	

Abbildung 4.1: Checkliste: Absatzchancen errechnen

Schritt 1 und 2 lassen sich relativ einfach managen; Schritt 3 ist ein bisschen schwieriger umzusetzen: anhand Ihrer Beobachtungen bei der Konkurrenz sowie Ihres eigenen Business-Plans gilt es abzuschätzen, was Ihre Branche aktuell umsetzt. Hilfestellung bieten dabei Angaben von Kammern und Verbänden zu den durchschnittlichen Umsätzen Ihrer Branche beispielsweise pro Mitarbeiter beziehungsweise pro Quadratmeter Verkaufsfläche.

Sie sehen: Alle diese Fragen dienen einer Einschätzung der wichtigsten Kostenfaktoren Ihrer Branche, um so im Umkehrschluss und mit Blick auf Ihre eigenen Kalkulationen Einschätzungen über dessen Umsatzsituation zu erlangen. Wenn Sie diese Daten nicht eruieren können, stützen Sie sich auf bestehende Umsatzdaten der oben genannten Quellen. Eine Gegenüberstellung der Kaufkraft mit den bestehenden Umsätzen gibt Ihnen Aufschluss, in welchem Maß die vorhandene Konkurrenz das Nachfragepotenzial bereits abdeckt.

Sicher, eine solche Rechnung birgt viele Unsicherheiten: Vielleicht weichen viele Verbraucher auf Anbieter jenseits Ihres Einzugsgebiets aus – wer an einem Samstag mal die Schlangen in den Factory Outlets von Metzingen bei Stuttgart gesehen hat, weiß, was wir meinen. Vielleicht trifft Ihre Idee aber auch auf eine bislang völlig unbefriedigte Nachfrage, der Markt hat also quasi nur auf Sie gewartet.

BEISPIEL

Ein gutes Beispiel für die Erschließung eines neuen Marktes in einem auf den ersten Blick gesättigten Markt ist der Siegeszug des Nachrichtenmagazins Focus in den 90er Jahren. Obwohl das 1993 gestartete Magazin bis zu eine Million Exemplare pro Woche verkaufte, litt der bisherige Monopolist in diesem Markt, der Spiegel, nicht unter der neuen Konkurrenz. Focus hatte sich mit seiner Infotainment-Mischung eine neue Zielgruppe erschlossen, selbst zur Verblüffung der eigenen Marktforscher. Allerdings konnte auch dieser Geniestreich nicht verhindern, dass die Auflage nach der Jahrtausendwende zu bröckeln begann – die Digitalisierung veränderte den Zeitschriftenmarkt von Grund auf und kostete ihn insgesamt Auflagen in Millionenhöhe.

Das so errechnete Umsatzpotenzial kann Ihnen als Maßstab für den eigenen Business-Plan dienen. Sie werden es sicher nicht im ersten Jahr ausschöpfen, aber vielleicht im Jahr 3? Im Gegenzug signalisiert das Fehlen eines solchen Potenzials, wie hart der Wettbewerb werden könnte. Umso wichtiger ist in diesem Fall, dass Ihr Angebot einfach besser, innovativer und vielleicht sogar noch billiger wird!

Wie Sie die erworbenen Kenntnisse über Ihren Markt einsetzen, erläutern wir in Kapitel 7.

Seine Majestät, der Kunde

5

In diesem Kapitel

- Kunden richtig kennen lernen
- Kundengewohnheiten näher unter die Lupe nehmen
- Kundenstamm entwickeln
- Wechselwillige Kunden binden

Egal, ob Ihr Unternehmen Produkte oder Dienstleistungen verkauft – die Kunden sind der entscheidende Schlüssel für den Erfolg Ihres Geschäfts. Allerdings ist auch kaum eine Analyse schwieriger als die Ihrer potenziellen Kunden. Für viele Unternehmer ist das Verhalten ihrer Klientel ein Buch mit sieben Siegeln: Wie nimmt der Kunde mein Angebot wahr? Wie läuft der Entscheidungsprozess für einen Kauf ab? Warum wechseln treue Stammkunden plötzlich zur Konkurrenz? Um solche Fragen beantworten zu können, müssen Sie zunächst noch eine viel essenziellere Frage klären: Wer ist überhaupt mein Kunde?

In diesem Kapitel zeigen wir Ihnen, wie Sie Ihre Kunden definieren und näher kennen lernen und sich zielgerecht mit ihnen auseinandersetzen können. Wir betrachten typische Verhaltensmuster von Kunden und erforschen, welche Faktoren für die Kaufentscheidung eine Rolle spielen. Wir stellen Ihnen Hilfsmittel vor, mit denen Sie detailliertes Wissen über Ihre Kunden sammeln und sich so zum idealen Partner Ihrer Klientel entwickeln können – denn nur wer seine Kunden genauestens kennt, kann sich einen treuen Kundenstamm aufbauen.

So definieren Sie Ihre Zielgruppe

Die Bundesrepublik Deutschland hat knapp 82 Millionen Einwohner. Schätzungsweise jeder zehnte spielt Tennis oder will es ganz gerne versuchen. Allein im oberbayerischen Landkreis Altötting schwingen einige tausend das Racket. Whow, das hieße für meinen Tennisshop in Neuötting, »Ja, ich habe einige tausend potenzielle Kunden.«

Nein, so einfach ist es nicht: Schließlich können Sie nicht für jeden Geldbeutel und für jeden Geschmack jede Ware anbieten. Der eine kauft sein Tennisdress möglichst billig bei Tchibo, der andere trägt seit 20 Jahren nur Lacoste-Hemden. Bevor Sie also Ihren Laden eröffnen, müssen Sie sich entscheiden, welche Kunden Sie gerne persönlich bedienen würden. Und genau das ist der Kern Ihrer Zielgruppenanalyse. Folgende Kriterien helfen Ihnen bei der Auswahl:

- ✔ breite Masse versus Exklusivkunde
- ✔ kostenbewusst versus hochpreisig
- ✔ No-Name-Produkte versus Markenartikel

- Generation 50 plus versus Teens und Twens
- konservativ gediegen versus modern bis hip

Spionieren Sie Ihren Kunden hinterher

Wer einen Tag lang die Besucher eines Geschäfts beobachtet, registriert zunächst vor allem eines: die Vielfalt der potenziellen Kunden ist riesengroß. Dabei spielt es keine Rolle, ob der Beobachter vor einem großen Kaufhaus oder einer kleinen Autowerkstatt steht.

Die Gefahr, sich angesichts dieser Vielzahl unterschiedlichster Typen von einer differenzierten Kundenanalyse abschrecken zu lassen, ist enorm.

Letztendlich müssen Sie sich aber immer bewusst machen, dass all die vielen unterschiedlichen Kunden, die Sie beobachtet haben, aus bestimmten Gründen diesen Laden oder jene Praxis aufsuchen – wie auch die Kunden Ihres Unternehmens.

Versuchen Sie die Motivation der Kunden, ausgerechnet in Ihr Geschäft zu gehen oder Ihre Dienstleistung in Anspruch zu nehmen, herauszufiltern. Nehmen Sie zunächst für eine gewisse Zeit die Rolle Ihrer Kunden ein und stellen Sie sich vor, Sie würden in Ihrem Laden einkaufen, sich die Haare schneiden lassen oder einen Cappuccino trinken:

- Überprüfen Sie Ihre angebotenen Waren oder Dienstleitungen kritisch. Stellen Sie sich dabei immer wieder die Frage: »Warum sollte ich dieses Produkt unbedingt kaufen wollen?«
- Trauen Sie sich, Freunden, Bekannten oder auch wildfremden Menschen dieselbe Frage zu stellen.
- Überlegen Sie, inwieweit Ihr Angebot einzigartig ist.

Die Antworten auf diese Fragen geben Ihnen wichtige Hinweise und Entscheidungshilfen für die Entwicklung Ihrer Produkte oder Dienstleistungen beziehungsweise für die richtige Verkaufsstrategie, denn die Kommentare spiegeln einen großen Teil der Kundenbedürfnisse wider.

Für einen Unternehmer haben die Kunden einen außerordentlich wichtigen Stellenwert: Nicht umsonst werden sie auch oft als »Chefs der Selbstständigen« bezeichnet. Daher reicht es keineswegs, wenn der Unternehmer nur in die Rolle des Kunden schlüpft und sich fragt, warum er sein Produkt kaufen würde. Neben diesem Basiswissen benötigt er jede Menge Detailwissen über seine Kunden, wenn er mit seinem Unternehmen erfolgreich sein möchte.

Was gute Kunden von schlechten Kunden unterscheidet

Gute Kunden – schlechte Kunden? Dachten Sie eigentlich, jeder Kunde sei gut? Weit gefehlt. Es gibt auch Kunden, die Sie lieber nicht hätten, so genannte schlechte Kunden.

Gute Kunden kennen Sie in der Regel mit Namen, bedienen sie gerne und schätzen ihr Auftreten. »Guten Tag, Herr Müller-Lüdenscheid. Wie immer?« Mit Ihren guten Kunden erzielen Sie meist auch gute Umsätze. Gute Kunden empfehlen Ihr Unternehmen weiter und bescheren Ihnen so nachhaltiges Wachstum.

Ruhen Sie sich allerdings nicht auf dem Bonus aus, den Sie bei Ihren guten Kunden genießen. Bemühen Sie sich stattdessen beispielsweise mit Hilfe eines Fragebogens, mehr über diese Gruppe herauszufinden:

- ✔ Alter
- ✔ Geschlecht
- ✔ Nationalität
- ✔ Ausbildung/Studium
- ✔ Beruf
- ✔ Einkommen

Neben diesen demografischen Daten sind für Sie als Unternehmer auch Informationen über Interessen und Lebensweisen Ihrer guten Kunden sehr hilfreich:

- ✔ Hobbys
- ✔ Reiseziele
- ✔ Vereinsmitgliedschaften
- ✔ soziale Aktivitäten

Schlechte Kunden dagegen machen Ihnen oft sehr viel Arbeit, die sich nur selten auszahlt. Sie scheuen nicht davor zurück, Produkte oder Dienstleistungen zu fordern, die Sie nur mit großem Aufwand erbringen können.

Schlechte Kunden kosten Sie Zeit und Nerven – aber vor allem Geld. Konsumenten oder Auftraggeber, die mit Ihrem Produkt oder Ihrer Dienstleistung nicht zufrieden sind, tun ihre Meinung öffentlich kund. Ihre negativen Aussagen schaden der Reputation Ihres Unternehmens und schrecken potenzielle Neukunden ab. Mittelfristig schlägt sich die negative PR der schlechten Kunden in den Bilanzen nieder – sie verringern die Umsatz- und Gewinnchancen Ihres Unternehmens. Daher ist es extrem wichtig, dass Sie sich ausführlich mit Ihren schlechten Kunden beschäftigen. Fragen Sie sie ebenfalls nach den demografischen Daten und ihren Interessen, um sie möglichst individuell und punktgenau ansprechen zu können.

Wie Sie schlechte in gute Kunden umwandeln, erfahren Sie in diesem Kapitel unter *Kunden verführen und* fesseln.

Jeder Kunde träumt – finden Sie heraus, wovon

Hat ein Baby Hunger, verlangt es lautstark nach seinem Brei, will ein Manager am Wochenende entspannen, geht er ins Kino, und verabredet sich ein frisch verliebter Teenager zum ersten Date, wird er die Kleidung sorgfältig auswählen. Ob ein, 16 oder 40 Jahre alt – je nach Alter hat jeder Mensch Bedürfnisse und Wünsche, die ihn dazu treiben, bestimmte Dinge zu verlangen beziehungsweise zu kaufen. Diese so genannte »Bedürfnisbefriedigung« hat große Auswirkungen auf das Konsumverhalten der Verbraucher.

Psychologen unterscheiden fünf verschiedene Bedürfnis-Stufen

- ✔ körperliche Bedürfnisse wie Hunger oder Schlaf
- ✔ Sicherheitsbedürfnisse wie Ordnung, Stabilität oder Schutz
- ✔ soziale Bedürfnisse wie Zuneigung oder Akzeptanz
- ✔ Bedürfnis nach Respekt und Achtung wie Lob oder Selbstbestätigung
- ✔ Bedürfnis nach Selbstverwirklichung wie Kreativität oder Individualität

Je nach Art des Bedürfnisses wählen die Menschen ihre Wunsch-Produkte und -Dienstleistungen aus! Sobald Sie also bestens darüber informiert sind, welche Bedürfnisse Ihre potenziellen Kunden antreiben, können Sie Ihr Wissen ideal für Ihr Unternehmen nutzen: Betreiben Sie beispielsweise eine Spedition, liegt dem Kunden natürlich am Herzen, dass Sie pünktlich an- oder ausliefern und seine Ware nicht beschädigen. Schließlich will er seine Produkte ordentlich und zuverlässig transportiert wissen. Zeigen Sie ihm, dass Sie seine Wünsche respektieren und ihm so weit wie möglich entgegenkommen.

Erfolgreich durch Beachtung der Kundenbedürfnisse

BEISPIEL

Wie kaum ein anderer Konzern fasziniert der amerikanische Motorradhersteller Harley-Davidson die Biker weltweit. Wer sich einmal für den V2-Motor, den tropfenförmigen Tank oder den sonoren Sound der Maschinen aus Wisconsin entschieden hat, frönt dieser Leidenschaft für immer. Da die typischen Harley-Fahrer als rebellische Individualisten gelten, konzentriert sich der Motorradhersteller vor allem darauf, ihnen den Bau ihrer ganz persönlichen Harleys zu ermöglichen: Ob längere Gabel, extravagante Fußraste oder nietenbesetzter Sattel – Harley-Davidson produziert das entsprechende Equipment. Das Engagement lohnt, denn seit etwa 20 Jahren erzielt das Unternehmen immer neue Umsatz- und Gewinnrekorde.

Überlegen Sie vor diesem Hintergrund, inwieweit Sie Ihr Produktangebot differenzieren können.

Aber keine Sorge – in Ihrem kleinen Produktionsbetrieb müssen Sie nicht für jeden Kunden eine Maßanfertigung abliefern –, häufig stimmen 80 bis 90 Prozent der Kundenwünsche überein. Selbst bei Harley wollen alle Käufer in erster Linie ein schnelles, lautes, cooles Geschoss. Sie müssen analysieren, was Ihre Kunden eint und wo sie individuelle Betreuung erwarten.

Lernen Sie mehr über Ihre Kunden

Da es am Anfang einer Unternehmensplanung äußerst schwierig ist, mögliches Verhalten potenzieller Kunden zu erforschen, müssen Existenzgründer ihre Klientel selbst befragen. In den meisten Fällen sind schon Konkurrenten am Markt, die um das Interesse der Kunden buhlen – daher empfiehlt es sich für Existenzgründer immer, ihren Kontrahenten einen Besuch abzustatten. Verwickeln Sie doch Ihre Nachbarin im Kosmetikstudio mal in ein Gespräch, warum sie wie häufig in welches Studio geht. Das Problem dabei: Ihr Konkurrent hört mit. Wesentlich einfacher fallen solche Befragungen allerdings außerhalb des Ladenlokals. Sie werden staunen, wie viele Kundinnen solcher Studios es in ihrem weiteren Bekanntenkreis gibt, wenn sie diesen nur systematisch abklappern. Fragen Sie möglichst viele: vom Tennisclub über die Pfarrgemeinde bis hin zur Elternpflegschaft oder dem Chor. Folgende Fragen interessieren Sie brennend:

- ✔ Warum lassen Sie sich in welchem Kosmetikstudio beraten und behandeln?
- ✔ Wenn es eine anderes Kosmetikstudio an einem anderen Standort gäbe – würden Sie sich dann möglicherweise auch dort beraten lassen?
- ✔ Was schätzen Sie an Ihrem Studio besonders?
- ✔ Was missfällt Ihnen?
- ✔ Wie erreichen Sie das Kosmetikstudio – mit dem Auto, dem Fahrrad oder zu Fuß?
- ✔ Erwarten Sie, dass die Kosmetikerin auch zu Ihnen kommt?
- ✔ Wie lange würden Sie maximal auf einen Termin warten?

Stationär oder virtuell?

Die Zahlen sind wahrlich imposant: Im Jahr 2013 waren etwa 51 Millionen Deutsche im World Wide Web auf Shopping-Tour. Der Gesamtumsatz im Netz beträgt inzwischen allein in Deutschland rund 39,8 Milliarden Euro. Tendenz steigend! Bis zum Jahr 2014 soll der Umsatz im E-Commerce-Handel gar bis auf 44 Milliarden Euro steigen, ermittelte jüngst das Marktforschungsinstitut Forrester Research.

Kein Wunder also, dass immer mehr Unternehmer abhängig von ihrem Produkt oder ihrer Dienstleistung ihre Umsätze längst nicht mehr hinter dem Tresen oder mit Bestellungen aus ihrem Katalog erwirtschaften. Die wachsende Freude der Kunden am Shopping im Web eröffnet Existenzgründern zusätzliche Absatzchancen, denn immer öfter fahren die Konsumenten am heimischen Schreibtisch ihren Computer hoch, oder klappen ihr Tablet auf, wenn sie »mal eben shoppen gehen«. Mittels klugem Internetmarketing und Verkaufsstrategien können Unternehmer daher neue Kundengruppen finden und binden. Erkundigen Sie sich

- ✔ ob Ihre potenziellen Kunden auch das Internet nutzen, um dort einzukaufen oder sich über Dienstleistungen zu informieren
- ✔ welche Produkte sie im Netz bestellen oder ordern würden
- ✔ worauf sie Wert legen, wenn sie im Internet shoppen.

Sprechen Unternehmer mit ihren Produkten oder Dienstleistungen eine Gruppe an, die das Internet tatsächlich als Alternative zu Einkäufen vor Ort oder via Katalog schätzen, eröffnen sich ihnen zusätzliche Absatzchancen. Der Aufbau eines Portals, auf dem die Produkte ebenfalls erhältlich sind, kann den Umsatz um ein Vielfaches erhöhen.

Bei der Auswertung der Fragen stellen Gründer schnell fest, dass der Standort häufig ein wesentliches Kriterium für einen erfolgreichen Unternehmensstart ist. Liegt die Bäckerei, Reinigung oder das Kosmetikstudio beispielsweise mitten in der Stadt, sollten ausreichend Parkplätze vorhanden sein. Wohnen viele junge Familien in der Gegend, halten Treppen innerhalb des Geschäfts möglicherweise Mütter mit Kinderwagen davon ab, bei Ihnen einzukaufen.

Immer wieder auf neuen Pfaden

Jahrzehntelang war Tchibo den Konsumenten nur als Kaffeeröster und -verkäufer ein Begriff. Vor geraumer Zeit haben die Hamburger ihr Sortiment allerdings stark erweitert: Neben Kaffee bietet das Unternehmen inzwischen auch Bekleidung, Finanz- oder technische Produkte in seinen Filialen an. Dadurch lockt Tchibo nicht nur Kaffeeliebhaber in die Shops. Vielmehr zählen jetzt auch Mütter, Berufseinsteiger oder Technikfreaks, die wasserundurchlässige Jacken, Versicherungen beziehungsweise Handys kaufen, zum Tchibo-Kundenstamm. Und natürlich finden Kunden auf der eigenen Tchibo-Internet-Seite längst umfangreiche Angebote – vom Mobilfunk über Reisen bis hin zu Ökostrom und Gas lässt sich hier alles buchen oder kaufen.

Vielleicht ist Ihr Unternehmen (noch) deutlich kleiner als der Tchibo-Konzern – die Idee jedoch, mit Zusatzangeboten nicht nur die Kaffeewünsche der Kunden zu erfüllen, kann auch Ihnen weiterhelfen. Haben Sie beispielsweise eine Versicherungsagentur eröffnet, hindert Sie nichts daran, Ihr Leistungsportfolio zu erweitern, indem Sie zusätzlich Informationsseminare abhalten.

Die Wunschzettel der Kunden

Was verlangen die Kunden überhaupt? Was konsumieren die Kunden heute, in fünf oder gar in zehn Jahren?

Existenzgründer müssen sich bewusst machen, dass sich die Bedürfnisse der Menschen laufend verändern. Bei der Entwicklung Ihres Produkts oder Ihrer Dienstleistung sollten Sie daher folgende Punkte besonders berücksichtigen:

- ✔ In Deutschland steigt die Zahl der Ein- und Zwei-Personen-Haushalte stetig an.
- ✔ Der Anteil an älteren Menschen nimmt konstant zu.
- ✔ Die Zahl an ausländischen Mitbürgern vergrößert sich.
- ✔ Freizeit gewinnt einen zunehmend höheren Stellenwert – damit steigt auch das Bedürfnis nach entsprechenden Dienstleistungen oder Angeboten.

Natürlich wiegen nicht alle anstehenden gesellschaftlichen Veränderungen für jeden Existenzgründer gleich schwer, aber einen Aspekt müssen alle Unternehmer beachten: Deutschlands Bevölkerung wird unaufhaltsam älter. Noch im Jahr 2003 kannten 52 Prozent aller Deutschen den Begriff »Demographischer Wandel« nicht. Inzwischen weiß nahezu jeder, was diese beiden Wörter im Klartext bedeuten: Bis zum Jahr 2050 wird die Bevölkerung in

Deutschland um rund sieben Millionen Menschen auf etwa 75 Millionen schrumpfen. Die Folgen dieses Prozesses dürften Ihnen als Unternehmer längst klar sein: Es wird spürbar weniger zu verteilen geben, was sich bei einzelnen Existenzgründern auch im Umsatz niederschlagen könnte.

Um dennoch mittel- und langfristig erfolgreich zu wirtschaften, müssen Unternehmer stets über die aktuellen und maßgeblichen Entwicklungen und Konsumententrends informiert sein. Die Checkliste in Abbildung 5.1 hilft Ihnen, für den Kunden von heute sowie seine Bedürfnisse von morgen gewappnet zu sein. Beachten Sie bei der Bearbeitung der Checkliste, dass nur ein Teil der Fragen für Sie relevant sein kann oder andere Fragen für Ihr spezielles Geschäftsmodell auch wichtig sein können.

Sie finden diese Checkliste auch auf der CD, speichern Sie sie auf Ihrem Rechner und passen Sie sie Ihrem Geschäftsmodell an.

Sind Sie richtig auf den Kunden eingestellt?	**Ja**	**Nein**
Berücksichtigen Sie die wachsende Bedeutung älterer Konsumenten?		
Berücksichtigen Sie das steigende Gesundheitsbewusstsein der Verbraucher?		
Beachten Sie die Veränderung der Haushaltsgrößen?		
Beachten Sie das nach wie vor steigende Umweltbewusstsein?		
Bedenken Sie die zunehmende Mobilität der Bevölkerung?		
Bedenken Sie den wachsenden Rückzug der Menschen ins eigene Heim?		
Berücksichtigen Sie die wachsende Bedeutung von Design?		
Berücksichtigen Sie die knappen Zeitressourcen der Konsumenten?		
Beachten Sie die kritische und fordernde Haltung der Verbraucher?		
Gehen Sie ausreichend auf die Individualität der Menschen ein?		

Abbildung 5.1: Checkliste: Kundenbedürfnisse

Kunden verführen und fesseln

Aus dem Verhalten ihrer Kunden können Unternehmen Nutzen ziehen und Strategien entwickeln, um die Käufer während des Entscheidungsprozesses zu unterstützen und ihnen bei der Auswahl eines Produktes behilflich zu sein. In Segmenten mit großer Konkurrenz können derlei effektive Strategien den entscheidenden Unterschied zwischen Erfolg und Misserfolg ausmachen. Die Crux: Nur Kunden zu haben, reicht keineswegs, um Erfolge zu erzielen. Vielmehr müssen die Kunden gute, zufriedene Kunden sein. Wer ein ums andere Mal zufrieden mit Ihrer Serviceleistung oder Ihrem Produkt ist, wird im Laufe der Zeit ein treuer Kunde, der Ihnen Wachstum und Gewinn beschert.

Rational, irrational, emotional

Ehe Kunden ein Produkt kaufen, durchlaufen sie einen (mehr oder weniger langen) Entscheidungsprozess. Bei diesem Vorgang spielt ihre Wahrnehmung der Welt eine entscheidende Rolle. Die wenigsten Konsumenten kaufen ein, ohne sich vorher Gedanken über die Ware oder Dienstleistung zu machen.

Will ein Kunde beispielsweise ein neues Paar Ski kaufen, wird er im Handel mit einer enormen Zahl konkurrierender Modelle konfrontiert. Gleichzeitig beeinflussen unzählige Kriterien seine Wahlmöglichkeiten: Image- und Produktwerbung, Verbrauchertests, Verkaufstechniken oder auch eigene emotionale Reaktionen auf Form oder Farbe. Um die Kunden tatsächlich zum Kauf zu bewegen, müssen Ski-Hersteller und Händler genau wissen, wie die Verbraucher auf all diese Einflüsse reagieren und welche Variablen für eine Kaufentscheidung dominieren.

BEISPIEL

Die Wahrnehmung eines Produktes ist in der Regel an bestimmte Vorstellungen der Kunden geknüpft, an die sie glauben. Tatsachen allein entscheiden keineswegs über den Erfolg oder Misserfolg einer Ware. Im Gegenteil: Die Kunden verbinden jede Menge Emotionen mit dem Angebot: Glück, Zufriedenheit, Hoffnung, Freiheit, Stärke oder auch Spaß.

- ✔ So vermittelt Textilhersteller Jack Wolfskin mit der Werbung für seine Jacken, Hosen und Rucksäcke Lust auf unberührte Natur, Spaß in der Gruppe und grenzenlose Freiheit – und animiert die Kunden so, diese Bekleidung zu kaufen.
- ✔ Die Parfümerie-Kette Douglas setzt auf den unerfüllten Wunsch vieler Frauen, schlank und schön zu sein, wenn sie Super-Model Heidi Klum für sich werben lässt. Natürlich wissen die Kundinnen, dass sie allein durch die Cremes und Masken von Douglas nicht so umwerfend aussehen wie Klum, aber das Äußere des Models schafft einen Hauch von Schönheit und Sexappeal und verlockt so zum Kauf.

Bis zur endgültigen Kaufentscheidung durchlaufen die Kunden im Wesentlichen fünf Schritte:

1. Der Kunde nimmt das Produkt oder die Dienstleistung wahr, ohne detailliertes Wissen darüber zu haben.
2. Das Interesse des Kunden erwacht aufgrund von Werbung oder anderen Einflüssen und er sucht nach weiterreichenden Informationen.
3. Der Kunde überlegt, ob er das Angebot ausprobieren soll.
4. Der Kunde entscheidet sich, das Produkt zu testen.
5. Der Kunde entscheidet sich für den Kauf des Angebots.

Um am Markt erfolgreich zu agieren, müssen Hersteller und Dienstleister also ein gut ausgeprägtes Gespür für die Wahrnehmung der Kunden besitzen und wissen, wie die Käufer auf all die Einflüsse und Variablen reagieren.

Das Elevator-Statement: Warum bin ich der beste Partner meines Kunden?

Gerade in Zeiten der Globalisierung gibt es kaum mehr ein Produkt oder eine Dienstleistung, die nicht auch andere herstellen oder anbieten können. Um sich jedoch von den identischen oder nahezu identischen Produkten der Konkurrenz abzusetzen, brauchen Unternehmer eine so genannte *Unique Selling Proposition (USP* – Alleinstellungsmerkmal). Der USP (siehe dazu auch Kapitel 3) fasst alle einmaligen Leistungskriterien, die ein Unternehmen für seine Kunden bietet, in einer Aussage zusammen. Er definiert also den entscheidenden Unterschied, der ein Produkt oder eine Dienstleistung so einzigartig macht, dass es sich deutlich von den Angeboten der Konkurrenz absetzt.

Um einen derartigen USP zu finden und am Markt bekannt zu machen, müssen Existenzgründer in regelmäßigen Abständen drei Faktoren prüfen:

- ✔ Was will ich für meine Klientel auffallend anders und vor allem deutlich besser machen als die Konkurrenz?
- ✔ Was offeriere nur ich meinen Kunden?
- ✔ Wie unterscheide ich mich von den konkurrierenden Unternehmen?

Sobald Sie den USP Ihres Unternehmens klar definiert haben, gilt es, Ihre Kunden auf die Besonderheiten Ihres Angebotes aufmerksam zu machen. Dafür bieten sich verschiedenste Möglichkeiten an: via Werbung, Kunden-Newsletter oder auch in Form eines Logos.

Den USP sollten Unternehmer in all ihren Werbe- und Akquisetätigkeiten betonen. Verweisen Sie auch auf die Einzigartigkeit Ihres Angebots, wenn Sie

- ✔ zusätzliche Kundendienstleistungen anbieten
- ✔ einen neuen Internetauftritt gestalten
- ✔ Ratenzahlung anbieten
- ✔ einen »Tag der offenen Tür« veranstalten
- ✔ neuerdings auch Hausbesuche offerieren
- ✔ Newsletter und Kundenzeitschriften veröffentlichen.

In Kombination mit dem USP können sich Unternehmen so einen Kundenstamm aufbauen, der ihre einzigartige Position im Markt schätzt und ihnen daher treu bleibt. Je größer der Stamm treuer Kunden, desto größer die Umsatz- und Erfolgsaussichten des Unternehmens.

Die Checkliste, die Sie in Abbildung 5.2 und auf der CD finden, hilft Ihnen, an wichtige Punkte zu denken.

So sichern Sie sich 100 Prozent Aufmerksamkeit!	**Ja**	**Nein**
Haben Sie innovative Produkte/Dienstleistungen?		
Steht Ihr Angebot in einem angemessenen Preis-Leistungs-Verhältnis?		
Strahlen Sie gegenüber Ihren Kunden Vertrauen/Fairness aus?		
Haben Sie geschultes, hilfsbereites Personal?		
Bieten Sie Ihren Kunden individuelle Beratung an?		
Bieten Sie einen speziellen Kundenservice an?		
Bieten Sie Kundenkarten an?		
Offerieren Sie Ihren Kunden Prämien?		
Gehen Sie kulant mit Reklamationen um?		
Achten Sie darauf, Ihre Entwicklungsvorsprünge zu halten?		

Abbildung 5.2: Checkliste: Kundeninteresse wecken

Die Konkurrenz schläft nicht

6

In diesem Kapitel

- Die Konkurrenz ausmachen
- Die Pläne der Wettbewerber erkennen
- Agieren statt reagieren

Viele Journalisten können ein Lied davon singen – in Interviews mit Unternehmenschefs bekommen sie ein ums andere Mal zu hören: »Über die Konkurrenz reden wir nicht!« oder »Wir konzentrieren uns ausschließlich auf unsere Strategien und Pläne!« Offen will niemand zugeben, dass er sich intensiv mit der Konkurrenz beschäftigt – weder der erfahrene Dax-Vorstandsvorsitzende noch der junge Existenzgründer. Dabei bewährt es sich für jedes Unternehmen, möglichst viel über die Konkurrenz zu wissen: Denn je mehr sie über ihre Kontrahenten in Erfahrung bringen, desto besser können Unternehmen reagieren und Strategien entwickeln, wie sie der Konkurrenz ein Schnäppchen schlagen.

Natürlich ist es nur allzu verständlich, dass es keinem Unternehmer Spaß macht, sich mit seiner Konkurrenz zu beschäftigen. Schließlich vermiest sie ihm beinahe täglich das Geschäft und jagt ihm unter Umständen sogar noch Kunden ab.

Die Konkurrenz hat jedoch auch positive Seiten für Unternehmen – sie motiviert, das Beste aus sich und seinem Unternehmen herauszuholen. Wer möchte schon zugeben müssen, dass er einen Trend verschlafen oder nicht genügend Phantasie hatte, um die Vorteile einer neuen Technologie zu erkennen? Wettbewerber zwingen sich gegenseitig, quasi täglich ihre Unternehmenspläne und Strategien zu überdenken und gegebenenfalls neu zu strukturieren. Gleichzeitig erhöht bestehender Wettbewerb den Druck, sich damit auseinanderzusetzen, wie man seinen Kunden den bestmöglichen Wert und Service zukommen lassen kann.

Der Kampf mit der Konkurrenz fordert Unternehmer täglich heraus – er birgt aber auch vielerlei Entwicklungspotenziale. In diesem Kapitel zeigen wir Ihnen, wie Sie Ihre Konkurrenz erkennen und wie Sie die Wettbewerber einordnen müssen. Sie erfahren, wie Sie die Aktionen und Ziele Ihrer Konkurrenz verfolgen und wie Sie diese Pläne erfolgreich kontern können.

Erkennen Sie Ihre Wettbewerber

Die tatsächliche Konkurrenz seines Unternehmens herauszufiltern, ist ähnlich aufwendig und schwierig wie das genaue Kennenlernen seiner Kunden. Doch die Mühe lohnt: Wie eine gezielte Kundenanalyse erleichtert es jedem Unternehmer die Planung und Festlegung seiner Geschäftsstrategie, wenn er auch seine Konkurrenten bestens kennt.

Kampf um Kunde, Produkt oder Strategie – Wer tatsächlich Konkurrenz macht

Ehe Sie beginnen, Ihre Wettbewerber inklusive Ihrer Produkte und Dienstleistungen detailliert ins Visier zu nehmen, müssen Sie zunächst vor allem über Ihre Kunden im Bilde sein:

- ✔ Wie treffen sie ihre Kaufentscheidung?
- ✔ Wie oder wofür nutzen sie die konsumierten Produkte oder Dienstleistungen?

Mehr über eine effektive Auseinandersetzung mit den Kunden erfahren Sie in Kapitel 5.

Je genauer Sie Ihre Kunden kennen und somit wissen, auf welche Kriterien sie bei der Auswahl eines Produkts achten (Preis, Bedarf usw.), desto leichter fällt es Ihnen, eine Liste Ihrer Konkurrenten zu erstellen und sie in verschiedene Kategorien einzuteilen.

So ähnlich und doch so verschieden

Ihre Kontrahenten können sich zum Teil erheblich voneinander unterscheiden:

- ✔ Unternehmen, deren Produkte und Dienstleistungen bei den Verbrauchern ebenso wie Ihre immer in die engere Auswahl der Kunden kommen, sind unmittelbare Konkurrenz für Sie. Bei ihrer Kaufentscheidung wägen die Kunden Preis und Effekt der Konkurrenz-Produkte direkt mit Ihrem Warenangebot ab. Über diese Herausforderer sollten Sie möglichst jedes Detail kennen, um entsprechend reagieren beziehungsweise agieren zu können.
- ✔ Die Angebote einiger Unternehmen überschneiden sich nur teilweise mit Ihren Produktofferten. Dennoch konkurrieren diese Spezialisten direkt mit Ihnen. Auch wenn sich die Bereiche nur minimal überlappen – behalten Sie die Spezialisten immer im Auge. Möglicherweise erweitern sie durch einen Firmenkauf oder eine Kooperation ihr Leistungsportfolio und stehen Ihnen dann plötzlich als Herausforderer gegenüber.
- ✔ Manche Wettbewerber bieten Produkte oder Dienstleistungen an, die sich nur ganz selten mit Ihrem Warensortiment überschneiden. Normalerweise stellen diese Mitläufer keine oder kaum Gefahr für Sie dar. Um böse Überraschungen zu vermeiden, sollten Sie dennoch ab und zu überprüfen, ob sich bei diesen Konkurrenten nicht doch etwas Neues tut.

Wer nicht fragt, bleibt dumm

Wenn Sie sich nicht sicher sind, welcher Wettbewerber welcher Gruppe angehört, ziehen Sie Ihre Kunden zu Rate. Befragen Sie die Kundschaft, welche Produkte sie für einen geplanten Kauf ernsthaft in Betracht ziehen. Wahrscheinlich zählen die Verbraucher an dieser Stelle die Namen Ihrer unmittelbaren Konkurrenz auf. Lassen Sie sich auch die Produktnamen nennen, die Ihre Kunden im Kopf hatten, als sie zu ihrer Shoppingtour aufgebrochen sind. Hier tauchen sicherlich einige Mitläufer auf. Um die Spezialisten näher zu definieren, können Sie Ihre Klientel nach den Produkten fragen, die sie ganz zu Beginn des Auswahlprozesses näher in Betracht gezogen haben.

Sobald ein Unternehmer weiß, welcher Wettbewerber welcher Gruppe angehört, sollte er einen Zeitplan aufstellen. Mit dessen Hilfe kann er in regelmäßigen Abständen kontrollieren, inwieweit sich die Profile seiner Wettbewerber verändern oder ob sie möglicherweise gar keine Konkurrenz mehr für ihn darstellen.

Wettbewerb entwickelt sich allerdings nicht nur aufgrund der Auswahlkriterien der Kunden. Vielmehr entsteht eine Konkurrenzsituation auch durch die Verwendung der ausgewählten Ware. Unternehmer, die diese Aspekte vernachlässigen, lassen einen wesentlichen Faktor für ihre Geschäftsplanung außer Acht. Die Kundenantworten auf die folgenden Fragen verschaffen einem Unternehmer einen nahezu vollständigen Überblick über seine Wettbewerbslandschaft:

1. In welcher Situation oder in welchem Moment würden Sie dieses oder jenes Produkt verwenden?
2. Mit welchem alternativen Produkt wären Sie wahrscheinlich ebenso zufrieden?

Während eines Fußball-Bundesliga-Spiels in Deutschland beispielsweise essen viele Fans heiße Würstchen – einige von ihnen wären möglicherweise auch mit Döner oder Pizzastücken zufrieden. Steht der Kunde dagegen beim Metzger und überlegt, was er für seine geplante Grillparty am Wochenende einkaufen soll, konkurrieren statt Pizza und Döner Grillfleisch und Fleischspieße mit den Würstchen.

Was hast du, was ich nicht habe?

Um seine tatsächlichen Konkurrenten herauszufinden, bietet sich neben der Wettbewerbsanalyse der Kundenwahl sowie der Produktverwendung auch noch die Untersuchung des Wettbewerbs aufgrund von Strategie an. Dabei werden Sie gravierende Unterschiede feststellen, denn nicht immer müssen Unternehmen eine ähnliche Größe, Vertriebsstruktur oder Fähigkeiten haben, um sich gegenseitig Konkurrenz zu machen. Was sich für den einen Unternehmer als effizient und effektiv erweist, kann den anderen in finanzielle Schwierigkeiten stürzen.

Trotz möglicherweise gravierender Unterschiede lassen sich Wettbewerber dennoch in Gruppen einteilen, die Ihnen die Analyse Ihrer Wettbewerber erleichtert. In der Fachliteratur werden diese Gruppen »strategische Gruppen« genannt. Finden Sie beispielsweise vier Firmen, die Ihnen Konkurrenz machen, und sortieren Sie die Unternehmen nach folgenden Kriterien:

- ✔ Gleichen sie sich in ihren Charakteristika (Größe, Lage, Wachstum)?
- ✔ Werden sie nach ähnlichen Auffassungen gelenkt (Sicherheit vor Risiko usw.)?
- ✔ Greifen sie auf vergleichbare Potenziale zurück (Finanzen, Personal, Fähigkeiten usw.)?
- ✔ Wählen sie ähnliche Strategien (Expansion, Akquisition usw.)?

Vergessen Sie dabei nicht, auch Ihr Unternehmen in eine der verschiedenen Gruppen einzuordnen!

Verändert sich der Markt, in dem Sie agieren, können Sie unkompliziert überprüfen, welche der Gruppe ebenfalls von der Neuerung betroffen ist. Da Sie sich ähnelnde Unternehmen gebündelt haben, trifft die Veränderung alle Unternehmen aus dieser Gruppe. Das spart Ihnen viel Zeit und Mühe, denn so müssen Sie nicht regelmäßig alle Firmen neu analysieren, sondern lediglich diejenigen, die mit Ihnen in der gleichen Gruppe sind. Die anderen Gruppen beurteilen Sie jeweils als Einheit. Eine Analyse jedes einzelnen darin enthaltenen Unternehmens ist nicht mehr notwendig.

Die Vorteile der strategischen Gruppen liegen auf der Hand: sie geben Unternehmen einen detaillierten Überblick über die Wettbewerbsstruktur. Dennoch garantieren sie Ihnen nicht, dass Sie die Situation mit ihrer Hilfe immer richtig erfassen. In der Informationstechnologie- und Telekommunikationsbranche sind die Unternehmen in Sachen Flexibilität und Mobilität enorm gefordert. Immer wieder müssen die High-Tech-Betriebe ihre Fähigkeiten und Strategien umstellen, anpassen oder erweitern – und dementsprechend schnell wechseln die Unternehmen möglicherweise auch von einer Gruppe in die nächste. Ziehen Sie in Erwägung, dass Sie die einzelnen Gruppen unter Umständen mit zusätzlichen Kriterien ausstatten müssen, um die wahre Situation in Ihrer Branche erfassen zu können.

Analysieren Sie das Potenzial Ihrer Wettbewerber

Ehe Sie beginnen, das Potenzial Ihrer Wettbewerber zu untersuchen, müssen Sie die Zahlen und Fakten Ihres Unternehmens genau kennen. Erstellen Sie sich eine detaillierte Übersicht, die alle wesentlichen Kennzahlen wie Umsatz, Gewinn, Liefermengen, Investitionen oder Ähnliches beinhaltet. Anschließend starten Sie eine umfassende Recherche, um sich diese Daten auch von Ihrer Konkurrenz zu beschaffen.

In Abbildung 6.1 finden Sie eine Checkliste, die Ihnen hilft, an so viele Informationsquellen wie möglich zu denken. Sie können sie sich von der CD ausdrucken, damit Sie ja nichts vergessen.

Zahlen über den Wettbewerber beschaffen	**Ergebnis**
Im Internet surfen	
Analystenberichte lesen	
Mit Zulieferern, Händlern und Kunden reden	
Meine eigenen Mitarbeiter befragen	
Zeitungsberichterstattung verfolgen	

Abbildung 6.1: Checkliste: Konkurrenzanalyse I

Die nackten Zahlen allein reichen jedoch noch nicht aus, um sich ein umfassendes Bild über das mögliche Potenzial der Wettbewerber machen zu können. Nach den harten Daten und Fakten über Ihre Konkurrenz steht die Analyse der weichen Faktoren an.

- ✔ Geschäftleitung
- ✔ Personal
- ✔ Kunden
- ✔ Produktion
- ✔ Marketing
- ✔ Vertrieb

Stellen Sie sich jede nur erdenkliche Frage rund um die sechs aufgezählten Unternehmensbereiche. Letztendlich interessiert es Sie am meisten, wo die Stärken und Schwächen Ihrer Wettbewerber liegen und wie schnell und flexibel sie auf Veränderungen im Markt reagieren können.

Die Checkliste in Abbildung 6.2 hilft Ihnen, die richtigen Fragen zu stellen. Drucken Sie sie aus, damit Sie keine Frage vergessen.

zu analysierender Bereich	**Antwort**
Rund um die Geschäftsleitung	
Welchen beruflichen Werdegang haben die Geschäftsführer?	
Wie entscheidungsfreudig sind die Unternehmensverantwortlichen?	
Welchen Ruf genießen die Bosse in der Branche?	
Welche Stärken/Schwächen sind von den Vorstandsmitgliedern bekannt?	
Rund um das Personal	
Wie hat sich die Zahl der Mitarbeiter in den vergangenen Jahren entwickelt?	
Wie motiviert/engagiert arbeiten die Beschäftigten?	
Welchen Ausbildungsstatus hat das Gros der Mitarbeiter?	
Sucht das Unternehmen zusätzliches Personal?	
Wo rekrutiert der Wettbewerber seine Mitarbeiter?	
Wie eigenverantwortlich agieren die Beschäftigten?	
Rund um die Kunden	
Wie groß ist der Kundenstamm?	
Wächst oder schrumpft der Kundenstamm?	

zu analysierender Bereich	Antwort
Wie treu sind die Kunden?	
Bedient das Unternehmen mit seinen Produkten ganze Segmente oder nur einzelne Bereiche?	
Rund um die Produktion	
Produziert der Wettbewerber selbst oder lässt er produzieren?	
Welche Kapazitäten haben seine Produktionsanlagen?	
Sind die Anlagen automatisiert oder steckt viel Manpower in dem erzeugten Produkt?	
Kann der Wettbewerber seine Anlagen vor Ort erweitern oder müsste er neue Standorte suchen?	
Wie sehr achtet er auf die Sicherheit seiner Mitarbeiter in den Werkshallen?	
Rund um das Marketing	
Welches Image genießen die Produkte/Dienstleistungen im Markt?	
Wie hoch ist der Umsatzanteil, den der Wettbewerber in das Marketing investiert?	
Wie erfolgreich agieren die Marketing-Mitarbeiter des Unternehmens?	
Wie viel Wert legt der Vorstand auf ein einheitliches Erscheinungsbild seines Unternehmens?	
Wie hoch ist das finanzielle Engagement für den Kundenservice?	
Rund um den Vertrieb	
Wie vertreibt der Wettbewerber seine Produkte?	
Nutzt er das Internet als zusätzlichen Vertriebskanal?	
Wie hat sich der Anteil an Vertriebsmitarbeitern in der Vergangenheit entwickelt?	
Welches Image hat der Konkurrent bei den Händlern?	

Abbildung 6.2: Checkliste: Konkurrenzanalyse II

Haben Sie während des Lesens den Kopf geschüttelt und gedacht, «für meinen kleinen Schreibwarenladen um die Ecke brauche ich das doch alles gar nicht«? Doch, je mehr Sie über Ihre Konkurrenz wissen, desto besser können Sie sich positionieren. Auch wenn Sie nicht die Zeit finden, so tief ins Detail zu gehen oder nicht die entsprechenden Quellen auftun konnten – am Ende der Analyse sollten Sie die drei entscheidenden Fragen rund um das Potenzial Ihrer Wettbewerber beantworten können:

1. Wie groß ist das Wachstumspotenzial der Wettbewerber?
2. Wie groß ist die Fähigkeit, flexibel und rasch auf Veränderungen zu reagieren?
3. Wie innovativ ist das Unternehmen?

Wal-Mart hat es über den Preis versucht ...

Als der amerikanische Handelskonzern Wal-Mart in Deutschland vor einigen Jahren die ersten Filialen eröffnete, lenkte er die Aufmerksamkeit der Kunden mit Warenpreisen weit unter dem üblichen Niveau auf sich: So kosteten beispielsweise Eier bis zu 50 Prozent weniger als bei der Konkurrenz.

Auch wenn Wal-Mart seine deutschen Geschäfte inzwischen wieder geschlossen hat – der Handelsriese hat alles daran gesetzt, die Kunden über günstigere Preise als die Konkurrenz zu ködern. Sobald sich Produkte nicht oder nur in kleinsten Details von den Waren der Wettbewerber unterscheiden, greifen die Verbraucher in der Regel beim günstigsten Anbieter zu. Um langfristig mit dieser Strategie Gewinn zu erwirtschaften, muss es dem Unternehmer gelingen, die Produkte entsprechend günstig herzustellen.

Beobachten Sie die Strategien Ihrer Wettbewerber

Ihre Geschäfts- und Verkaufsstrategie hüten viele Unternehmen wie ein Staatsgeheimnis. Andere dagegen verkünden in den Medien ganz bewusst, mit welcher Strategie sie ihren Umsatz und Gewinn steigern wollen. Doch auch die großen Geheimniskrämer verraten sehr viel über ihre Pläne, sofern ihre Konkurrenz sie genau beobachtet. Die folgenden drei Beispiele zeigen, wie unterschiedlich selbst große Unternehmen Milliardenmärkte angehen: der eine versucht es über den Preis, der nächste über die Exklusivität und der dritte setzt auf Design.

Die Käufer des fränkischen Sport- und Life-Style-Produzenten Puma bezeichneten sich gerne als hip, extravagant und »in«. Sie gingen am liebsten in Boutiquen statt in große Kaufhäuser shoppen. Um diese Konsumenten zu erreichen, verkaufte Puma seine Sneakers, Tops und Taschen nur in Läden ausgesuchter Händler.

Auch wenn der Sportartikelhersteller seit 2013 seine Strategie geändert hat und wieder verstärkt auf die Produktion von reinen Sportartikeln setzt – durch die sorgfältige Auswahl seiner Verkaufspartner beschränkt sich Puma zu dieser Zeit gezielt auf eine bestimmte Käufergruppe. Das Unternehmen ging nicht nur auf die modischen Wünsche seiner Kunden ein, sondern auch auf das Umfeld, in dem sie sich bevorzugt bewegten.

Die Taktik von Puma entsprach einer Mischung aus Preis und Exklusivität. Sie kann durchaus auch anderweitig effektiv sein: Wollen Unternehmen zum Beispiel eine große Anzahl an Kunden gewinnen, können sie gezielt Preisvorteile als Köder bieten.

Die gewählte Strategie eines Unternehmens kann sich durchaus nur auf ein einzelnes Produkt oder eine Dienstleistung beziehen. Daher empfiehlt es sich, sich auch über das Image seiner Wettbewerber in der Öffentlichkeit zu informieren: Gilt er generell als »Billigheimer« oder »Preistreiber«, als »exklusiv« oder »fair«? Prüfen Sie, ob Ihr Konkurrent nur für das Produkt, mit dem er mit Ihnen im Wettbewerb steht, seine sonst übliche Strategie ändert oder ob er generell auf diese Art und Weise seine Verkäufe vorantreiben will.

Ich will auch einen Z1!

Als der Autobauer BMW Ende der 80er Jahre seinen Sportwagen »Z1« auf den Markt brachte, kündigte er lautstark an, dass er nur eine limitierte Auflage dieses Fahrzeuges bauen wird. Der Plan des Autoherstellers ging prompt auf: Innerhalb kurzer Zeit war das Kontingent an Z1-Wagen erschöpft.

Durch die Ankündigung war es BMW gelungen, den Z1 als etwas Einmaliges darzustellen. Um das Fahrgefühl dieses Autos genießen zu können, waren die Kunden sogar bereit, mehr auszugeben als für Sportwagen-Modelle der Konkurrenz. Statt auf die breite Masse konzentrieren sich Unternehmen mit einer derartigen Geschäftsstrategie auf eine ganz bestimmte (in der Regel finanziell starke) Klientel.

Welche Aktionen plant Ihre Konkurrenz?

Ähnlich wie bei ihren Strategien bemühen sich die Unternehmen eigentlich auch intensiv, ihre geplanten Aktionen geheim zu halten. Doch in der Regel misslingt dies: Mal quatschen Arbeitnehmer, mal gelingt Fotografen ein Schnappschuss eines Erlkönigs – sprich eines neuen Automodells –, mal erfordert ein neues Produkt eine monatelange Vorbereitung durch Marketingkampagnen.

Auch wenn es nicht immer so leicht ist, über die nächsten Schritte seiner Wettbewerber informiert zu sein – machen Sie sich die Mühe und analysieren Sie, welche Möglichkeiten sich Ihrer Konkurrenz bezogen auf ihr Potenzial und ihre Strategien bieten. So können Sie Ihre eigenen Pläne anpassen, vorantreiben oder möglicherweise durchaus auch mal stoppen.

Welche Ziele verfolgt Ihre Konkurrenz?

Natürlich hat jedes Unternehmen das Ziel, profitabel zu arbeiten und seinen Umsatz und Gewinn zu steigern. Doch je nach der Lage, in der sich ein Unternehmen gerade befindet, kann das Erreichen dieses Ziels große Auswirkungen auf den Markt und damit auch auf Ihr Unternehmen haben.

Erfahren Sie beispielsweise, dass Ihr größter Konkurrent einen Zukauf plant, besteht die Gefahr für Sie, dass er auf diese Weise möglicherweise seine Produktionskosten erheblich senken kann. Dadurch bietet sich ihm die Chance, seine Warenpreise deutlich zu reduzieren. Die bittere Folge: Ihr Umsatz geht drastisch zurück, weil Ihre Produkte aufgrund des höheren Kaufpreises wie Blei in den Regalen liegen bleiben.

Je eher Unternehmer in der Lage sind, auf neue Situationen zu reagieren, desto mehr steigen ihre Chancen, nicht ins Hintertreffen zu geraten. Dabei müssen sie nicht automatisch hellseherische Qualitäten beweisen: Viele Informationen über Ihre Wettbewerber finden Sie beispielsweise in überregionalen und örtlichen Medien oder auch in Fachzeitschriften.

Tipps vom Konkurrenten

Der Walldorfer Softwarehersteller SAP verfolgte in den frühen 2000er Jahren das Ziel, bis 2010 seinen Umsatz zu verdoppeln. Um das ambitionierte Ziel zu erreichen, wollte der Softwaregigant nicht mehr nur Großunternehmen ansprechen, sondern auch mittelständischen Betrieben seine Betriebssoftware verkaufen. Der damalige Vorstandschef Henning Kagermann warb ganz offen für die neuen SAP-Pläne, indem er der Presse Interviews gewährte. Auf diese Weise gab er beispielsweise seinem Konkurrenten Oracle klare Hinweise, in welchen Bereichen die beiden Konzerne um die gleichen Kunden buhlen.

Kontern Sie im Konkurrenzkampf

Je mehr Sie über die Pläne, Absichten und Pläne Ihrer Wettbewerber wissen, desto besser können Sie sich für den Konkurrenzkampf positionieren. Die Möglichkeiten, die Sie nutzen können, um Ihre Lage zu verbessern, sind überaus vielfältig:

- ✔ Sie halten die Pläne Ihrer Wettbewerber für uneffektiv und warten zunächst ab.
- ✔ Sie suchen die passende Antwort auf die Pläne Ihrer Konkurrenz.
- ✔ Sie passen Ihre Strategie den neuen Bedingungen teilweise an, weil Ihr Wettbewerber Ihr Geschäftsmodell nur in einzelnen Bereichen bedrängt.
- ✔ Sie überraschen den Wettbewerber mit einem eigenen Schachzug, der ihn in Bedrängnis bringt.

Konkurrenz belebt das Geschäft

Jeff Bezos hat das Potenzial des Internets als zusätzlichen Vertriebskanal sehr schnell erkannt: 1985 gründete der Amerikaner als Erster eine Buchhandelsplattform. Auf `www.amazon.com` können sich Leseratten rund um den Globus unter Millionen Büchern die richtige Lektüre für sich aussuchen und zusenden lassen. Es dauerte nur kurze Zeit, bis die Konkurrenz nachzog: Seit einigen Jahren versuchen beispielsweise Buch.de und Bol.de mit ihren Plattformen mehr oder weniger erfolgreich, Bezos Konkurrenz zu machen. Als weltweiter Marktführer ist Amazon inzwischen aber so gewachsen, dass die zusätzliche Konkurrenz zwar Umsatz kostet, aber die Existenz nicht gefährdet. Noch besser – der Wettbewerb hilft Amazon letztendlich sogar, immer mehr Kunden an das Internet beziehungsweise das Online-Shopping zu gewinnen.

Eine erfolgreiche Parade in einem Konkurrenzkampf setzt voraus, dass Sie ausreichend Zeit haben, Ihren Konter detailliert zu planen. Überstürzte Aktionen ohne mittel- oder langfristige Strategie im Hintergrund bescheren Ihnen sicherlich mehr Ärger als Nutzen. Lassen Sie sich erst auf einen Konkurrenzkampf ein, wenn Sie alle entscheidenden Kriterien untersucht haben, die eine Veränderung Ihrer Geschäftsstrategie oder Produkte bewirken.

Zahlen und Fakten sprechen lassen – Wo der Einsatz gegen die Wettbewerber lohnt

Es ist der Alptraum jedes Unternehmers: Monatelang hat er an seinem Produktportfolio gefeilt und die passende Geschäftsstrategie entwickelt. Und kaum ist die mühevolle Arbeit abgeschlossen, taucht wie aus dem Nichts ein Wettbewerber auf, der ihn bedrängt. Eine Situation, an die sich Unternehmer von Beginn ihrer Selbstständigkeit an gewöhnen müssen. Egal, welche Nische sie entdecken – die Konkurrenz lässt nie lange auf sich warten.

Um zu prüfen, ob sich der Einsatz gegen die Wettbewerber tatsächlich lohnt, dürfen Unternehmer die zentralen Zahlen und Fakten nicht aus den Augen verlieren. Stellen Sie daher zunächst immer eine akribische Rechnung anhand Ihrer Unternehmenskennzahlen auf, ehe Sie Ihrer Konkurrenz die Zähne zeigen. Lassen Sie sich nicht auf eine Konfrontation ein, die Sie weder finanziell noch technisch meistern können. Die genaue Analyse Ihrer Wettbewerber verrät Ihnen viel über die Stärken und Schwächen ihres Unternehmens – setzen Sie dieses Wissen strategisch ein.

Preise, Rabatte, Marketing – Vielerlei Mittel für den Kampf

Eine der zentralen Fragen im Kampf gegen die Wettbewerber ist die Preisgestaltung der Produkte oder Dienstleistungen. Ein zweischneidiges Schwert, denn einerseits müssen Sie die Preise so kalkulieren, dass Sie nicht nur den Herstellungs- oder Einkaufspreis decken, sondern auch noch Gewinn erwirtschaften. Andererseits müssen Sie mit Ihren Preisen allerdings auch die Preissituation berücksichtigen, die auf dem Markt herrscht.

Macht Ihnen ein Wettbewerber die Kunden streitig, indem er seine Produkte für Spottpreise anbietet, müssen Sie Ihre finanzielle Situation und die Folgen für Ihr Unternehmen genauestens prüfen:

- ✔ Kann ich meine Produkte auf diesem Preisniveau über einen längeren Zeitraum verkaufen, ohne Verluste zu machen?
- ✔ Gewinne ich langfristig treue Kunden, wenn ich kurzfristig Preisaktionen starte?
- ✔ Passt ein Preiskampf zu meiner Geschäftsstrategie?

Beantworten Sie eine der drei Fragen mit Nein, ist ein Konkurrenzkampf über die Preisgestaltung sicherlich nicht der richtige Weg, um die Attacke der Wettbewerber zu kontern.

Gezielten Rabattaktionen steht hingegen nichts im Weg:

- ✔ Trifft die neue Herbstkollektion ein, gewähren Sie auf Ihre Sommerware für einen festgelegten Zeitraum Prozente.

- ✔ Führen Sie eine »Happy hour« ein, in der Sie Rabatte geben.
- ✔ Geben Sie Kundenkarten oder Coupons aus, die den Verbrauchern Vorteile bieten.
- ✔ Gewähren Sie ab einer bestimmten Umsatzhöhe bei einem Einkauf Prozente.
- ✔ Veranstalten Sie einen »Kindertag«, bei dem für den Nachwuchs bis zu einer bestimmten Altersgrenze keine Kosten entstehen.

Der Phantasie für derartige Preisaktionen sind keinerlei Grenzen gesetzt. Gleichzeitig verschaffen Sie sich damit ein Image als »kinderfreundliches«, »modernes«, »innovatives« oder »kreatives« Unternehmen, von dem Sie profitieren.

Je nachdem wie stark Sie als Existenzgründer finanziell aufgestellt sind, können Sie auch noch zu anderen Mitteln greifen, um Ihre Wettbewerber zu verdrängen beziehungsweise unter Druck zu setzen. Mit gezielten Marketingmaßnahmen schieben Sie sich bei den Konsumenten so weit in den Vordergrund, dass sie Ihre Wettbewerber entweder nicht mehr wahrnehmen oder zumindest abwägen, bei welchem Anbieter sie einkaufen gehen.

- ✔ Schalten Sie in den lokalen Medien Anzeigen mit integrierten Gutscheinen. So kontrollieren Sie auf einfachste Weise, ob beziehungsweise wie stark die Verbraucher Ihre Anzeige wahrgenommen haben.
- ✔ Halten Sie öffentliche Vorträge über die Branche oder das Spezialgebiet, auf dem Sie tätig sind.
- ✔ Veranstalten Sie einen »Tag der offenen Tür«, bei dem die Besucher auch hinter die Kulissen schauen dürfen.
- ✔ Feiern Sie Ihre Geschäftseröffnung oder Ihren Unternehmensstart und laden Sie potenzielle Kunden ein.
- ✔ Gestalten Sie für Ihr Unternehmen einen übersichtlichen und informativen Internetauftritt.
- ✔ Knüpfen Sie neue Kontakte, indem Sie Netzwerken wie beispielsweise »Junge Unternehmer in Bayern« beitreten. Gleichzeitig erhöhen Sie dabei auch den Bekanntheitsgrad Ihres Unternehmens.

Teil III

Fakten, Zahlen, Rechnungen: Warum der Business-Plan so wichtig ist

In diesem Teil ...

»Papier ist geduldig« – ehe Sie tatsächlich Ihre Produktion starten, die ersten Kundenaufträge ausführen oder hinter der Ladentheke erstmals Waren verkaufen, müssen Sie viele arbeitsintensive Wochen beziehungsweise Monate überstehen – und vor allem schreiben, schreiben, schreiben – die Basis für Ihren Erfolg steckt in einem akribisch ausgearbeiteten Business-Plan.

In diesem Teil erfahren Sie, warum Sie überhaupt einen Business-Plan brauchen und wie er Ihnen hilft. Wir sehen uns an, welche Elemente ein guter Business-Plan enthalten muss. Wir geben einen Überblick über die Kostenfaktoren, die entscheidenden Einfluss auf Ihren Umsatz und Gewinn haben, und wir erläutern, wie Sie Ihre Ausgaben im Griff behalten. Außerdem erfahren Sie, wie Sie alternative Szenarien entwickeln, um im ersten Geschäftsjahr erfolgreich Fuß im Markt zu fassen.

Ohne Plan kein Ziel

7

In diesem Kapitel

- Der Business-Plan – ein Muss
- Die Unternehmensziele definieren
- Das Geschäftsmodell erklären
- Die Finanzen kontrollieren

Nach dem Zusammenbruch vieler Start-up-Unternehmen zu Beginn des neuen Jahrhunderts stellte sich heraus, dass etliche Firmengründer nicht an ihrer Geschäftsidee, sondern an ihrer Kapitalplanung gescheitert sind. Sie hatten sich finanziell heillos übernommen und auch keine Fallback-Lösungen für ihre Unternehmen für wirtschaftlich schwierige Zeiten parat gehalten. Inzwischen haben einige von ihnen erfolgreich einen Neustart gewagt – mit einer deutlich konservativeren und detailreicheren Finanzplanung als während der großen Boomphase Ende der 90er Jahre. Auch nach dem Zusammenbruch der amerikanischen Investmentbank Lehman Brothers im Jahr 2008 zeigte sich unter den deutschen Existenzgründern schnell, wer sich nicht nur gut, sondern perfekt auf alle widrigen Eventualitäten vorbereitet hat. Den anschließenden Einbruch der Wirtschaft verkrafteten vor allem die Unternehmer, die für ihr Kapital beziehungsweise ihr Unternehmen mittels Businessplan detaillierte Pläne für alle möglichen Szenarien vorbereitet hatten.

Ein Business-Plan ist die größte Stütze und der strengste Kontrolleur, den Sie zu Beginn Ihrer Existenzgründung haben. Mit seiner Hilfe analysieren Sie Ihre Geschäftsidee systematisch, beheben Wissenslücken und Schwachstellen und erhalten gleichzeitig einen umfassenden Überblick über Ihre finanziellen Ressourcen. In diesem Kapitel zeigen wir Ihnen, welche Informationen ein Business-Plan enthalten muss. Außerdem erfahren Sie, wie Sie Ihre geplanten Kosten, Umsätze und Gewinne übersichtlich darstellen, um die Chancen und Risiken Ihres Geschäftsmodells besser einschätzen zu können. Ehe Sie Ihren Business-Plan erarbeiten, helfen wir Ihnen, Ihre Unternehmensvorgaben und -ziele klar zu definieren und die Differenz zu bewältigen.

Die Fibel für die Gründung – Der Business-Plan

Gehen Sie im Winter ohne Mantel und Mütze aus dem Haus? Putzen Sie Ihre Wohnung ohne Staubsauger und Staubtuch? Nein, natürlich nicht! Und genauso wie im Winter Mantel und Mütze oder beim Frühjahrsputz Staubsauger und Staubtuch dazugehören, muss jeder Existenzgründer einen Business-Plan erstellen, ehe er sich selbstständig macht. Das Dokument legt gewissermaßen die Route fest, die der Existenzgründer gehen will. Ohne Business-Plan – da sind sich alle Experten einig – ist eine Gründung kaum erfolgreich zu realisieren. Er demonstriert, dass Sie Ihr Vorhaben analytisch durchdacht und systematisch aufgebaut haben.

Gleichzeitig dient er als Mittel, potenzielle Adressaten wie Kunden, Mitarbeiter, Partner, Kapitalgeber oder auch die Öffentlichkeit schnell und übersichtlich über das Geschäftsmodell und ihre Finanzierung zu informieren.

Ein gut strukturierter Business-Plan enthält in der Regel vier Teile:

- ✔ die Beschreibung der Geschäftsidee
- ✔ die Darstellung der Planzahlen
- ✔ den Anhang, der unter anderem den Lebenslauf des Gründers, Vertragsentwürfe und Broschüren enthält
- ✔ die Zusammenfassung

Die einzelnen Abschnitte des Business-Plans müssen Sie keineswegs in der genannten Reihenfolge präsentieren. Allerdings ist es unerlässlich, die in Abbildung 7.1 aufgeführten Aspekte in dem Plan darzustellen und zu erläutern. Selbstverständlich haben wir diese Checkliste für Sie auch wieder auf die CD gepackt. In Anhang A und auch auf der CD finden Sie übrigens einen kompletten Business-Plan als Beispiel.

Thema	**Beschreibung erledigt**
Gründerperson	
Lebenslauf	
Management des neuen Unternehmens	
Produkt/Dienstleistung	
Potenzielle Kunden	
Potenzielle Konkurrenz	
Preisgestaltung	
Rechtsform des Unternehmens	
Personal	
Marketing	
Versicherungen und Pflichtmitgliedschaften	
Steuern und Planrechnungen	
Finanzierung	
Chancen und Risiken des Unternehmens	

Abbildung 7.1: Checkliste: Business-Plan

Unterschätzen Sie nicht die Wirkung eines gut gestalteten Business-Plans. Sie wollen damit auch Fördermittel und Kredite erhalten. Je professioneller er aufbereitet ist, umso besser ist der Eindruck, den Sie damit machen. Gerade in schwierigen wirtschaftlichen Zeiten sollten Sie als Perfektionist glänzen, da viele Geldgeber in solchen Phasen selbst auf scheinbar banale Kleinigkeiten enorm Acht geben.

Legen Sie eine schöne Mappe an, ähnlich wie eine Bewerbungsmappe – wenn Sie sich bei einem Arbeitgeber bewerben, geben Sie doch auch keine mit Kaffee befleckten Schmierzettel ab. In Abbildung 7.2 zeigen wir Ihnen einmal das Deckblatt und das Inhaltsverzeichnis des Business-Plans, den Sie in Gänze in Anhang A nachlesen können.

Was will ich eigentlich – Legen Sie Ihre Ziele fest

Was will ich mit meinem Unternehmen eigentlich erreichen? Wahrscheinlich können Sie die Frage auf Anhieb beantworten: Umsatz und Gewinn erzielen, den Markt revolutionieren und viel Spaß an der Arbeit haben. Je länger Sie jedoch über diese Frage nachdenken, desto detaillierter fallen Ihre Antworten sicherlich aus. Sie beschreiben, welche Produkte Ihr Unternehmen erzeugt und verkaufen will, welche Kundengruppe Sie ansprechen möchten oder wie Ihr Unternehmen die Konkurrenz deklassieren könnte. Vielleicht verraten Sie auch, dass Sie Ihr Unternehmen möglicherweise nach einem gelungenen Start an einen größeren Konkurrenten verkaufen oder nach einigen Jahren an die Börse gehen wollen. Die Palette an Zielen, die Sie mit Ihrem Unternehmen verfolgen, ist nahezu unerschöpflich.

Ehe Sie beginnen, Ihren Business-Plan zu schreiben, empfiehlt es sich daher, zunächst die grundsätzlichen Zielvorgaben Ihres Unternehmens zu definieren sowie Zielvereinbarungen festzulegen.

Legen Sie Zielvorgaben für Ihr Unternehmen fest

Im Vorfeld einer Existenzgründung stellen viele Unternehmer erstaunt fest, dass es eine Vielzahl von Bereichen gibt, die sie für die Gründung ihrer eigenen kleinen Firma berücksichtigen müssen. Allein die Erzeugung und der Verkauf eines Produkts machen allerdings noch keinen erfolgreichen Unternehmer. Nicht umsonst klagen die meisten Chefs vieler mittelständischer Betriebe, dass sie extrem viel Zeit in die Verwaltung und Organisation ihres Betriebs stecken müssen. Die Segmente umfassen unter anderem

- ✔ Produkterstellung
- ✔ Produktverkauf
- ✔ Personal
- ✔ Wettbewerbssituation
- ✔ Wachstum
- ✔ Internationalisierung
- ✔ Finanzen

FAKTUM GmbH

BERATUNGSGESELLSCHAFT FÜR FINANZKOMMUNIKATION

Anja Meyer

Kurt Müller

Business-Plan

Stand: 01. Februar 2016

D-11111 Beispiel, Postfach 222, Musterstraße 3, Tel. 0999/9999-9, Telefax 0999/9999-88, www.faktum.de

Abbildung 7.2: Deckblatt und Inhaltsverzeichnis eines Business-Plans

Damit Sie keinen dieser Bereiche vernachlässigen, sollten Sie für jedes Segment auch eine Zielvorgabe definieren. Konzentrieren Sie sich unter Umständen fast nur auf den Verkauf Ihres Produkts und versäumen es, sich an mögliche Marktveränderungen anzupassen, wird es schwierig, auch die Zielvorgabe für den Produktverkauf zu erreichen. Es reicht zunächst, die Ziele mit kurzen aussagekräftigen Sätzen zu skizzieren:

✔ »Wir sind ein organisches wachsendes Unternehmen in dem Segment Biotechnologie« – das Unternehmen will aus eigener Kraft wachsen und plant keine Firmenzukäufe.

✔ »Unsere Firma ist weltweit tätig und legt höchsten Wert darauf, mit ihren Erzeugnissen Mensch und Umwelt zu schonen« – das Unternehmen hat bereits alle relevanten Märkte erschlossen und konzentriert sich auf die Verbesserung der Lebensqualität beziehungsweise den bewussten Umgang mit der Natur.

✔ »Als Produzent der Ware X wollen wir uns weltweit als zuverlässiger und fairer Partner beweisen« – die Firma will weiter wachsen und sich einen guten Ruf als Zulieferer/Produzent verschaffen.

Die Unternehmensziele beeinflussen alle Geschäftsentscheidungen und zeigen Managern, Unternehmensbossen und Existenzgründern gleichermaßen den Weg, den sie nicht verlassen sollten. Um tatsächlich den richtigen Pfad für sich und sein Unternehmen zu finden, müssen Existenzgründer bei der Festlegung ihrer Zielvorgaben einige Aspekte beachten:

✔ Die Zielvorgaben müssen homogen sein und dürfen sich nicht gegenseitig behindern.

✔ Die Zielvorgaben dürfen Sie nicht in Ihrem Tun oder Ihrer Flexibilität einschränken.

✔ Stellen Sie die Zielvorgaben regelmäßig auf den Prüfstand – verändert sich der Markt, verändert sich möglicherweise die Strategie Ihres Unternehmens.

✔ Vertrauen Sie nicht nur Ihrem Wissen und Gewissen – besprechen Sie die Zielvorgaben Ihres Unternehmens mit Ihren potenziellen Mitarbeitern oder mit Personen, die Erfahrung auf diesem Gebiet mitbringen.

✔ Schreiben Sie keine langen Abhandlungen – versuchen Sie, Ihre Zielvorgaben in schnell erfassbare, prägnante Sätze zu packen.

BEISPIEL

Ravensburger – Geschäft ist kein Spiel

Die Zielvorgaben für ein Unternehmen haben gute Manager und Firmenchefs immer im Hinterkopf. Die meisten von ihnen haben die Vorgaben so gut parat, dass sie alle Leitlinien ihres Unternehmens in zwei bis vier Sätzen erläutern können. Dabei gehen sie in der Regel auf das Produkt, die Reichweite und die Kunden ihres Unternehmens ein. Einige betonen auch die Position, die sie innerhalb ihrer Branche einnehmen. So formuliert beispielsweise der Spielwarenhersteller Ravensburger seine Zielvorgaben folgendermaßen: »Stabile Ertragskraft und gesundes Wachstum sind uns wichtig für den Erhalt unserer Unabhängigkeit. Unser Leistungsbeitrag für die Gesellschaft ist es, Nutzen zu stiften für Unterhaltung und Bildung. Unsere Angebote sind Anregung zur Persönlichkeitsentwicklung und Selbstentfaltung. Sie vermitteln Sinn für Gemeinschaft und Familie. Mit unseren Ideen und Angeboten wagen wir Neues, bewahren aber auch das Bewährte. Wir sind verlässliche und berechenbare Partner für alle, die mit uns arbeiten, für Autoren und Lieferanten, für Kunden und Käufer in aller Welt« (Quelle: Ravensburger, »Unsere Grundlagen und unser Auftrag«, September 2005, in Auszügen).

Legen Sie Zielvereinbarungen für Ihr Unternehmen fest

Wenn Sie am Ufer eines Flusses stehen und auf die andere Seite wollen, kaufen Sie sich ein Ticket und benutzen das nächste Boot. Wenn Sie das Ziel haben, gelbe statt bisher weiße Wände in Ihrem Wohnzimmer zu haben, kaufen Sie die passende Farbe, decken alle Möbel ab und streichen Ihre Wände an – oder Sie rufen jemanden an, der das gelernt hat, auch wenn er teurer ist.

In beiden Fällen haben Sie Ziele, die Sie durch bestimmte Schritte realisieren. Genauso verhält es sich, wenn Sie versuchen, die festgelegten Zielvorgaben für Ihr Unternehmen zu erreichen. Neben den Zielvorgaben benötigen Sie auch noch *Zielvereinbarungen*, die festlegen, wie Sie Ihre Vorgaben verwirklichen. Zielvereinbarungen geben unter anderem Folgendes vor:

- ✔ Zeithorizonte
- ✔ Umsätze und Gewinne
- ✔ Rückgang von Kundenbeschwerden
- ✔ Wachstum des Kundenstammes
- ✔ effektivere Produktion

Je nach Bedarf und Situation benötigen Sie für die einzelnen Bereiche Ihres Unternehmens unterschiedlich viele Zielvereinbarungen.

BEISPIEL: Als Klaus Kleinfeld damals beim Münchner Elektroriesen Siemens das Ruder als Vorstandsvorsitzender übernahm, war er mit den Ergebnissen einzelner Geschäftsbereiche des Dax-Konzerns völlig unzufrieden. Um das Wachstum von Siemens voranzutreiben – eine der wesentlichen Zielvorgaben des Unternehmens –, vereinbarte er mit jedem Geschäftsbereich das Ziel, innerhalb festgelegter Zeiträume bestimmte Renditen zu erreichen. Auch seine Nachfolger, Peter Löscher und Joe Kaeser, machten beziehungsweise machen es nicht anders.

Im Gegensatz zu Zielvorgaben basieren Zielvereinbarungen fast ausschließlich auf Zahlen und Daten. Ob Umsatzentwicklung, Mitarbeiterzahlen oder Warenpaletten – anhand der nackten Zahlen können Unternehmer nüchtern prüfen, ob sie ihre Zielvereinbarungen erreicht haben oder nicht.

Die folgenden Aspekte helfen Ihnen, Ihre Zielvereinbarungen effektiv festzulegen:

- ✔ Stecken Sie sich erreichbare Zielvereinbarungen.
- ✔ Überprüfen Sie, ob Sie Ihre Zielvereinbarungen tatsächlich erreichen.
- ✔ Besprechen Sie mit Ihrem Geschäftspartner/Ihren Mitarbeitern die Zielvereinbarungen ausführlich.
- ✔ Ziehen Sie Ihren Geschäftspartner/Ihre Mitarbeiter in den Prozess der Festlegung mit ein.
- ✔ Kontrollieren Sie, dass alle Zielvereinbarungen tatsächlich zu Ihren Unternehmensvorgaben passen.

Was soll ich tun? Ich habe meine Zielvereinbarung verschludert

Stellen Sie sich vor, Sie haben Ihr Geschäft vor einiger Zeit eröffnet und das Interesse der Kunden an Ihrem Angebot hält seit Wochen ungebrochen an. Um den Absatz nicht einbrechen zu lassen, achten Sie vor lauter Stress nicht mehr darauf, eine angenehme Einkaufsatmosphäre für Ihre Kunden zu schaffen: Sie spielen keine Musik mehr ab, dekorieren weniger als in der Anfangsphase und bieten Ihren Kunden auch den viel geschätzten Cappuccino nicht mehr an. Dabei haben Sie sich »einen außergewöhnlichen Kundenservice« als eine wesentliche Zielvorgabe für Ihr Unternehmen groß auf die Fahnen geschrieben – Ihre Zielvereinbarung (weiter Umsatz zu erzielen) verträgt sich also in keiner Weise mehr mit Ihrer Zielvorgabe (einen außergewöhnlichen Kundenservice zu bieten). Die Gefahr dabei: Ihre Kunden registrieren enttäuscht die Veränderung in Ihrem Geschäft und konsumieren weniger oder kommen gar nicht mehr.

Um Ihre Zielvorgaben nicht zu vernachlässigen, hält die folgende Liste drei Tipps für Sie parat, wie Sie sich schnell und unkompliziert wieder auf die Vorgaben besinnen:

1. **Formulieren Sie Ihre Zielvorgaben kurz und prägnant auf einem Zettel, den Sie an einem Ort aufhängen, wo er Ihnen regelmäßig auffällt.**
2. **Trauen Sie sich, Ihre Zielvereinbarungen zu verändern, wenn Sie merken, dass sie zu ehrgeizig oder zu lasch gesteckt sind und daher von Ihren Zielvorgaben wegführen.**
3. **Kontrollieren Sie, ob es alternative Wege gibt, um Zielvereinbarung und Zielvorgabe zu vereinen.**

Im Falle des neu eröffneten und gut besuchten Ladens würde es möglicherweise schon reichen, eine Aushilfe auf 450-Euro-Basis einzustellen. Sie nimmt Ihnen Arbeit ab und gewährleistet so, dass Sie wieder Zeit haben, sich auf die Dinge in Ihrem Laden zu konzentrieren, die Ihre Kunden so schätzen. Die Kosten für die Aushilfe kompensieren Sie durch das große Kundeninteresse sicherlich problemlos.

Beschreiben Sie Ihre Geschäftsidee

Sobald Sie Ihre Unternehmensvorgaben definiert und festgelegt haben, haben Sie sich die Grundlage für das nächste große Projekt geschaffen – das Schreiben Ihres Business-Plans. Das Dokument ist die Erfolgsfibel für alle Existenzgründer: In dem Werk legen Sie alle wesentlichen Aspekte Ihrer Geschäftsideen schriftlich nieder.

Sehen Sie die Arbeit an Ihrem Business-Plan nicht als lästige Beschäftigung. Sie ist nicht lästig und sie dient auch nicht nur dem Zweck, staatliche Fördermittel zu kassieren. Nehmen Sie sich viel Zeit – vor allem, wenn es um die Beschreibung Ihrer Geschäftsidee geht. Eine intensive und kritische Auseinandersetzung mit dem Unternehmensmodell zeigt Ihnen nüchtern und unerbittlich alle Probleme, Wissenslücken und Defizite auf, die Sie möglicherweise für Ihr zukünftiges Geschäft noch nicht gelöst haben. Sobald Sie auf erste Schwierigkeiten stoßen, können Sie Ihre Strategien und Pläne bereits im Vorfeld ändern beziehungsweise anpassen – Probleme treten in der Regel nicht erst nach der Gründung auf, sondern stecken zumeist schon von Beginn an im Geschäftsmodell.

Je genauer und detaillierter Sie sich also mit der Beschreibung Ihrer Idee beschäftigen, desto wahrscheinlicher vermeiden Sie später Informationslücken und Finanzierungsfehler. Gleichzeitig bietet die intensive Arbeit an dem Business-Plan noch einen weiteren Vorteil: Sobald Sie alle Zweifel und Unsicherheiten ausgeräumt haben, wird es Ihnen wesentlich leichter fallen, Ihre Pläne erfolgreich umzusetzen.

Eine exakte und detaillierte Beschreibung Ihrer Geschäftsidee hilft Ihnen nicht nur bei der erfolgreichen Umsetzung Ihrer Pläne weiter: Vielmehr verbessern sich auch Ihre Chancen, das möglicherweise notwendige Geld von potenziellen Kapitalgebern zu ergattern. Gerade während einer wirtschaftlichen Flaute oder in Phasen, in denen selbst Wirtschaftsexperten nicht genau wissen, wie es weiter geht, knausern die meisten Geldgeber und überlegen sich sehr genau, ob sie für diese oder jene Geschäftsidee Kapital locker machen. Gelingt es Ihnen jedoch, Ihre Pläne genauestens zu beschreiben beziehungsweise selbst die kleinste Kleinigkeit überzeugend darzustellen, dürfte der notwendigen Geldspritze nichts mehr im Weg stehen.

Was biete ich Markt und Kunden?

Sie haben sich bereits lange und intensiv mit Ihren möglichen Kunden auseinandergesetzt – jetzt dürfen Sie sich endlich wieder Ihrer Geschäftsidee widmen. Um Umsatz und Gewinn zu erzielen, wollen Sie etwas produzieren, entwickeln oder einkaufen, um es erfolgreich weiter zu verkaufen.

Beschreiben Sie Produkt oder Dienstleistung

Je nachdem, was Sie Ihren Kunden anbieten, müssen Sie zunächst das Produkt oder die Dienstleistung ausführlich beschreiben. Die folgende Checkliste hilft Ihnen dabei, alle wesentlichen Aspekte für eine effektive Produktbeschreibung zu erfassen:

- ✔ Welche Produkte/Dienstleistungen biete ich an?
- ✔ Wie sieht mein Produkt-/Dienstleistungsangebot genau aus?
- ✔ In welchem Umfang will ich meine Produkte/Dienstleistungen anbieten?
- ✔ Entwickle ich das Produkt selbst oder lasse ich es entwickeln?
- ✔ Gibt es mein Produkt/meine Dienstleistung schon auf dem Markt oder ist es eine Neuheit?
- ✔ Was kann mein Angebot leisten?

Wenn Sie am Schreibtisch sitzen und Ihr Produkt beschreiben, müssen Sie sich immer vor Augen halten, dass Sie Experte auf dem Gebiet sind. Eine seitenlange technisch orientierte Ausarbeitung über die Fähigkeiten und Raffinessen Ihres Produkts ermüdet die Leser. Achten Sie daher darauf, Ihre Produkte und Dienstleistungen so zu beschreiben, dass auch Laien auf Anhieb das Angebot verstehen und erfassen können.

Planen Sie beispielsweise einen Fahrradhandel oder ein Babyfachgeschäft, stellt sich dieses Problem sicherlich nicht. Wollen Sie aber eine neue Software auf den Markt bringen oder ein Biotechnologie-Unternehmen gründen, das mit neuartigen Beschichtungen die Abnutzung von Metallgegenständen verhindert, brauchen Sie bei der Beschreibung Ihres Produkts viel Fingerspitzengefühl, um Ihr Angebot verständlich zu schildern.

Was will mein Kunde?

Allein die Beschreibung des Produkts oder der Dienstleistung reicht allerdings noch nicht aus, um die kritischen Leser Ihres Business-Plans von der Großartigkeit Ihrer Idee zu überzeugen. Skeptische Banker fragen Sie sofort nach den potenziellen Kunden beziehungsweise der Situation auf dem entsprechenden Markt. Schließlich erzielen Existenzgründer später nur Umsatz und Gewinn, wenn sie mit ihrem Angebot die Verbraucher überzeugen beziehungsweise deren Wünsche und Bedürfnisse erfüllen.

Die Beschreibung Ihrer Geschäftsidee sollte daher neben der reinen Produktvorstellung auch unbedingt die Fragen beantworten, die Sie in Abbildung 7.3 finden:

Frage	Antwort
Welchen Nutzen hat der Kunde, wenn er das Produkt/die Dienstleistung kauft?	
Welche Kundenbedürfnisse befriedigt das Produkt/die Dienstleistung?	
Warum könnte der Kunde mein Angebot attraktiver finden als das Angebot der Konkurrenz?	
Biete ich dem Kunden neben dem Produkt auch einen zusätzlichen Service rund um das Angebot?	
Wie registriere ich neue Trends beziehungsweise neue Wünsche und Bedürfnisse der Kunden?	

Abbildung 7.3: Checkliste: Produktbeschreibung

Diese Fragen können Unternehmer nur beantworten, wenn sie sich bereits ausführlich und detailliert mit ihren Kunden auseinandergesetzt haben. Wie Sie Ihre Kunden sowie ihre Wünsche und Bedürfnisse näher kennen lernen, erfahren Sie in Kapitel 5.

Ja, ich kenne meinen Markt!

Langfristig erwirtschaften Unternehmen nur Gewinne, wenn sie wissen, worauf die Kunden Wert legen – und wie hoch der Bedarf des Marktes beziehungsweise der Branche für ihre Erzeugnisse ist. Genaue Kenntnisse über den relevanten Markt sind für einen erfolgreichen Unternehmensstart sowie die spätere Unternehmensstrategie absolut unerlässlich. Kapitel 4 erläutert, auf welchen Weg Sie alle Informationen über den Markt erlangen können.

Um ihre Absatzchancen übersichtlich darstellen zu können, müssen Existenzgründer bei der Beschreibung ihrer Geschäftsidee die acht wesentlichen Fragen in Abbildung 7.4 beantworten:

	Frage	Antwort
1	Wie hoch ist der Umsatz der Branche?	
2	Wie hoch ist der Absatz der Branche?	
3	Wie entwickeln sich die Preise innerhalb der Branche?	
4	Wie entwickeln sich die Kosten innerhalb der Branche?	
5	Wie entwickelt sich die Rendite innerhalb der Branche?	
6	Wächst, stagniert oder schrumpft die Branche?	
7	Welche Stimmung herrscht derzeit in der Branche?	
8	Stehen innerhalb der Branche Innovationen an?	

Abbildung 7.4: Checkliste: Absatzchance

Die recherchierten Zahlen – speziell über die Unternehmen, die schon länger am Markt agieren – sollten Existenzgründern nur als Orientierungshilfe dienen. In der Regel erwirtschaften sie nach ihrem Unternehmensstart bei weitem noch nicht die Umsätze, die etablierte Firmen erzielen. Lesen Sie in Kapitel 6 *Die Konkurrenz schläft nicht*, wie Sie mehr über die Teilnehmer des Marktes und ihre aktuelle Lage erfahren.

Da es ohnehin kaum mehr eine Nische oder einen Wirtschaftszweig gibt, in dem ein Unternehmen völlig konkurrenzlos agiert – oft buhlen zwei bis vier direkte Wettbewerber um die Kunden –, müssen Unternehmensgründer bei der Beschreibung der Geschäftsidee noch weitere Hausaufgaben machen. Gerade als Markteinsteiger ist es alles andere als einfach, schnell einen so großen Kundenstamm zu gewinnen, der das Überleben der Firma sichert.

Heben Sie sich von der Konkurrenz ab

Zeigen Sie aus diesem Grund in Ihrem Business-Plan deutlich auf, wie Sie im Markt auffallen wollen und was Sie von Ihrer Konkurrenz unterscheidet. Beschreiben Sie:

- ✔ Wer die größten Konkurrenten sind
- ✔ Wie sich das Produktportfolio der Konkurrenz zusammensetzt
- ✔ Wie viel Service die Wettbewerber zusätzlich bieten
- ✔ Was Ihr Angebot von dem Angebot der Wettbewerber unterscheidet
- ✔ Die Unterschiede der bereits im Markt etablierten Wettbewerber
- ✔ Warum noch Potenzial für einen weiteren Konkurrenten gegeben ist

Arbeiten Sie dabei deutlich heraus, auf welche Wettbewerbsvorteile Sie setzen und wo Sie Ihre Chancen sehen. Zeigen Sie, warum die Konkurrenz diesen Vorteil nicht hat beziehungsweise ihn nicht ohne weiteres nachahmen kann.

Weitere wichtige Bausteine für Ihren Business-Plan

Ein guter Business-Plan muss neben den Informationen über das Produkt, den Markt, die potenziellen Kunden und die Wettbewerber noch weitere Details enthalten, um alles Wichtige rund um die Geschäftsidee aufzuzeigen.

Wo, sag mir wo? Der Standort

Einer der zusätzlichen Faktoren für den Erfolg eines jungen Unternehmens ist der Standort des neuen Betriebs. Im Zeitalter des Internets spielt es für einige Existenzgründer sicherlich nur eine untergeordnete Rolle, ob sie ihr Büro im Zentrum einer Großstadt, am Stadtrand oder unter Umständen in einem Dorf außerhalb eines städtischen Einzugsgebiets einrichten. Wer beispielsweise Software programmiert oder die Service-Hotline eines Unternehmens betreut, muss nur in seltenen Fällen ein besonderes Augenmerk auf die Standortauswahl richten.

Planen Sie dagegen, ein Geschäft zu eröffnen oder Waren zu produzieren, die Sie von A nach B transportieren müssen, wird die Standortwahl für Ihr Unternehmen außerordentlich wichtig. Stellen Sie in Ihrem Business-Plan dar, warum Sie den ausgewählten Standort anderen vorgezogen haben und welche Kriterien Sie bei der Auswahl berücksichtigt haben. Die folgende Liste gibt Ihnen einen Überblick, welche Faktoren Unternehmer für eine Standortsuche beachten müssen:

- ✔ Mietpreise
- ✔ Höhe der Nebenkosten
- ✔ Grundstückspreise
- ✔ Kosten für Energie
- ✔ Transportkosten
- ✔ Auflagen der örtlichen Behörden
- ✔ Steueraufwendungen
- ✔ Umfang der staatlichen/regionalen Fördermittel
- ✔ Personalkosten
- ✔ Verfügbarkeit von gut qualifizierten Mitarbeitern
- ✔ Expansionsmöglichkeiten
- ✔ Anfahrtswege
- ✔ Infrastruktur (Strom, Wasser usw.)

Haben Sie sich für einen Standort in unmittelbarer Nähe Ihrer Konkurrenz entschieden, führen Sie die Gründe für die Auswahl mit an – beispielsweise, weil Sie mit Ihren Produkten die gleiche Zielgruppe wie Ihre Wettbewerber ansprechen und sie dort erreichen.

Was kostet die Welt? Der Preis

Ein weiteres wesentliches Element, das Sie unbedingt beschreiben müssen, ist die Preisfindung beziehungsweise Preisgestaltung Ihrer Produkte oder Dienstleistungen.

Erklären Sie, warum Sie diesen oder jenen Preis gewählt haben und stellen Sie dar, wie sich Ihre Preise im Vergleich zur marktüblichen Spanne verhalten. Zeigen Sie die langfristige Strategie Ihres Unternehmens auf, die hinter dieser Preisfindung steckt. Die Grundsatzentscheidung für die Gestaltung Ihrer Preise ist ein ausschlaggebendes Instrument für den späteren Erfolg oder Misserfolg Ihres Unternehmens, da es gerade zu Beginn das Image Ihres Unternehmens bei Ihren Kunden prägt.

Die folgende Liste gibt Ihnen einige Anhaltspunkte, welche Aspekte Sie berücksichtigen müssen:

- ✔ Wollen Sie sich langfristig als Discounter etablieren?
- ✔ Wollen Sie bei Ihrer potenziellen Kundschaft den so genannten »Snob-Effekt« erzielen?
- ✔ Wollen Sie Ihre Kunden selbst die Preise bestimmen lassen, indem Sie lediglich einen Richtpreis anbieten?
- ✔ Starten Sie in regelmäßigen Abständen Preisaktionen?
- ✔ Schnüren Sie zu bestimmten Anlässen Preispakete, die in Summe die Einzelpreise der enthaltenen Produkte unterschreiten?
- ✔ Bieten Sie Preisnachlässe für Senioren, Studenten oder Schüler?

Helfende Hände: Die Mitarbeiter

Während es Existenzgründern in der Regel leicht fällt, eine Grundsatzentscheidung für eine langfristige Preisstrategie zu treffen, geraten sie immer wieder in Nöte, wenn es um ihre Personalpläne geht. Bei Verhandlungen mit den Banken oder Kapitalgebern liegen die Schwierigkeiten der Existenzgründer vor allem darin, einen möglichen Personalbedarf zu prognostizieren – zumal Mitarbeiter einen sehr hohen Kostenfaktor für ein junges Unternehmen darstellen.

Dennoch müssen Sie in Ihrem Business-Plan erläutern, mit wem Sie im Falle einer sehr guten Auftragslage die anfallende Arbeit erledigen wollen beziehungsweise wie Sie sich für Zeiten wappnen, in denen kaum oder gar keine Aufträge reinkommen. Zeigen Sie auf,

- ✔ ob Sie den Einsatz von »Mini-Jobbern« planen
- ✔ ob Sie den Einsatz von Leiharbeitern planen
- ✔ ob Sie den Einsatz von »freien Mitarbeitern« planen
- ✔ ob Sie den Einsatz von Praktikanten planen

✔ ob Sie Mitarbeitern zunächst befristete Arbeitsverträge anbieten

✔ wie viele Mitarbeiter Sie fest einstellen wollen

✔ ob Sie im Krankheitsfall eine Vertretung haben

Die Verkaufsargumente

Zu guter Letzt fehlt Ihnen für die Beschreibung Ihrer Geschäftsidee jetzt nur noch die Darstellung Ihrer Verkaufsargumente. Zeigen Sie auf, wie Sie eine »unique selling Proposition« (USP) erreichen und die Aufmerksamkeit der Kunden auf Ihre Produkte oder Dienstleistungen lenken wollen. Ausführliche Erläuterungen zur USP finden Sie in Kapitel 5 *Das Elevator-Statement: Warum bin ich der beste Partner meines Kunden?* Stellen Sie mit der Schilderung Ihrer Verkaufsargumente stets die Stärken Ihres Unternehmens und Ihrer Produkte heraus.

Damit Sie auch wirklich alle wesentlichen Fragen in der Beschreibung Ihrer Geschäftsidee beantwortet haben, prüfen Sie, ob Ihr Text die entscheidenden 20 Fragen beantwortet, die Sie in der Checkliste in Abbildung 7.5 finden. Selbstverständlich finden Sie diese Checkliste auch wieder auf der CD.

	Thema	**erledigt**
1	Welche Geschäftsidee habe ich?	
2	Gründe ich allein oder mit Partnern?	
3	Habe ich bereits Erfahrung als selbstständiger Unternehmer?	
4	Wo sehe ich meine fachlichen und wirtschaftlichen Qualifikationen?	
5	Welches Produkt/welche Dienstleistung will ich verkaufen/produzieren?	
6	Was kostet die Herstellung des Produkts/der Dienstleistung?	
7	Was soll das Produkt/die Dienstleistung im Verkauf kosten?	
8	Was verlangt die Konkurrenz für das Produkt/die Dienstleistung?	
9	Wie groß ist der Wettbewerb?	
10	Wie will ich mich von meinen Wettbewerbern absetzen?	
11	Wie genau kenne ich meine Kunden?	
12	Wie erreiche ich meine Kunden?	
13	Wie binde ich meine Kunden?	

	Thema	erledigt
14	Wie hoch ist der Personalbedarf?	
15	Finde ich das passende Personal für die anstehenden Arbeiten?	
16	Welche Vorteile bietet der ausgewählte Standort?	
17	Welche Nachteile hat der ausgewählte Standort?	
18	Habe ich eine langfristige Marketing-Strategie?	
19	Wie hoch ist die Flexibilität meines Unternehmens?	
20	Wie groß ist die Innovationsfähigkeit meines Unternehmens?	

Abbildung 7.5: Checkliste: Vollständigkeit des Business-Plans

Und so stimmen auch die Finanzen

Um mit Ihrem neu gegründeten Unternehmen nicht schon nach kürzester Zeit die Flinte ins Korn werfen zu müssen beziehungsweise um Gewinne erzielen zu können, ist eine gewissenhafte und detaillierte Finanzplanung unerlässlich. Eine systematische Planung Ihrer Geschäftsfinanzen hilft Ihnen, mögliche Probleme frühzeitig zu erkennen und auszumerzen. Stellen Sie Ihre Geschäftsidee – also Ihren Business-Plan – potenziellen Kapitalgebern vor, ist diesen selbstverständlich bewusst, dass nicht alle finanziellen Prognosen zwangsläufig so eintreten wie Sie aufführen. Aber die Angaben zeigen auf, wie Sie kalkulieren beziehungsweise welche finanziellen Spielräume Sie für Ihr Unternehmen schaffen.

Wer sich in einer Wirtschaftskrise oder kurz danach als Existenzgründer selbstständig machen will, tut gut daran, zwei oder drei verschiedene Szenarien für die Finanzplanung seines Unternehmens parat zu haben. Kritische Kapitalgeber schrecken nicht davor zurück, Sie mit bohrenden Fragen zu drangsalieren, um zu erfahren, wie Sie mit Ihrem Unternehmen durch eine ein- oder zweijährige Wirtschaftsflaute kommen wollen. Wer dann einen überzeugenden Plan B präsentieren kann, erhöht seine Chancen auf Kapital um ein Vielfaches.

Damit Sie für Ihre Kalkulation marktgerechte Zahlen verwenden, können Sie bei verschiedensten Institutionen und Kammern die so genannten »betriebswirtschaftlichen Zahlen« oder »Betriebsvergleichszahlen« für Ihre Branche recherchieren:

- ✔ Industrie- und Handelskammern
- ✔ Handwerkskammern
- ✔ Fachkammern (z.B. Rechtsanwälte und Ärzte)
- ✔ Fachverbänden (z.B. Hotel- und Gaststättenverband)
- ✔ Institut für Handelsforschung in Köln

✔ Börsenverein des Deutschen Buchhandels

✔ Betriebsberatung Einzelhandel

Money, money, money – So erzielen Sie Umsätze

Der Umsatz ist eine der wichtigsten Planzahlen für Ihr Unternehmen. Von diesen Einnahmen müssen Sie nicht nur Ware, Personal, Miete und Ähnliches bezahlen, sondern auch alle Versicherungen wie die Renten- und Krankenversicherung. Außerdem muss der Umsatz hoch genug sein, »dass Sie das Salz in der Suppe verdienen«.

Zurück zu den Umsätzen – jetzt geht es darum, auf Basis Ihrer Markt- und Wettbewerbsanalyse einzuschätzen, was Sie mit welchem Kunden in welchem Zeitraum umsetzen können. Zwei Wege führen zum Ziel:

✔ Sie planen Kunde für Kunde auf Basis von Erfahrungswerten und Marktdaten.

✔ Sie ermitteln Ihre Mindestkosten und stellen so fest, welchen Mindestumsatz Sie erzielen müssen.

So planen Sie Ihren Umsatz pro Kunde

Die Agentur PR-Profi weiß, dass ein kleineres Unternehmen im Durchschnitt 3.000 bis 5.000 Euro pro Monat für Public Relations ausgibt. Die drei Macher haben sich zum Ziel gesetzt, alle drei Monate ein neues Unternehmen als Kunden zu akquirieren. Auf dieser Basis entwickeln sie ihre Umsatzplanung für das erste Jahr. Von 11.000 Euro im ersten Monat steigen die Umsätze somit bis auf knapp 50.000 Euro zum Geschäftsjahresende. Auf Basis dieser Rechnung können die Gründer danach festlegen, wann sie welche Mitarbeiter einstellen und wie viel Gehalt sie sich selber zahlen.

So errechnen Sie Ihren benötigten Mindestumsatz

Für eine Analyse Ihres geplanten Umsatzes erfassen Sie zunächst alle Unternehmenskosten sowie Ihre privaten Ausgaben. Anhand dieser Zahlen leiten Sie ab, wie viel Umsatz Sie pro Jahr mindestens erzielen müssen, um die ermittelten Kosten decken zu können. Im zweiten Schritt notieren Sie, wie hoch der geplante Umsatz sein soll und zu welchem Preis Sie die Produkte oder Dienstleistung verkaufen wollen. Ziehen Sie dafür die Betriebsvergleichszahlen Ihrer Branche zu Rate, damit Sie auch wirklich marktgerecht kalkulieren.

Welche Kosten entstehen dabei?

Für die Ermittlung der Kosten unterscheiden Sie fixe, variable und kalkulatorische Kosten.

✔ **Fixe Kosten** umfassen alle Ausgaben, die Ihnen grundsätzlich entstehen – egal, ob Sie Umsätze erwirtschaften oder nicht. Dazu gehört die Miete für Ihre Geschäftsräume, das Gehalt des oder der Mitarbeiter, Telefongebühren, Steuern, Versicherungsbeiträge und auch Leasingraten für Firmenwagen oder Maschinen.

- ✔ **Variable Kosten** sind Kosten, die unter anderem für den Wareneinkauf, Aushilfslöhne oder für Umsatzbeteiligungen Dritter anfallen.
- ✔ **Kalkulatorische Kosten** fallen beispielsweise an, wenn Sie sich Ihren Lohn aus der Geschäftskasse auszahlen oder wenn Sie Privaträume für Ihr Geschäft nutzen.

So ermitteln Sie Ihre Kosten

Um die Übersicht über die Kosten nicht zu verlieren, erstellen Sie für die unterschiedlichen Kosten jeweils eigene Pläne. Danach fassen Sie die Ergebnisse in einer großen Übersicht zusammen. In Abbildung 7.6: haben wir Ihnen eine solche Tabelle einmal dargestellt. Auf der CD finden Sie diese Tabelle ohne die Werte, denn die werden bei Ihrem Geschäft ja ganz anders sein.

Plan Personalkosten (pro Jahr)	
Stundenlohn für einen Mitarbeiter mit fünf Jahren Berufserfahrung	
10 Euro × 170 Stunden/Monat	1.700 Euro
Jahresgehalt	**20.400 Euro**
Plus Vermögenswirksame Leistungen ca.	500 Euro
Jahresbruttogehalt	**20.900 Euro**
Plus Arbeitgeberaufwendungen ca.	4.700 Euro
Personalkosten für einen Mitarbeiter	**25.600 Euro**
Plan Sachkosten (pro Jahr)	
Miete, Heizung	5.500 Euro
Wasser, Strom	1.500 Euro
Versicherungen, Pflichtmitgliedschaften, Steuern	1.500 Euro
Fahrzeug	2.500 Euro
Reisekosten	1.300 Euro
Werbung	1.200 Euro
Wartung Produktionsanlage oder Maschinen	1.000 Euro
Telefon, Internet	1.800 Euro
Buchführung, Steuerberater	2.500 Euro
Sonstiges	1.200 Euro
Ergibt	**20.000 Euro**

Plan kalkulatorische Kosten (Unternehmerlohn)	
Einkommensteuer	12.000 Euro
Kranken-, Lebens-, Pflege und Rentenversicherung	8.000 Euro
Miete	15.000 Euro
Lebensunterhalt	12.000 Euro
Ergibt	**47.000 Euro**
Aufstellung der Gesamtkosten	
Kosten Mitarbeiter	25.600 Euro
Sachkosten	20.000 Euro
Kalkulatorische Kosten	47.000 Euro
Gesamtkosten	**92.600 Euro**

Abbildung 7.6: Checkliste: Kosten

Vergessen Sie nicht, mögliche Zinsen und Abschreibungen in Ihre Rechnung mit aufzunehmen. Haben Sie beispielsweise einen Kredit in Höhe von 50.000 Euro zu einem Zinssatz von fünf Prozent von Ihrer Bank erhalten, zahlen Sie 2.500 Euro Zinsen jährlich.

Haben Sie sich für die Produktion Ihrer Ware Maschinen im Wert von 100.000 Euro angeschafft, ermitteln Sie den Wertverlust dieser Investition (Abschreibung), indem Sie die Kosten der Maschinen durch die voraussichtliche Nutzungszeit dividieren. Wenn wir für Ihre Maschinen von einer Lebensdauer von zehn Jahren ausgehen, müssen Sie Abschreibungskosten in Höhe von 10.000 Euro pro Jahr ansetzen. Aber vielleicht sollten Sie sich das besser von Ihrem Steuerberater erklären lassen. Das ist ein so komplexes Thema, das sprengt dieses Buch.

Wie erziele ich Gewinn?

Der Gewinn ist für potenzielle Geldgeber die ausschlaggebende Größe für ihre Entscheidung, Ihnen Kapital zur Verfügung zu stellen oder nicht. Damit sie die Hoffnung haben können, das eingesetzte Geld jemals wiederzusehen, nehmen sie den Gewinnplan besonders intensiv unter die Lupe. Mit einer übersichtlichen Rentabilitätsvorschau befriedigen Existenzgründer die kritische Neugier der Kapitalgeber.

Die notwendigen Puzzle-Stückchen für Ihren Gewinnplan finden Sie in Ihren Kosten- und Umsatzprognosen. In die Rentabilitätsvorschau müssen Sie nicht jeden einzelnen Posten aufnehmen. Vielmehr fassen Sie die wesentlichen Aspekte jeweils unter den entsprechenden Oberbegriff zusammen.

So erstellen Sie Ihren Gewinnplan

Sehen Sie sich den in Abbildung 7.7 gezeigten beispielhaften Gewinnplan an. Wäre es nicht klasse, wenn es bei Ihnen nach einem Jahr auch so aussehen würde? Keine Angst! Nach der Lektüre dieses Buches sind Sie auf dem besten Weg zu einem erfolgreichen Unternehmer.

Auf der CD haben wir diese Checkliste selbstverständlich wieder ohne Werte aufgeführt.

Umsatz	500.000 Euro
– Waren- oder Materialeinsatz	250.000 Euro
= Rohertrag I	**250.000 Euro**
– Personalkosten	95.000 Euro
= Rohertrag II	**155.000 Euro**
– Sachkosten	45.000 Euro
= Erweiterter Cashflow	**110.000 Euro**
– Zinsen	10.000 Euro
= Cashflow	**100.000 Euro**
– Abschreibungen	15.000 Euro
= Nettogewinn	**85.000 Euro**

Abbildung 7.7: Checkliste: Gewinnplan

Welche Auswirkungen hat das auf die Liquidität?

Sind Sie schon einmal umgezogen? In eine andere Stadt? Da haben Sie sich doch bestimmt einen Plan gemacht, was Sie alles der Reihe nach erledigen müssen: Umzugsdienst bestellen, neue Möbel auswählen, Strom, Wasser, Heizung ablesen und ummelden, Kisten packen, Lampen abmontieren und so weiter. Haben Sie nicht mindestens drei bis acht Wochen im Voraus gewusst, welche Schritte als Nächstes für Ihren Umzug anstehen?

Die Liquiditätsplanung ist im Grunde für ihr Unternehmen nichts anderes als die »To do-Liste« für Ihren Umzug. Einziger Unterschied: Sie umfasst bei Existenzgründungen in der Regel einen Zeitraum von zwölf Monaten. Eine Übersicht über die Zahlungsfähigkeit ist für ein frisch gegründetes Unternehmen unabdingbar.

Ein Liquiditätsplan stellt die monatlichen Geldeingänge den monatlichen Geldausgängen gegenüber und zeigt Ihnen auf diese Weise sehr schnell und genau, ob beziehungsweise für welche Monate Sie rechtzeitig Rücklagen bilden müssen.

Bedenken Sie immer, dass Sie als selbstständiger Unternehmer keine regelmäßigen Geldeingänge verbuchen können. Möglicherweise zahlen die Kunden nicht pünktlich oder Sie machen in dem einen oder anderen Monat kaum Umsätze. Die Hersteller von Spielwaren beispielsweise erwirtschaften bis zu 80 Prozent ihrer Umsätze im Weihnachtsgeschäft. Behalten Sie daher immer Ihr Geschäftskonto und die möglicherweise anstehenden variablen Kosten im Auge, damit Sie nicht unnötig ins Minus rutschen.

In einem guten Liquiditätsplan zeigen Existenzgründer, ab wann ihre Einnahmen die laufenden Kosten für ihr Unternehmen sicher decken können. Welche Elemente ein Liquiditätsplan enthält, erfahren Sie in Kapitel 16.

Jetzt geht's um die Kohle

8

In diesem Kapitel

- Unvermeidbare Ausgaben auflisten und analysieren
- Hilfreiche Kostenkontrolleure zu Rate ziehen

Sie sind der Knackpunkt für beinahe alle Existenzgründer und für das Überleben des Unternehmens – die Kosten, die fast jede Firma in Kauf nehmen muss. Es ist immer wieder zu hören: Mal ist es das Finanzamt, das den Unternehmern das Leben schwer macht, mal die schlechten Einkaufsbedingungen der Zulieferer, mal die hohen Lohnnebenkosten für das Personal, mal die steigenden Spritpreise – die Klagen der Selbstständigen drehen sich beinahe immer um die Ausgaben, die sie machen müssen, um ihr Unternehmen zu betreiben.

Einen großen Teil der anfallenden Kosten allerdings können Existenzgründer sehr gut kalkulieren: Sie werden entweder nach bestimmten Prozentsätzen berechnet oder hängen vom Verhandlungsgeschick des jeweiligen Unternehmers ab.

Wir zählen Ihnen in diesem Kapitel die typischen Kosten auf, mit denen Sie bei der Gründung eines Unternehmens rechnen müssen. Um nach einigen Monaten oder den ersten zwei Jahren finanziell nicht in die Bredouille zu geraten, erfahren Sie zudem, wie Sie die Kosten mit Hilfe Ihres Business-Plans, der Liquiditätsplanung sowie der Gewinn-und-Verlust-Rechnung sicher im Blick behalten.

Die wichtigsten Kostenfaktoren auf einen Blick

»Ich brauche keine Mitarbeiter, weil ich ein Ein-Mann-Betrieb bin«, »Ich arbeite im Arbeitszimmer meiner Privatwohnung – Miete muss ich nicht extra zahlen«, »Kredite tilgen – ich brauche nur meinen Computer und einen Internetzugang.«

Natürlich muss nicht jeder Unternehmer Gehälter, Miete oder Waren bezahlen – aber bei fast jedem Selbstständigen fällt der ein oder andere große Kostenfaktor an, um sein Unternehmen in Schwung zu bringen beziehungsweise am Laufen zu halten. Gerade zum Unternehmensstart unterschätzen viele Gründer die Kosten, die später auf sie zukommen. Um im Nachhinein nicht zu denjenigen zu zählen, die das Finanzamt oder ihre Zulieferer als Schuldige für ihre Finanzmisere ausmachen, verschaffen Sie sich jedoch frühzeitig einen detaillierten Überblick über alle potenziellen Kosten, die Sie mit den Umsätzen Ihres Unternehmens abdecken müssen. Dazu zählen unter anderem:

- ✔ Personalkosten
- ✔ Materialkosten und Wareneinkauf
- ✔ Miete
- ✔ Transport

- ✔ IT und Kommunikation
- ✔ Versicherungen, Steuern und Zinsen

Günstige Waren und Material verzweifelt gesucht!

Wenn Sie sich nicht gerade als Unternehmensberater selbstständig machen, kommen Sie nicht umhin, sich ausführlich mit dem Thema Material- und Wareneinkauf zu befassen. Die Betreiberin eines Friseursalons kauft regelmäßig Shampoos, Färbemittel und Kuren ein, der Schreiner braucht vielerlei Holz und Geräte. Um auf dem neuesten Informationsstand zu sein, muss die Journalistin regelmäßig mindestens eine Zeitung und ein Nachrichten- oder Fachmagazin lesen. Der Inhaber eines Fitnessstudios sollte ab und zu die Fußbodenmatten für seine Aerobic- und Yoga-Stunden erneuern, die Gründerin eines Biotechnologie-Unternehmens benötigt Teststoffe und Reagenzgläser in großen Mengen.

Ja nach der Geschäftsidee verschlingen die Anschaffungskosten für Material oder Waren einen erheblichen Teil des Umsatzes. Bestellt der Weinhändler Müller beispielsweise eine Palette Weißwein (mittleres Preissegment), kosten ihn die circa 480 Flaschen etwa 2.000 Euro inklusive Frachtkosten. Für die einzelne Flasche zahlt der Händler im Einkauf damit 4,16 Euro. Da er die Flasche für 6,50 Euro an seine Kunden weiter gibt, verschlingen die Einkaufskosten in diesem Fall mehr als 60 Prozent des erzielten Umsatzes. Da Müller jährlich circa 10.000 Flaschen verkaufen will, muss er in diesen zwölf Monaten für seinen Weinhandel mit Warenkosten von etwa 41.500 Euro kalkulieren.

Nicht immer sind die Konditionen zwischen Einkaufs- und Verkaufspreisen so ungünstig wie im Falle des Weinhändlers. Damit Sie jedoch die Kosten für Ihre Waren und Ihr Material im Laufe der Zeit nicht erdrücken oder sogar zahlungsunfähig machen, erstellen Sie eine Übersicht, wie oft beziehungsweise in welchen zeitlichen Abständen Sie auf Einkaufstour gehen wollen und wie viel Kleingeld Sie zu diesen Zeitpunkten voraussichtlich zur Verfügung haben. Analysieren Sie genau, welche Maschinen, Geräte, Waren oder Produkte Sie regelmäßig brauchen – also welche Kosten dadurch auch immer wieder anfallen.

Ehe Sie ungünstige Lieferverträge unterschreiben, sollten Sie prüfen, ob Sie die gleiche Ware oder das gleiche Material auf anderen Wegen nicht günstiger einkaufen. Auch wenn es unter Umständen ein wenig Zeit und Geduld kostet – in vielen Fällen lohnt es sich, nach alternativen Einkaufswegen zu suchen:

- ✔ Bilden Sie Einkaufsgemeinschaften.
- ✔ Suchen Sie im Internet nach ähnlichen Angeboten.
- ✔ Schreiben Sie Versteigerungen auf Ihrer Homepage aus (der günstigste Anbieter erhält den Zuschlag für den Auftrag).
- ✔ Handeln Sie bessere Konditionen aus, indem Sie die Lieferverträge über längere Laufzeiten abschließen.
- ✔ Kalkulieren Sie, ob sich die Abnahme größerer Mengen zu besseren Preisen für Sie lohnt.

Mitarbeiter – eine teure Unterstützung!

Die Gründerin einer kleinen PR-Agentur erzielt im ersten Jahr mit ihrem Unternehmen einen Umsatz von 100.000 Euro. Ihrer einzigen Mitarbeiterin zahlt sie ein monatliches Bruttogehalt von 2.500 Euro. In Summe kostet sie die Mitarbeiterin im Monat allerdings 2.846,25 Euro, da sie auch für die Lohnnebenkosten aufkommen muss. Von den 100.000 Euro Umsatz verschwinden 38.709 Euro (Jahresgehalt Mitarbeiterin inklusive Weihnachts- und Urlaubsgeld = 13,6 Gehälter) – also fast 40 Prozent – in den Kostenblock Personal.

Löhne und Gehälter – Ein großer Brocken

Viele Existenzgründer vernachlässigen das Thema Personal und Gehalt zu Beginn Ihrs Unternehmensstarts gerne – die meisten von ihnen gründen ja auch zunächst »nur« einen Ein-Mann-Betrieb. Zudem ist es für Gründer außerordentlich schwierig, eine vernünftige und zuverlässige Personalpolitik zu entwickeln, wenn sie nicht genau wissen, wie hoch ihr Mitarbeiterbedarf überhaupt ist.

Von diesen Schwierigkeiten dürfen Sie sich allerdings nicht abschrecken lassen. Wer weiß, dass er schon zum Start oder nach kurzer Zeit auf die Hilfe eines oder mehrerer Mitarbeiter angewiesen ist, muss sich auch darüber im Klaren sein, was ihn sein Personal kostet. Schließlich zählen Löhne und Gehälter zu den Kosten, die jeden Monat anfallen – unabhängig davon, ob Sie Umsatz erzielen oder nicht.

Auch wenn die oben aufgezeigten Aussichten bedrohlich wirken – Sie müssen jetzt nicht sofort Ihre Einstellungspläne zusammenstreichen. Vielmehr sollten Sie sich die folgenden drei Dinge klar machen:

1. Richtig eingesetzt verdienen Mitarbeiter das Geld, was sie kosten – oder sogar noch mehr. Wer Personal nur als Kostenblock sieht, sieht zu wenig!
2. Ihr Erfolg als Unternehmer hängt davon ab, dass jeder einzelne Mitarbeiter sein Bestes gibt. Wenn Sie ein guter Chef sind (und das sind Sie doch?), dann erhalten Sie für Ihre Ausgaben eine entsprechende Gegenleistung – und am Ende des Jahres bleibt dennoch ein Gewinn.
3. Löhne und Gehälter belasten zwar samt Nebenkosten jeden Monat ihre Liquidität. Sie sind aber zu 100 Prozent Betriebsausgaben, sprich, sie mindern ihren Gewinn und ihre Steuerlast.

Da es spannend ist, in jungen Unternehmen zu arbeiten, zeigen sich immer wieder selbst qualifizierte Kräfte in den ersten sechs Monaten flexibel beim Thema Gehalt. So lassen sich vergleichsweise niedrige monatliche Vergütungen und eine attraktive Prämie vereinbaren, wenn Ihr Unternehmen nach sechs Monaten oder einem Jahr wirklich Gewinne einfährt. Zu dem Zeitpunkt ist dann auch mehr Geld in der Kasse, so dass sich die Kosten für die Prämie leichter verkraften lassen.

Bei bestimmten Personengruppen ist darüber hinaus der Staat bereit, zumindest für eine Übergangszeit einen Zuschuss zu Ihren Personalkosten zu leisten; schließlich schaffen Sie ja Arbeitsplätze. Zwar gibt es die früher populären Einstellungszuschüsse für die Beschäftigung von Langzeitarbeitslosen seit Anfang 2009 nicht mehr, aber bei der Beschäftigung besonders schwer vermittelbarer Arbeitnehmer leistet die Bundesagentur für Arbeit immer noch Eingliederungszuschüsse von bis zu 50 Prozent des Arbeitsentgeltes.

Stellen Sie niemals einen Mitarbeiter nur deshalb ein, weil er besonders wenig Gehalt verlangt oder gar bezuschusst wird. Gute Leistungen sollten Sie immer mit entsprechenden Verdiensten honorieren; nur so bringen Sie Ihr Unternehmen auf Dauer nach vorn!

Wer sich versuchsweise an das Thema Personal herantasten will, kann zu Beginn auf ein oder zwei 450-Euro-Kräfte setzen. In diesem Fall müssen Sie nur die Abgaben in Höhe von 26,3 Prozent des Verdienstes übernehmen. Zwölf Prozent davon entfallen auf die Renten-, elf Prozent auf die Krankenversicherung, zwei Prozent auf Lohnsteuer und Solidaritätsbeitrag sowie 1,3 Prozent auf die Lohnfortzahlung. Die Kosten sind damit günstiger als bei Festangestellten.

Mietkosten – Ohne ein Dach über dem Kopf geht nichts

Einen berechenbareren Block als die Miet- oder Pachtkosten finden Sie als Existenzgründer kaum: Einmal im Monat müssen Sie Ihre Mietkosten überweisen – egal, ob Sie Rekordumsätze erzielen oder verzweifelt nach Aufträgen suchen.

Beim Abschluss eines Miet- oder Pachtvertrags dürfen Unternehmer ihre gesamte finanzielle Situation nicht aus den Augen verlieren. »Nur« 100 Euro monatlich mehr Mietkosten als ursprünglich geplant belastet Ihre Unternehmenskasse um insgesamt 1.200 Euro pro Jahr. Kapital, das Sie möglicherweise während einer Geschäftsflaute gut brauchen könnten. Halten Sie sich an die Faustregel, die viele Kreditgebern Existenzgründern empfehlen: Mehr als zehn Prozent des Umsatzes sollte die Miete des Büros nicht verschlingen. Berücksichtigen Sie vor einem Mietabschluss daher die in Abbildung 8.1 gezeigten Aspekte.

Auch diese Checkliste finden sie selbstverständlich auf der CD.

Aspekt des Mietvertrages	**Ja, habe ich beachtet**
Tatsächliche Bedarf an Räumen	
Lage der Immobilie (günstigere Randlage oder teueres Stadtzentrum)	
Höhe der Räume (Heizkosten)	
Wachstumsmöglichkeiten (Platz für neue zusätzliche Mitarbeiter)	
Höhe der geforderten Mietkosten (im Vergleich zu umliegenden Gebäuden)	
Parkplatzkapazitäten (für potenzielle Kunden)	
Spätere Mietpreissteigerungen im Vertrag	

Abbildung 8.1: Checkliste: Mietabschluss

Falls die Zeit nicht drängt, können Sie vor dem Abschluss des Mietvertrags recherchieren, ob der Eigentümer schon längere Zeit einen Mieter gesucht hat. Entdecken Sie an den Räumen keine gravierenden Mängel, lohnt sich möglicherweise ein Versuch, die geforderte Miete etwas zu drücken.

Up and away – Firmenwagen und Reisekosten strapazieren das Budget

Frankfurt, 6 Uhr – der Flieger startet, Paris, 10 Uhr – der Kunde wartet, London 18 Uhr – die Akquise läuft blendend! Vermutlich schaut der Alltag vieler Existenzgründer viel unspektakulärer aus: Die meisten verbringen ihre Arbeitszeit im Büro oder im Produktionsbetrieb.

Dennoch dürfen Unternehmer den Kostenblock Reise nicht vernachlässigen. Vielleicht wünscht sich Ihr Kunde, dass die Meetings regelmäßig bei ihm in der Firma stattfinden. Eventuell müssen Ihre Mitarbeiter zu Schulungen quer durch die Bundesrepublik reisen – und Ihr geleaster Firmenwagen kostet Sie auch Monat für Monat Raten.

Sobald Sie absehen, dass Sie Ihren Arbeitstag nicht ausschließlich hinter dem Schreibtisch in Ihrem Büro verbringen, kalkulieren Sie einen bestimmten Betrag für den Firmenwagen und die Geschäftsreisen ein. Wie hoch Sie das Budget veranschlagen beziehungsweise wie oft Sie tatsächlich auf Geschäftsreise gehen müssen, hängt von der Tätigkeit Ihres Unternehmens ab.

Clevere Buchungsstrategien können Ihr Reisebudget teilweise erheblich entlasten:

- ✔ Vergleichen Sie Flug- oder Mietwagenpreise verschiedener Anbieter im Internet.
- ✔ Nutzen Sie Billigflieger und Sonderangebote der Deutschen Bahn. Schon bei wenigen längeren Reisen quer durch Deutschland lohnt sich die Anschaffung einer Bahncard!
- ✔ Starten Sie Preisvergleiche für Ihre Hotelübernachtungen. Gerade in den Großstädten locken immer mehr Budget-Hotels mit Preisen von 59 oder 69 Euro pro Nacht.
- ✔ Trauen Sie sich, hartnäckig über die Höhe der Leasingrate für Ihren Geschäftswagen zu verhandeln.

IT und Kommunikation – Quasselstrippen aufgepasst

Nicht immer sind die großen Ausgabenbrocken daran schuld, dass der Gewinn schrumpft – in vielen Fällen nagen kleine Kleckerbeträge am Unternehmenseinkommen. Typische Beispiele sind unter anderem:

- ✔ Telefongebühren
- ✔ Internetgebühren
- ✔ Softwarelizenzen

Wie auch bei dem Reisebudget oder den Mietkosten hängen die Ausgaben für die Informationstechnologie und Kommunikation individuell von Ihrem Unternehmen ab. Erzielen Sie beispielsweise 3.500 Euro Umsatz pro Monat, wären 320 Euro für Telefon und 100 Euro für das Internet eine stattliche Summe, die den Gewinn überproportional verringert.

Achten Sie darauf, dass Sie diese monatlichen Kosten im Zaum halten, indem Sie

- regelmäßig Tarife vergleichen und gegebenenfalls auch den Anbieter wechseln – immer mehr Anbieter bieten Flatrates an, die auch die beiden Kostentreiber, Mobilfunkgespräche in andere Netze und im Ausland, mit einschließen.
- private Telefongespräche Ihrer Mitarbeiter nur begrenzt zulassen – am besten besorgen Sie sich mehrere Telefonnummern, was durch ISDN ja auch für Kleinunternehmen ganz einfach ist, und führen Sie Privatgespräche nur über eine ganz bestimmte Nummer; dann können Sie das private Gequassele über den Einzelnachweis sauber erkennen.
- die private Nutzung des Internets nur begrenzt oder überhaupt nicht genehmigen. Auch beim digitalen Datentransport bieten Flatrates einen wirksamen Kostendeckel.

Wollen Sie Ihren Mitarbeitern und sich selbst nicht zumuten, bestimmte Dateien nicht öffnen zu können und umformatieren zu müssen, zwingt Sie die rasante Entwicklung der IT laufend, Ihre Software auf den neuesten Stand zu bringen beziehungsweise neue Lizenzen zu kaufen. Je nach Größe des Unternehmens und der Zahl der Mitarbeiter müssen Unternehmer daher regelmäßig neue Software anschaffen. Nehmen Sie sich dabei ein wenig Zeit und prüfen Sie Alternativen zu den Platzhirschen der Software-Giganten. So gibt es mittlerweile eine Menge Alternativen zum klassischen Office-Paket für einen Bruchteil der Kosten. Auch bei Sicherheitssoftware und anderen unverzichtbaren Tools lohnt der Vergleich verschiedener Angebote.

Big Brother is watching you

Die Idee, sich die notwendige Software aus Kostengründen illegal brennen zu lassen, vergessen Sie am besten. Zwar ist das Risiko, entdeckt zu werden, gering. Erwischt Sie allerdings doch jemand und zeigt Sie an, wird es ungemütlich – und teuer. Neben den Kosten für den Anwalt flattern Ihnen dicke Schadensersatzforderungen und Gebühren für die nachträgliche Lizenzgenehmigung ins Haus, da Sie Urheberrechte verletzt haben. Der Softwareverband *Business Software Alliance* (`www.bsa.org`) hat für die Suche nach Software-Piraten sogar eine Internetseite eingerichtet, auf der er die Möglichkeit gibt, Unternehmen oder privaten Personen zu nennen, die Softwarepiraterie betreiben.

Versicherungen, Steuern und Zinsen – Konzerne, Staat und Kreditinstitute verdienen mit

Um mit ihrer Gründung auf der sicheren Seite zu sein, lassen sich Existenzgründer von vielerlei Experten ausführlich beraten. Vor lauter Eifer vergessen viele, dass nicht nur sie einen guten Schutz brauchen, sondern auch ihr Unternehmen. Die Gefahrenpalette für ein Unternehmen ist riesengroß:

- Brandschäden
- Transportschäden
- Haftungsfragen
- Managerhaftpflicht

- ✔ Montage-Pannen
- ✔ Maschinenausfälle
- ✔ Ausstellungsunfälle

Auch hier gilt: Je nach Branche, Tätigkeit und Unternehmensgröße fallen pro Quartal oder jährlich Kosten für die Absicherung der eigenen Firma an.

- ✔ **Unternehmenssteuer:** Während einige Existenzgründer den Mut haben, auf eine Versicherung für Ihr Unternehmen zu verzichten, kommen sie um die Zahlung der Unternehmenssteuern nicht herum.

- ✔ **Körperschaftssteuer:** Existenzgründer, die ihr Unternehmen als Kapitalgesellschaft führen, müssen eine Sonderform der Einkommenssteuer – die Körperschaftssteuer – entrichten. Dabei sind nicht sie selbst von der Körperschaftssteuer betroffen, sondern ihr Unternehmen, das als Kapitalgesellschaft den Status einer juristischen Person hat. Mehr Details über die einzelnen Rechtsformen von Unternehmen lesen Sie in Kapitel 14.

  Da die Körperschaftssteuer für vergleichsweise wenige Existenzgründer eine entscheidende Rolle spielt, führen wir ihre weiteren Besonderheiten nicht näher auf. Erwägen Sie, für Ihr Unternehmen die Rechtsform einer Kapitalgesellschaft zu wählen, sollten Sie sich ausführlichen Rat von Steuerexperten einholen.

- ✔ **Gewerbesteuer:** Mit der Zahlung einer Gewerbesteuer müssen sich ebenfalls nicht alle Existenzgründer plagen. Freiberufler oder Land- und Forstwirte beispielsweise müssen nur dann Gewerbesteuer entrichten, wenn ihr Unternehmen eine Kapitalgesellschaft ist.

  Geben mehrere Motivationstrainer ihrer geplanten Akademie für Managerseminare die Rechtsform einer GmbH, fordert der Fiskus selbstverständlich Gewerbesteuer von der Gesellschaft – obwohl der Beruf des Coaches oder Trainers den Status freiberuflich genießt.

  Das Finanzamt erhebt die Gewerbesteuer auf den Gewerbeertrag. Er ergibt sich aus dem Gewinn des Unternehmens und verschiedenen Kürzungs- beziehungsweise Hinzurechnungspositionen. Sicherlich ist es ratsam, Ihre Gewerbesteuer von einem Experten berechnen zu lassen, da Sie sehr viele gesetzliche Regelungen berücksichtigen müssen. Zwei vereinfachte Beispiele für die Ermittlung einer Gewerbesteuer finden Sie im Kasten *So viel Gewerbesteuer kann das Finanzamt fordern.*

In Deutschland beträgt der durchschnittliche Gewerbesteuer-Hebesatz knapp 400 Prozent. Doch in den einzelnen Bundesländern gibt es immer wieder Ausreißer: Über viele Jahre beeindruckte beispielsweise die rheinland-pfälzische Gemeinde Dierfeld im Landkreis Bernkastel-Wittlich mit einem Steuersatz von 900 Prozent. Generell gilt: Die Orte müssen mindestens einen Hebesatz von 200 Prozent von den Unternehmen fordern. Die Höhe Ihrer Gewerbesteuer, die Sie möglicherweise zahlen müssen, hängt also direkt mit der Wahl Ihres Unternehmensstandortes zusammen. Erkundigen Sie sich daher, welchen Hebesatz Ihr Wunsch-Standort verlangt, und vergleichen Sie die Konditionen mit den Hebesätzen der umliegenden Orte. Unter Umständen macht ein regionaler Unterschied von wenigen Kilometern daher mehrere tausend Euro Gewerbesteuer aus – für derart hohe Beträge lohnt es sich vielleicht, den Wunsch-Standort auszuwechseln. So verlangte beispielsweise die Stadt München im Jahr 2005 einen Hebesatz von 490 Prozent, die direkt angrenzende Gemeinde Unterföhring lediglich 350 Prozent.

✔ **Zinsen:** Zu guter Letzt wollen auch die Kreditgeber auf ihre Kosten kommen. Mussten Sie sich Kapital leihen, um Ihr Unternehmen zu gründen, fallen jeden Monat Zinsen an. Das Geld für die so genannten *Zinsaufwendungen* müssen Sie aus den erzielten Gewinnen entnehmen. Daher spielen zwei Faktoren beim Abschluss eines Kreditvertrags eine wesentliche Rolle:

- Die Höhe des Zinssatzes
- Die Laufzeit des Kredits

Die Aufnahme eines Kredits wirkt sich zumeist langfristig auf den Gewinn Ihres Unternehmens aus. Für das Unternehmensergebnis vor Zinsen, Steuern und Abschreibungen (EBITDA) ist es gängig, das Ergebnis der Betriebstätigkeit vor den Abschreibungen durch den Zinsaufwand des Unternehmens zu teilen. Erreicht die Rechnung einen Wert um 1,0, drohen Ihnen kritische Nachfragen seitens Ihrer Geldgeber, denn die Zinsdeckung misst das finanzielle Polster Ihres Unternehmens – und damit ist es bei so einem Ergebnis nicht mehr gut bestellt.

Summiert sich der Jahresgewinn Ihres Unternehmens beispielsweise auf 40.000 Euro, während Sie 36.000 Euro Zinsen pro Jahr an Ihre Kreditgeber zahlen müssen, erreichen Sie einen Wert von 1,11. Das bedeutet, dass quasi jeder Cent Ihres Gewinns in die Tilgung der Schulden geht.

Zahlenspiele – So ermitteln Sie die Finanzlage Ihres Unternehmens übersichtlich und exakt

Viele Menschen lesen Informationen zwischen den Zeilen heraus, etliche hören an den Zwischentönen, ob ihr Gegenüber die Wahrheit sagt oder nicht. Ein Spiel, das auch mit Zahlen bestens funktioniert: Sobald Sie die wichtigsten Kennzahlen Ihres Unternehmens wie ein Puzzle zusammenfügen, verraten Ihnen die Zahlenkolonnen wesentliche Fakten über die finanzielle Situation Ihrer Firma. Um nicht plötzlich von den Kosten für Zinsen, Versicherungen und Gehältern der Mitarbeiter erdrückt zu werden, verwenden Unternehmer viel Zeit darauf, Jahreserfolgsrechnungen, Gewinn-und-Verlust-Rechnungen und Liquiditätspläne zu erstellen und zu interpretieren.

Muss: Der Business-Plan

Vielleicht haben Sie die größte Herausforderung einer Existenzgründung hinter sich: die Erarbeitung Ihres Business-Plan. Falls ja, haben Sie bereits die ideale Basis, um die Kosten für Ihr Unternehmen gut kontrollieren zu können. Je nach Art Ihres Unternehmens enthält der Business-Plan in der Regel alle markanten Zahlen, Daten und Fakten für eine effektive Ausgabenprüfung.

Sie finden eine solche Aufstellung in Abbildung 8.2 und auf der CD.

Berechnung	erledigt
Die Einnahmen-Überschuss-Rechnung	
Die Gewinn-und-Verlust-Rechnung	
Die Umsatzerlöse	
Die Umsatzaufwendungen	
Die Zinsen	
Die Zinsaufwendungen	
Die Steuern	
Die Bilanz	
Die Verbindlichkeiten	
Der Liquiditätsplan	
Das Budget	

Abbildung 8.2: Checkliste: Liquiditätsplanung

Detaillierte Informationen, wie Sie einen Business-Plan richtig aufbauen und welche Informationen er enthalten muss, lesen Sie in Kapitel 7. Ein Beispiel für einen Business-Plan finden Sie im Anhang A.

Natürlich können sich all die Annahmen und Prognosen, die Sie für Ihren Business-Plan zu Rate gezogen haben, innerhalb kürzester Zeit ändern. Daher checken Sie regelmäßig, ob Sie noch von realen Konditionen für Ihre Firma ausgehen können oder ob Sie die Planungen anpassen müssen.

Normalerweise können Sie sich jedoch zumindest eine gewisse Zeit auf die verwendeten Zahlen in Ihrem Business-Plan verlassen. Seine Vorgaben sollten vor allem in den ersten Gründungsmonaten als Kontrollhilfe für Ihre Ausgaben dienen.

Soll und Ist: Das Budget

Zuerst der Business-Plan – und jetzt das Budget. Wie in ein Sieb schütten Sie für die Erstellung Ihres *Unternehmensbudgets* oben alle Zahlen und Fakten hinein und erhalten unten glasklare Aussagen über die aktuelle und zukünftige finanzielle Situation Ihrer Firma unter den Voraussetzungen, die Sie festgelegt haben.

Die Schritte, die Sie machen müssen, um ein Budget zu erarbeiten, kennen Sie bereits: Ähnlich wie bei einer Liquiditätsplanung notieren Sie alle geplanten Ein- und Auszahlungen tabellarisch untereinander. Je nachdem, wie weitsichtig Sie sind, kann Ihr Budget einen Zeitraum von zwei bis fünf Jahren umfassen. Vorausgesetzt Sie haben Ihre Hausaufgaben zum Thema Finanzen schon für Ihren Business-Plan gründlich gemacht, dann dürfte das Budget keine große Herausforderung mehr für Sie bedeuten.

So viel Gewerbesteuer kann das Finanzamt fordern

Die Modalitäten, die das Finanzamt zur Berechnung der Gewerbesteuer verwendet, unterscheiden sich je nach Rechtslage Ihres Unternehmens.

Personengesellschaft oder ein Einzelunternehmen

Betreiben Sie eine Personengesellschaft oder ein Einzelunternehmen, müssen Sie nach folgendem Schema vorgehen (das Schema ist stark vereinfacht und dient nur dazu, einen groben Überblick über die Berechnung zu gewinnen):

Gewerbeertrag (= Gewinn des Betriebs)	84.500 Euro
Minus dem gesetzlichen Freibetrag	24.500 Euro
Restbetrag	60.000 Euro
Steuermesszahl für die ersten 12.000 Euro (1 %)	120 Euro
Plus Steuermesszahl für die zweiten 12.000 Euro (2 %)	240 Euro
Plus Steuermesszahl für die dritten 12.000 Euro (3 %)	360 Euro
Plus Steuermesszahl für die vierten 12.000 Euro (4 %)	480 Euro
Plus Steuermesszahl für die fünften 12.000 Euro (5 %)	600 Euro
Daraus ergibt sich ein Steuermessbetrag von	1.800 Euro
Multipliziert mit dem Gewerbesteuer-Hebesatz der Gemeinde, in der die Firma ihren Sitz hat (mindestens 200 %)	
Zu zahlende Gewerbesteuer	**4.500 Euro**

Kapitalgesellschaft

Sind Sie dagegen Chef einer Kapitalgesellschaft, dürfen Sie keinen Freibetrag von Ihrem Gewerbeertrag abziehen:

Gewerbeertrag (= Gewinn der Kapitalgesellschaft)	250.000 Euro
Steuermesszahl für Kapitalgesellschaften beträgt immer 5 % = Steuermessbetrag	12.500 Euro
Multipliziert mit dem Gewerbesteuer-Hebesatz der Gemeinde, in der die Firma ihren Sitz hat (mindestens 200 %)	
Zu zahlende Gewerbesteuer	**31.250 Euro**

In Abbildung 8.3 finden Sie das Budget von *Rudi Rechners Renner.* Damit Sie auch selbst ein solch übersichtliches Budget anlegen können, haben wir die Tabelle – ohne Werte natürlich – auf die CD gepackt, die diesem Buch beiliegt.

Budget »Rudi Rechners Renner« Einzahlungen und Auszahlungen (in Euro)		
	Aktuelles Jahr	**Folgejahr**
	Einzahlungen	
Erlöse aus Umsatz	500.000	600.000
Einnahmen aus Zinsen	2.500	3.000
Summe der verfügbaren Einnahmen	502.500	603.000
		Auszahlungen
Aufwendungen für Umsatz	**280.000**	**305.000**
Rohstoffe oder Betriebswaren	85.000	95.000
Personalkosten	175.000	200.000
Einrichtung	20.000	10.000
Allgemeine Betriebsausgaben	**99.000**	**102.000**
Vertriebskosten	45.000	46.000
Kundenservice	23.000	24.000
Verwaltung	9.000	9.000
Marketing	22.000	23.000
Zinsen	5.000	4.300
Steuern	15.000	17.000
Einrichtungen, Maschinen, Büro	**13.000**	**20.000**
Computer/Büro	10.000	11.000
Lagerräume	3.000	9.000
Entwicklungskosten	**0**	**0**
Tilgung langfristiger Schulden	**1.500**	**1.300**
Auszahlungen gesamt	**413.500**	**449.600**
Flüssige Mittel	**89.000**	**153.400**

Abbildung 8.3: Checkliste: Budget

Gründen Sie ein größeres Unternehmen mit verschiedenen Abteilungen, sollten Sie möglicherweise erwägen, neben dem *Gesamt- oder Masterbudget* mehrere Budgets zu erstellen, die sich auf einzelne Bereiche Ihrer Firma beziehen. In Frage kommen dabei:

- ✔ Budget für Finanzen
- ✔ Budget für Forschung und Entwicklung
- ✔ Budget für Verwaltung
- ✔ Budget für Personal
- ✔ Budget für Produktion

Möglicherweise haben Ihre Geschäftspartner oder Gesellschafter ganz andere Wachstumspläne mit dem Unternehmen als Sie. Statt schnellem Wachstum bevorzugen sie eine organische Entwicklung. Besprechen Sie daher das geplante Budget ausführlich untereinander. Die Diskussion über das Budget wird zeigen, ob noch alle die gleiche Unternehmensstrategie verfolgen oder die Differenzen unter Umständen schon unüberbrückbar sind.

Die Aufstellung eines Budgets macht nicht nur Mühe oder programmiert Streit vor. Vielmehr profitieren Sie, weil eine Budgetplanung

- ✔ ein Messinstrument für die Leistungen der Mitarbeiter und Manager ist
- ✔ die Verwendung der finanziellen Ressourcen festlegt und dafür sorgt, dass die Firma zielgerichtet arbeitet
- ✔ die Kommunikation und Strategie innerhalb des Unternehmens erhöht.

Einmal pro Jahr wird abgerechnet: Gewinn und Verlust

Im Wilden Westen wurde gerne um zwölf Uhr mittags abgerechnet. Als Unternehmer erwischt es Sie nur einmal im Jahr: Normalerweise legen Sie zu Beginn des neuen Geschäftsjahres Ihre Unternehmensbilanz vor.

Als Kleinunternehmer fordert der Fiskus eine *Einnahmen-Überschuss-Rechnung* von Ihnen. Sie stellt Ihren Einnahmen die Ausgaben für Ihr Unternehmen gegenüber. Um sich überflüssige Rennerei und Ärger mit dem Finanzamt zu ersparen, sollten Sie für Ihre Einnahmen-Überschuss-Rechnung unbedingt einen amtlichen Vordruck verwenden.

Erzielen Sie mehr als 17.500 Euro Umsatz jährlich, müssen Sie eine *Gewinn-und-Verlust-Rechnung* (GuV) aufstellen, um Ihr Jahresergebnis zu dokumentieren. Der Aufbau einer Gewinn-und-Verlust-Rechnung ist denkbar einfach:

Sie addieren alle Einnahmen Ihres Unternehmens und subtrahieren von dem Betrag anschließend alle Ausgaben, die Sie für Ihre Firma getätigt haben. Das Ergebnis entspricht dann dem Reingewinn (oder Verlust) Ihres Unternehmens.

In Abbildung 8.4 können Sie sehen, wie einfach eine Gewinn-und-Verlust-Rechnung ist. Sie finden diese Muster-GuV selbstverständlich auch wieder ohne Werte auf der CD.

Wenn Sie einen Steuerberater haben, brauchen Sie sich aber in aller Regel um die Erstellung einer GuV nicht selbst zu kümmern, da die Programme, die ein Steuerberater einsetzt, das quasi automatisch mit erledigen.

Gewinn-und-Verlust-Rechnung Schmidts Media-Office Vom 01.01. bis 31.12.		
	2005	**2006**
Umsatz	60.000	75.000
Umsatzaufwendungen	-8.000	-8.500
Rohertrag	**52.000**	**66.500**
Allgemeine Betriebsaufwendungen	-10.000	-10.000
Abschreibungen	-4.500	-4.000
Betriebsergebnis	**37.500**	**52.500**
Dividenden/Zinserträge	0	0
Zinsaufwendungen	-1.500	-1.250
Gewinn vor Steuern	**36.000**	**51.250**
Steuern	-1.800	-2.250
Bilanzgewinn	**34.200**	**49.000**

Abbildung 8.4: Checkliste: Gewinn-und-Verlust-Rechnung

Inzwischen kennen Sie fast alle Kontrollinstrumente, um Ihre Unternehmenskosten im Griff zu behalten. Die GuV zeigt Ihnen übersichtlich und prägnant alle Erträge, Aufwendungen und Gewinne, die Sie im Laufe des Geschäftsjahres für Ihr Unternehmen gemacht haben.

Wer auf Nummer sicher gehen will, erstellt auch unterjährig regelmäßig eine solche GuV auf Basis seiner Buchhaltung. Dann wissen Sie genau, ob die Sommerflaute dazu führte, dass Ihre junge Firma in die roten Zahlen geriet oder wie stark Ihr Gewinn dank des bombigen Weihnachtsgeschäfts tatsächlich anstieg.

Und jetzt wird die Bilanz gezogen

Jetzt fehlt Ihnen nur noch die *Bilanz,* die sie ausführlich über den Erfolg Ihres Unternehmens informiert. Eine Bilanz zeigt Ihnen schonungslos, wie hoch Ihr Unternehmen möglicherweise in der Kreide steht, was es besitzt und ob es überhaupt etwas wert ist.

Sobald Sie sich auf die Suche nach Geldgebern machen, müssen Sie immer damit rechnen, dass Sie Ihre Bilanz zücken müssen. Das Dokument liefert potenziellen Kreditgebern viele Hinweise, wie kreditwürdig Sie sind.

Eine Bilanz stricken Sie sich ähnlich wie die Gewinn-und-Verlust-Rechnung. Sie besteht (zunächst) aus zwei Posten:

- Dem Vermögen oder der Aktiva-Seite
- Den Verbindlichkeiten oder der Passiva-Seite.

Die Differenz der beiden Posten zeigt, ob das Unternehmen *Reinvermögen* vorweist. Grundsätzlich notieren Sie die Aktiva auf die linke Seite, die Passiva auf die rechte Seite der Bilanz. Dort führen Sie auch das Eigenkapital Ihres Unternehmens auf.

Die Aktiva beinhalten alle Werte, die zu Ihrem Unternehmen zählen und die Sie zu Geld machen können:

- Umlaufvermögen (Waren, Forderungen aus Leistungen, Kassenbestand)
- Sachanlagen (Maschinen oder Geräte, Grundstücke)
- Immaterielles Anlagevermögen (Patente)

Die Passiva umfassen alle Zahlungsverpflichtungen und Schulden, die Sie für Ihr Unternehmen eingegangen sind oder aufgenommen haben. Der Gesetzgeber unterscheidet die

- Kurzfristigen Verbindlichkeiten (Rechnungsbeträge für Lieferungen oder Leistungen)
- Langfristigen Verbindlichkeiten (Darlehen)

Der dritte Posten einer Bilanz ist das Eigenkapital. Bei diesem Geld unterscheiden Unternehmer zwei wesentliche Punkte:

- **Gezeichnetes Kapital** entspricht Geld, das der Gründer direkt bar in sein Unternehmen einbringt oder das er durch den Verkauf von Unternehmensanteilen in Form von Aktien erhält.
- **Gewinnvortrag.** Vorausgesetzt Ihr Unternehmen erzielt Gewinne, haben Sie die Möglichkeit, dieses Geld an die Eigentümer in Form von Dividenden auszuschütten oder es in das Unternehmen zu reinvestieren.

Die Musterbilanz in Abbildung 8.5 gibt Ihnen einen Überblick, welche Positionen eine Bilanz enthalten muss. Sie finden sie natürlich auch wieder auf der CD.

Bilanz		
Aktiva		
A.	**Anlagevermögen**	
I.	immaterielles Vermögen	
II.	Sachanlagen	
III.	Finanzanlagen	
B.	**Umlaufvermögen**	
I.	Vorräte	
II.	Wertpapiere	
III.	Kassenbestand, Bankguthaben, Forderungen	
C.	**Rechnungsabgrenzungsposten**	
Summe Aktiva		
Passiva		
A.	**Eigenkapital**	
I.	Gezeichnetes Kapital	
II.	Kapitalrücklagen	
III.	Gewinnrücklagen	
IV.	Gewinn-/Verlustvortrag	
V.	Jahresüberschuss	
B.	**Rückstellungen**	
C.	**Verbindlichkeiten**	
D.	**Rechnungsabgrenzungsposten**	
Summe Passiva		

Abbildung 8.5: Checkliste: Bilanz

Käsch in de Täsch – oder: Wie flüssig bin ich?

Und dann wäre da noch eine dritte Darstellung: Die so genannte *Cashflow-Rechnung*. Während die GuV Umsätze und Kosten erfasst und die Bilanz über Vermögen und Schulden berichtet, konzentriert sich die Cashflow-Rechnung, wie der Name sagt, auf den Cash, die Liquidität.

Abbildung 8.6 stellt die wesentlichen Posten dar, die eine grobe Kapitalflussrechnung enthält. Sie finden diese Checkliste selbstverständlich auch auf der CD.

	Posten	**in Euro**
+	Einnahmen vom Verkauf für Produkte oder Dienstleistungen	
+	Einnahmen, die sich nicht auf Investitions- oder Finanzierungstätigkeiten beziehen	
-	Auszahlungen an Mitarbeiter und Lieferanten	
-	Auszahlungen, die sich nicht auf Investitions- oder Finanzierungstätigkeiten beziehen	
=	**Einnahmen und Auszahlungen außerordentlicher Posten**	
+	Einnahmen aus Abgängen von Gegenständen aus Sachanlagevermögen	
+	Einnahmen aus Abgängen von Gegenständen aus immateriellen Anlagevermögen	
+	Einnahmen aus Abgängen von Gegenständen des Finanzanlagevermögens	
-	Ausgaben für Investitionen in das Sachanlagevermögen	
-	Ausgaben für Investitionen in das immaterielle Anlagevermögen	
-	Ausgaben für Investitionen in das Finanzanlagevermögen	
=	**Cashflow aus der Investitionstätigkeit**	
+	Einnahmen aus dem Eigenkapital	
+	Einnahmen aus Krediten	
-	Auszahlungen an Unternehmenspartner oder Minderheitsgesellschafter	
-	Auszahlungen für Tilgung von Krediten	
=	**Cashflow aus der Finanzierungstätigkeit**	
+	**vorhandene Finanzmittel aus dem vorangegangenen Monat/Quartal/Jahr**	
=	**verfügbare (nicht verfügbare) Finanzmittel am Monats-/Quartals-/Jahresende**	

Abbildung 8.6: Checkliste: Cashflow-Berechnung

Erhöhen sich die liquiden Mittel Ihres Unternehmens – nehmen Sie also mehr ein, als Sie ausgeben – spiegelt das Ergebnis der Kapitalflussrechnung die Entwicklung klar wider. Erwirtschaften Sie beispielsweise in einem Zeitraum von drei Monaten jeweils 2.500 Euro, während Sie Auszahlungen in Höhe von 750 Euro verbuchen, summiert sich die Veränderung Ihrer flüssigen Mittel auf insgesamt 5.250 Euro.

Wie Sie sehen, die ganze kaufmännische Rechnungslegung ist keine Hexerei. Vielleicht notieren Sie sich einmal die wichtigsten Zahlen aus Ihrem Business-Plan. Wird Ihnen bei einem der Ergebnisse ganz schwindelig? Müssen Sie möglicherweise sogar einen Rotstift zücken, um die eine oder andere Zahl zu notieren? Kein Grund, den Kopf hängen zu lassen. Falls Sie eine Pro-forma-GuV oder -Bilanz erstellt haben, müssen Sie intensiv nach den Ursachen der Fehlbeträge forschen. Falls Sie sich aber bereits im Jahr eins nach Ihrer Gründung befinden, gilt es, schleunigst das Problem zu beheben.

In Alternativen denken – Szenarien für das erste Jahr

9

In diesem Kapitel

- Welche externen Faktoren Ihren Business-Plan gefährden
- Wie Sie auf Veränderungen reagieren sollten
- Wie Sie Ihr Unternehmen zukunftssicher machen

Der Business-Plan steht, die erste Reaktion am Markt ist ermutigend, Ihr Unternehmen startet – und dann purzeln die Preise, Kunden bleiben weg oder ein nie gekannter Wettbewerb tritt auf; Alltag im Unternehmerleben. Mit den Jahren lernen Unternehmer auch, mit solchen externen Schocks umzugehen. Am Anfang schützt im Wesentlichen eine vorsichtige Planung und eine Planung, die solche Alternativen bereits mitdenkt – eine Planung in Szenarien.

In der Regel enthalten Planungen zwei bis drei Szenarien, eine optimistische, eine pessimistische und eine mittendrin. Diese Szenarien unterscheiden sich im Wesentlichen durch die Höhe der Umsätze und den Zeitpunkt ihres Eintreffens, das war es. Doch die Wirklichkeit ist komplexer – und genau das sollte Ihre Planung auch abbilden!

Hilfe, mein Markt verändert sich

Stellen Sie sich vor, Sie hätten 1998 Ihr Unternehmen gestartet. Zwar gab es schon Netscape und aus Silicon Valley hörte man eine Menge über neue Applikationen für das Internet, aber die deutsche Wirklichkeit funktionierte noch in ISDN- oder BTX-Geschwindigkeit. Fünf Jahre später hatte sich die Welt von Grund auf verändert: Die Mehrzahl der Haushalte in den Industriestaaten war »drin« und begann das Internet so selbstverständlich zu nutzen wie die Fernbedienung am Fernseher. Dieser Wandel veränderte eine Vielzahl von Geschäftsmodellen von Grund auf: Ganze Branchen wie die Musikindustrie wanderten ins Netz, der Verkauf von CDs oder Singles ging dramatisch zurück. Klassische Videotheken bekamen Konkurrenz durch Online-Dienste – viele Videotheken mussten schließen.

Hätte man diesen Wandel 1998 voraussehen können und wenn ja, wie? Man wäre ein Besserwisser, würde man aus heutiger Sicht urteilen, na klar! Aber es gab eine Vielzahl von Signalen, die zeigten, dass breite Schichten der Bevölkerung das Internet akzeptierten, denken Sie nur an die rasante Umstellung vom Brief und vom Fax hin zur E-Mail oder die hohen Wachstumsraten des E-Bankings.

Das Internet ist an dieser Stelle nur ein Beispiel für externe Schocks, die Ihren Markt beeinflussen können! Es ist Ihre Aufgabe als Unternehmer, diese Veränderungen zu beobachten und wenn möglich zu antizipieren; das heißt, Ihr Geschäftsmodell so umzustellen, dass es die neuen Entwicklungen frühzeitig mit einbezieht.

Wie Sie Szenarien entwickeln

Nehmen wir an, Sie hätten 1998 durchaus gesehen, welche Potenziale das Internet bringt – was hätten Sie daraus als Unternehmer folgern sollen? Zwei Wege stehen Ihnen immer offen: erstens Innovation und zweitens Imitation. Das heißt, Sie können als Unternehmer angesichts neuer Rahmenbedingungen neue Produkte auf den Markt bringen oder Sie können frühzeitig erfolgreiche Produkte aus anderen Märkten, im Falle des Internets Produkte aus den USA, in Ihren eigenen Markt einführen. Dabei müssen Sie allerdings wissen, ob der von Ihnen beobachtete Trend Bestand hat und welche Konsequenzen dies auf Ihren Markt hat. Stellen Sie sich vor, Sie wären durch den Film »E-Mail für Dich« bezaubert gewesen und hätten alles auf die Karte AOL gesetzt – was für eine Pleite!

Bei der Einschätzung solcher Trends hilft die Szenariotechnik. Diese versucht in vier Schritten, die Zukunft planbar zu machen. Na ja, sie trägt zumindest dazu bei, dass Sie die Zukunft Ihres Marktes verstehen.

Schritt 1: Wo ist das Problem?

Bleiben wir beim Internet und nehmen wir an, Sie seien Videothekenbesitzer gewesen. Dann hätten Sie in einem ersten Schritt überlegen müssen, auf Grund welcher Tatsachen sich Ihr Markt künftig verändern könnte. Denken Sie dabei an Nutzerzahlen, Akzeptanz des neuen Mediums, Übertragungsgeschwindigkeiten und mögliche alternative Wege des Verleihs von Filmen.

Schritt 2: Was beeinflusst die Zukunft?

Im ersten Schritt erstellen Sie eine vergleichsweise simple Liste von Einflussfaktoren und beschreiben zugleich das Problem detailliert. Jetzt geht es daran zu überlegen, welche Faktoren welche beeinflussen und welche Ihr Geschäftsmodell wie in Zukunft beeinflussen könnten. Am Beispiel der Videothek heißt das, welche Auswirkungen hat der bei Geschwindigkeiten von mehr als sechs Megabit pro Sekunde nutzerfreundliche Download von Filmen von Servern auf Inseln im Pazifik oder Osteuropa mit den möglichen Qualitätsproblemen an einem für Ihr Unternehmen verkaufsstarken Abend mit Schnee und Regen in Ihrer Stadt? Hu, am besten entwickeln Sie solche Szenarien an einem Flipchart und ermitteln so genannte Einflussmatrizen, das sind grafische Darstellungen, die Ihnen diese Zusammenhänge verdeutlichen: Je mehr Verbindungen dabei zu einem bestimmten Faktor entstehen, umso zentraler ist dieser für Ihre Geschäftsidee. Im Falle einer Videothek dürfte das Internet zu dem zentralen Thema werden.

Schritt 3: Wie sieht die Zukunft aus?

Das entscheidende in Schritt 2 ist es, in Alternativen denken zu können; Ihr Szenario wird wertlos, wenn Sie von vornherein ausschließen, dass ein Portal entstehen kann, wo private Nutzer Hunderttausende von Videos pro Tag kostenlos einstellen – heute kennen wir youTube. Aus diesem breiten Spektrum entwickeln Sie in einem dritten Schritt mögliche Szenarien. In der Regel berücksichtigen Sie dabei die Extreme sowie ein mittleres, in Ihren Augen realistisches Szenario und erarbeiten hierfür detaillierte Pläne inklusive aller dies beeinflussenden Faktoren.

Schritt 4: Wie sieht die Zukunft für Ihr Unternehmen aus?

Jetzt wird es spannend, denn jetzt übertragen Sie die gefundenen Ergebnisse auf Ihre kleine Firma. Dazu messen Sie den einzelnen Szenarien Eintrittswahrscheinlichkeiten zu und benennen zugleich die sich jeweils ergebenden Chancen und Risiken. Abschließend arbeiten Sie diese Überlegungen in Ihren Business-Plan ein – und sind zumindest für diese Zukunft gerüstet.

Die Innovationsfalle – Neue Produkte verändern den Markt

Es gab eine Zeit, da gingen Millionen Kunden regelmäßig in Geschäfte, um Filme zu kaufen. Unternehmen wie Agfa, Kodak oder Fuji verdienten gut an der Produktion sowie der nachfolgenden Entwicklung dieser Filme. Doch dann kam der Chip: Heute fotografiert die Mehrzahl der Menschen in den Industriestaaten digital und spielt ihre Bilder direkt vom Fotoapparat auf die Festplatte; nur für Abzüge nutzen sie noch die Fähigkeiten der Entwickler. Den Herstellern der Filme brach binnen weniger Jahre ein Milliardenmarkt zusammen und auch zahlreiche Fotofachgeschäfte litten enorm unter der Digitalisierung.

Innovationen wie die digitale Fotografie können Märkte von Grund auf verändern und es ist Ihre Aufgabe als Unternehmer, diese Veränderungen rechtzeitig zu erkennen und Ihr Geschäftsmodell entsprechend umzustellen. Um beim Fotobeispiel zu bleiben, zeigen sich zwei Trends: Überlebt haben zum einen hochwertige Fachgeschäfte, die sich auf die Bedürfnisse von professionellen und semi-professionellen Fotografen konzentriert haben. Überlebt haben zum anderen clevere Händler, die beispielsweise im Internet die Erstellung ganzer Fotoalben auf Basis digitaler Daten anbieten.

Kann man Innovationen des Wettbewerbs planen?

Nein, wenn Ihr Unternehmen nicht selbst als Innovationsführer positioniert ist, können Sie sicher nicht Jahre im Voraus wissen, welche Veränderungen anstehen. Was Sie aber können, ist die Augen offen zu halten und beispielsweise auf Messen und in Branchenpublikationen sehr genau zu beobachten, welche Trends für Ihre Branche propagiert und vorgestellt werden. Von der Produktion der ersten digitalen Kamera bis zu deren Einsatz in Millionen Haushalte vergingen Jahre – und diese Jahre müssen Sie nutzen, um Ihr Unternehmen auf die neue Zeit vorzubereiten.

Die Preisfalle – Neue Strukturen ermöglichen neue Preise

Ein Herrenhaarschnitt kostet in der Großstadt 30 Euro und mehr, die Dame zahlt locker 50 bis 60 Euro – so, dachten Friseure noch Anfang des 21. Jahrhunderts, würde ihr Handwerk immer funktionieren. Schließlich kostete ihre Arbeitszeit, die Einrichtung des Salons sowie die Miete ja auch ihr Geld. Zehn Jahre später sind die Gewissheiten in ihren Grundfesten erschüttert: Acht oder zehn Euro prangt auf vielen Schaufenstern in den Großstädten und für 19 Euro gibt es bereits Unisex-Haarschnitte. Die Läden sind voll und die klassischen Friseure haben das Nachsehen.

Solch ein Preiseinbruch trifft immer wieder immer neue Branchen. Entweder können neue Wettbewerber durch neue Produktionsmethoden einfach günstiger anbieten oder sie hinterfragen einfach das herkömmliche Geschäftsmodell und setzen auf den »Aldi-Effekt« – den unstillbaren Drang der Deutschen nach Billigangeboten. So verzichten die Mc-Frisöre auf jeglichen Schnickschnack im Salon und bei komplizierten Operationen am Haupthaar kann eine gebotene Portion Skepsis nicht schaden. Aber dem Gros reicht es einfach, wenn die Haare nach einer halbe Stunde kürzer sind und das Portemonnaie geschont bleibt.

Wenn Sie als Unternehmer in Alternativen denken, sollten Sie immer solche Szenarien mitdenken. Die zentrale Frage lautet: Warum kaufen meine Kunden am Ende bei mir? Selbst wenn die Wahrheit immer eine Mischung verschiedener Faktoren ist, wird ein Faktor überwiegen: Dies kann der günstige Preis sein, dies kann das Niveau des Service sein, dies kann die Frische der Produkte oder die Schnelligkeit der Lieferung sein, Hauptsache, Sie wissen, was es ist! Seien Sie in diesem Punkt aber ehrlich zu sich: Natürlich ist es angenehmer zu sagen, die Kunden würden einfach die tolle Qualität als die billigen Preise schätzen, doch die Wahrheit ist dies nicht unbedingt. Im Zweifelsfall sollten Sie durchaus nachfragen: Eigentlich erzählt doch jeder Kunde gerne, warum er Sie so schätzt!

Die Personalfalle – Wenn Leistungsträger abwandern

»Das wichtigste Kapital eines Unternehmens steckt in den Köpfen seiner Mitarbeiter« – kaum eine ökonomische Binsenwahrheit wird so oft zitiert und kaum eine wird so oft im betrieblichen Alltag missachtet. Ihren wahren Kern offenbart sie Gründern aber spätestens, wenn zum ersten Mal ein Leistungsträger kündigt. Die Gründe für eine solche Kündigung können mannigfaltig sein:

- ✔ ein attraktives Angebot eines Wettbewerbers
- ✔ der Wunsch nach einem Ortswechsel
- ✔ Verärgerung über mangelnde Anerkennung im eigenen Betrieb

Die Abwanderung unzufriedener Mitarbeiter können Sie verhindern! Kluge Chefs nehmen sich bewusst Zeit, um ihre besten Mitarbeiter zu beobachten und zu loben, um ihnen so ihre Wertschätzung zu bekunden. Weitsichtige Unternehmer entwickeln frühzeitig Mitarbeiterbeteiligungsprogramme und Gehaltsmodelle mit einem hohen variablen Anteil, die Leistung belohnen.

Ungeachtet dessen sollten Sie aber für den Fall der Fälle gewappnet sein und rechtzeitig Strategien entwickeln, um den Ausfall einzelner Mitarbeiter rasch zu kompensieren. Die drei großen Ts – Teamgeist, Transparenz, Talentscouting – leisten dabei den entscheidenden Beitrag.

- ✔ **Teamgeist:** Wer von Beginn an auf Teamarbeit setzt und bei wichtigen Themen und Entscheidungen immer mehrere Mitarbeiter mit einbezieht, kann bei Ausfall eines Teammitglieds leichter die Lücke schließen. Denn so besitzen immer mehrere Kollegen – und im Zweifelsfall auch der Unternehmer selbst – einen Überblick über aktuelle Entwicklungen bei Kunden, Lieferanten, Branchenkollegen oder Wettbewerbern.

Am besten sorgen Sie für regelmäßige Teammeetings, in denen Sie untereinander das Wissen austauschen und es nachher in kurzen stichwortartigen Protokollen festhalten und weitergeben. Dazu noch eine Arbeitsatmosphäre, die den Austausch belohnt und dafür auch die nötigen Freiräume im Tagesablauf sowie der Arbeitsplatzorganisation (Cafeteria, Besprechungsecken etc.) schafft – und jeder fühlt sich wohl in Ihrem Unternehmen.

- ✔ **Transparenz:** »Ordnung ist das halbe Leben«, sagte schon manche Großmutter, und im Falle der Kündigung wichtiger Leute bewahrheitet sich dies besonders. Denn wenn Kundenkontakte, Lieferantengespräche und andere Tätigkeiten einigermaßen ordentlich dokumentiert und auf einem zentralen Server zugänglich sind, fällt einem neuen Mitarbeiter oder einem Kollegen die Einarbeitung erheblich leichter.

  Voraussetzung ist, dass Sie von Beginn an auf saubere Prozesse und deren Dokumentation achten – so lästig dies auch ist!

- ✔ **Talentscouting.** Als ob Unternehmer noch nicht genug damit zu tun hätten, sich ständig über Kunden, Wettbewerber und Märkte auf dem Laufenden zu halten, zwingt Sie die drohende Personalfalle auch noch, den Markt für gute Mitarbeiter im Auge zu behalten. Erfahrene Firmeninhaber haben immer einige Wunschkandidaten im Kopf, die sie gerne verpflichten würden, falls ihr Betrieb weiter so wächst oder falls eben ein Leistungsträger ausfällt. Den Überblick über ihren Talentemarkt sichern Sie sich am besten bei Branchenveranstaltungen und bei Gesprächen über den Wettbewerb mit Kunden, Lieferanten oder Multiplikatoren der Branche. In der Regel tauchen dabei immer wieder dieselben Namen auf – und die sollten Sie zum einen kennen und zum anderen auch persönlich kennen lernen!

An der Speerspitze der Veränderung – Was Sie selbst ändern können

Bislang haben wir im Wesentlichen Veränderungen am Markt beschrieben, die Ihr Unternehmen mehr oder weniger schicksalhaft treffen. Viel besser ist es, wenn Sie selbst aktiv werden und Ihr Unternehmen immer wieder verändern. Um manche Überlegungen kommen Sie sowieso nicht herum, wie die folgenden Beispiele zeigen.

Ein Produkt – Mehrere Produkte

Wenn Unternehmer ihr Geschäftskonzept entwickeln, konzentrieren sie sich zu Beginn auf ein Produkt oder eine Dienstleistung – und das ist auch gut so. Denn erst einmal müssen Sie dieses Gut zur Marktreife bringen, in den Markt einführen und verkaufen. Obwohl dies bereits ein Fulltime-Job ist, sollten Sie sich aber frühzeitig auch damit beschäftigen, was sich aus einem solchen Produkt alles machen lässt; aus zwei Gründen: Erstens verschaffen Ihnen zusätzliche Produkte und Dienstleistungen zusätzliche Wachstumsmöglichkeiten, sei es durch die Bindung bestehender Kunden oder die Gewinnung neuer, und zweitens sichern Sie durch eigene Innovationen Ihr Geschäftsmodell gegen Nachahmer ab.

Ein Mitarbeiter – Mehrere Mitarbeiter

Eher früher als später brauchen Sie als Unternehmer Unterstützung. Auf Dauer wollen Sie einfach nicht Vertriebschefin, Einkäufer, Controllerin und Sekretär in einer Person sein. Vor der Einstellung des ersten, zweiten und dritten Mitarbeiters stellen sich indes jedes Mal zwei grundsätzliche Fragen:

1. Was soll der neue Kollege leisten?

2. Auf welcher Basis beschäftige ich ihn?

Die erste Frage klingt simpel, die Antwort wird Sie aber einige Stunden Arbeit kosten. Für jeden Mitarbeiter müssen Sie, später eventuell Ihr Personalverantwortlicher, ein *Stellenprofil* anfertigen. Das klingt nun wirklich bürokratisch, ist aber dennoch sinnvoll. Dieses Stellenprofil verrät nämlich, was der Betreffende täglich leisten soll. Erst wenn Sie das wissen, können Sie geeignete Bewerber herausfiltern und diese vor allem in ihrer täglichen Arbeit kontrollieren: »Leistet Herr Meier wirklich das, was er leisten soll?« Zudem macht ein solches Stellenprofil auch klar, wie viel Arbeit zu Beginn auf den neuen Mitarbeiter zukommt, und daraufhin können Sie sich überlegen, ob Sie ihn in Vollzeit, auf Teilzeitbasis oder als freien Mitarbeiter beschäftigen.

Genau diese Alternativen leiten schon zur Antwort auf die zweite Frage über: Denn in jedem einzelnen Fall müssen Sie sich gut überlegen, ob Sie einen neuen Kollegen gleich komplett einstellen, das bedeutet: mit einer 40-Stunden-Woche, entsprechenden Sozialversicherungsansprüchen und bezahltem Urlaub, oder erst einmal auf eine freie Mitarbeit setzen. In Kapitel 17 finden Sie ausführliche Informationen zum Thema Einstellung, daher hier nur einige grundsätzliche Anmerkungen.

Wovon hängt die Entscheidung über die Einstellung eines Mitarbeiters eigentlich ab? Anders als man landläufig denken könnte, spielt der *Kündigungsschutz* nur eine untergeordnete Rolle: Kleine Betriebe – und das sind Betriebe mit bis zu fünf Mitarbeitern – hat der Gesetzgeber nämlich von den Fesseln des Kündigungsschutzes befreit. Zudem können gerade kleinere Betriebe mittlerweile Angestellte problemlos auch lediglich befristet einstellen. Wer dies jetzt schofelig findet, sollte einen Blick zu den Top-Arbeitgebern dieser Republik werfen. Auch hier bürgert sich die befristete Einstellung zu Beginn immer stärker ein, gibt sie doch beiden Seiten eine gute Möglichkeit zu testen, ob man wirklich auf Dauer zusammenarbeiten möchte.

Viel wichtiger bei der Überlegung zur Festanstellung versus freier Mitarbeit sind dagegen drei andere Überlegungen:

- ✔ **Zeitlicher Bedarf:** Wie viel Stunden pro Woche brauche ich jemanden für eine bestimmte Arbeit? Je geringer der Zeitbedarf, umso eher macht es Sinn, mit dieser Aufgabe einen externen Spezialisten zu beauftragen. Bestes Beispiel ist die Buchhaltung, die in der Regel zu Beginn sehr gut bei einem freien Buchhalter oder einer Steuerberaterkanzlei aufgehoben ist.

- ✔ **Qualifikation:** Welche Ausbildung braucht jemand, um diesen Job zu erfüllen? Je spezialisierter die Aufgabenstellung ist, desto eher lohnt es sich, für wenige Stunden einen externen Spezialisten zu beschäftigen. Ihr kleines Inhouse-Team sollte zu Beginn mehr aus Generalisten denn Spezialisten bestehen.

✔ **Verantwortung:** Kann ich mir diesen Mitarbeiter wirklich leisten? Denn wenn Sie als Unternehmer einen Mitarbeiter einstellen, übernehmen Sie ein Stück weit auch Verantwortung – was bedeutet, dass Sie sich in diesem Moment sicher sein sollten, dass Sie diesen Mann oder diese Frau auch eine gewisse Zeit beschäftigen wollen und können. Das klingt jetzt erst einmal sehr hehr, zahlt sich aber auf Dauer aus zwei Gründen auch für Ihr Unternehmen aus: Erstens hat ein Unternehmen in seiner Branche rasch den Ruf einer »Hire and Fire«-Bude weg und muss danach mit größeren Schwierigkeiten bei der Rekrutierung guter Leute rechnen. Und zweitens sieht man sich im Leben immer zweimal, und Sie möchten doch, dass Ihr Ex-Mitarbeiter als Kunde, Lieferant oder Partner gleich wieder eine gute Meinung von Ihnen hat.

National – International

Der Erschließung zusätzlicher Wachstumschancen und dem Schutz vor Nachahmern dient auch eine frühzeitige internationale Expansion. Hierbei hat das Internet zu einer radikalen Abkehr von herkömmlichen Strategien geführt. Denn klassischerweise erprobten Unternehmer ihr Geschäftsmodell im Heimatmarkt, begannen danach mit einer vorsichtigen Expansion in europäische Nachbarländer und wagten erst nach längerer Zeit den Schritt nach Übersee und insbesondere in die USA. Bei Deutschlands Softwarehaus Nummer 1, SAP, verging rund eine Dekade, bevor die Walldorfer von Pittsburgh aus den US-amerikanischen Markt zu erobern begannen.

Das Internet macht dagegen Start-ups vom ersten Tag an global – im Wesentlichen aus drei Gründen:

✔ **Kommunikation:** Im E-Mail-Zeitalter sind die Kosten für den Kontakt mit Kunden gravierend geschrumpft. Kostete in den 80er Jahren ein transatlantisches Telefongespräch noch schnell zehn Dollar oder mehr, fallen heute, wenn überhaupt, nur noch Gebühren im Cent-Bereich an.

✔ **Digitalisierung:** Per E-Mail lassen sich selbst große Datenmengen, wie Baupläne für Einkaufszentren oder Steuerungen für Bremssysteme, per Knopfdruck binnen Minuten rund um die Welt versenden. Erst die Digitalisierung ermöglichte die reibungslose Zusammenarbeit von Programmierern in Bangalore und Berlin und die virtuelle Präsenz von Spezialanbietern an nahezu jedem Ort der Welt.

✔ **Information:** Das Internet verschafft Start-ups eine globale Vermarktungsplattform. Vom ersten Tag an ist hier ein Ein-Personen-Unternehmen aus Castrop-Rauxel weltweit präsent und kann Kunden von Brisbane bis Vancouver in der Lingua franca des 21. Jahrhunderts, Englisch, ansprechen. Intelligentes Suchmaschinenmarketing und Präsenz in wichtigen Online-Foren sichern die Aufmerksamkeit bei potenziellen Kunden zu einem Bruchteil der Kosten klassischer Werbe- und PR-Kampagnen.

Was heißt das für Ihr Unternehmen? Je mehr Ihr Geschäftskonzept in der digitalen Welt beheimatet ist, umso größer sind Ihre Chancen, frühzeitig auf dem Weltmarkt Fuß zu fassen und desto eher müssen Sie das Thema Internationalisierung in Ihrer Strategie berücksichtigen. Je stärker Sie in einer Region verwurzelt sind, umso geringer die Wahrscheinlichkeit, dass Sie per Mausklick zum Global Player werden.

Achtung Falle! Das Internet senkt zwar die Kosten für eine rasche Internationalisierung dramatisch, erspart Ihnen als Unternehmer das Reisen sowie den Aufbau lokaler Niederlassungen aber nicht. Je nachdem, in welchem Markt Sie für Ihr Unternehmen die größten Wachstumschancen sehen, kann es sogar sinnvoll sein, selber umzuziehen. So zog der Chef eines Karlsruher Software-Unternehmens wenige Jahre nach der Gründung in die USA und leitete seine Programmierer und Vertriebskräfte fortan vom US-amerikanischen Boston aus an, da er so einfach näher an seinen wichtigsten Kunden dran war. Den Kontakt mit der Zentrale in Karlsruhe hielt er per E-Mail, wie sonst, sowie zumindest einmal im Monat durch einen Langstreckenflug Boston-Frankfurt.

Teil IV

Das Schmiermittel zum Erfolg: Die Förderhilfen

In diesem Teil ...

So sehr sich viele Menschen mühen – in manchen Fällen sind sie einfach auf Hilfe angewiesen. Wenn Sie nicht gerade Reinhold Messner heißen, aber unbedingt einen Achttausender besteigen wollen, benutzen Sie auf den letzten Höhenmetern eine Sauerstoffmaske, um den Gipfel zu erreichen. Am Ende spielt es keine Rolle, dass Sie auf die Technik vertraut haben – Sie haben Ihr Ziel ereicht und stehen voller Stolz ganz oben auf dem Berg.

Für Existenzgründer gibt es ebenfalls etliche Hilfsmittel, um sich den Traum ihres eigenen Unternehmens zu verwirklichen. In diesem Teil lesen Sie, wer Sie finanziell unterstützt, wenn Sie sich auf die Suche nach dem Startkapital für Ihr Unternehmen machen. Sie erfahren detailliert, welche Wege beispielsweise Vater Staat bietet beziehungsweise welche privaten Geldgeber Existenzgründer fördern. Ob Business Angels, Venture-Capital-Geber oder die gute, alte Sparkasse – wer eine überzeugende Idee hat und einen top ausgearbeiteten Business-Plan vorlegt, hat den Gipfel schon in greifbarer Nähe vor sich.

Damit Sie ein Gefühl für Ihre zukünftigen unternehmerischen und privaten Finanzen entwickeln, geben wir Ihnen einen Überblick über all die Kosten, die mit einer Existenzgründung auf Sie zukommen. Und da wir nicht wollen, dass Ihnen der Sauerstoff kurz vor dem Ziel ausgeht, lesen Sie in diesem Teil auch, wie Sie sich für alle Eventualitäten finanziell bestens absichern.

Das Startgeld

10

In diesem Kapitel

- Wo Sie Startgeld erhalten
- Wie Sie Geldgeschäfte mit Freunden und Familie machen
- Wie viel Kapital Sie zu Beginn benötigen

Nach Golde drängt, am Golde hängt doch alles! Was Goethe im Faust vor 200 Jahren niederschrieb, gilt für die Unternehmensgründung bis heute, ersetzt man das Gold durch Geld. Eine Geschäftsidee kann noch so einmalig, ein Business-Plan noch so durchdacht sein – für die Realisierung brauchen Gründer Geld! Drei Themen stehen dabei im Vordergrund:

1. Jedes Unternehmen braucht vor dem Start eine Grundausstattung – Händler müssen Waren einkaufen, Handwerker brauchen Werkzeug, Fahrzeug und Montur und selbst Berater brauchen zumindest einen Arbeitsplatz mit Laptop, Drucker und Telefon. All diese Dinge müssen angeschafft werden, bevor der erste Kunde die erste Rechnung zahlt.
2. Ihre Mitarbeiter und auch Sie selbst wollen leben, das Startkapital dient also auch der Finanzierung der Löhne und Gehälter sowie des Unternehmerlohns. Gut, könnte man einwenden, ich zahle mir erst einmal kein Gehalt, aber früher oder später soll sich Ihre Arbeit lohnen, und zwar auch materiell.
3. Gerade in der Anlaufphase fallen erhebliche Ausgaben an, um Kunden anzusprechen, zu besuchen und zu überzeugen sowie um Kontakte zu Lieferanten, Empfehlern und auch Mitarbeitern aufzubauen.

Wie viel Kapital benötigt wird, verrät der Business-Plan. Wo es dieses Kapital gibt, verrät dieses Kapitel. Leider lassen sich immer noch viel zu viele Gründer vorschnell vom angeblichen Mangel an Kapital abhalten. Sie kontaktieren ihre Bank, ein, zwei private Geldgeber und stellen fest: »Keiner gibt mir Geld!« Doch das stimmt so nicht. Dieses Kapitel zeigt, wie vielfältig die Möglichkeiten der Kapitalbeschaffung sind, und macht Mut, es selber zu versuchen. In vielen Fällen fehlt Gründern einfach die Geduld und das Know-how, um private Geldgeber, Banken oder Freunde davon zu überzeugen, in ihr Unternehmen zu investieren. Wer die notwendige Hartnäckigkeit und Überzeugungskraft aber aufbringt, der staunt, welche Türen sich ihm öffnen können.

Ein erster Überblick über die Finanzen

Nein, es stimmt nicht, dass das Geld in der Regel von der Bank stammt! Vielmehr sind die Quellen der Finanzierung vielfältig.

1. Als erster Finanzierer Ihrer Firma sind Sie selbst gefragt, entweder durch Einlage von Geld oder durch Einbringung von Sachleistungen wie Ihren Wagen oder Ihre Immobilien.

2. Sie können auch andere Personen – Freunde, Familienmitglieder, aber auch Geschäftspartner – an Ihrem Unternehmen beteiligen. Diese geben ebenfalls Eigenkapital, sprich Kapital, das Ihrer Firma dauerhaft zur Verfügung steht und auch nicht verzinst werden muss.

Umsonst ist aber auch dieses Kapital nicht! Erstens geben Sie für die Einlagen Dritter Anteile an Ihrem Unternehmen ab und zweitens erwarten alle Eigenkapitalgeber früher oder später auch eine Verzinsung, sei es in Form von Dividenden oder in Form von Wertsteigerungen ihrer Beteiligung. Eigenkapitalähnlichen Charakter besitzen in vielen Fällen auch Fördermittel, mehr dazu in Kapitel 14.

Fremdkapital müssen Sie dagegen von Beginn an verzinsen, dafür bleiben Sie aber allein Herr im Haus. Neben der Bank, die Kontokorrentkredite und längerfristige Darlehen anbietet, kann Fremdkapital auch von Gesellschaftern in Form von kurz- und langfristigen Gesellschafterdarlehen, von Lieferanten über Lieferantenkredite oder Kommissionsverträge oder von Spezialinstituten in Form von Leasing und Factoring stammen. Sie sehen, die Möglichkeiten sind vielfältig!

Eigenes Geld oder fremdes Geld, das ist hier die entscheidende Frage. Zu Beginn bleibt häufig nur der Griff in die eigene Kasse, aber über kurz oder lang stehen Gründern mehr und mehr externe Finanzierungsquellen offen (siehe Tabelle 10.1).

	Langfristige Finanzierung	Kurzfristige Finanzierung
Eigenkapital	Barmittel	
	Sacheinlagen	
	Private Equity/Venture Capital	
Fremdkapital	Bankdarlehen	Kontokorrentkredit
	Gesellschafterdarlehen	Gesellschafterdarlehen
	Fördermittel	Factoring/Leasing

Tabelle 10.1: Kapital- und Finanzierungsarten

Eine zentrale Regel zur Finanzierung vorab: Finanzieren Sie Ihr Anlagevermögen, sprich Maschinen, Immobilien und Lizenzen, IMMER mit langfristigem Geld, entweder Eigenkapital oder langfristigem Fremdkapital. Im Idealfall entspricht die Laufzeit der Finanzierung beispielsweise der Laufzeit einer Maschine, so dass diese Zins und Tilgung über ihre Lebensdauer hinweg selbst erwirtschaften kann.

In einer kurzfristigen Finanzierung langfristiger Anlagegüter lauern gleich zwei Gefahren: Erstens binden diese Investitionsgüter damit Ihre kurzfristigen Kreditmittel und machen Sie so im Falle kurzfristiger Zahlungsprobleme handlungsunfähig. Und zweitens laufen Sie bei vorzeitiger Kündigung der kurzfristigen Kredite Gefahr, dass Sie sich diese Anlagegüter nicht mehr leisten können.

Mögliche Quellen für das Startkapital

Die größte Herausforderung bei der Kapitalsuche liegt darin, über den eigenen Schatten zu springen. Keiner bittet gerne einen anderen um Geld, in der Regel fühlt sich jeder in der Position des Gläubigers wesentlich besser als in der des Schuldners. Was gerade Gründer dabei aber übersehen, ist: Sie können im Erfolgsfall eine außerordentliche Rendite bieten – und mit diesem Bewusstsein wird aus dem Bittsteller ein interessanter Gesprächspartner.

Aber Vorsicht: Das erste Geld für die Gründung kommt in der Regel, das heißt zu 99,99 Prozent, nicht von professionellen Kapitalgebern. In der Regel leisten die Gründer selbst, ihre Familie und ihre Freunde die notwendige Anschubfinanzierung. In den USA ist eine solche Finanzierung als 3F-Finanzierung bekannt. Die Fs stehen für: Family, Fools and Friends.

Finanzierung aus eigener Kraft

Zur Family zählen Sie, der Gründer, in erster Linie selbst. Ähnlich wie beim Hausbau gilt auch bei der Unternehmensgründung: Je höher Ihr Eigenanteil bei der Finanzierung, desto geringer das Risiko. Im Idealfall verfügen Sie über genügend Ersparnisse, um zumindest einen guten Teil des Startkapitals selber zu finanzieren. Sie ganz allein müssen einschätzen, welchen Teil Ihrer Ersparnisse Sie für das eigene Unternehmen einsetzen. Dabei bleibt Ihnen eine Entscheidung nicht erspart: Glauben Sie an den Erfolg Ihres Unternehmens wirklich? Wenn ja, können Sie Ihr Erspartes in sich selbst investieren. Wenn nein, werden Sie auch fremde Kapitalgeber fragen, warum sie investieren sollen, wenn Sie persönlich davor zurückschrecken.

Vorsicht: Wer ein Unternehmen gründet, sollte keinesfalls die Existenz seiner Familie aufs Spiel setzen. Gerade Familienväter müssen Sorge tragen, dass beispielsweise die eigene Immobilie oder die Lebensversicherung im Falle eines Scheiterns des Unternehmens der Familie noch genügend Sicherheit bietet. Je älter die Kinder und desto höher das eventuelle Einkommen des Partners, umso eher lassen sich eigene Vermögensgegenstände für die eigene Existenz mobilisieren!

In der Regel liegt nur ein kleiner Teil des Vermögens der Bundesbürger in Depots und auf Sparkonten. Das Gros der Geldanlage steckt in der eigenen Immobilie sowie in Lebensversicherungen. Es gibt aber vielfältige Möglichkeiten, dieses immobile Vermögen mobil und damit für die Gründung nutzbar zu machen. So lassen sich abbezahlte oder sogar geerbte Immobilien beleihen – anders als bei der direkten Finanzierung einer Gründung zeigen sich Banken bei solchen Finanzierungen, bei denen sie ja direkt eine Sicherheit erhalten, weit weniger zugeknöpft. Dank zahlreicher Online-Portale ist der Markt für solche langfristigen Kredite mittlerweile höchst transparent.

Auch andere langfristige Vermögensgegenstände lassen sich für die Finanzierung einer Gründung mobilisieren: Für die meisten Vermögensgegenstände existieren heute veritable Märkte, seien es geschlossene Immobilienfonds, ungenutztes Sachvermögen oder selbst die Lebensversicherung.

Ein solcher Denkanstoß ist keinesfalls ein Aufruf, das »Tafelsilber« einer Familie vorschnell zu verschleudern. Er soll aber zeigen, dass man nicht mit einem resignierten Blick auf das Bankkonto die Flinte ins Korn werfen sollte. Schließlich hat man als Gründer eine Idee, mit der sich Geld verdienen lässt – und wenn man es gut macht, sogar richtig viel Geld.

So machen Sie Ihre Lebensversicherung zu Geld

Anbieter wie cash.life (`www.cashlife.de`) kaufen Lebensversicherungen auf und zahlen dabei erheblich mehr als die Versicherungsgesellschaft selbst bei einer Rücknahme zahlen würde. Nach dem Kauf übernehmen diese Anbieter die Zahlung der Versicherungsprämien und verdienen am Ende, wenn die Lebensversicherung ausgezahlt wird. Zusätzlicher Vorteil für den Gründer: Der Risikolebensschutz bleibt auch nach einem Verkauf erhalten, was bedeutet, dass im Falle aller Fälle die Familie unverändert versichert ist!

Mit dem eigenen Auto und dem eigenen Computer starten

In der Regel investieren Unternehmer nicht nur Bargeld in ihre eigene Firma, sondern bringen auch einige Gegenstände aus ihrem Privatvermögen ein: den Dienstwagen, Computer und Drucker, Teile der Büroeinrichtung sowie eventuell auch Gebäude und Grundstücke sowie Patente und Lizenzen. Eine solche Verlagerung von Vermögen macht durchaus Sinn, denn erstens ist zum Beispiel die Nutzung eines Firmenwagens steuerlich nicht unattraktiv und zweitens stellen auch solche Sacheinlagen bei der Gründung Eigenkapital dar. Allerdings sind zwei Punkte zu beachten:

- ✔ Sacheinlagen müssen *betriebsnotwendig* sein; das bedeutet, dass Ihre private Briefmarkensammlung in Ihrer Softwarefirma nichts verloren hat!
- ✔ Sacheinlagen müssen *werthaltig* sein; auch Ihr erster Golf mit den Rostflecken lässt sich nicht zum Anschaffungspreis noch einmal im Unternehmen als Wertgegenstand aktivieren.

Der Pferdefuß der Sacheinlagen: Betriebsnotwendigkeit und Werthaltigkeit werden bei der Gründung durch einen unabhängigen Sachverständigen in einem so genannten Sachgründungsbericht geprüft. Dieser dient beispielsweise auch im Fall der Fälle, dem der Insolvenz, dem Insolvenzverwalter als Beleg, dass das Unternehmen von Beginn an ordnungsgemäß gewirtschaftet hat. Dieser Bericht kostet Geld und daher empfiehlt sich der Einsatz von Sachmitteln als Eigenkapital nur dann, wenn diese einen beträchtlichen Umfang und Wert darstellen und tatsächlich unbedingt vom privaten ins unternehmerische Vermögen wandern sollen.

Die entscheidende Rolle der 3Fs

Ein delikates Thema: Was tun, wenn die eigenen Ersparnisse nicht reichen? Viele würden jetzt lieber mit Banken und staatlichen Stellen sprechen, als dass sie die naheliegendste Finanzierungsquelle angehen: die eigene Familie, Freunde sowie Überzeugungstäter (Family, Fools and Friends). Dabei hat die Finanzierung durch die eigene Familie eine lange Tradition.

So lieh sich Standard-Oil-Magnat John D. Rockefeller zu Beginn seiner Unternehmerkarriere Geld von seinem Vater, zu zehn Prozent Zinsen pro Jahr – die Banken wollten zu dieser Zeit von dem 20-jährigen Schulabbrecher nichts wissen. Von dem Deal profitierten beide: Der Vater, der sein Geld auch als Wanderdoktor verdiente, erhielt mehr Zinsen als von der Bank, und sein Sohn startete eines der erfolgreichsten Unternehmen der westlichen Hemisphäre.

Egal, wo man hinschaut, bei den Mendelsohns, den Rothschilds oder den Haniels, immer wieder gab die ältere Generation der jüngeren ein Startkapital mit auf den Weg, mit der diese ihr Unternehmen auf- und ausbauten. Zugegeben, nicht jeder hat das Glück, in einer Bank- oder Handelsdynastie geboren zu werden. Aber viele haben in Deutschland das Glück, in geordneten, bürgerlichen Verhältnissen groß geworden zu sein, wo zumindest in begrenztem Maß ein Startkapital für begrenzte Zeit zur Verfügung gestellt werden kann – selbstverständlich gegen Zinsen. Genau das können wir von den erfolgreichen Kaufmannsfamilien lernen: Geschenkt wird nichts, denn ein erfolgreicher Unternehmer muss eine anständige Rendite erwirtschaften können.

Professionelle Verträge verhindern Streit: Selbst wenn sich Gründer in den ersten Tagen Geld von der eigenen Familie leihen, sollten sie die wichtigsten Eckpunkte des Kredits schriftlich festhalten – für den Fall der Fälle! Die wichtigsten Inhalte:

- ✔ Höhe des Darlehens
- ✔ Zeitraum des Darlehens
- ✔ Höhe des Zinssatzes (Vorsicht vor längerfristig zinslosen Darlehen – sie bekommen Eigenkapitalcharakter)
- ✔ Termine und Form der Tilgung
- ✔ Vorzeitige Kündigungsrechte
- ✔ Sicherheiten
- ✔ Informationspflichten des Darlehensnehmers

Ein ähnlicher Grundsatz sollte das Verhältnis zu Freunden prägen. Sie sollen einem nicht das Geld aus Gefälligkeit geben, sondern weil sie vom Erfolg der Sache überzeugt sind und mit einer anständigen Rendite rechnen können. Und genau so sollten Gründer ihnen gegenüber auch auftreten: Die Beteiligung an einem Unternehmen ist für Freunde in erster Linie eine Chance und kein Risiko.

Ein solch professionelles Auftreten empfiehlt sich naturgemäß im Verhältnis zur dritten, äußerst typischen Gruppe der Gründungsfinanziers: der Fools, der Narren. Was zeichnet diese »Narren« aus? Sie begeistern sich sowohl für die Idee als auch für den Gründer.

Ein gutes Beispiel für einen solchen Narr ist einer der bekanntesten Münchener Venture-Capital-Geber. Der Mann, der an dieser Stelle als Narr ungenannt bleiben soll, hat in seinem Leben vom Starbuck's-Vorläufer bis hin zum Hersteller einer speziellen Rettungsdecke schon Dutzenden Unternehmern Startkapital gegeben. Voraussetzung: Sie konnten ihn begeistern und überzeugen, mit ihrer Vision, ihrem Business-Plan und ihrem Engagement.

Wie findet man die Narren? Meistens sind sie näher, als man denkt! Es sind erfolgreiche Unternehmer in der eigenen Branche, Förderer junger Talente, egal ob in Sport, Kunst oder Wissenschaft, Persönlichkeiten in einer Stadt. Sie legen einen Teil ihres Kapitals nicht in die Bank oder in die eigene Firma, sondern finanzieren gezielt neue Unternehmer. Ihre Erfahrung lehrt sie, dass sie dabei häufiger eine höhere Rendite erwirtschaften als mit klassischen Anlagen – selbst wenn man berücksichtigt, dass ein Teil ihres Investments scheitert. Aber auch unterhalb der Honoratioren-Ebene finden sich solche Überzeugungstäter, die bereit sind, einer guten Idee eines engagierten Unternehmens Kapital zu leihen.

Mit Freunden professionell umgehen

Egal ob Family, Fools or Friends: Behandeln Sie alle Kapitalgeber genau so professionell, wie sie es gegenüber unbekannten Dritten halten würden. Diese Menschen haben für Sie in einem sehr frühen Stadium etwas oder sogar eine Menge riskiert. Und sie erwarten sich, dass Sie mit dem fremden Geld verantwortungsbewusst umgehen, Ihre unternehmerische Existenz mit vollem Engagement aufbauen und danach eines Tages das fremde Kapital anständig verzinst zurückzahlen. Regelmäßige Berichte über den Geschäftsverlauf und dessen Fortschritte schaffen von Beginn an eine gute Basis für eine vertrauensvolle und langfristige Zusammenarbeit.

Die Höhe des Startkapitals

50.000 oder 500.000 oder 5.000.000 Euro – die Zahl der Nullen bei der Bemessung des Startkapitals hängt entscheidend von der Art der Geschäftstätigkeit, der Phase bis zur Gewinnung des ersten Kunden sowie deren Zahlungsmoral ab. Eine Rolle spielt darüber hinaus auch der Staat, denn je nach gewählter Rechtsform verlangt er den Nachweis gewisser Mindestkapitalsummen.

Was der Gesetzgeber fordert

Wer als Freiberufler oder Einzelunternehmer startet, ist fein raus: Kein Gesetz dieser Welt zwingt einen, per Kontoauszug ein bestimmtes Startkapital vorzuzeigen. Gleiches gilt für Personenunternehmer, die eine OHG oder KG als Komplementär gründen. Einfacher Hintergrund: Da Sie persönlich mit Ihrem Privatvermögen für die Verbindlichkeit Ihres Unternehmens haften, ist es dem Staat egal, ob das Unternehmen selbst über Kapital verfügt; im Zweifelsfall können die Gläubiger, Lieferanten, Mitarbeiter oder auch der Fiskus den Unternehmer pfänden.

Gesetzliche Vorgaben für die ganz Großen

Ganz anders sieht dies bei einer Kapitalgesellschaft aus, einer Gesellschaft mit beschränkter Haftung (GmbH), einer Aktiengesellschaft (AG) oder einer eingetragenen Genossenschaft (eG). Diese Unternehmen besitzen eine eigene Rechtspersönlichkeit – mit unangenehmen Folgen für den Gläubiger. Im Falle eines Falls haften diese Gesellschaften in der Regel nur mit ihrem Eigenkapital; der Unternehmer und sein Vermögen bleiben vor ihrem Zugriff verschont. Als Ausgleich für diese Trennung schreibt der Staat indes vor, dass die Gesellschaften selbst über Kapital verfügen müssen. Das Mindestkapital einer GmbH beläuft sich danach auf 25.000 Euro und das einer Aktiengesellschaft auf 50.000 Euro. Dieses Geld muss bei Eintragung der Gesellschaft im Handelsregister tatsächlich auf einem Konto des Unternehmens verfügbar sein. Danach allerdings kann es für Einkäufe, Gehälter oder Mieten verwendet werden, und somit seine Funktion als Startkapital erfüllen. Detaillierte Auskünfte über die verschiedenen Rechtsformen eines Unternehmens lesen Sie in Kapitel 14.

Ach ja, einen Haken hat die Sache mit der Kapitalgesellschaft und ihrem Kapital aber noch: Eine solche Gesellschaft gilt als überschuldet und muss Insolvenz anmelden, wenn dieses Kapital verbraucht ist. Das heißt nicht, dass ein Unternehmen pleite ist, wenn es die 25.000 Euro oder 50.000 Euro ausgegeben hat. Das heißt aber, dass ein Unternehmen pleite ist, wenn in der Bilanz ihrem Grundkapital keine entsprechenden Vermögensgegenstände gegenüberstehen oder die aufgelaufenen Verluste das Kapital aufgefressen haben.

Mit einem Pfund dabei

Immer mehr deutsche Unternehmer entdecken die britische Limited als kapitalsparende Alternative zu deutschen Gesellschaftsformen. Sie lässt sich tatsächlich mit einem Haftungskapital von einem Pfund Sterling gründen. Allerdings sind die Folgekosten zu bedenken. Als Geschäftsführer einer britischen Ltd brauchen Sie einen Firmensitz in England und Ihre Steuererklärung geht auch an den britischen Fiskus. Zwar bieten Dienstleister in Deutschland Unterstützung bei den Formalien an, aber mit einem Pfund kommt man hier nicht weit.

Rechnen mit Reserve – Die Finanzplanung für die ersten Monate

Gründen kostet Geld. Die nachfolgende Übersicht bietet einen Anhaltspunkt, mit welchen Ausgaben Gründer in den ersten Monaten rechnen müssen und sollten. Naturgemäß variiert die Höhe dieser Ausgaben je nach Geschäftstätigkeit enorm: Während stationäre Händler ihre Ware vorfinanzieren müssen, können E-Commerce-Spezialisten auf Kommissionsgeschäfte setzen. Während Produzenten Maschinen und Mitarbeiter benötigen, können Berater mit einem Laptop und einem Mobiltelefon starten.

Jeder Betrieb ist anders! Dennoch verschafft Ihnen die Checkliste aus Abbildung 10.1 einen Überblick über mögliche Ausgaben in den ersten Monaten und beurteilt, wie viel Geld jeder einzelne Punkt verschlingen kann. Anhand dieser Aufstellung können Sie zugleich überschlagen, wie viel Geld Sie in den ersten Monaten benötigen und damit zugleich die ungefähre Höhe Ihres Startkapitals festlegen. Drucken Sie sich die Checkliste von der CD und tragen Sie die entsprechenden Werte ein.

Ausgaben		**Ausgabenintensität**		
		Hoch	**Mittel**	**Niedrig**
Ausgaben bei Gründung	Büro-/Firmen-, Ladeneinrichtung		x	
	Technische Ausstattung (Computer, Telefone etc.)		x	
	Maschinen, Produktionsanlagen	x		
	Wareneinkauf	x		
	Notar, Handelsregister			x
	Beratung (Anwalt, Steuerberater)		x	
Fixe Ausgaben	Mitarbeiter	x		
	Miete	x		
	Steuern und Sozialversicherung		x	
	Firmen-PKW		x	
	Zinsen und Tilgung		x	
	Versicherungen und Beiträge			x
	Beratung (bspw. für Steuer)			x
Variable Ausgaben	Vertrieb-/Marketingkosten	x		
	Wareneinsatz/Fremdleistungen	x		
	Bürobedarf etc.			x
	Reparaturen			x
Unternehmerlohn	Gehalt des Unternehmers	x		
Reserve	Reserve für unvorhergesehene Ausgaben		x	

Abbildung 10.1: Checkliste: Startkapital

Generell gilt: Vorsicht ist die Mutter guter Planung! Es ist viel leichter, den Gründungskapitalgebern nach einigen Monaten bereits einen Teil ihrer Mittel zurückzuzahlen, als sie nach wenigen Monaten um einen Nachschuss zu bitten. Zudem zeigt sich immer wieder, dass trotz bester Planung und bester Konzepte die Realität ganz anders aussieht: Kunden zahlen zu spät oder gar nicht, Lieferanten und Dienstleister bestehen auf Vorkasse oder Sofortzahlung – solch alltägliche Vorkommnisse dürfen Ihre Finanzplanung nicht grundsätzlich gefährden.

Diesen Ausgaben stehen im Idealfall von Beginn an entsprechende Einnahmen gegenüber, in erster Linie Einnahmen aus Geschäftsbeziehungen mit Kunden. Je nach individueller Situation des Unternehmens können darüber hinaus frühzeitig bereits Zinseinnahmen aus der Anlage nicht benötigten Kapitals sowie Einnahmen aus Vermietung und Verpachtung, beispielsweise bei Untervermietung eines Teils der Produktions-, Laden- oder Büroräume anfallen.

Vorsicht vor säumigen Schuldnern!

Die große Unbekannte in Ihrer Finanzplanung ist die Frage, wann, wer, was zahlt. Berücksichtigen Sie daher bei Ihrer Planung das Zahlungsverhalten von Unternehmen (in der Regel vier bis sechs Wochen), die noch schlechtere Zahlungsmoral der öffentlichen Hand sowie die Gefahr eines Zahlungsausfalls. In fortgeschrittenerem Stadium sollten Sie bei größeren Aufträgen immer die Bonität neuer Kunden überprüfen (beispielsweise über Creditreform!).

Startgeld vom Staat

11

In diesem Kapitel

- Prinzipien der Förderung
- Zentrale Förderinstanzen
- Mögliche Anlaufstellen

Es ist eine schizophrene Situation: Deutschlands Unternehmer zahlen im internationalen Vergleich hohe Steuern und Abgaben, sind stark reguliert und reglementiert und werden auch bei der Beschäftigung von Mitarbeitern über die Sozialbeiträge des Arbeitgebers zur Kasse gebeten. Das gleiche Land aber verfügt über eine vielfältige Landschaft aus Hunderten von Förderprogrammen, gespeist aus Mitteln von Bund, Ländern, Kommunen und der EU, ausgezahlt durch staatliche Banken, lokale Behörden oder Trägervereine. Für angehende Unternehmer ist es gar nicht so einfach, diese Förderung zu verstehen und das richtige Programm für den eigenen Bedarf zu finden.

Lassen Sie sich doch einfach vom Staat fördern

Bevor wir die wichtigsten Programme vorstellen, eine kurze Erläuterung der Systematik. Im Prinzip gibt es fünf verschiedene Möglichkeiten der staatlichen Förderung.

- ✔ **Zuschüsse** – die attraktivste Form. Der Staat gibt Ihnen Geld, das Sie niemals zurückzahlen müssen, für ein bestimmtes Projekt. Entweder finanziert er komplett oder er beteiligt sich an Ihrer Finanzierung.
- ✔ **Zulagen** – auch nicht schlecht. Zwar müssen Sie bei dieser Form der staatlichen Finanzierung in Vorleistung gehen; am Ende eines Projekts erhalten Sie aber Ihr Geld vom Staat zurück.
- ✔ **Zuwendungen** – ein Spezialfall für die Forschung. Hier gibt der Staat auch das Geld, möchte aber seinen Anteil zurück, wenn das Projekt kommerziell erfolgreich verläuft.
- ✔ **Zinsvergünstigungen** – Darlehen zu niedrigen Zinssätzen. Aus dem Missbrauch seiner direkten Zahlungen hat der Staat gelernt und überlässt mittlerweile ganz gerne privaten Geldgebern die Prüfung der Subventionsobjekte. Statt marktüblicher Zinsen zahlen Unternehmer vergleichsweise niedrige Zinsen und können auch die Tilgung erheblich strecken.
- ✔ **Steuervergünstigungen** – Förderung mit Pferdefuß. Das Finanzamt erlässt Ihnen für förderungswürdige Projekte, sei es eine Investition in einer bestimmten Region, einen Teil Ihrer Steuerlast. Voraussetzung: Sie zahlen Steuern – und das ist beim Start eines Unternehmens häufig nicht der Fall.

Bei allen Formen der Förderung stehen Investitionen im Mittelpunkt, denn diese fallen gerade kleineren Unternehmen besonders schwer. Zweiter Schwerpunkt ist die Forschung und Entwicklung, da sich der Staat aus deren Förderung einen Wohlstandsgewinn für alle erwartet.

Gewusst wie – Grundregeln der Förderung von Gründungen

Es gibt Hunderte von Förderprogrammen und jedes hat seine eigenen Bedingungen und Klauseln. Einige Themen finden sich aber gerade bei der Förderung von Existenzgründern immer wieder:

Die Anlaufstelle: Das Hausbankprinzip

Manch einer reibt sich verwundert die Augen: Da will die Bank doch eigentlich ohne Sicherheit vom Gründer nichts wissen und dann schickt einen der Staat zur Hausbank? Ja, so ist es. Die meisten Förderprogramme müssen über eine Hausbank beantragt werden. Zwei Gründe lassen diese Schizophrenie in einem milderen Licht erscheinen. Erstens spielen Banken unverändert im Geschäftsleben und in der Finanzierung von Unternehmen eine zentrale Rolle – spätestens für die Bezahlung und das Inkasso von Rechnungen braucht auch Ihr Unternehmen eine Bank. Und zweitens kanalisieren und professionalisieren die staatlichen Stellen so die Anträge.

Für Unternehmer heißt dies: Suchen Sie frühzeitig das Gespräch mit den Banken, sprechen Sie sie konkret auf Förderprogramme an und lassen Sie sich nicht von Beratern abwimmeln. Deren Unlust hat einen simplen Grund: Mit Gründerkrediten verdient die Bank kaum Geld.

Die Sicherheiten: Die Primärhaftung

Die Unlust Ihres Bankers hat noch eine weitere Ursache: Bei vielen Förderprogrammen, unter anderem der zentralen Anlaufstelle für staatliche Finanzmittel, der bundeseigenen KfW Bankengruppe, haftet die Hausbank im Falle der Zahlungsunfähigkeit Ihres Unternehmens, für den Kredit, und muss ihn tilgen. Auch aus diesem Grund legen die Bankberater großen Wert auf entsprechende Sicherheiten.

Das Problem dabei: Junge Unternehmen haben diese Sicherheiten häufig nicht, und auch hier hat der Staat Förderprogramme geschaffen. In Bayern übernimmt beispielsweise die Bayerische Landesanstalt für Aufbaufinanzierung sowohl in der Gründungsphase als auch später Ausfallbürgschaften selbst für freie Berufe; auch in anderen Bundesländern stehen zumeist staatliche Banken als Bürge bereit. Ihre Bürgschaft lassen sich die Banken mit einer einmaligen Gebühr in Höhe von rund einem Prozent des Bürgschaftsbetrags sowie einer laufenden Gebühr in etwa gleicher Höhe bezahlen. Mit einem solchen Bürgen finden Sie eine Hausbank, bekommen Zugang zu staatlichen Mitteln – und können starten.

Die Voraussetzung: Die Eigenmittel

Der Staat finanziert vieles, allerdings verlangt er in der Regel auch einen Beitrag von Ihrer Seite. Dieser Beitrag variiert von Programm zu Programm, allerdings sollten Sie nicht unbedingt nur die Mindestquote einzahlen. Denn auch staatliche Kredite kosten Geld und je höher der Fremdfinanzierungsanteil, desto höher Zins und Tilgung.

Der Zeitpunkt der Antragstellung: Die Vorbeginnsklausel

Die übliche Vorbeginnsklausel verlangt, dass erst über die staatliche Förderung entschieden werden muss, bevor Sie loslegen dürfen. Wenn Sie dieses Gebot verletzen, kann es Ihnen passieren, dass Ihnen trotz überzeugender Begründung und Förderungswürdigkeit die längst eingeplanten Mittel versagt werden. Also: Erst Fördermittel beantragen, dann loslegen! Der Hausbank steht es allerdings frei, nach Antragsstellung das Projekt zwischen zu finanzieren.

Das Ziel: Die Vollexistenz

Was für ein Name – Vollexistenz? Dahinter verbirgt sich ein plausibler Gedanke: Ihr Unternehmen sollte in der Lage sein, zumindest Sie als Unternehmer komplett zu ernähren. Bei den meisten Förderprogrammen ist es also nicht gestattet, dass Sie Ihren Lebensunterhalt noch durch Nebenjobs finanzieren.

Ran an die Kohle – Die wichtigsten Programme für Existenzgründer

Sie haben eine Hausbank, entsprechende Eigenmittel und Sicherheiten und Ihr Unternehmen zielt auf eine Vollexistenz, dann nichts wie los. Die folgenden Programme bieten nur eine kleine Auswahl der Möglichkeiten. Im Zentrum der bundesweiten Programme steht die staatliche KfW Bankengruppe. Die ehemalige Kreditanstalt für Wiederaufbau ist heute die zentrale Adresse für die staatlich geförderte Eigenkapitalfinanzierung in Deutschland.

Kapital für Gründung von der KfW

Das klassische Programm für Existenzgründer jeglicher Art, vom Anwalt bis zum Zahntechniker spendiert bis zu 500.000 Euro in Form eines Nachrangdarlehens für 15 Jahre. Es handelt sich hierbei zwar um einen Kredit, aber der Zins ist niedrig und die Tilgung beginnt erst im achten Jahr. Die Attraktivität des Programms zeigt ein genauer Blick auf die Zinsen: In den ersten drei Jahren zahlen Gründer lediglich ein Prozent Zinsen, danach steigt er auf immer noch maßvolle drei Prozent pro Jahr bis ins zehnte Jahr der Förderung.

Bei so günstigen Konditionen verlangt die KfW allerdings den Einsatz von Eigenmitteln; im Minimum müssen Sie 15 Prozent aus der eigenen Schatulle beisteuern, wobei als Eigenmittel sowohl Bargeld als auch Sacheinlagen zählen.

Und da wäre noch ein Pferdefuß: Für dieses Darlehen haften Sie als Unternehmer persönlich, sprich für die Rückzahlung des Geldes bürgen Sie und im Zweifelsfall auch Ihr Lebenspartner beziehungsweise Ihre Lebenspartnerin mit Haus und Hof. Dafür haben Sie aber keine Diskussionen mit Ihrer Hausbank, denn die ist von der Haftung durch die KfW komplett freigestellt – das Risiko tragen Sie allein. Diese Haftungsfreistellung für Ihre Hausbank ist auch eine wichtige Voraussetzung dafür, dass Sie diesen Kredit in Ihrer Bilanz zum Eigenkapital zählen können. Und Sie wissen: Je mehr Eigenkapital Ihre Firma vorweisen kann desto solider steht sie in den Augen von Kunden, Partnern und Mitarbeitern dar und desto leichter bekommt sie eine zusätzliche Finanzierung.

Startgeld der KfW Mittelstandsbank

Ein Programm für echte Start-ups. Denn das Startgeld ist auf einen Kapitalbedarf von bis zu 50.000 Euro beschränkt. Nach ein bis zwei tilgungsfreien Jahren ist auch dieses Geld zurückzuzahlen; allerdings übernimmt bei diesem Programm die KfW einen guten Teil des Risikos. Die so genannte *Haftungsfreistellung* beläuft sich auf 80 Prozent; sprich die Hausbank muss nur für 20 Prozent des Darlehens geradestehen.

Mikrodarlehen: Wenig Geld, aber schnell

Der Bund testete 2010 noch ein weiteres Finanzierungsinstrument, dass nicht zuletzt durch den Nobelpreis für Muhammad Yunus salonfähig wurde: Mikokredite. Dabei vergeben zertifizierte Gründungszentren bis zu 10.000 Euro für eine Laufzeit von einigen Monaten. Der Kredit ist mit einem Zinssatz von zehn Prozent pro Jahr nicht billig, aber dafür machen die Berater vor Ort das Geld, wenn es sein muss, binnen weniger Tage locker. Zusätzlicher Charme des Programms: Es verknüpft Geld mit Beratung; sprich Ihr Mikrokreditgeber kann und will Ihnen in den folgenden Monaten mit Rat und Tat zur Seite stehen – und das kostet keinen Cent extra.

Gute Worte statt Geld: Das Gründercoaching

In manchem Fall ist Kapitalmangel gar nicht das drängendste Thema, sondern vielmehr die Unsicherheit, ob man alles bedacht hat: Passt der Business-Plan und die Finanzplanung? Stimmen die eigenen Ansätze zur Bestimmung des potenziellen Marktes und der Zielkunden? Wer auf Nummer sicher gehen und angesichts dieser offenen Fragen einen Coach engagieren will, kann ebenfalls auf Gelder der KfW zugreifen. Beim Gründercoaching übernimmt die staatliche Bank bis zu 90 Prozent der Beraterkosten in Höhe von bis zu 6.000 Euro. Und das nicht nur in den ersten Tagen Ihrer Firma. Sie können einen entsprechenden Antrag bis ins fünfte Jahr Ihrer Selbstständigkeit stellen – und sich für einige Tage professionelle Unterstützung ins Haus holen.

Landesförderungen – Die Tätigkeit der LfAs

In nahezu allen Bundesländern gibt es eigene Förderprogramme für Existenzgründer. Ihre Prinzipien gleichen sich: Es handelt sich um zinsvergünstigte, langfristige Darlehen, die an entsprechende Eigenmittel gekoppelt sind, mit einer tilgungsfreien Zeit zu Beginn. Die Höhe des Zinssatzes richtet sich zum einen nach den aktuellen Marktkonditionen, zum anderen nach der Bonität und den Sicherheiten des Antragstellers. Die Anforderung, Eigenmittel beizusteuern, lässt sich in bestimmten Gebieten und unter bestimmten Voraussetzungen umgehen. So lassen sich in Bayern durch Ergänzungsdarlehen sogar 100 Prozent der förderfähigen Aufwendungen durch staatliche Mittel finanzieren. Besonders großzügig gibt sich die öffentliche Hand in strukturschwachen Gebieten – vom Bayerischen Wald bis an die polnische Grenze. Hier bündelt sie eigene Mittel mit Geldern aus dem Strukturfonds der EU und macht so eine weitgehende Erstfinanzierung eines Unternehmens über staatliche Mittel möglich. Vorsicht: Auch diese Gelder müssen Sie zurückzahlen!

Arbeitsämter – Gründerzuschuss statt Ich-AG

Im Zuge der Agenda 2010 der Regierung Schröder erlebte Deutschland einen wahren Existenzgründer-Boom. Simpler Grund: Viele Arbeitslose nutzten das Angebot der so genannten Ich-AG, um sich mit Hilfe des Arbeitsamtes selbstständig zu machen. Allerdings wurde nie so ganz klar, welcher Anteil der Arbeitslosen nun wirklich zum Gründer wurde und welcher Anteil nur das zusätzliche Geld in Anspruch nahm. Auf jeden Fall kassierte die Regierung Merkel diese Förderung wieder ein.

Wer aus der Arbeitslosigkeit heraus in die Selbstständigkeit startet, bekommt unter bestimmten Voraussetzungen finanzielle Hilfe vom Staat. Mit dem so genannten Gründungszuschuss greifen die örtlichen Arbeitsagenturen entschlossenen Existenzgründern finanziell unter die Arme, um ihnen den Start in ihre neue berufliche Karriere zu erleichtern. Einen verbindlichen Rechtsanspruch darauf gibt es allerdings nicht.

Dementsprechend knüpfen die Mitarbeiter der Arbeitsagenturen einige Bedingungen an die Antragsteller, ehe sie das Übergangsgeld tatsächlich bewilligen:

- ✔ Den Zuschuss erhält nur derjenige Antragsteller, der auf dem Arbeitsmarkt nicht vermittelbar ist.
- ✔ Der Antragsteller muss noch einen Anspruch auf Arbeitslosengeld von 150 Tagen haben.
- ✔ Der Antragsteller muss ein tragfähiges Konzept für die Unternehmensgründung vorlegen.
- ✔ Der Antragsteller muss belegen, dass er selbst nicht über das nötige Kapital für die Gründung verfügt.

Eine zentrale Anlaufstelle für geldsuchende Gründer ist die bundeseigene KfW Mittelstandsbank. Auf deren Webseiten unter `www.kfw.de` finden Sie aber nicht nur Antragsformulare für Kapitalspritzen. Die KfW informiert umfassend über den Gründungsprozess und eine Vielzahl von Angeboten zur Unterstützung.

Hightech-Gründerfonds – Ein neuer Topf für neue Ideen

Seit 2005 steht Technologieunternehmern ein weiterer Fördertopf zur Verfügung: der mit mittlerweile über 500 Millionen Euro gefüllte Hightech-Gründerfonds. Der Bund, seine Bank KfW Mittelstandsbank sowie die Industriegiganten BASF, Deutsche Telekom und Siemens finanzieren Gründer mit bis zu 500.000 Euro und schließen damit eine Lücke sowohl in der staatlichen Förderungslandschaft als auch in der privaten Wirtschaft. Denn gerade Technologiegründer brauchen für ihre Forschung und zum Teil komplexen Maschinen zu Beginn erhebliche Finanzierungsmittel, ohne dass sie entsprechende Sicherheiten bieten können und ohne dass sie unter Beweis stellen können, dass ihr Konzept auch aufgeht.

Zielgruppen des Hightech-Fonds

Wie der Name sagt, konzentriert sich der Fonds auf Hightech-Gründungen, Ihr Unternehmen darf nicht älter als ein Jahr sein! Im Mittelpunkt eines geförderten Unternehmens muss ein Forschungs- und Entwicklungsprojekt stehen. Wichtig ist, dass das Unternehmen dabei uneingeschränkt über sein geistiges Eigentum verfügen kann; im Klartext: Hier bekommt nur Geld, wer selbst über eine Innovation verfügt und nicht »nur« imitiert oder kopiert.

Bedingungen des Hightech-Fonds

Der Fonds gibt bis zu 500.000 Euro und reserviert weitere 500.000 Euro für Anschlussfinanzierungen. Dafür erwartet er, dass die Firma mit der ersten Tranche sowie weiteren Mitteln zwölf bis 18 Monate arbeiten kann. Zusätzliche Mittel muss hierbei auch der Gründer selbst beisteuern; der Fonds erwartet einen Eigenbetrag von 20 Prozent der Fördersumme. Mit seinem Geld beteiligt sich der Fonds mit 15 Prozent an Ihrem Unternehmen und gewährt darüber hinaus ein nachrangiges Gesellschafterdarlehen. Die Zinsen werden für die ersten vier Jahre gestundet, um ihrer Liquidität zu schonen. Danach muss Ihre Firma aber auch wirklich fliegen, denn mit zehn Prozent pro Jahr ist der Zinssatz nicht gerade günstig.

Umfassende Informationen zum Hightech-Gründerfonds inklusive sämtliche Informationen über die Voraussetzungen und den Prozess der Finanzierung finden Sie im Internet unter `www.hightech-gruenderfonds.de`.

Mehr über staatliche Fördermittel und deren Voraussetzungen finden Sie im Internet bei diversen Gründerportalen. In Kapitel 22 nennen wir die Adressen, die Sie sich auf jeden Fall genau anschauen sollten, egal ob Sie Geld, gute Argumente oder Anregungen brauchen.

Nicht nur Bares ist Wahres: Gründerzentren und andere Sachleistungen

Das Universum staatlicher Förderung in Deutschland erstreckt sich längst nicht nur auf die Finanzierung. Vielmehr stellt der Staat in nahezu allen Regionen insbesondere Gründern im Technologieumfeld auch Räume und Labore zu verbilligten Mietkonditionen bereit und bietet umfangreiche Beratungs- und Schulungsleistungen zu günstigen Konditionen. Mal übernimmt diese Förderung ein Bundesland, mal eine Kommune, mal sind die Hochschulen sehr aktiv, mal private Initiativen; mancherorts spielen die Sparkassen eine führende Rolle und mancherorts haben sich staatlich finanzierte Fördervereine etabliert.

Ein gutes Beispiel für eine solche Förderung bildet die Bio-M AG (`www.bio-m.org`) in Martinsried, die in den 90er Jahren im Zuge der verstärkten staatlichen Förderung der Biotech-Industrie in Deutschland entstand. Heute bildet die Bio-M AG das Herzstück des führenden deutschen Biotech-Standorts. Ihr Leistungsspektrum reicht von der Öffentlichkeitsarbeit für die Biotech-Industrie bis hin zur Gründungsfinanzierung neuer Unternehmen, deren Beratung und Unterbringung in Gebäuden im Westen Münchens.

Ob es für Ihre Branche in Ihrer Region eine ähnliche Initiative gibt und welche Möglichkeiten vor Ort noch interessant sein könnten, kann dieses Buch schon aus Platzgründen nicht beantworten. Antwort geben können angehenden Unternehmern aber die üblichen Anlaufstellen vor Ort: die Kammern, die Sparkassen und die Kommunen selbst. Kein Scherz, immer mehr Kommunen richten extra Anlaufstellen für angehende Unternehmer ein, wissen sie doch, dass das Ein-Personen-Unternehmen von heute ein bedeutender Arbeitgeber von morgen sein könnte. Also scheuen Sie sich nicht – und nutzen Sie die angebotenen kostenlosen Informationsmöglichkeiten vor Ort.

Anklopfen erlaubt – Private Geldgeber

12

In diesem Kapitel

- Der Wert von Business-Plänen
- Der Umgang mit Business Angels und Venture-Capital-Gebern
- Das Gespräch mit der Bank
- Moderne Formen der Finanzierung wie Factoring und Leasing

Viele Gründerratgeber beschränken sich auf die Vorstellung staatlicher Förderprogramme und blenden die Aktivitäten im privaten Sektor weitgehend aus. Dabei gibt es durchaus private Geldquellen, die es sich anzuzapfen lohnt: Quellen mit so klanghaften und wichtig klingenden Namen wie Business Angels oder Venture Capitals. Zu deren Leidwesen berücksichtigen indes viele Gründer viel zu wenig deren Anforderungen und Wünsche.

In diesem Kapitel erklären wir Ihnen, wie Sie mit Business Angels und Venture-Capital-Gebern ins Gespräch kommen. Darüber hinaus erfahren Sie, dass sich auch ein Besuch bei Ihrer Bank durchaus lohnen kann und welche privaten Unternehmen Ihnen noch Geld geben möchten.

Erste Gehversuche – Was Business-Plan-Wettbewerbe bringen

10.000 Euro sind wirklich nicht die Welt, wenn es darum geht, sein eigenes Unternehmen aufzubauen. Angesichts solcher Siegprämien rümpfen denn auch viele Unternehmer die Nase, wenn sie von Business-Plan-Wettbewerben hören. Was sie dabei übersehen: Diese Wettbewerbe bieten weit mehr als Startkapital, nämlich Kontakte, Struktur und Publicity – und alles drei können angehende Unternehmen gut gebrauchen!

- ✔ **Kontakte:** Die Business-Plan-Wettbewerbe werden zumeist in einer Mischung aus privatem und öffentlichem Kapital finanziert und sind in der regionalen Wirtschaft ganz gut verankert. Als Teilnehmer haben Sie so die Chance, Entscheider der Industrien vor Ort sowie Bankiers und Geldgeber auf den verschiedenen Veranstaltungen kennen zu lernen und in Fachforen mit einzelnen Köpfen zu diskutieren. Ein nicht zu unterschätzendes Kapital für den Start!
- ✔ **Struktur:** Business-Plan-Wettbewerbe dienen nicht nur der Kür des besten Business-Plans eines Jahres, sondern helfen vielmehr über Monate, einen Business-Plan zu optimieren. In Diskussionen mit Hochschulvertretern sowie Experten vor Ort arbeiten die Teilnehmer an ihren Plänen und machen sie so realitätstauglicher. Business-Plan-Wettbewerbe bieten also ein mehrmonatiges Coaching – ohne Bezahlung!

- **Publicity:** Regionale Medien begleiten Business-Plan-Wettbewerbe wohlwollend. Die Sieger schaffen es in Wort und Bild in Zeitung, Radio und Lokalfernsehen; die Sieger des Vorjahres finden leichter einen Zugang zu Redakteuren, wenn ihr Unternehmen Fortschritte macht. Die Wirkung einer Berichterstattung in lokalen Medien sollten Sie nicht unterschätzen: Wetten, dass Ihr Laden mehr Zulauf findet, wenn über ihn in der örtlichen Zeitung berichtet worden ist? Diese Chance kann man nutzen.

Ach ja, und am Ende erhalten die Sieger dann doch auch ein wenig Kapital. Beim Münchener Business-Plan-Wettbewerb, dem ältesten seiner Art in Deutschland, bekommen die Sieger immerhin 5.000 bis 15.000 Euro.

Die wichtigsten Wettbewerbe im Überblick

Business-Plan-Wettbewerbe finden sich mittlerweile in fast allen deutschen Regionen. Der regionale Bezug macht Sinn, da die kurzen Wege vor Ort das Networking und das Coaching erleichtern. Den größten PR-Effekt erzielt allerdings ein bundesweiter Wettbewerb: Die 1997 gegründete Start-up-Initiative der deutschen Sparkassen, von McKinsey und dem Magazin *Stern* (`www.startup-iniative.de` beziehungsweise `www.deutscher-gruenderpreis.de`). Auch sie startet auf regionaler Ebene, mündet aber letztendlich in die Verleihung des deutschen Gründerpreises; eine Veranstaltung, die das ZDF überträgt und an der in der Regel der Bundespräsident höchstpersönlich teilnimmt.

Regional ist der Ansturm auf die Wettbewerbe höchst unterschiedlich. Die folgende Übersicht nennt größere Wettbewerbe in verschiedenen Regionen, deren Prinzipien sich gleichen. Sie helfen angehenden Unternehmern, insbesondere im Technologieumfeld, ihren Business-Plan zu optimieren und so ihre Startchancen zu verbessern.

Baden-Württemberg

Cyberone (`www.cyberone.de`)

Bayern

Münchener Business-Plan-Wettbewerb (`www.mbpw.de`)

Business-Plan-Wettbewerb Nordbayern (`www.bpw-nordbayern.de`)

Berlin-Brandenburg

Business-Plan-Wettbewerb Berlin-Brandenburg (`www.b-p-w.de`)

Hamburg

Hamburger Existenzgründungsprogramm und sein INNOTECH-Preis (`www.innotech-initiative.de`)

Hessen

Promotion Nordhessen (`www.promotion-nordhessen.de`)

Science4Life Venture Cup (`www.science4life.de`)

Nordrhein-Westfalen

Neues Unternehmertum Rheinland (www.neuesunternehmertum.de)

Start2grow, Dortmund (www.start2grow.de)

Startbahn Ruhr (Fokus auf Medizintechnik) (www.startbahn-ruhr.de).

Sachsen

Business-Plan-Wettbewerb Sachsen (www.futuresax.de)

Nicht auf eine Region, sondern auf eine Branche setzt darüber hinaus noch das Bundeswirtschaftsministerium mit seinem Gründerwettbewerb (www.gruenderwettbewerb.de). Hierbei dreht sich alles um das Internet – und dazu passend wird dieser Wettbewerb auch größtenteils virtuell abgewickelt. Allein das Preisgeld, bis zu 25.000 Euro, bleibt real, genauso wie der PR-Effekt.

Studenten und Studierte – Wer an Business-Plan-Wettbewerben teilnehmen sollte

Ehrlich gesagt, Wettbewerbe für Studenten und Studierte sind eine ziemlich elitäre Veranstaltung. Das hängt zum einen damit zusammen, dass sie häufig sehr eng mit den regionalen Hochschulen kooperieren, deren Know-how in Sachen Gründerforschung einbinden und in den Hörsälen für eine Teilnahme werben. Das hängt zum anderen damit zusammen, dass diese Wettbewerbe meistens komplexere Ideen fördern, die später beispielsweise durch den öffentlichen Hightech-Gründerfonds oder private Venture-Capital-Geber finanziert werden. Ideen, beispielsweise aus dem Umfeld der Biotech-Industrie, der IT sowie der Energietechnik. Konzepte aus dem Handwerk oder dem Handel finden sich dagegen nur selten und werden auch nur selten prämiert.

Die Teilnahme lohnt sich besonders:

- ✔ wenn Sie noch an Ihrem Business-Plan arbeiten müssen
- ✔ wenn Sie aus dem akademischen Umfeld stammen
- ✔ wenn Ihr Gründerteam noch nicht steht
- ✔ wenn Sie sich mit Technikthemen beschäftigen
- ✔ wenn Sie für den Anfang eine kleine Finanzspritze benötigen
- ✔ wenn Sie ein Netzwerk in die örtliche Hightech-Industrie brauchen
- ✔ wenn etwas Publicity für Ihren Start sinnvoll ist

Wenn Engel kommen – Die Rolle von Business Angels

Na ja, Engel sind die Herren und Damen am Ende dann nur bedingt, doch den Namen verdienen sie trotzdem. Denn Business Angels sind Personen, die in einem Stadium in ein Unternehmen investieren, zu dem jede Bank und jeder Venture-Capital-Geber mit Blick auf das Risiko abwinkt. Und was sie auch noch mit Engeln verbindet, ist die Schwierigkeit ihrer Materialisierung, sprich, die größte Herausforderung ist es, einen solchen Engel zu finden.

Was sind Business Angels?

Unter diesem Namen fasst man alle die Personen zusammen, die privat Eigenkapital oder nachrangiges Fremdkapital in Unternehmen in einem frühen Stadium investieren. Es handelt sich hierbei durchweg um vermögende Personen, die nach einer erfolgreichen Karriere einen Teil ihres Kapitals in junge Unternehmen investieren. Hinzu kommt eine wachsende Zahl bereits in jungen Jahren erfolgreicher Unternehmer, die nach dem Verkauf ihrer ersten Firma ihr Kapital in interessante Gründungen in ihrer, aber auch in anderen Branchen stecken. Warum? Erstens winken im Erfolgsfall hohe Renditen und zweitens haben sie meist von ihrem Werdegang her Spaß und Interesse am Unternehmertum.

Solche Business Angels wollen sich direkt an Unternehmen beteiligen und ihnen auch ein Stück weit zum Erfolg verhelfen. Nach einer Unternehmensbewertung geben sie für einen zu definierenden Anteil am Unternehmen Kapital und öffnen gleichzeitig ihr Netzwerk. In vielen Fällen ist für Start-ups dieses Netzwerk wesentlich wichtiger als das reine Geld: Denn ein Hasso Plattner als Finanzier öffnet die Türen zu »seinem« Unternehmen SAP ebenso wie der ehemalige Compaq-Deutschland-Chef die Türen zu seinem. Wo ein junger Unternehmer sonst wochenlang antichambrieren müsste, öffnen sich dank eines Engels die Türen nun von alleine.

Wie findet man einen Business Angel?

Oder besser gefragt: Wie findet ein Business Angel zu einem? Denn der Annäherungsprozess ist wechselseitig. Business Angels sind permanent auf der Suche nach erfolgversprechenden Geschäftsideen, vorzugsweise in ihrer eigenen Industrie: Wer 30 Jahre IT-Unternehmen geleitet hat, möchte die nächste Generation von IT-Unternehmern finanzieren und fördern. Wer dagegen im Maschinenbau Erfolg hatte, bleibt hier auch als Angel aktiv, da er diese Materie versteht und hier sein Netzwerk Mehrwert schafft.

Für angehende Unternehmer bedeutet dies: Keine Scheu vor großen Namen! Machen Sie in Ihrer Industrie die Menschen auf sich aufmerksam, die Ihre Ideen verstehen und an deren Erfolg glauben müssten.

Wie man das macht? Möglichkeit eins: Sie mailen, schreiben oder rufen einfach an! Wenn Sie gut sind, hört Ihnen ein erfahrener Unternehmer durchaus einige Minuten zu. Wenn es ihn interessiert, beschäftigt er sich auch näher mit Ihnen. Erfolgsversprechender noch ist der Weg über Mittler. Jeder dieser Unternehmer verfügt über ein weitverzweigtes Netzwerk und ist bereit, Empfehlungen aus diesem Netzwerk zu folgen. Ihre Aufgabe als Jungunternehmer ist es, dieses Netzwerk zu verstehen und bestehende, eigene Kontakte für eine Erstansprache zu nutzen. Dies kann Ihr ehemaliger Chef ebenso sein wie Ihr bester Kunde in Ihrer bisherigen Tätigkeit als Angestellter; ebenso möglich sind aber auch persönliche Verbindungen über die Familie oder eine Freizeitaktivität.

Eine gute Übersicht über Business Angels bietet `www.business-angels.de`, der Internetauftritt des BAND e. V., des Business Angels Netzwerkes Deutschland.

Welche Nachteile das Engagement eines Business Angels mit sich bringt

Haben Engel dunkle Seiten? Wenn man bedenkt, dass diese Engel am Ende auch Geld verdienen wollen, versteht man, welche Nachteile Sie sich mit ihrem Engagement einkaufen können. Allen voran ist hier deren Mitsprachemöglichkeit zu nennen: Als Gesellschafter müssen Business Angels bei allen wichtigen Entscheidungen gefragt werden; in der Regel schreiben sie diese Mitwirkungsrechte auch gleich in den Beteiligungsvertrag mit hinein. Egal ob Anstellung eines Top-Mitarbeiters, längerfristige Verträge oder Kauf größerer Maschinen – die Zeit der einsamen Entscheidungen ist nach Engagement eines Business Angels vorbei.

Schlimmer noch: Wenn diese Engel an Ihrer Strategie zweifeln, behalten sie sich sogar Vetorechte vor. Sie müssen also künftig nicht nur Ihre Kunden, Lieferanten und Mitarbeiter überzeugen, sondern auch Ihre Kapitalgeber. Die andere Seite der Medaille ist, dass Sie damit frühzeitig lernen, mit externen Kapitalgebern umzugehen. Wenn Sie dann später eine Venture-Capital-Finanzierung ergattern oder sogar den Sprung an die Börse schaffen, wissen Sie genau, was es heißt, Herr im Hause zu bleiben, wenn das Haus mehreren gehört.

Wählen Sie Ihre Engel sorgsam aus – aus zwei Gründen:

1. Sie geben einen Teil ihres Unternehmens ab und können im Gegenzug mehr als nur Geld erwarten – die Frage ist, ob Ihre Business Angels Zeit und Netzwerk einsetzen, um Ihr Unternehmen voranzubringen. Am besten befragen Sie dazu einige andere bereits von dieser Person finanzierte Unternehmen.
2. Zu komplizierte Verträge mit den ersten Business Angels können einen Hemmschuh für weitere Finanzierungen darstellen. So scheuen Venture-Capital-Geber Unternehmen, in denen gleich mehrere Business Angels mitreden und mitentscheiden dürfen.

Pro und kontra der reichen Engel

Ein guter Business Angel kann mit seinem Netzwerk und seinem Kapital ein junges Unternehmen in den ersten Monaten enorm weit nach vorne bringen. Die Geförderten müssen aber genau abwägen, ob diese Vorteile die unumgängliche Mitsprache eines externen Partners aufwiegt.

positiv	negativ
Eigenkapitalfinanzierung	Mitspracherechte
Netzwerk	Hemmnis für weitere Finanzierungsrunden
Positiver PR-Effekt	Komplexere Entscheidungsprozesse

Tabelle 12.1: Vor- und Nachteile von Business Angels

Wenn Profis verhandeln – Die Rolle von Venture Capital

Seit gut 35 Jahren gewinnt das in den USA nach dem zweiten Weltkrieg populär gewordene Venture Capital (VC) auch in Deutschland an Bedeutung. Venture Capital ist Eigenkapital von professionell gemanagten Fonds für wachstumsstarke Technologieunternehmen, Unternehmen, die einen hohen Kapitalbedarf haben, aber keine Sicherheiten bieten können. Venture-Capital-Firmen beteiligen sich an diesen Unternehmen, übernehmen Sitze im Aufsichtsrat und beteiligen sich aktiv an der Entwicklung der Strategie und deren Umsetzung ihrer Unternehmen. Nach drei bis sieben Jahren suchen diese VCs allerdings einen so genannten *Exit* – sprich eine Möglichkeit, ihre Anteile zu verkaufen. Am liebsten nutzen sie die Börse mit ihren hohen Bewertungen, am häufigsten verkaufen sie an Unternehmen aus der Branche, so genannte *Trade Sales.*

Wer Venture Capital bekommt

Traditionell konzentrieren sich Venture-Capital-Unternehmen auf Technologieunternehmen. Der simple Grund dafür: Die Investoren in VC-Fonds erwarten hohe Renditen und solche Renditen lassen sich am ehesten in schnell wachsenden Branchen mit skalierbaren Geschäftsmodellen erzielen. Der Wunsch nach einer außergewöhnlichen Rendite erklärt sich durch das außergewöhnlich hohe Risiko, das VCs eingehen: Sie beteiligen sich mit Eigenkapital an sehr jungen Unternehmen, die zwar schon demonstrieren können, das ihr Produkt funktioniert (»proof of concept«), wo aber noch völlig unklar ist, ob und vor allem in welchem Maß Kunden dieses Produkt ordern. Dass Investoren VCs dennoch Geld geben und VCs dies dennoch in immer neue Unternehmen investieren, erklärt sich wiederum durch die historisch belegten außergewöhnlichen Renditen von 15 Prozent oder mehr pro Jahr. Renditen, die US-Vorzeigefonds wie Kleiner Perkins oder Benchmark Capital mit Unternehmen wie Amazon, eBay, Google oder Sun Microsystems erzielten.

Zwei Industriesektoren stehen im Zentrum der Aktivitäten der meisten VC-Fonds:

✔ High-Tech

✔ Life Science

Dabei umfasst das Thema High-Tech weite Bereiche der Informations- und Kommunikationstechnologie ebenso wie Materialwissenschaften, Life Science bedeutet im Wesentlichen Biotechnologie und Medizintechnik. Darüber hinaus gewinnt das Umweltthema, neudeutsch

Clean-Tech, wachsende Bedeutung: VCs finanzieren energiesparende Batterien, nachwachsende Rohstoffe und Solarzellen.

Bei ihrer Auswahl legen die VCs strenge Maßstäbe an:

1. Sie erwarten von den Geschäftsmodellen, die sie finanzieren, hohe Umsatzzuwächse und überdurchschnittliche Ergebniszuwächse. Hohe Umsatzzuwächse bedeutet 100 Prozent pro Jahr und mehr – und das weltweit. Führende europäische VCs wie Index Ventures, Sofinnova Partners und Wellington Partners haben den Anspruch, nur Unternehmen zu finanzieren, die das Zeug haben, in ihrem Markt eine führende Rolle auf dem Weltmarkt einzunehmen.
2. Angesichts des frühen Stadiums der Unternehmensfinanzierung investieren VCs in erster Linie in Menschen – und prüfen diese auf Herz und Nieren. Am liebsten finanzieren sie Menschen, die ihr unternehmerisches Talent schon bewiesen haben, so genannte *serial entrepreneurs*. Ansonsten achten sie bei den Management-Teams auf eine ausgewogene Mischung aus Erfahrung am Markt, Internationalität, technischem Sachverstand und unternehmerischem Talent.

Dennoch gilt: Wer in der Technologiebranche tätig ist und glaubt, mit seiner Idee die Welt erobern zu können, ist bei VCs richtig: Wenn sie begeistert sind, finanzieren sie auch abgebrochene Informatikstudenten mit einer Idee, aus Linux hinaus eine Security-Software zu entwickeln, oder begeisterte Profi-Gamer, die jetzt ihre eigene Suchmaschine hochziehen.

Dos and Don'ts im Umgang mit den Profis

Erfahrene Venture-Capital-Geber schütteln immer wieder den Kopf, wenn sie sehen, wie Unternehmensgründer ihre Aufmerksamkeit zu erhaschen suchen. Daher hier einige Regeln für den Umgang mit den millionenschweren Risikofinanziers. Was Sie unbedingt machen sollten:

- ✔ **Informieren:** Nicht jeder VC finanziert alles. Wer sich vorab informiert, welcher Fonds und, noch besser, welcher Partner wo investiert, erhöht die Chance, dass sein Konzept zumindest geprüft wird.
- ✔ **Netzwerken:** Angesichts der Flut eingehender Business-Pläne vertrauen viele VCs in erster Linie Empfehlungen. Statt einer Blindbewerbung sollten Sie daher überlegen, welcher Mentor Sie bei dem VC Ihrer Wahl ins Gespräch bringen könnte.
- ✔ **Reife zeigen:** Die meisten VCs finanzieren am liebsten Unternehmen, die bereits demonstrieren können, dass ihr Geschäftsmodell funktioniert; im Idealfall gibt es sogar bereits erste Kunden. Dieser *proof of concept* muss sich auf einen Blick aus Ihrer Zusammenfassung des Business-Plans herauslesen lassen.
- ✔ **Lernfähig bleiben:** Gute VCs haben bereits Dutzende Unternehmen finanziert und wissen um viele Stärken und leider auch Schwächen junger Unternehmer. Was sie überhaupt nicht leiden können, ist stures Beharren auf Strategien und Personen, die sie zumindest hinterfragen.

Und was Sie auf jeden Fall vermeiden müssen:

- **Klingeln:** VC-Gesellschaften haben in der Regel feste Prozesse, wie sie Business-Pläne selektieren. Der Versuch, hier durch ein persönliches Vorsprechen den Prozess zu beschleunigen, schlägt in der Regel fehl. Start-ups müssen warten, bis sie eingeladen werden – oder auch nicht.
- **Drängeln:** Der Versuch, durch persönliche Kontaktaufnahme per E-Mail oder Telefon den eh nur wenige Wochen dauernden Entscheidungsprozess zu beschleunigen, hat nur einen Effekt: Ihr Geschäftskonzept hat keine Chance mehr.
- **Drohen:** Auch das gibt es: Der Versuch, durch Drohungen (»Jetzt gehe ich zur Konkurrenz«) die Wahrscheinlichkeit einer Finanzierung zu erhöhen. Wenn Sie Pech haben, führt das nur dazu, dass sich in der überschaubaren VC-Community rasch herumspricht, dass da ein Querulant unterwegs ist.
- **Lügen:** Im ersten Gespräch kommen Unternehmer vielleicht noch mit ihren optimistischen Marktprognosen oder Anwendungsbeispielen durch. Aber seien Sie sicher: Bevor VCs investieren, prüfen sie Ihr Konzept auf Herz und Nieren – und merken früher oder später doch, wenn Sie versucht haben, die Wahrheit zu beschönigen.

So bekommen Sie Venture Capital

Große VCs erhalten pro Jahr 1.000 bis 2.000 Business-Pläne – und finanzieren fünf bis zehn. Allein diese Zahl zeigt, wie hart der Wettbewerb um das Kapital der Risikokapitalgeber ist. Neben einer zündenden Geschäftsidee, einem überlegten Business-Plan und einem ausgewogenen Management-Team entscheidet auch die Art der Ansprache über den Erfolg bei dieser Zielgruppe. Denn VCs setzen in erster Linie auf »Network-Deals«, Deals, die ihnen von bekannten Persönlichkeiten aus ihrem Netzwerk empfohlen wurden. Um dieses Selektionskriterium zu verstehen, ist es wichtig, den Auswahlprozess von VCs zu kennen: Meistens sichtet ein Analyst, ein Berufsstarter mit MBA oder Diplom, die eingehenden Business-Pläne und zeigt den Entscheidern, den Partnern, nur einen kleinen Ausschnitt sämtlicher eingesandten Pläne. Diese Hürde umgeht, wer direkt mit einem Partner in Kontakt treten kann, da ihn ein Bekannter empfohlen hat.

Alles Vitamin B? Weit gefehlt, vielmehr geht es hier um intelligentes Networking, ein Erfolgsfaktor für jeden erfolgreichen Unternehmer. Es ist Ihre Aufgabe herauszufinden, welche Persönlichkeiten in Ihrer Branche als Experten gelten, so dass VCs auf sie hören! Und es ist Ihre Aufgabe, diese Persönlichkeiten von Ihrer Geschäftsidee zu überzeugen. Wenn Ihnen das gelingt, haben Sie bereits eine entscheidende Schwelle hin zur Finanzierung überschritten.

Alle VCs auf einen Blick

Einen Überblick über das Gros der in Deutschland tätigen VCs gewährleistet der Bundesverband der Kapitalbeteiligungsgesellschaften (`www.bvkap.de`). Auf seinen Seiten finden Sie die Kontaktdaten für alle großen Fonds in Deutschland, sei es Earlybird, TVM oder Wellington Partners. Die Suche lässt sich nach Regionen, Industrien oder Kapitalbedarf beliebig einschränken.

Vor- und Nachteile der Wachstumsprofis im Überblick

Amazon hatte es, eBay hatte es und Google auch: Geschadet hat das Engagement der Venture-Capital-Profis diesen Unternehmen sicher nicht. Doch markiert der Einstieg der erfahrenen Unternehmensfinanziers und Netzwerker auch eine Zäsur im Gründerleben und zwingt diese zu einer raschen Professionalisierung von Strukturen und Prozessen, um das angestrebte Wachstum auch wirklich realisieren zu können.

positiv	negativ
Eigenkapitalfinanzierung	harter Auswahlprozess
Zugang zu hochkarätigem Netzwerk	Einschränkung der unternehmerischen Freiheit
Management-Unterstützung	Exit-orientiert

Tabelle 12.2: Vor- und Nachteile von Venture Capitel

Wenn Apparate handeln – Die Rolle von Banken und Sparkassen

Klassischerweise stammt das Geld von Unternehmen nicht von Venture Capital-Gebern oder Business Angels, sondern von der Bank! Nach dem Ende der New Economy geben sich Deutschlands Kreditinstitute indes wesentlich zugeknöpfter und ziehen sich aus ihrer angestammten Rolle als »Hausbank« immer weiter zurück. Doch diese Neuausrichtung ist kein Grund, auf das Gespräch mit Ihrer Bank zu verzichten: Erstens wollen diese Unternehmen immer noch Geschäfte machen und zweitens haben sie eine Vielzahl von Möglichkeiten geschaffen, doch noch junge Unternehmen zu finanzieren.

Was Banken finanzieren

Am liebsten geben Kreditinstitute Geld gegen Sicherheiten und am allerliebsten nehmen sie als Sicherheit eine Immobilie. Warum? Ganz einfach: Wenn ein Unternehmen seinen Kredit nicht mehr bedienen kann, fällt die Sicherheit automatisch an die Bank. Handelt es sich um Maschinen oder Warenbestände, muss die Bank für deren Verwertung Sorge tragen, oftmals ein zeitaufwändiges Unterfangen. Im Falle der Immobilie ist die Sache dagegen einfacher: Bankeigene Immobiliengesellschaften übernehmen den Verkauf und die Bank hat ihren Kredit zurück.

Und wenn Sie kein Häuschen als Sicherheit haben? Verzagen Sie nicht, denn die Banken sind neben ihrer Angst vor dem Kreditausfall auch von der Angst nach Geschäftsausfall getrieben. Sie wollen Unternehmen als Kunden, nicht zuletzt weil diese höhere Gebühren akzeptieren und komplexere Dienstleistungen mit entsprechender Honorierung abfordern. Dafür nehmen sie auch Maschinen, Warenbestände oder Forderungen als Sicherheit in Kauf, allerdings bei jüngeren Unternehmen nur sehr ungern, fehlt hier doch jegliche Erfahrung, wie stabil das Geschäft läuft.

Alternativ akzeptieren sie bei entsprechenden persönlichen Vermögen Ihr Wort als Sicherheit. Auf eine selbstschuldnerische, unbefristete und unbegrenzte Bürgschaft hin räumen sie durchaus Darlehen ein. Sie sollten als Unternehmer indes genau wissen, was Sie da unterschreiben: Sie haften nämlich mit Haus und Hof und Ihrem privaten Vermögen ab sofort für die Schulden der Firma. Sie haften unbefristet und unbegrenzt für deren Schulden, sprich selbst wenn Ihr Kompagnon krumme Geschäfte macht, haften Sie mit Ihrem Privatvermögen. Besonders haarig wird dies, da gerade bei Existenzgründern die Banken zumeist eine solche selbstschuldnerische Bürgschaft von beiden Ehepartnern verlangen.

Möglicher Ausweg: Gerade die Sparkassen verfügen über Beteiligungsgesellschaften, die sich in ihrer Region als stiller oder direkter Gesellschafter an Unternehmen beteiligen und entsprechend Kapital in ihre Beteiligungen investieren. Pferdefuß: Bei jüngeren Unternehmen halten sich diese Beteiligungsgesellschaften zurück und verweisen lieber auf die öffentlichen Förderprogramme, die ihnen das Risiko des Totalausfalls abnehmen. Aber auch hier gilt: Am Ende will die Bank auch Geschäft machen und sie wird sich gründlich überlegen, ob sie für alle Zeiten eine Tür zuschlägt. Und wenn am Ende der Gespräche nur ein Dispositionskredit steht, auch gut.

Gut gewappnet ins Gespräch mit der Bank

Banker sind von Natur aus Zahlenmenschen. Für Ihr Gespräch bei der Bank sollten Sie daher unbedingt Ihren Business-Plan inklusive einer ein bis drei Seiten langen Zusammenfassung, einer Executive Summary, parat haben. Darüber hinaus interessieren sich die Banker auch für Ihre persönlichen Vermögensverhältnisse. Je solider die private Lage, desto eher sind sie geneigt, ein Unternehmen zu finanzieren. Als Sicherheit verlangen sie dann entweder wie erwähnt die Sicherungsübereignung einer Immobilie oder eine persönliche Haftungserklärung: Im Falle eines Zahlungsausfalls des Unternehmens haften Sie danach mit Ihrem persönlichen Vermögen. Ein Pluspunkt ist es darüber hinaus, wenn Sie bereits seit längerem Kunde der Bank sind. Denn dann weiß Ihr Gegenüber aus erster Hand, dass Sie in der Vergangenheit entweder schuldenfrei waren oder Ihre Schulden immer pünktlich zurückgezahlt haben.

Das A und O einer erfolgreichen Gesprächsführung liegt in der Fähigkeit, sich in den Kopf Ihres Gesprächspartners zu versetzen. Sie wollen heute Geld von der Bank, das Sie in den kommenden Jahren mit Zinsen zurückzahlen. Die Bank will von Ihnen heute die Sicherheit, dass Sie diese Rückzahlungen leisten können. Je überzeugender Sie Ihre Solidität unterstreichen können – durch Sicherheiten, Patronatserklärungen, Patente etc. – desto geringer das Risiko eines Kreditausfalls und desto höher die Bereitschaft Ihres Gegenübers, ins Risiko zu gehen. Bedenken Sie immer: Wenn Ihr Kredit ausfällt, muss Ihr Gegenüber innerhalb der Bank seinen Kopf hinhalten – und wie Sie hängt dieser Mensch an seinem Kopf. Folgende Unterlagen brauchen Sie für das Gespräch mit der Bank:

- ✔ Business-Plan
- ✔ Zusammenfassung dieses Business-Plans
- ✔ Unterlagen zur Firmengründung
- ✔ Einzahlungsbeleg bei Kapitalgesellschaften
- ✔ Persönliche Vermögensaufstellung

Gewusst wofür

Je genauer Sie beziffern können, wie viel Geld Sie für welchen Zweck benötigen, desto besser. Wer 75.000 Euro für eine Maschine braucht, hat ein klares Ziel und einen klaren Finanzierungsbedarf. Wer dagegen so ungefähr 50.000 Euro für die ersten Monate braucht, falls ein Kunde nicht zahlt oder ... Sie wissen schon, verrät fehlende Zielstrebigkeit und dadurch einen höheren Gefahr des Zahlungsausfalls. Legen Sie sich daher unbedingt vor dem Bankbesuch eine Agenda zurecht: Welche Ziele wollen sie mit welchen Argumenten erreichen?

Verständnis für die Bank – Was Kreditinstitute bei einem Rating prüfen

Schon mal von Basel II gehört? Dies ist keine Retortenstadt in der Nordschweiz, sondern eine Übereinkunft der internationalen Bankenwelt im »Baseler Ausschuss für Bankenaufsicht«. Dessen Eigenkapitalrichtlinien verpflichten die Banken in den kommenden Jahren, bei der Gewährung von Krediten noch stärker die Kreditwürdigkeit von Unternehmen zu überprüfen. Dies geschieht anhand von Checklisten. Abbildung 12.1 zeigt die zentralen Punkte eines solchen Ratingprozesses und macht damit verständlich, worauf Banker im Gespräch mit Ihnen achten.

Wir haben diese Liste wieder als Checkliste auf die CD gepackt, damit Sie sich auf das Gespräch mit Ihrem Bankberater bestens vorbereiten können.

Die Branche des Unternehmens
Wie entwickelt sich die Branche?
Wie sind die Wachstumschancen?
Welche Risiken birgt diese Branche?
Der Wettbewerb
Wie hoch ist der Marktanteil? Wie gut steht das Unternehmen im Markt da?
Welche Perspektiven hat es?
Wie ist der Standort zu bewerten?
Das Management
Über welche Kompetenzen verfügt das Management?
Wie setzt sich das Führungsteam zusammen?
Ist die Nachfolge geregelt?

Die Finanzen
Wie ist das Unternehmen finanziert?
Wie hoch ist der Eigenkapitalanteil?
Wie aktuell sind die Daten?
Das Controlling
Gibt es ein Controlling?
Wie entwickeln sich Umsätze, Kosten, Gewinne und Liquidität?
Wie weit weichen Plan- und Ist-Zahlen ab?

Abbildung 12.1: Checkliste: So checken Banken Ihre Kreditwürdigkeit

Am Ende unterscheidet sich dieser Katalog gar nicht so sehr von den Themen Ihres Business-Plans. Und je mehr die Banken von Ihrem Geschäft verstehen, je mehr Perspektiven Sie sehen und je überzeugender Sie auftreten, desto eher bekommen Sie einen Kredit.

Wo es sonst noch Geld gibt: Alternative Finanzierungsformen

In den vergangenen 30 Jahren hat sich die Finanzbranche in Deutschland erheblich weiterentwickelt. An die Seite der guten alten Hausbank traten verschiedene Anbieter, die sich auf die Finanzierung von Anlagegütern (Leasing) oder von Forderungen (Factoring) konzentrieren. Eine immer noch populäre Form der Finanzierung bilden darüber hinaus Lieferantenkredite und Kommissionsverträge.

Der Wert der Forderungen: Factoring

In vielen Branchen sind lange Zahlungsziele üblich; nach Lieferung der Ware hat der Kunde 90 oder sogar 180 Tage Zeit, Ihre Rechnung zu begleichen. Ihre laufenden Kosten gehen indes weiter: Weder Ihr Vermieter noch Ihre Mitarbeiter wollen so lange auf ihr Geld warten. In diese Lücke treten Factoring-Banken. Sie kaufen Ihnen Ihre Forderungen nach einer Prüfung ab, überweisen direkt einen großen Teil des Geldes und treiben die Forderungen danach bei Ihren Kunden ein, wenn es sein muss, im Falle der Fälle auch mit Unterstützung eines Gerichtsvollziehers. Vorab prüfen Factoring-Häuser natürlich wie eine Bank die Werthaltigkeit Ihrer Forderungen und die Solidität Ihrer Kundschaft. Und umsonst arbeiten sie auch nicht: Erstens zahlen Ihre Kunden Gebühren; je nach Größe zwischen 0,5 und 2,5 Prozent der Umsätze. Dazu kommt eine Art Versicherungsprämie, für den Fall, dass Forderungen ausfallen. Und drittens erhalten Sie nach Abkauf einer Forderung lediglich 80 bis 90 Prozent des Geldes auf Ihr Konto gutgeschrieben; der Rest fließt erst, nachdem der Kunde gezahlt hat.

Für wen sich Factoring lohnt

In der Regel können Start-ups Factoring nicht direkt von Beginn an in Anspruch nehmen. Denn für die Factoring-Banken lohnt sich das Geschäft erst ab einer gewissen Größe; das Minimum liegt zumeist bei einem Umsatz von einer Million Euro pro Jahr, aufgeteilt in Rechnungen von mindestens 1.000 Euro pro Rechnung. Zudem bevorzugen die Factoring-Häuser klassische Güter und Branchen, wo sie im Falle eines Zahlungsausfalls eine Chance haben, die Produkte weiterzuverwerten.

Aber: Keine Regel ohne Ausnahme. Immer wieder machen sich kleinere Häuser mit dem unverändert wachsenden Factoring-Geschäft selbstständig und begeben sich auf der Suche nach Kunden. Je nach Ihrer Kundenstruktur und Ihrer Finanzierung kann sich die Zusammenarbeit mit Factoring-Häusern durchaus lohnen.

Vom ersten Tag interessant: Leasing

Viele kennen das Leasing aus dem privaten Bereich vom Autokauf: Sie erwerben ein Auto per Leasingvertrag, Eigentümer wird die Leasinggesellschaft, an die Sie feste Raten überweisen und eventuell noch eine Anfangsrate (die Mietsonderzahlung). Am Ende der Vertragslaufzeit können Sie das Auto gegen Zahlung eines einmaligen Betrags erwerben oder zurückgeben.

Genauso funktioniert Leasing auch für Ihr Unternehmen, egal ob Sie hier einen Dienstwagen oder eine Maschine erwerben wollen. Leasing ist quer durch alle Branchen verbreitet, obwohl es vergleichsweise teuer ist; in der Regel wäre es also günstiger, ein Anlagegut über einen Bankkredit zu finanzieren.

Drei Gründe machen Leasing populär:

1. Es ist einfacher, einen Leasingvertrag abzuschließen als einen Bankkredit zu bekommen. Der Leasinggeber hat das Auto oder die Maschine als Sicherheit, prüft Ihre Fähigkeiten, die Raten zu zahlen, und unterschreibt.
2. Leasing entlastet die Bilanz Ihres Unternehmens; sprich, ein Leasinggegenstand bindet anders als ein selbst erworbenes Gut weder Eigen- noch Fremdkapital.
3. Beim Leasing tragen Sie als Unternehmer nicht das Risiko der Wertminderung eines Anlagegutes durch Innovationen sowie der Entsorgung.

So gängig das Leasing heute als Finanzierungsmodell auch ist, so unterschiedlich doch die Konditionen der einzelnen Anbieter.

- ✔ Prüfen Sie bei jeder Investition, ob die eigene Finanzierung oder Leasing günstiger ist. In der Regel sind vor allem Leasingverträge direkt vom Hersteller vergleichsweise günstig
- ✔ Je populärer ein Gut, desto leichter zu leasen. Ihre Spezialmaschine müssen Sie wohl oder übel selber finanzieren. Leasinggeber bevorzugen Güter, die beweglich und populär sind.

Vorsicht vor der Schlusszahlung. Anders als beim privaten Autokauf wollen Sie Ihre Maschine vermutlich nach fünf Jahren nicht zurückgeben. Daher sollten Sie darauf achten, dass der Leasingvertrag keine zu hohe Schlusszahlung enthält, sondern eine realistische und finanzierbare Balance aus Mietsonderzahlung, festen Raten und Schlusszahlung gefunden wird.

Vorsicht Steuerfalle: Die Leasingdauer muss der steuerlichen Nutzungsdauer eines Anlagegutes entsprechen, ansonsten laufen Sie Gefahr, dass der Fiskus die Leasingraten nicht in vollem Umfang als Aufwendungen anerkennt. Gleiches gilt, wenn Sie das vollständige Risiko tragen, also eigentlich der Eigentümer sind. Vor Ihrem ersten Leasingvertrag sollten Sie daher Ihren Steuerberater fragen.

Der teure Klassiker: Kredit vom Lieferanten

Der Lieferantenkredit ist vermutlich die häufigstgenutzte Form der Fremdkapitalfinanzierung durch private Geldgeber. Unter Kaufleuten ist es traditionell üblich, für die Begleichung einer Zahlung eine Zahlungsfrist einzuräumen – als Sicherheit bleibt die gelieferte Ware dabei noch bis zur Bezahlung Eigentum des Lieferanten, geregelt durch den standardmäßigen Eigentumsvorbehalt in solchen Verträgen. Wenn Sie Ihre Waren schnell umschlagen, beispielsweise im Handel, bedeutet dies, dass Sie die Rechnung des Lieferanten erst zahlen müssen, wenn Sie selbst das Geld vom Kunden haben.

Ein klasse Geschäft? Nicht ganz! Denn der Lieferantenkredit kostet Geld, zumindest dann, wenn Ihnen der Lieferant für eine rasche Zahlung ein Skonto von zwei oder drei Prozent auf den Rechnungsbetrag einräumt. Skonto bedeutet Rabatt, Sie zahlen also weniger, wenn Sie schnell zahlen. Und in der Regel lohnt es sich, dieses Skonto zu beanspruchen.

So teuer ist der Verzicht auf Skonto

Eine einfache Rechnung erklärt, warum Lieferantenkredite ein schlechtes Geschäft sind. Angenommen, Ihr Lieferant gewährt Ihnen drei Prozent Skonto, wenn Sie binnen sieben Tagen zahlen, ansonsten haben Sie 30 Tage Zeit, die Rechnung zu begleichen. Im Klartext heißt das: Ihr Lieferant gibt Ihnen umgekehrt für 23 Tage einen Kredit, wenn Sie nicht direkt zahlen. Rechnet man jetzt hoch, was dieser Kredit wirklich kostet, kommt man zu erschreckenden Zahlen: Der Jahreszinssatz hierfür liegt bei 45,6 Prozent! Da wäre es allemal billiger, das eigene Konto zu überziehen, einen Dispositionskredit von 10 oder sogar 15 Prozent pro Jahr aufzunehmen und im Gegenzug das Skonto auszunutzen.

Warum dennoch viele Unternehmer den Lieferantenkredit nutzen

Neben der Unwissenheit über die tatsächliche Zinshöhe spielt hier die Einfachheit der Inanspruchnahme eine Rolle. Für den Lieferantenkredit muss man keine Unterlagen vorbereiten, keine Gespräche führen und keine kritischen Fragen erdulden. Sie zahlen die Rechnung einfach später – und haben finanziellen Spielraum gewonnen. Wie teuer dieser erkauft ist, verdrängen die meisten dabei. Umgekehrt könnte man jetzt auch fragen, warum Lieferanten solche Kredite anbieten. Ganz einfach: Erstens haben die mit Blick auf ihre eigene Finanzierung ein Interesse, schnell Geld auf ihr Konto zu bekommen, und zweitens mindert eine solch schnelle Zahlung das Risiko eines Zahlungsausfalls entscheidend. Falls Ihr Unternehmen ein Lieferant ist, sollten Sie daher in jedem Fall Skonto gewähren!

Der Lieferant als Bank: Das Kommissiongeschäft

Eine andere, günstigere Form des Lieferantenkredits ist das Kommissionsgeschäft. Hierbei stellt ein Lieferant seinem Kunden in dessen Räumen Produkte zur Verfügung, bleibt aber Eigentümer dieser Waren. Erst bei einem Verkauf geht das Eigentum direkt an den Käufer über und der Kommissionär bezahlt den Einkaufspreis an seinen Lieferanten. Eine solche Zusammenarbeit ist sowohl im Handel als auch in der Produktion nicht unüblich. Gerade finanzstarke Lieferanten nutzen diese Möglichkeit, um sich fest bei ihren Kunden zu verankern. Scheuen Sie sich daher nicht, Ihre Lieferanten frühzeitig auf dieses Thema anzusprechen – falls diese Ihnen ein solches Geschäft noch nicht vorgeschlagen haben.

Ein kurzer Blick auf die privaten Finanzen

13

In diesem Kapitel

- Bösen finanziellen Überraschungen vorbeugen
- Sicheren Schutz aufbauen
- Den Fiskus nicht vergessen

Bisher standen Ihre Geschäftsidee, der Business-Plan und die Finanzierung Ihres Unternehmens voll im Mittelpunkt Ihrer Aktivitäten. Jetzt wird es Zeit, dass Sie auch einmal an sich und Ihre Familie denken. Wie kann ich meiner Familie finanzielle Sicherheit geben, wenn mir etwas zustoßen sollte? Was muss ich für die langfristige private Finanzplanung bedenken? Was verlangt das Finanzamt von mir?

Zugegeben, mit diesen Fragen beschäftigen sich die wenigsten gern. Wer denkt schon gerne über die Folgen möglicher Unfälle oder schwerwiegender Krankheiten nach? Wer setzt sich gerne hin und macht sich Gedanken, wie der Fiskus die Steuern für das Unternehmen eintreibt? Wohl kaum keiner, dennoch kommen Sie um diese Thematik nicht herum.

Beruhigen Sie sich nicht mit dem Gedanken »mir wird schon nichts passieren« – manchmal überschlagen sich die Ereignisse und im schlechtesten Fall wünschen Sie sich, dass Sie besser vorgesorgt hätten. Sicherlich können Sie den Bonus ausnutzen, als selbstständiger Unternehmer frei und eigenverantwortlich zu entscheiden, welche Versicherung Sie abschließen wollen und welche nicht – in der Regel drängen Sie aber spätestens Ihre potenziellen Kreditgeber dazu, sich für den schlimmsten Fall abzusichern. Und auf eines können Sie sich mit absoluter Sicherheit verlassen: Ohne entsprechende Policen stellt Ihnen kein Geldgeber Kapital zur Verfügung. Viele Kreditinstitute gehen sogar so weit, dass sie Absicherungen für den Krankheitsfall fordern – denn ein längerer Ausfall des Unternehmers kann für einen Start-up-Betrieb schnell das Ende bedeuten.

In größte Verlegenheit kann Sie allerdings auch das Finanzamt bringen: Permanente Steuerforderungen belasten nicht nur die Kasse Ihres Unternehmens, sondern auch Ihre private Börse. Gerade Steuervorauszahlungen bereiten Existenzgründern immer wieder gravierende Schwierigkeiten. Oft sind noch nicht genügend Rücklagen vorhanden, um die Forderungen des Finanzamts problemlos bedienen zu können.

Wir stellen Ihnen in diesem Kapitel die Versicherungen vor, mit denen Sie sich vor negativen Eventualitäten schützen. Außerdem erfahren Sie, wie Sie sich ein effektives Netz für Ihre soziale Absicherung knüpfen. Ein Überblick über die Steuern, die Sie als selbstständiger Unternehmer entrichten müssen, bewahrt Sie vor finanziellen Engpässen.

Versicherungen – Schutz vor dem Fall der Fälle

Viele Existenzgründer verschließen die Augen, wenn es um ihre eigene Person beziehungsweise ihre private finanzielle Absicherung geht. Die oft hohen Ausgaben für den Start ihrer Firma wecken häufig einen großen Spardrang bei den jungen Unternehmern. Unter bestimmten Umständen kann es auch durchaus sinnvoll sein, die eine oder andere Versicherung vorübergehend stillzulegen – beispielsweise bei der Altersvorsorge. Allerdings sollte die Sparpause wirklich nur für die erste Phase der Gründung gelten. Längere Auszeiten verlagern den Druck, Geld für den Ruhestand zur Seite zu legen, nur unnötig auf spätere Jahre.

Achten Sie darauf, dass Sie mit Ihren Versicherungen folgende Eventualitäten abdecken:

- ✔ Krankheiten, die nicht von Dauer sind
- ✔ Krankheiten, die Sie andauernd an der Wiederaufnahme Ihrer Arbeit hindern
- ✔ Pflegebedürftigkeit
- ✔ Altersvorsorge
- ✔ Todesfall

Auch wenn es Ihnen davor graust – um das Studium von unzähligen Versicherungsverträgen und Tausenden Zeilen Kleingedrucktes kommen Sie nicht herum. Gerade wenn Sie gestern noch angestellt waren und sich heute selbstständig machen, dürften Sie fast bei null anfangen. Machen Sie sich einen Schlachtplan, wie Sie bei der Suche nach den richtigen Policen vorgehen wollen. Im Internet finden Sie inzwischen für jede Versicherung Vergleichsrechner – beispielsweise unter `www.vergleichsrechner-versicherung.de`. Mit diesen Ergebnissen konfrontieren Sie verschiedene Versicherungsmakler und lassen sich weitere Angebote machen. Trauen Sie sich, die Vertreter so lange mit Fragen zu löchern, bis Sie tatsächlich einen Überblick über alle Eventualitäten haben. Einige Versicherungsgesellschaften bieten auch Rabatt auf die Policen an, wenn Sie alle Versicherungen beim gleichen Konzern abschließen.

Privat oder gesetzlich? – Krankenversicherung

Privat oder freiwillig gesetzlich? Das ist hier die Frage! Die Meinungen dazu gehen weit auseinander, denn sowohl die eine als auch die andere Variante hat Vor- und Nachteile. Letztendlich müssen Sie ganz individuell für sich entscheiden, wo Sie am besten aufgehoben sind. Zu den Faktoren, die diese Entscheidung beeinflussen, zählen unter anderem

- ✔ Alter
- ✔ Familienstand
- ✔ Zurückliegende Krankengeschichte
- ✔ Familiäre Krankenakte
- ✔ Lebensart (Raucher, Extremsportler usw.)
- ✔ Einkommenshöhe

Einer für alle, alle für einen: Die gesetzliche Krankenkasse (GKV)

Die freiwillige Mitgliedschaft in einer gesetzlichen Krankenkasse (GKV) ist für Selbstständige an bestimmte Konditionen geknüpft:

- ✔ Da der Gesetzgeber die gesetzlichen Krankenkassen nicht zwingt, Unternehmer aufzunehmen, können Sie sich lediglich freiwillig bei der GKV versichern – die Kassen dürfen Ihren Aufnahmeantrag allerdings auch ablehnen.
- ✔ Wer jedoch unmittelbar vor seiner Selbstständigkeit bei einer GKV versichert war, kann auch weiter auf freiwilliger Basis dort bleiben.
- ✔ Die Mitglieder zahlen einen einkommensabhängigen Beitrag.
- ✔ Die GKV verlangt von freiwillig versicherten Unternehmern zudem einen Mindestbeitrag, den sie auch in den Monaten erhebt, in denen der Selbstständige kein Einkommen erwirtschaftet.
- ✔ Je nach Beitragssatz der jeweiligen GKV müssen Selbstständige also grundsätzlich mit einem Krankenversicherungsbeitrag von mindestens 200 Euro rechnen.
- ✔ Selbstständige, die sich für die freiwillige Versicherung in einer GKV entschließen, sind per Gesetz mindestens 18 Monate an ihre Entscheidung gebunden. Steht allerdings eine Beitragserhöhung an, räumt die GKV ihren Mitgliedern zwei Monate lang ein Sonderkündigungsrecht ein.

Die GKV glaubt Ihnen aber nicht einfach, was Sie sagen. Sie prüft einmal pro Jahr, ob das Einkommen, das Sie angegeben haben, auch mit Ihrem tatsächlichen Einkommen übereinstimmt. Wenn nicht, dann können Sie sich auf eine Nachzahlung »freuen«.

Weitere Nachteile der GKV sind unter anderem:

- ✔ Zunehmend geringere Zahl an Leistungen
- ✔ Längere Wartezeiten auf Arzttermine im Vergleich zu PKV-Mitgliedern
- ✔ Mehrbettzimmer im Krankenhaus
- ✔ Höhere Zuzahlungen beispielsweise beim Zahnersatz

Lassen Sie sich trotz der Nachteile erst einmal nicht von dem schlechten Ruf, den die GKV in Deutschland genießt, irritieren. Auch wenn ihre Mitglieder nicht zu den Lieblingen der Mediziner gehören – einige der Vorteile, die die GKV bietet, sind durchaus reizvoll:

- ✔ Sie ist in der Regel günstiger als eine private Krankenkasse.
- ✔ Durch die Beitragsbemessungsgrenze deckelt die GKV die zu zahlenden Höchstbeiträge.
- ✔ Sie unterscheidet bei ihren Tarifen nicht zwischen Mann und Frau.
- ✔ Sie rechnet die Leistungen direkt mit dem Arzt ab, so dass Sie nicht in Vorkasse gehen müssen.
- ✔ Gesundheitsprüfungen sind unzulässig.
- ✔ Familienangehörige eines GKV-Mitglieds sind beitragsfrei mitversichert.

So viel kann Sie eine gesetzliche Krankenversicherung im Monat kosten

Die aktuelle Beitragsbemessungsgrenze – also die Grenze, bis zu der die Versicherten auf ihr Einkommen Krankenversicherungsbeitrag leisten müssen – liegt beispielsweise für das Jahr 2016 bei 50.850 Euro.

Nehmen wir an, dass Ihre Wunsch-Krankenkasse einen Beitragssatz von 15,5 Prozent erhebt und Sie monatlich ein Einkommen von circa 5.000 Euro erreichen (das entspricht etwa einem Jahreseinkommen von 60.000 Euro), dann müssen Sie jeden Monat etwa 630 Euro an Ihre Krankenkasse entrichten. Die Differenz zwischen Ihrem Einkommen und der Beitragsbemessungsgrenze beträgt auf das ganze Jahr gesehen 11.400 Euro, auf die Sie keinen Krankenversicherungsbeitrag leisten müssen.

Besser privat versichert?

Die privaten Krankenversicherungen (PKV) vergleichen ihren Status in Deutschland oft gerne mit dem Image eines Mercedes: Großzügig, flexibel, individuell, sicher. Argumente, die sich durchaus sehen lassen können, denn tatsächlich können Sie als Versicherter einer privaten Krankenversicherung davon ausgehen, dass Sie die Ärzte bevorzugt beziehungsweise als Patient 1. Klasse behandeln.

Wie die GKV stellt auch die PKV Bedingungen an eine Mitgliedschaft in ihren Kreisen:

- ✔ Antragsteller müssen mindestens 48.600 Euro im Jahr verdienen (Höhe der Beitragsbemessungsgrenze für das Jahr 2014).
- ✔ Selbstständige, die weniger Einkommen erzielen, dürfen sich dennoch bei der PKV versichern.
- ✔ Die Anwärter auf eine Mitgliedschaft müssen eine Gesundheitsprüfung absolvieren.
- ✔ Die Höhe der Beiträge bemisst die PKV nach Alter, Geschlecht, den Wunsch-Leistungen sowie dem Gesundheitszustand des Antragstellers bei Versicherungsbeginn – sie sind also risiko- und nicht einkommensabhängig.

Während sich GKV-Mitglieder oft in den Praxen ärgern, dass sie nur Patienten 2. Wahl sind und ihre Kasse für einige Leistungen nicht mehr aufkommt, genießen Privatversicherte ihren besonderen Status:

- ✔ Chefarztbehandlung
- ✔ Geringere Wartezeiten
- ✔ Je nach Tarif 1- und 2-Bettzimmer
- ✔ Ein umfangreicheres Leistungsangebot

Den Vorteilen stehen allerdings auch erhebliche Nachteile gegenüber:

- ✔ Mit zunehmendem Alter steigen die Beiträge.
- ✔ Frauen zahlen bei vergleichbaren Voraussetzungen wie Alter usw. mehr als Männer.
- ✔ Versicherte mit Vorerkrankungen müssen ebenso Risikoaufschläge bezahlen wie beispielsweise Extremsportler.
- ✔ Bei vielen PKV müssen die Versicherten in Vorkasse gehen.
- ✔ Viele PKV behalten sich vor, Kosten für Kuren oder Krankentagegeld zu übernehmen, beziehungsweise lassen sich entsprechende Klauseln im Vertrag teuer bezahlen.
- ✔ Für Familienangehörige müssen Versicherte eigene Policen abschließen.

Um die grundsätzliche Entscheidung zu treffen, ob Sie sich privat oder freiwillig gesetzlich versichern wollen, wägen Sie alle Vor- und Nachteile gründlich gegeneinander ab. Erstellen Sie vor dem Entscheidungsprozess eventuell sogar eine Liste, auf der Sie sich Ihre Krankheiten oder Verletzungen der vergangenen zehn Jahre notieren. Möglicherweise stört Sie die begrenzte finanzielle Unterstützung der GKV für hochwertigen Zahnersatz nicht, weil Sie nie Probleme mit Ihren Zähnen haben.

So viel kann Sie eine private Krankenversicherung im Monat kosten

Will sich beispielsweise ein 30-jähriger Mann selbstständig machen und erwägt eine Mitgliedschaft in einer privaten Krankenkasse, muss er je nach gewähltem Leistungsportfolio mit einem Beitrag zwischen knapp 100 bis 350 Euro rechnen. Ehe Sie jedoch eine private Krankenversicherung abschließen, sollten Sie stets bedenken, dass die Beiträge mit zunehmendem Alter steigen.

Tarif	Leistung	Beitragshöhe im Monat
Basis	80 bis 100 Prozent bei ambulanter Behandlung, Mehrbettzimmer, allgemeine Krankenhausleistungen, 100 Prozent Zahnbehandlung, 60 Prozent Zahnersatz, bis zu 750 Euro Selbstbeteiligung, inkl. Pflegeversicherung, inkl. Altersrückstellung 10 Prozent	96,75 Euro
Standard	80 bis 100 Prozent bei ambulanter Behandlung, 2-Bettzimmer, Chefarztbehandlung, 100 Prozent Zahnbehandlung, 60 Prozent Zahnersatz, bis zu 306 Euro Selbstbeteiligung, inkl. Pflegeversicherung, inkl. Altersrückstellung 10 Prozent	178,67 Euro
Komfort	80 bis 100 Prozent bei ambulanter Behandlung, Einbettzimmer, Chefarztbehandlung, 100 Prozent Zahnbehandlung, 75 Prozent Zahnersatz, bis zu 306 Euro Selbstbeteiligung, inkl. Pflegeversicherung, inkl. Altersrückstellung 10 Prozent	199,33 Euro
Top	100 Prozent bei ambulanter Behandlung, Einbettzimmer, Chefarztbehandlung, 100 Prozent Zahnbehandlung, 80 Prozent Zahnersatz, keine Selbstbeteiligung, inkl. Pflegeversicherung, inkl. Altersrückstellung 10 Prozent	300,36 Euro

Darüber hinaus stehen dem Unternehmer optional Krankengeld und Krankenhaustagegeld zur Auswahl.

Möglicher Königweg – gesetzlich plus privat

Falls Sie zu dem Schluss kommen, dass Ihnen das Risiko, in späteren Jahren sehr hohe Beiträge bei der PKV zahlen zu müssen, zu hoch ist, Sie aber die Leistungen der GKV nicht für ausreichend empfinden – können Sie sich immer noch freiwillig gesetzlich versichern und eine private Zusatzversicherung abschließen. Auch wenn Sie auf diesem Weg zwei Versicherungen abschließen müssen – in der Regel kommt es Sie billiger als eine Versicherung bei einer privaten Krankenkasse.

Mitten aus einem blühenden Leben: Risikolebensversicherung

Für die deutschen Versicherungsmakler ist es der klassische Fall: Sobald die Familie Zuwachs bekommt, schließen sehr viele Väter und Mütter eine Risikolebensversicherung ab. Alle wollen die beruhigende Gewissheit, dass im schlechtesten Fall der Fälle der verwitwete Erziehungsberechtigte und der Nachwuchs bestens versorgt sind. Eine Risikolebensversicherung können Versicherungsnehmer ausschließlich für den Todesfall abschließen – andere Eventualitäten sichert unter anderem die Berufsunfähigkeitsversicherung ab.

Auch wenn Sie derzeit nicht vorhaben, eine Familie zu gründen und sich voll auf die Gründung Ihres Unternehmens konzentrieren – eine Risikolebensversicherung kann auch für Sie durchaus attraktiv sein. Die Vorteile, die Ihnen eine entsprechende Absicherung bietet, wiegen die Kosten in vielen Fällen problemlos auf:

- ✔ Sie leisten sich einen wichtigen Versicherungsschutz, den Sie später effektiv nutzen können – beispielsweise zur Absicherung einer Finanzierung.
- ✔ Für den Versicherungsschutz müssen Sie in der Regel nur einen niedrigen Jahresbetrag aufwenden.

Toben bei Ihnen im Haus dagegen schon Ihre Kinder herum, sollten Sie auf alle Fälle eine Risikolebensversicherung für Ihre Lieben abschließen. Im Todesfall fällt es dem verwitweten Partner meist schwer, die Kinder zu betreuen und gleichzeitig einen Job zu erledigen, der ein ähnlich hohes Einkommen wie bisher gewährleistet.

In der Praxis bewährt es sich, für die Festlegung der Versicherungssumme das Jahreseinkommen mal vier zu nehmen. Bei einer Versicherungssumme von 200.000 Euro zahlt ein 30-jähriger Familienvater zwischen 110 und 415 Euro pro Jahr Beitrag – je nach Versicherungsanbieter.

Für die Zeit danach: Altersvorsorge/Rentenversicherung

Die Kür zum Wort des Jahres hätte die »private Altersvorsorge« in der zurückliegenden Zeit beinahe immer geschafft. Eindringlich predigten Politiker, Versicherungen und Finanzspezialisten über die Rentenlücke und die Pflicht der Bürger, auch privat fürs Alter vorzusorgen. Worte wie Zinseszins, »Riester-Rente« oder Rentenversicherung waren ebenso in aller Munde wie lockere Sprüche: »Lebst du noch oder sparst du schon?«

Auch wenn Sie es nicht mehr hören können – gerade als Selbstständiger müssen Sie sich intensiv um Ihre Altersvorsorge kümmern. Vermutlich haben Sie einige Jahre in den staatlichen Rententopf eingezahlt und haben auch Ansprüche. Für die Zeit nach Ihrem Berufsleben wird dieser Betrag allerdings kaum ausreichen.

Je nach Risikobereitschaft und finanziellen Möglichkeiten können Sie sich wie bei einem Steckspiel Ihre ganz persönliche Altersvorsorge wunschgerecht zusammenbauen. Die Auswahlmöglichkeiten für die private Vorsorge sind immens:

- ✔ Aktien, Fonds
- ✔ Immobilien
- ✔ Kapitallebensversicherung
- ✔ Fondsgebundene Lebensversicherung
- ✔ Rentenversicherung
- ✔ Reine Zuwachs-Sparverträge

Alle Formen von Versicherungen verfolgen logischerweise das Ziel, eine größere Menge Kapital anzusparen. Sie garantieren Ihnen nach Ablauf der Police eine bestimmte Kapitalabfindung. Die Kapitallebensversicherung sowie die fondsgebundene Lebensversicherung bieten darüber hinaus einen Schutz vor dem Todesfall an. Stecken Sie Ihr Geld lieber in Aktien oder Fonds, müssen Sie bedenken, dass Sie Ihr Kapital deutlich risikobehafteter einsetzen. Denken Sie nur an die Folgen der Terroranschläge vom 11. September 2001, als die Börsen weltweit einbrachen und Jahre brauchten, um sich zumindest annähernd von dem Rückschlag zu erholen.

Toll! Und jetzt? Wahrscheinlich sehen Sie sich jetzt schon einem Versicherungsmakler gegenüber, der Sie mit Fachbegriffen schachmatt setzt und Ihnen die Qual der Wahl keineswegs erleichtert – weil er Ihnen gleich mehrere Altersvorsorge-Wege und -Versicherungen verkaufen will.

Es gibt jedoch einige Kriterien, die Ihnen als selbstständiger Unternehmer bereits im Vorfeld die Auswahl Ihrer ganz individuellen Altersvorsorge erleichtern:

Machen Sie Ihre Entscheidung von Ihrer persönlichen Familiensituation abhängig.

- ✔ **Haben Sie bereits eine eigene Familie,** steht selbstverständlich der finanzielle Schutz Ihres Partners und Ihrer Kinder (Hinterbliebenenschutz) im Vordergrund. In diesem Fall empfiehlt sich natürlich eine Risikolebensversicherung, weil sie günstig angeboten wird und den Todesfall abdeckt. Lässt Ihre finanzielle Situation noch den Abschluss einer weiteren Versicherung zu, können Sie parallel beispielsweise eine fondsgebundene Lebensversicherung oder auch eine alternative Anlageform wie das Investmentsparen wählen.
- ✔ **Sind Sie dagegen noch Single,** wäre eine private Rentenversicherung möglicherweise die bessere Alternative. Sie sparen ausschließlich fürs Alter – Prämienanteile für den Schutz von Hinterbliebenen entfallen. In der Regel haben Sie bei einer privaten Rentenversicherung die Wahl, ob Sie sich am Ende der Ablaufzeit Ihr gespartes Geld auf einmal auszahlen lassen oder ob Sie lieber monatliche Rentenzahlungen beziehen wollen.

Die staatliche Rentenkasse bietet Ihnen darüber hinaus die Möglichkeit, freiwillig weiter in die gesetzliche Rentenversicherung einzuzahlen. Das kann sich durchaus lohnen – auch wenn die Auszahlungen alles andere als attraktiv sind.

Vielleicht von allem ein bisschen? Wie Ihre Geschäftsidee, Ihr Business-Plan, Ihre persönlichen Einkommensansprüche, Ihre finanzielle Situation sind auch Ihre Ansprüche an Ihre private Altersvorsorge sehr individuell von Ihrer Person abhängig. Familiensituation, finanzielle Risikobereitschaft, Sicherheitsbewusstsein und vieles mehr haben gravierende Auswirkungen auf die Gestaltung der Altersvorsorge. An dieser Stelle hilft eine ausführliche Beratung sicherlich weiter, da eine Auflösung der oben genannten Versicherungen keineswegs einfach ist.

Bei aller gebotenen Vorsicht und Vorsorge vergessen Sie eines nicht: Mit Ihrem Unternehmen schaffen Sie ebenfalls einen bleibenden Wert. Sofern Sie erfolgreich agieren, können Sie mit Ihrem Unternehmen einen großen Teil Ihres Einkommens im Alter bestreiten – beispielsweise durch den Verkauf der Firma, wenn sie entsprechende Werte hat oder eine gewisse Größe erreicht hat.

Das bringt Ihnen der Abschluss einer privaten Rentenversicherung

Die Konditionen einer privaten Rentenversicherung können Sie beliebig selbst bestimmen. Das folgende Beispiel zeigt nur eine von unzähligen Varianten auf.

Ein 30-jähriger Unternehmer zahlt ab sofort bis zu seinem 65. Lebensjahr monatlich 250 Euro in eine private Rentenversicherung ein. Am Ende der Laufzeit hat er in Summe 105.000 Euro angespart. Bei einer Garantieverzinsung von 2,75 Prozent und einer Überschussverzinsung von 4,5 Prozent garantiert ihm die Versicherung eine Kapitalabfindung von 176.220 Euro. Inklusive aller Überschüsse erhält er 254.436 Euro. Will er statt des Gesamtbetrags lieber eine monatliche Rente beziehen, zahlt ihm die Versicherung jeden Monat 1.413,50 Euro.

Mit der privaten Vorsorge lassen sich clevere Unternehmer nicht allzu viel Zeit. Denn mit jedem Jahr, das ungenutzt verstreicht, verringert sich der Zinseszins.

So kommt ein 40-jähriger Unternehmer unter den gleichen Bedingungen wie der 30-Jährige bis zu seinem 65. Lebensjahr »nur« auf einen Sparbetrag von 75.000 Euro. Damit erhält er eine garantierte Kapitalabfindung von 107.690 Euro. Inklusive aller Überschüsse summiert sich der Betrag auf 138.250 Euro. Als monatliche Rente überweist ihm die Versicherung lediglich 768,05 Euro. Mit anderen Worten: Um auf die gleiche monatliche Rente wie der 30-Jährige zu kommen, müsste der 40-jährige Unternehmer jeden Monat schon etwa 420 Euro ansparen.

Erwerbsunfähig – Berufsunfähig: ein kleiner, aber feiner Unterschied

Sie waren bisher als Parkettleger tätig und hatten vor einiger Zeit einen schweren Bandscheibenvorfall, der es Ihnen unmöglich macht, weiter vornüber gebeugt auf dem Fußboden herumzukriechen. Stehen oder laufen dagegen können Sie schmerzfrei. Damit sind Sie in der Lage, beispielsweise in einem Parketthandel oder einem Baumarkt als Verkäufer zu arbeiten. Würden Sie diese Chance nutzen, wären Sie zwar berufsunfähig, aber in der komfortablen Situation, einem Erwerb nachzugehen.

Wenn das Schicksal zuschlägt: Berufsunfähigkeit und Unfall

Berufsunfähig? Ein schwerer Unfall mit nachhaltigen Folgen? Jetzt steht einer der düstersten Abschnitte in diesem Kapitel an: Sie müssen sich mit grausamen Eventualitäten auseinandersetzen und ihnen vorbeugen. Wer mitten im Leben steht, gerade sein lang ersehntes eigenes Unternehmen gründet, den nächsten Urlaub plant, frisch verliebt ist oder sich »einfach nur« seines Leben freut, beschäftigt sich verständlicherweise nur ungern mit einer derartig negativ belasteten Materie.

Stellen Sie sich vor, Sie werden berufsunfähig

Der Verlust der Arbeitskraft zählt in Deutschland allerdings nach wie vor zu den Gefahren, vor denen die Menschen am liebsten die Augen verschließen. Damit stellt die Berufsunfähigkeit ein existenzielles Risiko von größter Bedeutung dar: Wer nicht arbeiten kann, erhält oder erwirtschaftet keinen Verdienst. Innerhalb kürzester Zeit rutschen diejenigen, die sich nicht abgesichert haben, in materielle Missstände. Auf Vater Staat können die Betroffenen nicht hoffen – er hilft im Ernstfall kaum. Die gesetzliche Rentenversicherung zahlt allen, die ab 1961 geboren sind, nur noch eine Erwerbsunfähigkeitsrente. Folglich erhalten nur die Antragsteller Geld, die so gut wie gar nicht mehr arbeiten können. Um dieses Zahlungen zu erhalten, müssen sie zudem mindestens fünf Jahre lang in die Sozialversicherungskassen eingezahlt haben.

Wie können Sie sich gegen die Schäden absichern?

Sie sind immer noch nicht davon überzeugt, dass Sie eine private Berufsunfähigkeitsversicherung abschließen müssen? Vielleicht stimmen Sie die folgenden Fakten um:

- ✔ In Deutschland ist jeder vierte Bundesbürger aus gesundheitlichen Gründen berufsunfähig.
- ✔ Nur zehn Prozent der Fälle sind auf private oder berufliche Unfälle zurückzuführen.

- Die wichtigsten Ursachen sind: Herz-Kreislauf-Erkrankungen, Wirbelsäulen- und Gelenkschäden, seelische Erkrankungen, Tumore.

Das Risiko also, nicht mehr arbeiten zu können, besteht in jedem Job – und natürlich unabhängig davon, ob Sie als Angestellter oder Selbstständiger agieren.

Was kostet eine Berufsunfähigkeitsversicherung?

Die Kosten für eine Berufsunfähigkeitsversicherung hängen von verschiedenen Faktoren ab:

- Ihrem persönlichen Risiko, vorzeitig berufsunfähig zu werden
- Der Risiko- und Beitragsgruppe, in die Sie Ihr Versicherungsunternehmen einteilt
- Den Leistungsangeboten des ausgewählten Versicherers
- Den individuell ausgehandelten Versicherungskonditionen

Um sich im Fall der Fälle mit einer Berufsunfähigkeitsrente von beispielsweise 1.500 Euro abzusichern, muss ein 30-jähriger Unternehmer mit einem akademischen Abschluss pro Monat mit einem Beitrag ab 55 Euro rechnen.

Je nach der Anzahl und der Qualität der individuell ausgehandelten Konditionen kann sich der Beitrag auch schnell auf einen höheren dreistelligen Betrag summieren. Hier gilt: Je engmaschiger Sie Ihre finanzielle Absicherung knüpfen, desto teurer kommt Sie die Berufsunfähigkeitsversicherung.

Worauf Sie bei Abschluss einer privaten Berufsunfähigkeitsversicherung achten sollten

Um sich für den Ernstfall tatsächlich so abzusichern, wie Sie es sich wünschen, sollte bei der Wahl der Berufsunfähigkeitsversicherung nicht der Preis, sondern vielmehr die Vertragbedingungen im Vordergrund stehen.

Achten Sie darauf, dass

1. der Vertrag von Seiten des Versicherers nicht zu früh ausläuft. Statistisch werden viele Berufstätige erst ab einem Alter von 55 Jahren berufsunfähig.
2. die Berufsunfähigkeitsrente großzügig berechnet ist. In der Praxis empfiehlt es sich, sie auf etwa Dreiviertel des Nettoeinkommens festzulegen, das der Versicherungsnehmer im Alter von 45 Jahren hat. Wer deutlich jünger ist, kann sich im Internet schlau machen, wie sich die Einkommen in seiner Branche oder seinem Beruf mit den Jahren entwickeln.
3. der Versicherer bestimmte Krankheiten nicht ausschließt. Nehmen Sie stattdessen lieber einen höheren Beitrag in Kauf und vereinbaren Sie mit dem Versicherer schriftlich, dass er den Beitrag nach ausgestandener Krankheit reduziert.
4. die Konditionen der Versicherung auch gültig sind, wenn Sie beispielsweise ein Jahr Erziehungsurlaub oder ein Sabbatjahr nehmen.

Beantworten Sie alle Fragen des Versicherers zu Ihrem Gesundheitszustand wahrheitsgemäß. Ertappt Sie das Versicherungsunternehmen dabei, dass Sie Krankheiten verschwiegen oder Falschaussagen gemacht haben, kann der Versicherungsschutz jederzeit erlöschen.

Lohnt sich eine reine Unfallversicherung?

Manche Unternehmer schließen anstelle einer Berufsunfähigkeits- nur eine Unfallversicherung ab. Eine derartige Police sichert Sie nicht vor den finanziellen Folgen von Krankheiten, auch nicht von anerkannten Berufskrankheiten ab, sondern versichert nur die finanziellen Folgen von Unfällen. Ob sich das Geld dafür lohnt, sollten Sie wirklich überlegen, selbst wenn Sie bedenken, dass in Deutschland alle vier Sekunden ein Unfall passiert.

Die gesetzliche Unfallversicherung

Neben privaten Unfallversicherungen, die Versicherungsunternehmen anbieten, gibt es auch die gesetzliche Unfallversicherung. Ihre Leitung obliegt den mehr als 30 gewerblichen Berufsgenossenschaften.

Existenzgründer können selbst entscheiden, ob sie eine Unfallversicherung haben wollen oder nicht. Nur einige wenige Berufsgenossenschaften schreiben ihren Mitgliedern zwingend vor, eine Unfallversicherung abzuschließen. Informationen über eine eventuelle Pflichtversicherung erhalten Sie unter anderem beim Hauptverband der gewerblichen Berufsgenossenschaften.

Haben Sie beispielsweise auf dem Weg in Ihre Firma einen Verkehrsunfall, von dem Sie sich langfristig nicht mehr hundertprozentig erholen und der Ihre Erwerbsfähigkeit um mindestens 20 Prozent einschränkt, zahlt Ihnen die gesetzliche Unfallversicherung eine Rente. Der monatliche Betrag richtet sich unter anderem nach dem Grad der verminderten Erwerbsfähigkeit und Ihrem Jahresverdienst der zurückliegenden zwölf Monate vor dem Unfall. Verlieren Sie durch den Unfall vollständig Ihre Erwerbsfähigkeit, summiert sich die Rente auf zwei Drittel des Jahresverdienstes, den Sie sich erarbeitet haben. Waren Sie auf dem Weg zum Sportplatz, um mit Ihren Freunden ein wenig zu kicken, zahlt die gesetzliche Unfallversicherung gar nichts – sie kommt grundsätzlich nicht für Unfälle auf, die sich in der Freizeit ereignen.

Die Regelung, dass der Versicherer das Einkommen aus den vergangenen zwölf Monaten als Maßstab für die Rente heranzieht, kann Existenzgründer in finanzielle Nöte stürzen. Gerade im ersten Geschäftsjahr nach einer Gründung erwirtschaften viele Jungunternehmer nur geringe Umsätze – und zahlen sich aus diesem Grund auch nur ein niedriges Gehalt aus. Die Rente der Unfallversicherung kann daher so minimal ausfallen, dass Sie mit ihr nicht einmal annähernd Ihre Lebenshaltungskosten begleichen können.

Die private Unfallversicherung

Es steht Ihnen offen, parallel zur gesetzlichen eine private Unfallversicherung abzuschließen – möglicherweise kommt es Sie auch günstiger, wenn Sie gleich eine private Unfallversicherung unterschreiben. Sie gilt – je nach Vereinbarung – dann weltweit und für den Freizeitbereich. Wägen Sie vor dem Abschluss allerdings ab, inwieweit Ihre Berufsunfähigkeitsversicherung den Fall der Fälle schon abdeckt.

Wenn Sie sich angesichts all dieser Alternativen weder für die eine noch für die andere Versicherungsart entscheiden können, sollten Sie sich überlegen, wie risikobereit Sie sind: Je mehr Sie das Risiko scheuen, desto eher sollten Sie sich für eine Berufsunfähigkeitsversicherung entscheiden. Sie gewährt Ihnen im Ernstfall in der Regel wesentlich mehr finanzielle Sicherheiten als eine Unfallversicherung. Es sei denn, sie statten Ihre Unfallversicherung mit allen nur erdenklichen Extras aus – in diesem Fall allerdings kostet sie auch einen entsprechend hohen Beitrag.

Das kostet Sie eine private Unfallversicherung

Die Leistungspalette der Versicherungsunternehmen für private Unfallversicherungen ist enorm groß. Schon das folgende Beispiel zeigt die große Spannbreite der Angebote auf: Einen 30-jährigen Unternehmer, der bei 50 Prozent Invalidität eine Unfallrente von 500 Euro pro Monat und 25 Euro pro Tag Krankenhaus- und Genesungsgeld erhalten möchte, muss – je nach Anbieter – mit einem jährlichen Versicherungsbetrag zwischen 170 und 370 Euro rechnen.

Das Finanzamt – Vom ersten Tag an dabei

Sobald Sie Ihr Unternehmen gegründet haben, begleitet Sie das Finanzamt wie ein Schatten. Bis auf den Cent genau fordert die Behörde über Ihre Umsätze und Gewinne Rede und Antwort von Ihnen. Die permanente Rechenschaftspflicht ist natürlich lästig – allerdings hat sie auch positive Aspekte: Sie zwingt Sie, Ihre Zahlen immer wieder genau zu analysieren. Dadurch bleiben Sie zwangsläufig auf dem neuesten Stand und vermeiden – sofern Sie Ihrer Pflicht nachkommen – frühzeitig mögliche finanzielle Engpässe.

Viele Existenzgründer betreiben Outsourcing, wenn es um steuerliche Angelegenheiten geht. Um sich nicht durch die mehr als 70.000 Gesetze und Verordnungen wühlen zu müssen, beauftragen sie Steuerberater. Um aber zumindest einen groben Überblick über eventuell anstehende Vorauszahlungen, Nachzahlungen oder sonstige Forderungen des Finanzamts zu bewahren, beschäftigen sich viele Unternehmer dennoch regelmäßig mit ihren Steuerangelegenheiten. Gerade zum Unternehmensstart gibt es Gründern Sicherheit, wenn sie etwa wissen, welche Steuern in welcher Höhe auf sie zukommen könnten.

Welche Steuern Gründer zahlen

Viele Existenzgründer, aber auch Unternehmer mit jahrelanger Erfahrung fürchten nichts mehr als Post vom Finanzamt. Generell rechnen alle damit, dass sie der Fiskus auffordert, Geld zu entrichten Dabei sind die Steuerarten, die das Finanzamt für selbstständige Unternehmer erhebt, an einer Hand abzuzählen:

- ✔ Einkommensteuer
- ✔ Umsatzsteuer

Und unter normalen Umständen können die Unternehmer die Forderungen des Finanzamts auch problemlos nachvollziehen. Immerhin waren es ja sie selbst, die der Behörde die Basis für die entsprechende Steuerforderung angegeben haben.

Einkommensteuer

Für die *Einkommensteuer* bittet das Finanzamt Selbstständige und Angestellte zur Kasse. Die Höhe der Steuer richtet sich nach dem erzielten Einkommen in den betreffenden zwölf Monaten. Für das Einkommen berücksichtigt die Behörde mehrere potenzielle Einnahmequellen:

- ✔ Einkünfte aus Land- und Forstwirtschaft
- ✔ Einkünfte aus Gewerbebetrieb
- ✔ Einkünfte aus selbstständiger Arbeit
- ✔ Einkünfte aus nichtselbstständiger Arbeit
- ✔ Einkünfte aus Kapitalvermögen
- ✔ Einkünfte aus Miete und Verpachtung
- ✔ Sonstige Einkünfte (z.B. Aktiengewinne)

Werfen Ihre Aktien Dividenden ab, vermieten Sie die geerbte Wohnung Ihrer Oma und erwirtschaften Sie schwarze Zahlen mit Ihrem Start-up-Unternehmen, dann zahlen Sie in der Regel auf all diese Einkünfte Einkommensteuer.

Wie bei allen Angestellten will das Finanzamt auch bei Existenzgründern nicht zwölf Monate warten, ehe es die Steuerschulden eintreiben darf. Sobald Sie Ihr Unternehmen gegründet haben, müssen Sie einen Fragebogen Ihres Finanzamts ausfüllen. Neben etlichen Angaben zu Ihrer Person müssen Sie vor allem angeben, wie hoch Ihr voraussichtliches Einkommen sein wird. Sobald dem zuständigen Finanzbeamten Ihre Schätzung vorliegt, ermittelt er die Höhe der Steuerzahlung, die Sie im Voraus – zunächst pro Quartal, später monatlich – an den Fiskus entrichten müssen.

Da Sie vermutlich selbst noch nicht genau wissen, wie hoch Ihr Einkommen tatsächlich sein wird, setzen Sie die voraussichtlichen Einkünfte ruhig etwas niedriger an. Erwirtschaften Sie in der Folgezeit allerdings deutlich bessere Umsätze als erwartet, müssen Sie sehr diszipliniert mit dem Geld umgehen. Schaffen Sie sich genügend Rücklagen für die Nachzahlung an das Finanzamt. Wer darauf spekuliert, dass ihn der Fiskus nicht weiter zur Kasse bittet, bringt sich selber nur unnötig in finanzielle Nöte.

Falls Sie sich völlig verschätzt und eine viel zu optimistische Prognose abgegeben haben, scheuen Sie sich nicht, Kontakt zum Finanzamt aufzunehmen. Oft reicht bereits ein formloses Schreiben, in dem Sie kurz die Gründe darstellen und um eine entsprechende Senkung der Vorauszahlung bitten.

Umsatzsteuer

Um einen vollständigen Überblick über alle wesentlichen Steuern zu gewinnen, die Sie privat als Unternehmer zahlen, müssen Sie sich jetzt noch mit den Vorschriften und Details der *Umsatzsteuer* auseinandersetzen. Leider ist auch hier viel Konzentration gefordert, denn wie bei fast allen Steuern macht es der Gesetzgeber Unternehmern auch bei der Umsatzsteuer nicht unbedingt leicht.

Grundsätzlich zählt die Umsatzsteuer zu den Verbrauchssteuern – die Steuerlast tragen also die Konsumenten. Verkauft beispielsweise der Buchverlag »Klassische Lektüre« 500 Bücher an die Buchhandlung »Bestseller«, stellt der dem Geschäftsinhaber Ludwig Leseratte neben den Kosten für die Bücher auch die Umsatzsteuer in Rechnung. Herr Leseratte wiederum fordert von den Käufern seiner Bücher einen bestimmten Preis, in dem auch die Umsatzsteuer enthalten ist. Die erhaltene Umsatzsteuer muss Herr Leseratte an das Finanzamt abführen.

Gleichzeitig darf er aber die bereits gezahlte Umsatzsteuer an den Verlag »Klassische Lektüre« als so genannte »Vorsteuer« beim Finanzamt geltend machen:

Eingenommene Umsatzsteuer	200 Euro
Entrichtete Vorsteuer	150 Euro
Tatsächlicher Steuer-Zahlbetrag	**50 Euro**

Um ihr Unternehmen überhaupt erst in Schwung zu bringen, bezahlen jedoch viele Existenzgründer in den ersten Monaten der Gründung weit mehr Umsatzsteuer, als sie einnehmen. In diesem Fall erhalten sie Geld vom Fiskus zurück:

Eingenommene Vorsteuer	300 Euro
Entrichtete Vorsteuer (Kosten für Computer, Software, Büroeinrichtung und -material)	2.000 Euro
Rückerstattungsanspruch	**1.700 Euro**

So weit in der Theorie – in der Praxis schaut die Welt der Umsatzsteuer schon wieder ganz anders aus. So sind einige Existenzgründer wie Kleinunternehmer oder Einzelunternehmer nicht zwingend verpflichtet, Umsatzsteuer auszuweisen beziehungsweise ans Finanzamt abzuführen. Haben Sie im vorangegangenen Geschäftsjahr weniger als 17.500 Euro Umsatz erzielt, fällt keine Umsatzsteuer an. Übersteigen im darauf folgenden Geschäftsjahr Ihre Umsätze nicht den Betrag von 50.000 Euro, müssen Sie ebenfalls keine Umsatzsteuer ausweisen. Andererseits dürfen Sie natürlich nicht Monat für Monat Ihre geleistete Vorsteuer geltend machen: Die Kosten für Ihr Unternehmen listen Sie als Betriebsausgaben auf, die Sie nach Ablauf des Geschäftsjahres dem Finanzamt mitteilen.

Nutzen Sie diesen Freiraum des Umsatzsteuer-Gesetzes, dürfen Sie in Ihren Rechnungen natürlich keinesfalls eine Mehrwert- oder Umsatzsteuer fordern. Vielmehr weisen Sie mit einem kurzen Satz unbedingt daraufhin, dass Sie beispielsweise »als Kleinunternehmer keine Mehrwertsteuer ausweisen«.

Gehören Sie zu den Existenzgründern, die Umsatzsteuer ausweisen, erwartet das Finanzamt in der Regel zum 10. des Folgemonats eine Voranmeldung Ihrer Umsatzsteuerzahlung. Da inzwischen das Internet auch in den deutschen Finanzbehörden Einzug gehalten hat, müssen Sie Ihre Voranmeldung auf elektronischem Wege abgeben. Die endgültige Umsatzsteuererklärung reichen Sie nach dem Ablauf des Kalenderjahres ein.

Die Rechnungen, auf denen Sie Umsatzsteuer ausweisen, müssen unbedingt bestimmte Informationen enthalten, ansonsten halten sie den kritischen Prüfungen der Buchhaltung vieler Unternehmen nicht stand oder sie bescheren Ihnen im Rahmen einer Steuerprüfung Jahre später großen Ärger. Vergessen Sie eine Angabe, erlischt möglicherweise Ihr Anspruch auf den Vorsteuerabzug und Sie müssen die bereits rückerstattete Vorsteuer wieder an das Finanzamt zahlen.

Genannt werden müssen unbedingt die in Abbildung 13.1 aufgelisteten Daten.

Angabe	**vorhanden**
Der komplette Name und die Adresse des Unternehmers	
Der komplette Name und die Adresse des Kunden	
Eine Rechnungsnummer	
Datum, an dem die Rechnung erstellt worden ist	
Die Steuernummer des Unternehmers	
Die Menge oder der Gegenstand der gelieferten Ware/Dienstleistung	
Das Entgelt für die Dienstleistung oder die Ware	
Der separat ausgewiesene Steuerbetrag	
Der Zeitpunkt der Lieferung beziehungsweise der Dienstleistung	

Abbildung 13.1: Checkliste: Rechnung (Umsatzsteuer)

Mehr über die Vorschriften der ersten Rechnung erfahren Sie in Kapitel 15.

Kleinunternehmer-Regelung – eine Umsatzbremse?

Lohnt es sich, die Kleinunternehmer-Regelung zu nutzen? Setzen Sie weniger als 17.500 Euro pro Jahr um, müssen Sie keine Umsatzsteuer berechnen und damit auch keine Umsatzsteuererklärung abgeben. Wie sinnvoll die Nutzung der Regelung ist, hängt unter anderem ab von

- der Höhe der Vorsteuern, die Sie bereits geleistet haben oder noch leisten werden
- der Höhe der Umsätze, die Sie voraussichtlich erzielen
- dem Image, das Sie Ihrer Firma geben wollen

Müssen Sie beispielsweise sehr hohe Beträge investieren, um Ihr Unternehmen ans Laufen zu bringen, warten Sie unter Umständen fast ein Jahr, ehe Sie die geleistete Vorsteuer vom Fiskus zurückerhalten. Erzielt Ihr Unternehmen in dieser Zeit aber nur geringe Umsätze, kann diese Differenz ein tiefes Loch in Ihre Kasse reißen.

Schwierigkeiten kann Ihnen auch das Image bereiten, das Ihr Unternehmen dann genießt. Möglicherweise erhalten Sie den einen oder anderen Auftrag von Ihrem Kunden nicht mehr, weil er weiß, dass er bereits mit den vorausgegangenen Ordern die Grenze überschritten hat.

Wissen Sie allerdings schon jetzt genau, dass Ihre Umsätze den vorgegebenen Kleinunternehmer-Betrag auch in einigen Jahren nicht überschreiten werden – und die Folgekosten für Ihr Unternehmen übersichtlich bleiben – kann sich die Regelung für Sie voll auszahlen.

Welche Betriebsausgaben die Steuerzahlungen reduzieren

Natürlich zahlt niemand gerne viel Steuern. Daher sammeln Existenzgründer normalerweise fleißig Belege und Quittungen, um ihre Steuerlast zu verringern. Die Ausgaben für Ihr Start-up reduzieren die Steuerforderung des Finanzamts gerade zum Unternehmensstart ganz erheblich. Informieren Sie sich detailliert, welche *Betriebsausgaben* Sie aufführen dürfen, ohne das Finanzamt zu verärgern.

Die Abschreibung von Anlagevermögen

Gerade bei Unternehmensgründungen im größeren Umfang wie der Einrichtung eines Labors summieren sich beispielsweise die Anschaffungskosten der so genannten *abnutzbaren Wirtschaftsgüter des Anlagevermögens* enorm. Zu ihnen gehören unter anderem Maschinen, Geräte, Werkshallen oder auch Telefonanlagen und Gebäude. Die Ausgaben für ein Gebäude oder eine Maschine können Ihre Steuerlast auch noch nach Jahren um ein Vielfaches entlasten. Der Gesetzgeber räumt Ihnen sogar zeitlich unterschiedliche Abschreibungsmöglichkeiten ein.

Ein großer Brocken der Betriebsausgaben entfällt in der Regel auch auf die Anschaffungskosten der so genannten *selbstständig nutzungsfähigen Wirtschaftsgüter*.

Darunter fallen unter anderem:

- ✔ Anwendungssoftware (bis 410 Euro netto)
- ✔ Fachliteratur wie der »Schönfelder« für Juristen oder der »Oeckl« für Journalisten
- ✔ Mobiliar für Werkstätten oder Büros

Existenzgründer, die zunächst keinen Steuerberater engagieren wollen, sollten beim Thema Abschreibungen von Anlagevermögen schnellstens von ihrer Meinung abrücken. Gerade bei den Abschreibungen können Ihnen Steuerberater sehr viel Geld ersparen, das Ihnen sonst der Fiskus aus der Tasche ziehen würde. Steuerberater kennen in der Regel alle Tipps und Tricks rund um die Abschreibungen, die sich vor allem dann für Sie auszahlen, wenn Sie in einem Jahr überdurchschnittlich oder unterdurchschnittlich Umsatz erzielt haben.

So funktioniert die lineare Abschreibung

Um seine Waren zu produzieren, hat sich ein Unternehmer eine Maschine für 20.000 Euro gekauft. Er rechnet damit, dass er die Maschine fünf Jahre lang nutzt. Die Betriebsausgaben, die er nun fünf Jahre lang geltend machen kann, betragen 4.000 Euro (20.000 geteilt durch 5).

Kaufpreis	20.000 Euro
AfA 1. Jahr	4.000 Euro
Restwert der Maschine im Geschäftsbuch	16.000 Euro
AfA 2. Jahr	4.000 Euro
Restwert der Maschine im Geschäftsbuch	12.000 Euro
AfA 3. Jahr	4.000 Euro
Restwert der Maschine im Geschäftsbuch	8.000 Euro
AfA 4. Jahr	4.000 Euro
Restwert der Maschine im Geschäftsbuch	4.000 Euro
AfA 5. Jahr	4.000 Euro
Restwert der Maschine im Geschäftsbuch	0 Euro

Ich lade Sie zum Essen ein! Die Bewirtungskosten

Falls Sie nach der Gründung Ihres Unternehmens auf Kundenfang gehen und regelmäßig potenzielle Auftraggeber zum Essen ausführen, um sie von Ihren Qualitäten und Ihrem Leistungsportfolio zu überzeugen, können Sie auch diese *Bewirtungskosten* als Betriebsausgaben geltend machen. Allerdings ist der Fiskus in diesem Fall sehr neugierig und will fast alles über das Rendezvous mit Ihren Kunden wissen:

- ✔ Das Datum
- ✔ Den Ort

- Die Höhe der Bewirtungskosten
- Den Anlass der Einladung

Vor allem den Anlass hinterfragen die Finanzbeamten oft kritisch. Pauschale Formulierungen wie »Geschäftsessen« lassen sie nicht mehr gelten. Vielmehr müssen Sie den Anlass genau anführen – beispielsweise »Verhandlung über eine mögliche Kooperation mit Herrn Huber von Hubers Technologiebetrieb«.

Schenk ich dir! Die Geschenke

Die Ausgaben für Blumen, Kinogutscheine oder Krawattennadeln können Unternehmer ebenfalls als Betriebsausgabe verbuchen. Die Geschenke dürfen einen Betrag von 35 Euro netto pro Kunde im Jahr nicht überschreiten (weisen Sie keine Umsatzsteuer aus, ist für Sie der Bruttobetrag relevant). Wer seinen Kunden Geschenke macht, die mehr kosten, darf die Kosten **nicht** als Betriebsausgabe anführen.

Büro & so: Das Arbeitszimmer

Wohl um kein anderes Thema gab es in den vergangenen Jahren so viele Diskussionen wie um die steuerliche Absetzbarkeit des heimischen Arbeitszimmers. Existenzgründer, die ihr Arbeitszimmer als Betriebsausgabe anführen wollten, erwartete oft ein Spießrutenlauf beim Finanzamt. Doch im Jahr 2010 hat der Bundesgerichtshof in Karlsruhe endlich eine klare Entscheidung getroffen: Erlaubte es der Gesetzgeber ab dem 1. Januar 2007 fast keinem Arbeitnehmer oder Selbstständigen mehr, sein heimisches Arbeitszimmer steuerlich geltend zu machen, wenn es nicht der Mittelpunkt der gesamten beruflichen oder gewerblichen Tätigkeit war, ist dies wieder zulässig. Selbst wer wie IT-Dienstleister oder selbstständige Unternehmensberater nur ab und zu von zu Hause arbeitet, darf die Kosten für sein Arbeitszimmer – unter bestimmten Voraussetzungen – wieder geltend machen. Maximal jedoch einen jährlichen Betrag von 1.250 Euro.

Um auf Nummer sicher zu gehen, sollten Sie allerdings einige Voraussetzungen erfüllen, damit Ihnen nicht noch das Finanzamt Ärger bereitet. Damit Ihnen der Fiskus keine private Nutzung Ihres Arbeitszimmers unterstellt, sollten Sie folgende Gegenstände keinesfalls in dem Zimmer lagern:

- Musikinstrumente
- private Literatur
- Kleiderschränke
- Betten
- Spielzeug

Wichtig ist auch, dass Ihr Arbeitszimmer kein Durchgangsraum wie Flur oder Garderobe ist, sondern ein abgeschlossenes Zimmer mit Tür. Und wie im Falle der degressiven Abschreibung empfiehlt es sich hier ebenfalls, sich regelmäßig bei Ihrem Steuerberater über den neuesten Gesetzesstand zu informieren. Schließlich kann jede Änderung für Sie bares Geld bedeuten.

Muss ja nicht gleich ein Porsche sein: Der Dienstwagen

Ein weiterer großer Brocken, den Selbstständige als Betriebsausgaben geltend machen können, sind die Kosten für das Fahrzeug. Hier lässt Ihnen das Finanzamt sogar noch verschiedene Möglichkeiten offen:

- ✔ Behalten Sie Ihr Auto im Privatvermögen, können Sie beispielsweise für jeden dienstlich gefahrenen Kilometer 30 Cent als Betriebsausgabe aufführen. Sie dürfen allerdings nur die einfache Strecke berechnen.
- ✔ Kommt Ihr Fahrzeug dagegen ins Betriebsvermögen, berücksichtigen Sie alle entstehenden Kosten für das Auto. Da das Finanzamt Selbstständigen gerne unterstellt, dass sie das Fahrzeug auch privat nutzen, können Sie die so genannte 1%-Regelung beanspruchen. Demnach müssen Sie jeden Monat »nur« ein Prozent des Bruttolistenpreises Ihres Autos versteuern.

Ein Prozent – teuer oder billig?

Je nach Tätigkeit verbringen Unternehmer mehr oder weniger viel Zeit auf Deutschlands Autobahnen und Landstraßen. Da die Anschaffungs- und Unterhaltskosten für ein Auto stets größere Beträge sind, lohnt es sich, professionellen Rat einzuholen, welcher Weg für die anfallenden Betriebsausgaben hinsichtlich Ihres Fahrzeugs der beste sein könnte.

Die Beispielrechnung für die 1%-Regelung zeigt Ihnen, welche Steuerausgaben für Ihr Auto monatlich auf Sie zukommen:

Der Hersteller führt Ihr Auto mit einem Bruttolistenpreis von 25.000 Euro (inklusive 19 Prozent Mehrwertsteuer). Da sich das Fahrzeug in Ihrem Betriebsvermögen befindet, notieren Sie alle anfallenden Ausgaben in Ihren Unternehmensbüchern. Um das Gelände Ihrer Firma zu erreichen, fahren Sie täglich 27 Kilometer.

Bruttolistenpreis 1 Prozent	250,00 Euro
zuzüglich 0,03 Prozent des Bruttolistenpreises ab Kilometer 1	202,50 Euro
zu entrichtender Steuerbetrag im Jahr = (250 Euro + 202,50 Euro) mal 12	5.430,00 Euro

Führen Sie stattdessen ein Fahrtenbuch und ermitteln auf diesem Weg, dass Sie Ihr Fahrzeug zu 35 Prozent privat und zu 65 Prozent geschäftlich nutzen, profitieren Sie von der Differenz einiger hundert Euro:

Summe der jährlichen Ausgaben für Ihr Fahrzeug	7.500	Euro
Anteil der Ausgaben von den 7.500 Euro für die private Nutzung	2.625	Euro (35 Prozent)
Zuzüglich Umsatzsteuer	420	Euro
Jährliche Ausgaben für die private Nutzung, die Sie von Ihrem Gewinn abziehen dürfen	3.045	Euro

Teil V

Jetzt geht's los – endlich wird gegründet

In diesem Teil ...

Ein Unternehmen zu gründen ähnelt in gewisser Weise dem Bau eines Eigenheims. Sie planen, Sie sehen Ihr Häuschen im Rohbau, Sie putzen es heraus und ganz am Ende schaut es dann endlich wohnlich aus. Bisher ist Ihr Unternehmen noch im Rohbau: Sie wissen, was Sie machen wollen, wo Sie Geld finden und wie hoch Ihr Startkapital sein muss.

So langsam müssen Sie Ihrem Unternehmen aber den richtigen Schliff geben. In diesem Teil erfahren Sie, welche Rechtsform die beste für Ihr eigenes Geschäft sein könnte und was Sie bei der Namenswahl für Ihr Unternehmen beachten müssen.

Sie erfahren, bei welcher Behörde Sie Ihr Unternehmen anmelden müssen und welches Amt was verlangt – damit Sie nicht gleich zu Beginn Ihrer Gründung mit dem Fiskus, der Arbeitsagentur oder dem Gewerbeaufsichtsamt in Konflikt geraten.

Zu guter Letzt verbringen wir in diesem Teil viel Zeit mit Ihren ersten praktischen Schritten als Unternehmer. Am Ende wissen Sie, wie Sie den richtigen Standort für Ihr Unternehmen finden, den eigenen Firmenauftritt einprägsam mit Hilfe von Corporate Identity gestalten und wie Sie im Internet auf Ihr Unternehmen aufmerksam machen.

Vom Notar zur Bank: Die ersten formellen Schritte als Unternehmer

14

In diesem Kapitel

- Den optimalen rechtlichen Rahmen schaffen
- Den idealen Namen finden
- Freundschaft mit den Behörden schließen

Glückwunsch! Wenn Sie bisher nicht an der Vielzahl der Aufgaben verzweifelt sind, die ein Existenzgründer vor der Gründung seines Unternehmens erledigen muss, dann haben Sie es jetzt fast geschafft. Vor Ihnen liegt nur noch eine letzte große Hürde, ehe Sie endlich praktisch loslegen können.

Inzwischen wissen Sie, dass Ihre Geschäftsidee bestens funktioniert, das Interesse potenzieller Kunden, Klienten oder Patienten vorhanden ist und Sie die Konkurrenz nicht fürchten müssen. Die Zusage für das nötige Gründungsdarlehen liegt unterschriftsreif auf dem Tisch und möglicherweise haben Sie sogar schon Vorstellungsgespräche mit ersten Mitarbeitern geführt.

Jetzt müssen Sie sich nur noch durch den Dschungel der Unternehmensrechtsformen kämpfen, um ideale Rahmenbedingungen für Ihre Selbstständigkeit zu schaffen. In diesem Kapitel informieren wir Sie, welche Rechtsform sich für Ihr Unternehmen besonders empfiehlt und welche gänzlich ungeeignet sind. Außerdem lesen Sie, welche formellen Vorschriften Sie unbedingt einhalten müssen und welches Amt über Ihr Unternehmen genauesten Bescheid wissen will.

OHG, AG, GmbH & Co. KG, Ltd.: Welche Rechtsform eignet sich für Ihr Unternehmen?

Kennen Sie das Gefühl, in einer fremden Stadt an einer großen Kreuzung zu stehen und nicht zu wissen, wohin Sie abbiegen müssen, um an das gewünschte Ziel zu kommen? Die eine Richtung könnte durchaus passen, die andere aber auch! Falls Sie kein Navigationssystem im Auto haben, kramen Sie spätestens jetzt den Stadtplan aus dem Handschuhfach, damit Sie ja in die richtige Richtung fahren.

So ähnlich wie die verunsicherten Autofahrer dürften sich auch viele Existenzgründer fühlen, wenn sie die Rechtsform für ihr Unternehmen festlegen sollen. GmbH, Einzelunternehmung oder AG? Sobald Sie anfangen, sich mit dieser Frage auseinanderzusetzen, entstehen meist zunächst mehr Fragen als Antworten:

- ✔ Was habe ich für Vorteile, wenn ich diese oder jene Rechtsform wähle?

- Was habe ich für Nachteile, wenn ich mich für diese oder jene Rechtsform entscheide?
- Kann ich meine Entscheidung unter Umständen später rückgängig machen?
- Welche finanziellen Aspekte muss ich bei den einzelnen Rechtsformen beachten?

Beantworten Sie sich selbst erst ein paar Fragen

Da die Anzahl an unterschiedlichsten Rechtsformen inzwischen überaus stattlich ist und Sie sich wochenlang mit dem Studium einzelner Details beschäftigen könnten, gibt Ihnen die Frageliste in Abbildung 14.1 einige Anhaltspunkte, die Ihnen den Entscheidungsprozess ein wenig erleichtert.

Frage	**Antwort**
Bin ich als Freiberufler oder Gewerbetreibender tätig?	
Wie viel Zeit will ich für die Gründungsformalitäten aufwenden?	
Wie hoch dürfen die Ausgaben für die Gründungskosten sein?	
Gründe ich mein Unternehmen mit einem oder mehreren Partnern?	
Plane ich mit meinem Partner eine freiberufliche Tätigkeit?	
Verfüge ich über ein Mindestkapital von 25.000 Euro in Bar- und Sachwerten?	
Verfüge ich über ein Mindestkapital von 50.000 Euro in Bar- und Sachwerten?	
Wie will ich mein Vermögen absichern?	
Wie plane ich, Haftungsfragen zu lösen?	
Wie will ich Entscheidungsbefugnisse regeln?	
Welche steuerlichen Aspekte muss ich berücksichtigen?	

Abbildung 14.1: Checkliste: Welche Unternehmensform?

Vergessen Sie nie, dass Ihre Entscheidung noch Jahre später großen Einfluss auf die zukünftige Entwicklung Ihres Unternehmens haben kann. Legen Sie sich einen Zettel auf den Schreibtisch, auf dem Sie die Kriterien notieren, die Sie bei dem Entscheidungsprozess für die richtige Rechtsform grundsätzlich berücksichtigen sollten:

Kriterien für die Entscheidungsfindung	**Bemerkungen**
Image Ihres Unternehmens	
Branchenübliche Rechtsformen	
Finanzierungspotenziale	
Informationspflichten	
Haftung	
Namensfindung	
Flexibilität	

Abbildung 14.2: Checkliste: Entscheidungsfindung bei der Unternehmensform

Und dann fragen Sie noch andere

Auch wenn Sie bis dato fast alle Probleme oder Fragen rund um Ihre Unternehmensgründung selbst lösen konnten – scheuen Sie sich nicht, für die Suche nach der richtigen Rechtsform Experten zu Rate zu ziehen. Ehe Sie aber viel Geld in hohe Stundensätze für einen Anwalt oder Notar investieren, fragen Sie zunächst bei Institutionen wie den Rechtsabteilungen der Industrie- und Handelskammer oder der Handwerkskammer nach passenden Informationen beziehungsweise einer umfassenden Beratung.

Im Dschungel der Rechtsformen

Die Übersicht in Abbildung 14.3 vermittelt einen ersten Überblick über die Chancen und Risiken der einzelnen Rechtsformen. Auf den kommenden Seiten erhalten Sie detaillierte Informationen zu GmbH, AG und Co.

Rechts-form	Mindest-Kapital nötig	Haftung beschränkt	Breiter Spielraum	Gutes Image/ Hohe Kredit-würdigkeit	Wenig Formali-täten	Eintrag ins Handels-register	Tipps
Einzel-Unter-nehmen	nein	nein	ja	ja	Ja	nein	Zum Einstieg geeignet
GbR	nein	nein	ja	ja	Ja	nein	Geeignet für Team (mehr Kapital/Fä-higkeiten)
OHG	nein	nein	ja	ja	nein	ja	Alle über-nehmen vol-les Risiko
KG	nein	teilweise	ja	ja	nein	ja	Einzelchef, der Geldge-ber einbin-det
Ltd	nein	teilweise	ja	nein	ja	ja	Ungeeignet zum Einstieg
GmbH	ja	ja	ja	nein	nein	ja	Partner, die hohe Haf-tung scheu-en
AG	ja	ja	ja	teilweise	nein	ja	Ungeeignet zum Einstieg

Abbildung 14.3: Checkliste: Rechtsformen – ein Überblick

Einzelunternehmen – alleine stark

»Der Chef bin ich!« Diesem Plan steht nichts im Wege, wenn Sie ein *Einzelunternehmen* gründen. Ob Rechtsanwalt, Büroartikelhändler oder Unternehmensberater, ob Freiberufler oder Gewerbetreibender – für die Rechtsform des Einzelunternehmens entscheiden sich in Deutschland die meisten Selbstständigen, wenn sie alleine gründen.

Die Vorteile eines Einzelunternehmens

Die Vorteile, die sie bietet, sind auch überaus überzeugend:

- ✔ Es ist unbürokratisch.

✔ Man ist unabhängig von Mindestkapital.

✔ Die Entscheidungsbefugnis liegt ausschließlich beim Unternehmer.

✔ Gewinne stehen allein dem Unternehmer zu.

✔ Es garantiert eine hohe Flexibilität.

Die Nachteile eines Einzelunternehmens

Nach der ersten Begeisterung für die Vorteile des Einzelunternehmens, fragen Sie sich jetzt sicherlich kritisch, ob der Teufel nicht im Detail steckt. Ertappt! Natürlich entstehen für Existenzgründer auch Nachteile, wenn sie sich zur Gründung eines Einzelunternehmens entschließen. So

✔ können Gläubiger auf Ihr Privatvermögen zugreifen, wenn Sie ihre Forderungen nicht erfüllen.

✔ ist die Kapitalkraft meist gering, weil nur der Gründer Geld einbringt.

✔ bremst fehlendes Kapital möglicherweise dringend anstehende Innovationen.

Wer jedoch den Schritt in die Selbstständigkeit wagt, fängt meistens klein an. Oft reicht ein geringes Startkapital, um seinen eigenen Arbeitsplatz zu schaffen beziehungsweise sichern zu können. Bis die ersten größeren Investitionen nötig sind oder Sie gar Expansionspläne schmieden, profitieren Sie außerordentlich von den Vorteilen der Rechtsform Einzelunternehmen. Wahrscheinlich haben Sie es bis dahin sogar geschafft, ausreichend Kapital zurückzulegen, um sich Ihre Wachstumsträume zu verwirklichen.

Das Einzelunternehmen auf einen Blick

✔ Geeignet für alle Gründer, die sich allein selbstständig machen wollen

✔ Geeignet für Freiberufler, Kleinunternehmer und Gewerbetreibende

✔ Die Gründer haften mit ihrem Privatvermögen für ihr Unternehmen

✔ Je nach Bedarf können sich Einzelunternehmer ins Handelsregister eintragen lassen

Personengesellschaft: mehrere Gründer – ein Team

Wenn Sie Ihr Unternehmen auf keinen Fall alleine gründen wollen, kommt für Sie wahrscheinlich eine *Personengesellschaft* in Frage. Lassen Sie sich nicht von der Vielzahl der Namen irritieren, die eine Personengesellschaft haben kann – Juristen nennen sie auch gerne Gesellschaft des bürgerlichen Rechts (GbR oder BGB-Gesellschaft, weil das Bürgerliche Gesetzbuch (BGB) in den Paragraphen 705ff. die Grundlage für die BGB-Gesellschaft bildet.

Was man schwarz auf weiß besitzt, ...

Auch wenn die Namen sperrig wirken und den Eindruck erwecken, dass hinter der Personengesellschaft unzählige bürokratische Regelungen stecken – so schlimm ist es nicht. Wie für das Einzelunternehmen schreibt der Gesetzgeber für die Gründung einer Personengesellschaft kaum Formalitäten vor. Als Basis enthält der Vertrag für eine Personengesellschaft

- Informationen über die beteiligten Personen
- Informationen über den Zweck der Personengesellschaft
- Erklärung, die den Willen und die Einigung enthält, dass die beteiligten Gesellschafter den genannten Zweck verfolgen

Die Vorteile einer Personengesellschaft

»Der Zweck heiligt die Mittel« – auch bei einer Personengesellschaft! Kaum eine Rechtsform wird in Deutschland so vielfältig eingesetzt wie die Personengesellschaft: So verbünden sich zum Beispiel Bauunternehmer, Elektromeister und Glaser, um als Personengesellschaft ein Parkhaus in bester Innenstadtlage zu errichten. So schließen sich Restaurantinhaber und Musiker zusammen, um die Gäste abends mit Live-Musik zu unterhalten. So feilen IT-Spezialisten und Designer gemeinsam an der Entwicklung einer Internetplattform.

Ob Kioskbesitzer, Rechtsanwalt oder selbstständiger Programmierer – die Personengesellschaft ist für die meisten Existenzgründer, die ein Unternehmen mit einem oder mehreren Partnern aufbauen, die ideale Rechtsform für ihr zukünftiges Unternehmen.

- Sie ist unbürokratisch und unkompliziert.
- Sie verlangt wenige Formalitäten.
- Sie erfordert kein Mindestkapital.
- Sie ist äußerst flexibel.

Trotz aller Vorteile gehen vorsichtige Unternehmer dennoch stets auf Nummer sicher, wenn sie eine Personengesellschaft gründen. Immer wieder kommt es unter den Partnern zu Streitigkeiten, die das Aus der Firma bedeuten können.

Sie haben mit Ihrem besten Freund oder Ihrer Clique aus der Schulzeit schon jahrelang Pläne für ein gemeinsames Unternehmen geschmiedet? Immer wieder haben alle bei einem netten Glas Wein durchgespielt, wer für den Verkauf, den Vertrieb, die Produktentwicklung oder das Krisenmanagement verantwortlich ist? Am Ende der unterhaltsamen Wein-Abende wussten alle sogar schon, bei welchen Möbelproduzenten die Bürostühle bestellt werden sollten? Alle sind davon überzeugt, dass sie sich blind auf den anderen verlassen können? Wunderbar! Trotzdem sollten Sie nie darauf verzichten, für die Gründung einer Personengesellschaft einen detaillierten, schriftlichen Vertrag abzuschließen. Vergessen Sie trotz aller Euphorie nicht, dass die Rechtsform einer Personengesellschaft alle Gesellschafter zur Führung des Unternehmens berechtigt. Trifft Ihr Freund also ohne Ihr Wissen eine Entscheidung für Ihr gemeinsames Unternehmen, die Sie keinesfalls mittragen – Pech gehabt! Es sei denn, Sie haben in dem gemeinsamen Vertrag beispielsweise verankert, dass kein Gesellschafter ohne die Zustimmung des anderen berechtigt ist, Entscheidungen zu treffen.

Das Handelsregister – Nachschlagewerk für jedermann

Das Handelsregister wird von den deutschen Amtsgerichten gepflegt und aktualisiert. Das Verzeichnis enthält alle Unternehmen, die sich aufgrund ihrer Größe oder Tätigkeit (kaufmännische Betriebe) darin führen lassen müssen. Das Handelsregister publiziert die unterschiedlichsten Informationen über die Unternehmen:

- ✔ Es veröffentlicht wichtige und rechtserhebliche Tatsachen über Unternehmen wie Namen, Unternehmensgegenstand, Sitz, Kapitalverhältnisse sowie die Namen der Prokuristen. Die Notizen dürfen potenzielle oder bereits vorhandene Geschäftspartner jederzeit einsehen.
- ✔ In strittigen Rechtsfragen dient ein Zeugnis des Handelsregisters als Beweismittel.
- ✔ Das Handelsregister gibt Geschäftspartnern und Kunden Sicherheit, dass die eingetragenen Tatsachen des Unternehmens der Wahrheit entsprechen.
- ✔ Die Industrie- und Handelskammern üben eine Kontrollfunktion aus, um zu verhindern, dass falsche oder unvollständige Inhalte in das Handelsregister gelangen.

Das Handelsregister unterteilt sich in zwei Sektionen:

- ✔ HR A: Handelsregister für natürliche Personen und Personengesellschaften (u. a. GbR, OHG, KG)
- ✔ HR B: Handelsregister für juristische Personen (GmbH, AG)

Wollen Sie Ihr Unternehmen im Handelsregister aufnehmen lassen, benötigen Sie eine notarielle Urkunde. Gleiches gilt auch im Falle einer Änderung. Wenn Sie sich nicht sicher, ob Sie Ihr Unternehmen beim Amtsgericht für das Handelsregister notieren lassen müssen, holen Sie sich bei der örtlichen IHK-Stelle fachkundigen Rat ein.

Was im Gesellschaftervertrag stehen sollte

Um nicht plötzlich davon überrascht zu werden, dass sich Ihr Freund oder Ihre Gründungspartner nach der Gründung als unternehmensuntaugliche Tunichtgute mit völlig anderen Geschäftsauffassungen entpuppen, sollten Sie die Aspekte aus Abbildung 14.4 unbedingt in dem gemeinsamen Gesellschaftervertrag verankern.

Auch diese Liste finden Sie wieder auf der CD, damit Sie sie an Ihre ganz persönlichen Bedürfnisse anpassen können.

Was im Gesellschaftervertrag stehen sollte	**erledigt**
Rechtsform	
Namen und Anschriften der Gesellschafter	
Sitz, Grund und Start der GbR	
Beginn des jeweiligen Geschäftsjahres	
Verteilung des Gewinns	
Konsequenzen im Falle von Unternehmensverlusten (zusätzliche Kapitaleinlagen usw.)	
Entnahmeregelungen für die Gesellschafter	
Ausstiegsmöglichkeiten für die Gesellschafter	
Kündigungsfristen für die Gesellschafter	
Regelungen für den Todesfall eines oder mehrerer Gesellschafter	
Regelungen für die Auflösung der Gesellschaft	
Regelungen für die Vermögensverteilung im Falle einer Auflösung	
Kapitaleinlagen der einzelnen Gesellschafter	
Anteilsregelung der Gesellschafter am Unternehmensvermögen	
Wettbewerbsausschluss-Klauseln	
Konditionen zu Veränderungen/Erweiterungen des bestehenden Vertrags	
Schlussbestimmung	

Abbildung 14.4: Checkliste: Gesellschaftervertrag

In Deutschland bieten einige Anwaltskanzleien oder Institutionen Musterverträge für Personengesellschaften an. Ehe Sie sich über diese Schnäppchen freuen – schließlich kosten diese Muster nur einen Bruchteil von einem juristisch aufgesetzten und individuell ausgerichteten Vertrag –, müssen Sie sich überlegen, ob Sie nicht doch lieber das ein oder andere zusätzliche Detail im Vertrag verankern wollen. Klären Sie in einem Gespräch mit Ihrem zukünftigen Partner, ob Sie sich tatsächlich über alle Eventualitäten einig sind oder ob Sie das ein oder andere nicht doch schriftlich festhalten sollten.

Die »Salvatorische Klausel«

»Salvatorische Klausel«? Noch nie gehört! Doch ganz sicher – jede Wette, dass Sie schon etliche Verträge unterschrieben haben, die »Salvatorische Klauseln« enthalten haben. Sie sind bei den meisten Verträgen die Schlussbestimmungen und werden daher oft nicht bewusst registriert. Die »Salvatorische Klausel« ist die Garantie, dass der unterschriebene Vertrag auch dann gültig ist, wenn einzelne Absätze oder Passagen rechtlich ganz oder teilweise unwirksam sind.

Schließen Sie beispielsweise Ihren Vertrag mit der Formulierung *»Für den Fall der Unwirksamkeit einzelner Bestimmungen verpflichten sich die Parteien, neue Regelungen zu vereinbaren, die rechtlich zulässig sind«*, müssen Sie nur den betreffenden Absatz ändern, nicht aber das ganze Vertragswerk.

Die Nachteile einer Personengesellschaft

Trotz aller Vorteile birgt die Personengesellschaft – wie das Einzelunternehmen – durchaus auch einige Nachteile, unter deren Folgen Sie im Ernstfall erheblich leiden könnten.

- ✔ Die Haftung für die Personengesellschaft umfasst neben dem Firmenvermögen auch das Privatvermögen der beteiligten Partner. Trifft Ihr Kompagnon beispielsweise eine unternehmerische Fehlentscheidung, die Ihr Unternehmen in den Ruin treibt, müssen Sie ebenfalls mit Ihren Privatvermögen haften.
- ✔ Die Partner dürfen ihre Personengesellschaft nicht ins Handelsregister eingetragen. Wenn Sie also einen kaufmännischen Betrieb eröffnen wollen, können Sie die Vorteile des Handelsregisters nicht für sich nützen. Was Ihnen ein Eintrag ins Handelsregister bringt, erfahren Sie unter *Einzelunternehmen – alleine stark.*
- ✔ Eine Personalgesellschaft wird aufgelöst, wenn ein Konkursverfahren über das Vermögen von einem der beteiligten Gesellschafter eröffnet wird. Selbst wenn Sie in diesem Moment finanziell bestens dastehen – das Ende Ihrer GbR können Sie dadurch nicht mehr verhindern.

Die Personengesellschaft (GbR) auf einen Blick

Geeignet für Existenzgründer, die gemeinsam mit einem oder mehreren Partnern ein Unternehmen aufbauen wollen.

- ✔ Geeignet für Freiberufler und Kleingewerbetreibende, die ein nichtkaufmännisches Unternehmen gründen wollen.
- ✔ Die Gesellschaft bürgerlichen Rechts dürfen Gründer nicht ins Handelsregister eintragen lassen.
- ✔ Die Existenzgründer haften mit ihrem Privatvermögen für ihr Unternehmen.

Offene Handelsgesellschaft (OHG) – die »Königin der Kaufleute«

Ihren Ruf, die »Königin der Kaufleute« zu sein, genießt die *Offene Handelsgesellschaft* (OHG) nicht umsonst – wegen der gesetzlich geregelten Haftungsansprüche gegenüber allen Gesellschaftern genießt die OHG bei ihren Kunden beziehungsweise den Kreditinstitutionen großes Vertrauen. Die Solidarhaftung gibt möglichen Gläubigern mehr Sicherheit.

Obwohl die Gründung einer OHG Existenzgründer nicht vor unüberwindliche Herausforderungen stellt, bedarf es doch deutlich mehr organisatorischen Aufwands.

Genau genommen ist die OHG – wie auch die GbR – eine Personengesellschaft. Unter dem Dach der OHG betreiben Kaufleute wie IT-Spezialisten eine gemeinsame Firma. Ehe Sie allerdings die Geschäfte Ihrer OHG aufnehmen können, müssen Sie das Unternehmen in das Handelsregister eintragen lassen.

Der Eintrag muss

- ✔ die vollständigen Namen der Gesellschafter enthalten
- ✔ das Geburtsdatum und den Wohnort der Gesellschafter nennen
- ✔ den Sitz der Firma angeben
- ✔ den Geschäftsbeginn der Gesellschaft anführen
- ✔ die Vertretungsmacht der Gesellschaft benennen.

Außerdem sind die Gesellschafter verpflichtet, ihre Ausgaben und Einnahmen schriftlich zu dokumentieren. Bei der Gründung einer OHG müssen Sie also garantieren, dass Sie Ihr Unternehmen kaufmännisch leiten.

Eine OHG entsteht oft aus einer GbR. Brauchen die Unternehmer wegen des enormen Wachstums ihres Geschäfts mehr Kapital, bietet es sich an, die Rechtsform der OHG zu wählen. Je höher das Anlagevermögen, die Mitarbeiterzahl sowie der Umsatz und der Gewinn der Unternehmen, desto eher führen sie die Klausel OHG in ihrem Firmennamen.

Die Offene Handelsgesellschaft (OHG) auf einen Blick

- ✔ Geeignet für Existenzgründer, die gemeinsam mit einem oder mehreren Partnern einen kleinen oder mittelständischen, kaufmännischen Betrieb gründen wollen.
- ✔ Die Gründer müssen die OHG ins Handelsregister eintragen lassen.
- ✔ Die Geschäftspartner teilen sich die Verantwortung und die Risiken des Unternehmens.
- ✔ Die Gründer haften neben dem Betriebsvermögen auch mit ihrem Privatvermögen für das Unternehmen.
- ✔ Die Existenzgründer genießen eine höhere Kreditwürdigkeit.
- ✔ Für die Gründung einer OHG ist kein Mindestkapital erforderlich.

Die Kommanditgesellschaft (KG) – ein Chef und seine Geldgeber

Sie sind kreativ, phantasievoll und erfinderisch. Sie sprühen geradezu vor Ideen und setzen sie technisch problemlos um. Um jedoch endlich Ihr eigenes kleines Technologie-Unternehmen zu gründen, fehlt Ihnen noch Kapital. Die Gründung einer OHG lehnen Sie aber ab, weil Sie unbedingt Ihr eigener Chef bleiben wollen.

In diesem Fall kommt die Gründung einer *Kommanditgesellschaft* (KG) für Sie in Betracht. Die KG ähnelt der OHG zwar in weiten Teilen, in einigen Aspekten unterscheiden sich die beiden Rechtsformen allerdings gravierend. Die KG differenziert zwei Arten von Gesellschaftern:

- ✔ *Der Komplementär (Vollhafter)* leitet das Unternehmen und vertritt es auch nach außen. Außerdem haftet er vollständig für das Unternehmen – also auch mit seinem Privatvermögen.
- ✔ *Der Kommanditist (Teilhafter)* hat lediglich Informationsrechte gegenüber dem Komplementär, von der Geschäftsführung bleibt er dagegen ausgeschlossen. Gegen unübliche Geschäfte darf er jedoch Widerspruch erheben. Der Kommanditist leistet eine bestimmte Kapitaleinlage und erfüllt damit seinen Haftungsanspruch gegenüber dem Unternehmen. Sobald er die Einlage getätigt hat, können mögliche Gläubiger nicht auf sein Privatvermögen zugreifen, um Verbindlichkeiten zu erfüllen.

Wer sich mit der Rolle eines Kommanditisten zufrieden gibt, muss bei einem Einstieg in ein Unternehmen auf einige Fallstricke achten:

- ✔ Zahlt der Komplementär die Einlage zurück, können die Gläubiger den Kommanditisten doch persönlich haftbar machen.
- ✔ Stimmt der Kommanditist bei Gründung des Unternehmens zu, dass die Geschäftstätigkeit bereits vor dem Eintrag ins Handelsregister aufgenommen wird, ohne die potenziellen Gläubiger darüber zu informieren, haftet er ebenfalls mit seinem Privatvermögen für entstehende Verbindlichkeiten.
- ✔ Tritt ein Kommanditist in ein bestehendes Unternehmen ein, läuft er ebenfalls Gefahr, persönlich haften zu müssen. Es sei denn, er verankert im Gesellschaftervertrag, dass sein Beitritt erst gültig wird, wenn er im Handelsregister eingetragen ist.

Die Kommanditgesellschaft auf einen Blick

- ✔ Geeignet für Einzelunternehmer, die ihr Unternehmen vergrößern wollen
- ✔ Geeignet für Personengesellschaften, die ihr Unternehmen finanziell auf eine breitere Basis stellen und dabei aber nicht den Chefposten teilen wollen
- ✔ Die Geschäftspartner müssen die KG ins Handelsregister eintragen lassen und die Kommanditisten sowie die Höhe ihrer jeweiligen Einlage aufführen.
- ✔ Der Komplementär haftet für das Unternehmen auch mit seinem Privatvermögen.
- ✔ Der Kommanditist haftet in der Regel nur mit der Summe seiner Einlage.

Die Private Company Limited by Shares (Ltd.) – die englische Variante der deutschen GmbH

Sicherlich haben Sie auch schon von der Möglichkeit gehört, eine Limited in Großbritannien zu gründen, um mit dieser Auslandsgesellschaft dann in Deutschland tätig zu sein, ohne auf der Insel eine gewerbliche Tätigkeit auszuüben, stimmt's? Inzwischen tummeln sich zahlreiche Dienstleister im Internet, die für Preise zwischen 180 bis 700 Euro anbieten, alle Formalitäten für die Gründung einer Ltd. in Großbritannien für Sie zu erledigen – und viele preisen die Ltd. als günstige Alternative zur deutschen GmbH an. Existenzgründer, die über eine Ltd. nachdenken, dürfen jedoch nicht vergessen, dass eine Ltd. trotz all ihrer Vorteile auch zahlreiche Pflichten beziehungsweise Nachteile mit sich bringt.

Die Vorteile einer Limited

- ✔ Die Dauer der Gründung nimmt nicht mehr als ein bis zwei Wochen in Anspruch.
- ✔ Die Gründung können Unternehmer ohne die Hilfe eines Notars abwickeln.
- ✔ Den Namen der Gesellschaft können Gründer frei wählen – er muss nur das Wort Limited einschließen.
- ✔ Für eine Limited ist kein gesetzlich vorgeschriebenes Mindest- oder Höchstkapital erforderlich.
- ✔ Das eingezahlte Kapital bezieht sich auf die Anteile, die die Gesellschafter tatsächlich ausgeben.
- ✔ Die Einlage müssen Partner nicht durch Barzahlung leisten; Sie dürfen auch Dienstleistungen und Warenlieferungen einbringen.
- ✔ Die Höhe des Kapitals ist durch die Satzung frei bestimmbar.
- ✔ Gesellschafter haften nur für die Höhe der jeweils erbrachten Einlage – eine Nachschusspflicht besteht nicht.

Die Nachteile einer Limited

Zugegeben, auf den ersten Blick klingen die Vorteile der Limited toll! Inzwischen stecken Sie aber wahrscheinlich schon so tief in der Materie drin, dass Sie längst wissen, dass auch eine Limited einige Haken beziehungsweise Pflichten mit sich bringt, die Sie nicht vernachlässigen dürfen, wenn Sie nachhaltige Folgen für Ihr Unternehmen vermeiden wollen.

- ✔ Eine Limited muss einen Vorstand oder Geschäftsführer sowie einen so genannten »Company Secretary« – sprich einen Schriftführer der Gesellschaft bestellen.
- ✔ Eine Limited ist zudem in der Regel verpflichtet, Wirtschaftsprüfer zum Check ihrer Bilanzen zu bestellen.
- ✔ Eine Limited muss jährlich den Bericht der Direktoren, eine Bilanz, eine Gewinn- und Verlustrechnung sowie ein Testat eines Abschlussprüfers beim britischen Gesellschaftsregister einreichen.

- ✔ Verstößt eine Limited gegen die Veröffentlichungspflichten, müssen die Gesellschafter mit empfindlichen Strafen rechnen. Wer beispielsweise den Jahresabschluss nicht fristgerecht einreicht, muss mit einer Geldstrafe von bis zu 1.000 britischen Pfund rechnen.
- ✔ Ignoriert eine Limited die Mahnungen des Gesellschaftsregisters, kann das Unternehmen zwangsweise aus dem Register gelöscht werden. Das vorhandene Vermögen geht in diesem Fall an die britische Krone über. Das gilt auch für Briefkastenfirmen, die ausschließlich in Deutschland tätig sind.
- ✔ Stellt ein Vorstand oder Geschäftsführer in seinem Vertrag nicht eindeutig klar, dass er als Vertreter der Limited handelt, muss er im schlechtesten Fall persönlich haften.
- ✔ Auch schwerwiegendes Fehlverhalten in Kombination mit einer Insolvenz der Limited kann die Haftung des Vorstands oder Geschäftsführers nach sich ziehen. Sie kann sich auf die Nachzahlung von Sozialversicherungsbeiträgen oder Umsatzsteuer erstrecken, falls beispielsweise betrügerische Absichten im Spiel waren.

Angesichts all dieser Eventualitäten beinhaltet die Rechtsform einer Limited erhebliche Rechtsunsicherheiten, die den oft so hoch gelobten Vorteil – kein Mindestkapital bereitstellen zu müssen – schnell in erhebliche Nachteile verwandelt könnte. Existenzgründer, die ernsthaft darüber nachdenken, eine Limited oder GmbH zu gründen, sollten sich auch bewusst machen, dass die Limited bei potenziellen Geschäftspartnern eher ein negativeres Image als die GmbH hat. Im Zweifel wird sich ein Gläubiger oder Geschäftspartner einer ausländischen Gesellschaft wie einer Limited genauesten über deren Kreditwürdigkeit informieren.

Die Limited auf einen Blick

- ✔ Geeignet für Gründer, die nicht allein gründen wollen
- ✔ Geeignet für Gründer, die kein Mindestkapital aufbringen können
- ✔ Vorstand oder Geschäftsführer haften unter Umständen mit ihrem persönlichen Vermögen.
- ✔ Gründer dürfen die zahlreichen Vorschriften des britischen Gesellschaftsregisters für eine Limited keinesfalls vernachlässigen.
- ✔ Eine Limited hat in Deutschland ein negativeres Image als eine GmbH.

Die Gesellschaft mit beschränkter Haftung (GmbH) – einige Pflichten, viele Vorteile

Alle bisher vorgestellten Rechtsformen haben einen gemeinsamen Nachteil: Der Unternehmer haftet persönlich. Um das eigene Vermögen zu schützen, greifen daher viele auf die einfachste Form einer Kapitalgesellschaft zurück: die *Gesellschaft mit beschränkter Haftung (GmbH).* Die Gründung einer Kapitalgesellschaft erleichtert zudem die Aufnahme von weiteren Kapitalgebern und bereitet ein Unternehmen frühzeitig auf einen späteren Gang an die Börse oder die Beteiligung anderer Unternehmen vor.

Die örtlichen Industrie- und Handelskammern oder auch die Handwerkskammern geben Ihnen ausführlich Auskunft, ob Sie gut damit fahren, eine GmbH zu gründen oder ob Sie nicht doch lieber eine andere Rechtsform für Ihr geplantes Unternehmen wählen sollten.

Im Innovations- und Gründerzentrum in Martinsried bei München haben sich fast alle Existenzgründer die GmbH als Rechtsform für ihre Biotechnologie-Unternehmen gewählt. Die jungen Firmen beschäftigen sich mit Aufgaben, die viel Geduld und Ausdauer benötigen: Sie entwickeln beispielsweise Medikamente für Herz- und Kreislauferkrankungen oder testen die Wirkung pflanzlicher Wirkstoffe bei chronischen Krankheiten. Die Rechtsform einer GmbH erleichtert den Unternehmen später eine schnelle Expansion beziehungsweise die Suche nach weiterem Kapital.

Was GmbH und Einzelunternehmen und Personengesellschaft unterscheidet

Die GmbH unterscheidet sich in mehreren Aspekten von einem Einzelunternehmen oder einer Personengesellschaft. Sie

- ✔ ist eine Kapitalgesellschaft mit eigener Rechtspersönlichkeit – also eine juristische Person.
- ✔ ist der Träger von Rechten und Pflichten – und nicht die Gesellschafter.
- ✔ ist die Institution, die im Ernstfall vor Gericht klagen beziehungsweise verklagt werden kann.
- ✔ ist die Institution, die für fällige Steuern aufkommen muss.
- ✔ haftet grundsätzlich nur mit ihrem Haftungskapital, nicht mit dem Privatvermögen der Gesellschafter.

Gerade der letzte Aspekt veranlasst viele Existenzgründer, die GmbH als Rechtsform für ihr Unternehmen zu wählen: Durch die beschränkte Haftung erhalten kleine Unternehmen mit wenigen Gesellschaftern und möglicherweise geringer Kapitaldecke die Chance, eine Firma ohne die Furcht zu leiten, im Falle von finanziellen Engpässen gleich mit dem eigenen Vermögen einspringen zu müssen. Allerdings ist es durchaus üblich, dass sich mögliche Kreditgeber absichern und für das Kapital gesellschafterbezogene Sicherheiten verlangen.

... und die GmbH im Vergleich zur AG

Im Vergleich zu anderen Kapitalgesellschaften wie der Aktiengesellschaft (AG) hat die Rechtsform der GmbH für Unternehmer noch weitere Vorteile, wenn sie sich für die Gründung einer GmbH entscheiden:

- ✔ Der Aufwand für die Gründung ist im Vergleich zur AG wesentlich geringer.
- ✔ Die Kosten für die Gründung sind ebenfalls deutlich niedriger als im Vergleich zur AG.

Ehe Sie jedoch hinter Ihrem Firmennamen das Kürzel »GmbH« setzen dürfen, bittet Sie der Gesetzgeber kräftig zur Kasse: Sie müssen zunächst ein *Stammkapital* von mindestens 25.000 Euro hinterlegen.

Außerdem schreiben die Regelungen im GmbH-Gesetz (GmbHG) vor, dass Sie Ihre zukünftige GmbH ins Handelsregister eintragen lassen müssen.

Natürlich versuchen Existenzgründer, alle nötigen Schritte und Entscheidungen für ihr Unternehmen möglichst parallel und zeitnah zu treffen. Es kommt aber immer wieder vor, dass sie in dem einen Bereich deutlich schneller vorwärtskommen als in anderen. Dabei können sich folgenschwere und vor allem kostspielige Fallen auftun: Wickeln Sie oder einer Ihrer Gesellschafter bereits vor dem Eintrag Ihres Unternehmens ins Handelsregister Rechtsgeschäfte ab, muss derjenige, der den Abschluss zu verantworten hat, voll mit seinem privaten Vermögen dafür haften. Der Tipp daher: Gedulden Sie sich lieber ein wenig und kurbeln Sie Geschäfte für Ihr Unternehmen erst an, wenn es im Handelsregister steht.

Neben dem Eintrag ins Handelsregister fordert das GmbHG außerdem die Bestellung eines *Geschäftsführers*. Die Entscheidung, ob Sie selbst, einer Ihrer Partner oder ein gänzlich Außenstehender diesen Posten übernimmt, bleibt Ihnen überlassen. Der Geschäftsführer vertritt Ihr Unternehmen bei allen Eventualitäten nach außen.

Geschäftsführer einer GmbH – ein rechtlich anspruchsvolles Terrain!

Ehe Sie sich dazu entschließen, nicht nur Gesellschafter, sondern auch Geschäftsführer Ihres Unternehmens zu werden, sollten Sie sich intensiv mit den Pflichten und Rechten auseinandersetzen, die ein GmbH-Geschäftsführer übernimmt. Leider kommt es im Alltag immer wieder vor, dass sich die Herausforderung, eine GmbH zu leiten, für viele Geschäftsführer als böse Überraschung entpuppt – denn obwohl eine GmbH nur beschränkt haftet, können die Gläubiger unter bestimmten Umständen verlangen, dass der Geschäftsführer mit seinem Privatvermögen für offene Forderungen aufkommt. Daher muss er sorgfältig dokumentieren, dass er unter anderem

- ✔ das Unternehmen sach- und fachgerecht leitet, indem er strategische und zeitliche Ziele für das Unternehmen ausgibt
- ✔ das hinterlegte Stammkapital erhält, das er jederzeit auch für Investitionen oder den Abbau der Firmenschulden einsetzen könnte
- ✔ den Schuldenstand des Unternehmens möglichst gering hält
- ✔ die Führung der Bücher verantwortungsvoll überwacht
- ✔ anfallende Steuern und Sozialbeiträge ordnungsgemäß abführt.

Erzielt ein Unternehmen satte Gewinne und wächst Jahr für Jahr, brauchen Sie als GmbH-Geschäftsführer sicherlich keine Konsequenzen zu fürchten. Leidet der Betrieb allerdings unter Liquiditätsengpässen oder muss gar Insolvenz anmelden, weil er zahlungsunfähig ist, kann es für Sie schnell eng werden. Sobald Sie nicht zeigen können, dass Sie Ihren Pflichten ordnungsgemäß nachgekommen sind, können die Gläubiger Sie für mögliche Schäden auch persönlich haftbar machen.

Herz und Nieren, (gute) Seelen – die Organe einer GmbH

In Summe zählt Ihr Unternehmen zwei beziehungsweise drei Organe:

1. die Gesellschafterversammlung
2. der Geschäftsführer
3. der Aufsichtsrat

In der *Gesellschafterversammlung* schmieden die Gesellschafter Pläne für alle Entscheidungen, die das Unternehmen betreffen. Neben der Festlegung der grundsätzlichen Unternehmensstrategie üben die Gesellschafter in der Versammlung auch ihre Rechte aus – unter anderem dürfen sie Änderungen des Gesellschaftsvertrags oder sogar die Auflösung der Gesellschaft beantragen.

Unternehmer müssen nur dann einen Aufsichtsrat bilden, wenn die Firma mehr als 500 Mitarbeiter beschäftigt – in der Startphase bleiben Sie daher wohl davon verschont, auch noch einen Aufsichtsrat bestellen zu müssen.

Um eine GmbH zu gründen, müssen Sie gemeinsam mit Ihren Partnern einen *Gesellschaftsvertrag* – oft auch *Satzung* genannt – abschließen. Wollen Sie Ihr Unternehmen alleine gründen, fordert der Gesetzgeber eine einseitige *Errichtungserklärung* von Ihnen. Der Gesellschaftsvertrag beziehungsweise die Errichtungserklärung muss auf alle Fälle folgende Informationen enthalten:

- ✔ das Unternehmen und den Sitz der Gesellschaft
- ✔ den Geschäftsbereich des Unternehmens
- ✔ die Summe des Stammkapitals
- ✔ die einzelnen Beträge, die die Gesellschafter auf das Stammkapital leisten (Stammeinlage)

Sie merken schon jetzt, dass eine GmbH deutlich mehr organisatorischen Aufwand verlangt als ein Einzelunternehmen oder eine Personengesellschaft. Dabei reichen die Vorschriften, die Sie im Falle einer GmbH-Gründung beachten müssen, noch weiter.

GmbH und Geschäftsbriefe

Sobald Sie beispielsweise mit Ihren Kunden, potenziellen Geldgebern oder Zulieferern schriftlich kommunizieren, müssen Ihre *Geschäftsbriefe* immer die Informationen enthalten, die Sie in Abbildung 14.5 – und natürlich auf der CD – finden können.

Angaben	vorhanden
Sitz meines Unternehmens	
Rechtsform meines Unternehmens	
Registergericht, bei dem der Sitz meiner Firma festgehalten ist	
Nummer, unter der mein Unternehmen beim Registergericht eingetragen ist	
Namen des beziehungsweise aller Geschäftsführer	
Namen des Aufsichtsratsvorsitzenden (sofern es einen Aufsichtsrat gibt)	

Abbildung 14.5: Checkliste: Geschäftsbrief

So weit kein Problem mit einer GmbH? Super! Allerdings tun sich bei einer GmbH auch Schwierigkeiten auf, die Sie unbedingt bedenken sollten: Was Sie an dieser Rechtsform als großen Vorteil schätzen, stößt bei potenziellen Kreditgebern oft auf Skepsis: die beschränkte Haftung. Im Vergleich zur OHG genießt die GmbH ein zweifelhaftes Image, wenn es um die Frage der Kreditwürdigkeit geht. Oft genug lehnen die Gerichte die Eröffnung eines Insolvenzverfahrens ab, weil sie aus dem Unternehmen nicht einmal mehr so viel herausquetschen können, um die Kosten für das abschließende Verfahren zu decken.

Wollen Sie also unbedingt eine GmbH gründen und benötigen Sie dazu noch Startkapital, brauchen Sie in den Gesprächen mit Ihren potenziellen Geldgebern absolut überzeugende Argumente, um sie für sich und Ihre Idee zu gewinnen.

Die Gesellschaft mit beschränkter Haftung (GmbH) auf einen Blick

- ✔ Geeignet für kleine und mittelständische Unternehmen
- ✔ Geeignet für Einzelunternehmen oder Personengesellschaften, die sich vergrößern wollen
- ✔ Geeignet für Unternehmen, die mittelfristig auf Wachstum ausgerichtet sind (z.B. Forschungsunternehmen)
- ✔ Die GmbH muss in das Handelsregister eingetragen werden.
- ✔ Die GmbH wird durch einen Geschäftsführer vertreten.
- ✔ Für die Gründung einer GmbH ist die Einlage von 25.000 Euro Vorschrift.
- ✔ Für die GmbH müssen die Partner einen Gesellschaftsvertrag abschließen.
- ✔ Der Geschäftsführer muss für Schäden persönlich haften, wenn er seinen Pflichten nicht ordnungsgemäß nachgekommen ist.

Berger GmbH, Beispielstr.1, 22222 Muster   Handwerk, Haustechnik, Solar

Herrn
Peter Müller
Beispielstraße 1
33333 Exempel

Beleg-Nr.: RE07-3377
Datum: 15.02.2016
Kunde: 20345

Rechnung

Wir lieferten am 14.05.2011 an o.a. Adresse die folgenden Teile:

Position	Menge	Bezeichnung	Einzelpreis	Gesamtpreis
001	2	Dichtungsmaterial	5,50 Euro	11,00 Euro
002	1	PE Manschette (90mm)	9,70 Euro	9,70 Euro
003	1	ABS-Schmutzwasser-Hebeanlage Typ R 202	459,00 Euro	459,00 Euro
				--------------------
			Summe netto	479,70 Euro
			Mehrwertsteuer 19%	91,14 Euro
			Gesamtbetrag	**570,84 Euro**

Wir bitten, die Rechnung innerhalb von zwei Wochen über das unten angeführte Konto zu begleichen. Eigentumsvorbehalt der gelieferten Ware bis zur vollständigen Bezahlung.

Amtsgericht Nürnberg, St.Nr.: 150/150/15000,
HRB 3333, Ust-IdNr.: DE 120/120/120
Geschäftsführer: Peter Berger
Bankverbindung: Kreissparkasse Beispiel BLZ 10010000 Kto. 222 222
Raiffeisenbank Beispiel BLZ 20020000, Kto. 333 333

Abbildung 14.6: Die Adresse allein genügt nicht – bei der GmbH darf es etwas mehr sein.

Die Aktiengesellschaft (AG) – für Existenzgründer fast immer eine Nummer zu groß

Sie hören beim Autofahren immer nur Nachrichten und den Verkehrsfunk? Würden Sie Ihr Fahrzeug vor diesem Hintergrund mit einer top ausgerüsteten Stereoanlage ausrüsten? Garantiert nicht! Vermutlich wären Ihnen das Geld und die Zeit für diesen Aufwand zu schade.

Ähnlich könnte es Ihnen ergehen, wenn Sie darüber nachdenken, welche Rechtsform Sie für Ihr Unternehmen wählen. Sie wollen ein kleines Schreibbüro eröffnen, einen Zoofachhandel gründen oder eine Produktion für Dämmstoffe aus Hanf aufbauen? Egal, wovon Sie träumen – mit dem Status einer *Aktiengesellschaft* müssen Sie Ihr Unternehmen nicht sofort ausstatten. Sparen Sie sich den großen Zeitaufwand und die enormen Kosten für die Aufgaben, die bei einer Gründung wirklich dringlich sind: Schreiben Sie Ihren Business-Plan, kümmern Sie sich um potenzielle Kunden und machen Sie sich über Ihre Konkurrenz schlau. Für Existenzgründer lohnt es sich nur in den seltensten Fällen, bei der Gründung ihres Unternehmens die Hürden für eine AG zu meistern.

Falls Sie aber dennoch davon überzeugt sind, dass eine AG genau die richtige Rechtsform für Ihr Unternehmen ist und Sie sich auch entsprechende Ratschläge bei Einrichtungen wie der IHK eingeholt haben, erhalten Sie in den folgenden Abschnitten einige wesentliche Informationen über die Gründung einer AG.

Viele Wege führen zur AG

Es gibt verschiedene Wege, eine AG ins Leben zu rufen:

- ✔ Bei einer *Umwandlung* gibt es bereits ein Unternehmen, das aktiv tätig ist. In der Regel wird eine GmbH in eine AG umgewandelt.
- ✔ Stehen Sie mit Ihrem Unternehmen noch ganz am Anfang, können Sie per *Neugründung* eine AG schaffen.
- ✔ Manchmal gibt es Unternehmen, die bereits eine gegründete AG sind, aber ihre Geschäftstätigkeit noch nicht aufgenommen haben oder nicht mehr ausüben. Mit dem so genannten *Mantelkauf* (nein, das hat nichts mit dem Erwerb einer Winterjacke zu tun) können Sie ebenfalls eine AG gründen beziehungsweise erhalten.

Schritt für Schritt zur AG

Unabhängig davon, welchen Weg Sie wählen – um die folgenden Schritte kommen Sie nicht herum, wenn am Ende der Gründung die Buchstaben *AG* Ihren Unternehmensnamen mit zieren sollen:

1. **Formulieren der Satzung oder des Gesellschaftsvertrag und notarielle Beurkundung.** Nehmen Sie sich viel Zeit für diese Formalität und holen Sie im Vorfeld juristischen Rat: Die Satzung einer AG darf keinerlei Passagen enthalten, die nicht den gesetzlichen Vorgaben genügen. Außerdem müssen Sie bedenken, dass eine nachträgliche Änderung des Gesellschaftsvertrags nur möglich ist, wenn es Ihnen gelingt, einen Mehrheitsbeschluss auf der Hauptversammlung herbeizuführen.

Grundsätzlich muss die Satzung einer AG folgende Inhalte vorweisen:

- Die Namen der Gründer
- Die Anzahl der Stückaktien und/oder den Nennwert der Nennbetragsaktien sowie den Ausgabebetrag
- Firma und Sitz der Gesellschaft
- Die genaue Tätigkeit des Unternehmens
- Die Höhe des Grundkapitals
- Die Aufgliederung des Grundkapitals in die jeweiligen Aktien
- Die Information, ob die Aktien auf den Inhaber oder den Unternehmensnamen ausgestellt sind
- Die nominale Stärke des Vorstands beziehungsweise die Regeln, wie das Unternehmen die Zahl der Mitglieder bestimmt
- Informationen über die Form der Bekanntmachungen des Unternehmens

2. **Übernahme der Aktien:** Sobald Sie als Gründer der Gesellschaft die Aktien vom Notar übernommen haben, gilt die AG als errichtet – sie hat allerdings noch nicht den Status einer juristischen Person erreicht. Tätigen die Gesellschafter in dieser Phase der AG Geschäfte, die schieflaufen, müssen sie nicht nur mit dem Gesellschaftsvermögen, sondern auch mit ihren privaten Vermögen haften.

3. **Bestellen des Vorstands, Aufsichtsrates und des oder der Abschlussprüfer:** Die Größe des Vorstands richtet sich nach der angegebenen Zahl in der Satzung. Der Aufsichtsrat, der die Arbeit des Vorstands kontrolliert und seine Mitglieder bestellt, besteht aus mindestens drei Mitgliedern, die die Hauptversammlung als Aktionärsvertreter wählt. Gründen Sie Ihr Unternehmen neu, bestimmen Sie zunächst den Aufsichtsrat. Zu guter Letzt bestimmen Sie noch die Abschlussprüfer, die beurteilen, ob Ihre Gesellschaft die Bücher ordnungsgemäß führt.

4. **Gründungsbericht und Gründungsprüfung:** Die Dokumente müssen alle Details der Gründung enthalten. Ohne Gründungsbericht können Sie Ihre AG nicht im Handelsregister eintragen lassen. Es kommt immer wieder vor, dass auch eine Gründungsprüfung erfolgen muss. Über diese Untersuchungen, die beispielsweise Notare durchführen, müssen Sie ebenfalls einen Bericht vorlegen.

5. **Einzahlen der Einlagen (Kapital und/oder Sachwerte):** Die Höhe des Grundkapitals einer AG muss mindestens 50.000 Euro betragen.

6. **Anmeldung Ihrer AG beim Handelsregister:** Erst wenn Sie alle Dokumente erstellt und gesammelt, alle Organe bestimmt sowie Ihre Einlage geleistet haben, können Sie sich um die Anmeldung beim Handelsregister bemühen. Ehe der Eintrag allerdings erfolgt, vergeht oft sehr viel Zeit. Solange die AG nicht im Handelsregister steht, muss der Vorstand persönlich für alle Verbindlichkeiten haften. In dieser Phase ist die AG lediglich errichtet, nicht aber entstanden. Wird die AG endlich im Handelregister geführt, entstehen für sie neue Pflichten wie beispielsweise die Ad-hoc-Pflicht.

Die Aktiengesellschaft (AG) auf einen Blick

- ✔ Für Existenzgründer nur in Ausnahmefällen geeignet
- ✔ Geeignet für Unternehmen, die einen hohen Kapitalbedarf haben
- ✔ Die AG ist eine juristische Person.
- ✔ Die AG wird durch einen Vorstand vertreten.
- ✔ Für die Gründung einer AG muss ein Grundkapital von mindestens 50.000 Euro vorhanden sein.
- ✔ Für die Gründung einer AG müssen die Partner einen Gesellschaftsvertrag abschließen.
- ✔ Für Verbindlichkeiten aller Art haftet die AG mit dem Gesellschaftervermögen.
- ✔ Ohne die Organe Vorstand, Aufsichtsrat und Hauptversammlung ist die AG nicht handlungsfähig.
- ✔ Die oder der Gründer müssen die AG ins Handelsregister eintragen lassen.

Nomen est omen – die Namenswahl

Es gibt wohl kaum einen Aspekt bei einer Unternehmensgründung, der von den Gründern so unterschätzt wird wie die Namensfindung beziehungsweise Namenswahl des eigenen Betriebs. Dabei scheint es auf den ersten Blick so einfach zu sein, einen pfiffigen, witzigen und einprägsamen Namen zu finden, den die Kunden sich auch noch gut merken und mit dem Produkt oder der Dienstleistung in Verbindung bringen können.

Kaufen Sie das Futter für Ihren vierbeinigen Liebling noch im Supermarkt um die Ecke? Dabei bietet der Online-Tierfachhandel Zooplus allen Tierfreunden auf seiner Plattform eine riesige Auswahl inklusive eines Lieferservices. *Zoo* – logisch, das Geschäft der Münchner dreht sich ausschließlich um alles, was Wauwau oder Mieze so begehren. *Plus* – klar, kauft der Kunde bei dem Unternehmen im Internet ein, macht er Plus – das suggeriert zumindest der Firmenname. Vermutlich gehören Sie auch zu den etwa 30 Millionen Menschen in Deutschland, die bei ihren Einkäufen Punkte sammeln. Das Kundenbonusprogramm Payback hat vor einigen Jahren nicht nur den Markt für Kundenkarten revolutioniert, vielmehr ist sein Name auch Programm. Denn eifrige Jäger und Sammler erhalten für ihre gehorteten Punkte Gutscheine, Coupons oder sogar Bargeld als Gegenleistung.

Ihr Recht auf einen guten Namen – formelle Vorgaben

Um derart ausgefeilte und passgenaue Namen zu erfinden, müssen die Unternehmensgründer viel Phantasie entwickeln, aber vor allem viele rechtliche Voraussetzungen erfüllen. Beim Studium der Gesetze, welchen Namen Sie Ihrem Unternehmen geben dürfen, müssten Sie sich schon fast eine kleine juristische Bibliothek zulegen.

Einfluss auf den Namen haben:

- ✔ das Bürgerliche Gesetzbuch
- ✔ das Markenrecht
- ✔ das Wettbewerbsrecht
- ✔ das Handelsrecht
- ✔ das Firmenrecht des Handelsgesetzbuches

Das klingt kompliziert, aber wenn Sie Schritt für Schritt vorgehen, können Sie bei der Suche nach dem richtigen Namen für Ihr Unternehmen große Patzer mit schwerwiegenden Folgen gut vermeiden.

Lassen Sie sich nicht verschrecken und machen Sie sich auf die Suche nach einem passenden und einprägsamen Namen für Ihren Betrieb. Dabei stehen Ihnen mehrere Wege offen, denn das *Firmenrecht des Handelsgesetzbuches* – das fast ausschließlich das Namensrecht regelt – diktiert Ihnen zwar viele Vorschriften, es lässt Ihnen aber auch Platz für gute Ideen.

Während wir das Wort *Firma* häufig als Synonym für Unternehmen oder Betrieb gebrauchen, bezeichnet *Firma* im Handelsgesetzbuch lediglich den Namen des Geschäftsmanns. Der Kern des Firmenrechts enthält die Aussage, dass die Firma eines Kaufmanns der Name ist, »unter dem er seine Geschäfte betreibt und die Unterschrift abgibt. Ein Kaufmann kann unter seiner Firma klagen und verklagt werden« (§ 17 HGB).

Was geht ... – erlaubte Namen

Der Name Ihres Unternehmens darf also

- ✔ Ihren persönlichen Namen enthalten
- ✔ auf den Geschäftsgegenstand Ihres Unternehmens hinweisen
- ✔ eine Mischung aus Ihrem Namen und dem Geschäftsgegenstand sein
- ✔ frei erfunden sein.

Wenn Sie beispielsweise ein Zahntechniker-Labor aufbauen wollen, können Sie unter diesen Vorgaben etliche Namen für Ihr Unternehmen finden:

- ✔ Julia Lutz KG
- ✔ Dentallabor KG
- ✔ Hieb- und Bissfest KG
- ✔ Lutz Dentallabor KG

... und was nicht – nicht erlaubte Namen

Ärger können Sie allerdings bekommen, wenn Ihr Unternehmensname Tatsachen vorgaukelt, die sich im alltäglichen Geschäft nicht bewahrheiten, oder Tatsachen suggerieren, die nicht zutreffen.

Sie dürfen keinesfalls Ihr Unternehmen mit einem Namen ausstatten, der

- ✔ die Kunden über Ihre geschäftliche Kerntätigkeit in die Irre führt (»Baden-Württembergische Großmetzgerei«, die es aber nur in Tuttlingen gibt)
- ✔ keine Unterscheidungskraft besitzt (»Müller OHG«)
- ✔ Buchstaben- und Zahlenkombinationen enthält, die weder aussprechbar noch einprägsam sind (»1.1.1.1.« oder »A.B. C.«)
- ✔ geografische oder branchenspezifische Bezeichnungen enthält (»Rügenwalder Käse«, den Sie in Bayern herstellen)
- ✔ umgangssprachliche oder fachspezifische Bezeichnungen beinhaltet (»HansWurst und Co.«) – sollten Sie allerdings tatsächlich Hans Wurst heißen, ist es natürlich erlaubt.
- ✔ über die tatsächliche Größe des Unternehmens in die Irre führt (»Die Wollfabrik«, die nur ein 20 Quadratmeter großer Laden ist)
- ✔ Zusätze enthält, die bestimmte Erwartungen wecken (»Der Internationale Software-Service«, der nur auf regionaler Ebene agiert)
- ✔ einen akademischen Grad beinhaltet, den der Unternehmer gar nicht besitzt (»Dr. Schnell Versicherungsagentur«)
- ✔ eine Berufsbezeichnung nennt, die der Unternehmer nicht absolviert hat (»Peter Schneider Architekturbüro«)
- ✔ einen wissenschaftlichen Charakter suggeriert, der aber nicht zutrifft (»Heinzingers Internationale Fach-Akademie für Mathematik«, die nur Nachhilfestunden für Schüler gibt). Bei Bezeichnungen wie »Akademie«, »Institut« oder »Kolleg« ist daher stets Vorsicht geboten.

Mussten Sie jetzt etliche Namen von Ihrer Wunschliste streichen? Besser jetzt, bevor Sie beim Eintrag Ihres Unternehmens ins Handelsregister Ärger kriegen.

Schöne Kinder haben viele Namen

Behalten Sie während der Namenssuche immer die oben genannten Stolperfallen, aber auch die Firmengrundsätze im Hinterkopf, die das Handelsgesetzbuch formuliert – dann kann (fast) nichts mehr schiefgehen:

- ✔ **Die Firmenwahrheit.** Der Name muss Ihr Unternehmen von anderen unterscheiden, darf nur wahre Angaben enthalten und darf potenzielle Kunden nicht in die Irre führen.
- ✔ **Die Firmenausschließlichkeit.** Ihr Unternehmensname muss sich von allen bereits bestehenden Unternehmensnamen in Ihrer Gemeinde oder Stadt klar unterscheiden.
- ✔ **Die Firmenöffentlichkeit.** Um Informationen über Ihr Unternehmen der Öffentlichkeit zugänglich zu machen, fordert das Handelsgesetzbuch den Eintrag ins Handelsregister und dort macht sich ein einprägsamer Name besser als eine 0815-Variante.
- ✔ **Die Firmenbeständigkeit.** Auch wenn die Firmenbeständigkeit teilweise mit dem Grundsatz der Firmenwahrheit kollidiert – sie ermöglicht die Übernahme oder den Kauf eines Unternehmens unter dem bisherigen Namen.

Alles, was (Namens-)Recht ist

Viel Ärger hatten und haben die deutschen Gerichte auch immer wieder um die Domain-Namen im Internet. So musste der renommierte Unternehmensriese Krupp lange gegen eine Privatperson prozessieren, ehe ihm aufgrund seiner großen Bekanntheit die Justiz seinen Anspruch auf die Domain `krupp.de` zusprach. Der Beklagte hatte sich den Namen in den frühen Anfängen des Internets gesichert.

Der Mineralölkonzern Shell musste sogar bis vor den Bundesgerichtshof (Az.: I ZR 138/99) ziehen, um den Domain-Namen `shell.de` für sich beanspruchen zu dürfen. Nach Meinung der Richter gab die überragende Bekanntheit des Namens und der Marke Shell den Ausschlag, ihm den Domain-Namen zuzusprechen. Auch in diesem Fall hatte sich eine Privatperson `shell.de` lange vor den Ansprüchen des Konzerns reservieren lassen.

Der Name ist doch schön! Wer hat denn etwas dagegen?!

Okay, sind Sie so weit? Haben Sie einen Namen gefunden, mit dem Sie glücklich sind und der alle rechtlichen Kriterien erfüllt? Dann sind Sie leider immer noch nicht am Ziel!

Denn abhängig von der Rechtsform Ihres Unternehmens müssen Sie weitere Regelungen beachten. Hier steckt der Teufel im Detail, denn nicht jede Rechtsform lässt jeden Namen zu. Für Kunden, Zulieferer oder Investoren muss beispielsweise schon am Namen erkennbar sein, welche Haftungsbedingungen in dem Unternehmen herrschen.

Tabelle 14.1 verschafft Ihnen einen schnellen Überblick über die Namensvorgaben der Rechtsformen.

Rechtsform	Namensvorschriften
OHG	Mindestens der Zuname eines Gesellschafters plus Kürzel OHG
KG	Zuname des Komplementärs plus Kürzel KG
GmbH	Mindestens der Name eines Gesellschafters oder der Gegenstand des Unternehmens plus Kürzel GmbH
GbR	Sach- oder Personenname plus Kürzel GbR
Einzelunternehmung	Mindestens einen ausgeschriebenen Vornamen und den Nachnamen des Inhabers
AG	Muss das Kürzel AG enthalten
Kleingewerbetreibende	Mindestens einen ausgeschriebenen Vornamen und den Nachnamen des Inhabers plus Zusatz über den Gegenstand seiner Tätigkeit
Freiberufler	Mindestens einen ausgeschriebenen Vornamen und den Nachnamen des Inhabers plus Zusatz über den Gegenstand seiner Tätigkeit
Limited	Muss das Kürzel Ltd. enthalten

Tabelle 14.1: Die Namensvorgaben bei den einzelnen Rechtsformen

Die örtlichen Büros der Industrie- und Handelskammer beraten Sie vor Ort, wenn Sie bei der Namenswahl für Ihr Unternehmen keine Fehler machen wollen. Natürlich können Sie Ihre Wunschnamen auch einem Anwalt zur Prüfung vorlegen – das wird allerdings um einiges teurer. Daher sollten Sie gut überlegen, ob sich dieser Schritt für Sie lohnt.

Warum Sie trotz aller Absicherungen mit dem Namen Ihres Unternehmens immer noch nicht auf der sicheren Seite sind, lesen Sie im nachfolgenden Abschnitt.

Der unsichtbare Dritte – Markenrechte & Co

»Tank und Rast«, »Adidas«, »Bayer«. Wetten, dass Sie zu jedem der drei Namen Bilder im Kopf haben? »Tank und Rast« – Sie erinnern sich an Ihren Tankstopp auf dem Weg in den Süden, als Sie kurz vor der österreichischen Grenze in eine Autobahnraststätte gelaufen sind, die so eingerichtet war, als ob jeden Moment Elvis Presley persönlich vorbeischaut. »Adidas« – in Gedanken haben Sie wahrscheinlich hinzugefügt: »Die Marke mit den drei Streifen«. »Bayer« – die rauchenden Schlote des Chemieriesen oder vielleicht erinnern Sie sich noch an die Zeit, als Michael Ballack in Leverkusen im Trikot von Bayer Tor auf Tor schoss.

Auch wenn Sie die Lektüre über die rechtlichen Regelungen für die Namenswahl einige Stunden kosten – letztendlich treffen Sie Ihre Entscheidung vor allem auch unter Marketingaspekten. Ihre Firmenbezeichnung soll Kunden neugierig machen, Konsumenten ködern und sich unlöschbar in die Köpfe der Kunden brennen.

Bei der Auswahl eines griffigen Namens kollidieren Sie unter Umständen mit den Interessen anderer Unternehmen. Durch die Namenswahl besteht die Gefahr, dass Sie

- ✔ einen Namen ausgesucht haben, der bereits existiert
- ✔ eine Bezeichnung gefunden haben, die besonders geschützt ist
- ✔ die Rechte Dritter verletzen.

Haben Sie das Glück, sich mit diesen Problemen nicht plagen zu müssen, empfiehlt es sich, in die Offensive zu gehen und Ihrerseits alle Rechte auszuschöpfen, die Ihnen zustehen. Freuen Sie sich nicht nur, dass Sie keinerlei Konflikte wegen des ausgewählten Namens Ihres Unternehmens haben – lassen Sie sich Ihren Firmennamen als Marke schützen. Das Markengesetz sieht vor, dass Sie unter anderem bestimmte Wörter, Logos, Slogans, Farben oder auch Kombinationen aus allen Möglichkeiten als Marke verankern dürfen. Ihre Marke ist geschützt, wenn sie im entsprechenden Register des Patentamts geführt wird.

Typische Beispiele für einen gezielten Markenschutz gibt es in Deutschland nahezu unendlich viele:

- ✔ Das Magenta-Rot der Deutschen Telekom
- ✔ Der Haribo-Goldbär
- ✔ Das Pfefferminzblatt von Wrigley's Spearmint

- 007
- Die Raute des Skiherstellers Völkl
- Die Buchreihe »für Dummies«

Ach wie gut, dass niemand weiß ...

Ehe Sie Ihren Namen oder Ihr Logo als Marke schützen lassen, müssen Sie zuvor Ihre Qualitäten als Detektiv beweisen. Das Patentamt prüft für den Eintrag lediglich auf korrekte Formalitäten – ob Sie durch den Eintrag jedoch Rechte Dritter verletzen, kontrolliert die Behörde nicht. Die akribische Suchaktion können Sie in drei Schritten starten:

1. Klappern Sie die gängigen Suchmaschinen im Internet nach möglichen Namens- oder Slogan-Überschneidungen ab.
2. Starten Sie eine Abfrage in dem elektronischen Schutzrechtsauskunftssystem »DPINFO« – einer umfangreichen Datenbank des deutschen Patent- und Markenamts.
3. Setzen Sie eine kostenpflichtige Firmenrecherche im Handelsregister ab.

Ergibt das Ergebnis Ihrer Recherche, dass bisher niemand Ihren Firmennamen nutzt, sollten Sie dennoch ein weiteres Mal Ähnlichkeitsabfragen im Internet durchführen. Möglicherweise gleicht Ihr Name einer Gemeinde oder einer Firma, von der Sie noch nie etwas gehört haben – die aber ältere Rechte auf den Namen geltend machen könnten. Ist Ihr Firmenname dann bereits eingetragen, müssen Sie trotzdem für die Löschkosten aufkommen.

Leider garantiert Ihnen selbst die gewissenhafteste Suche nicht, dass Sie in wettbewerbs-, marken- oder namensrechtlicher Hinsicht nichts übersehen haben. Allerdings können Sie zumindest das Risiko um ein Vielfaches reduzieren.

Lohnende Investition

Die Kosten für den Eintrag einer Marke in ein nationales oder internationales Register können sich um mehrere hundert Euro unterscheiden – ja nachdem, wie schnell und wo Sie Ihre Marke schützen lassen wollen.

Die Anmeldegebühr beim Marken- und Patentamt (national) beträgt 300 Euro; die Beschleunigungsgebühr zusätzliche 200 Euro. Inklusive Amtsgebühren entsteht in der Regel ein Betrag um die 500 Euro. Die Anwaltskosten summieren sich auf etwa 800 Euro zuzüglich Mehrwertsteuer.

Wollen Sie Ihre Marke europaweit schützen, kommt eine Anmeldegebühr von 900 Euro sowie eine Eintragungsgebühr von 850 Euro auf Sie zu. Die Amtsgebühren betragen also rund 1.800 Euro. Für den Anwalt müssen Sie circa 1.300 Euro zuzüglich Mehrwertsteuer ansetzen.

www.aerger-mit-der-domain.de – Sonderfall Internet

Inzwischen gehört es in der Wirtschaft längst zum guten Ton, dass Unternehmen im Internet vertreten sind. Potenzielle Kunden, Investoren oder Geschäftspartner erwarten wenigstens einen informativen Überblick über die Tätigkeiten, die Geschäftsführung, mögliche Referenzkunden des Unternehmens und einen Anfahrtsplan. Wenn Sie also nicht gerade ein Damenschuhgeschäft oder einen Copy-Shop eröffnen, ist es empfehlenswert, dass Sie auch einen Internetauftritt planen.

Dazu brauchen Sie natürlich einen kurzen, prägnanten Domain-Namen – und spätestens jetzt müssen Sie sich ganz vorsichtig weiter vorantasten. Denn mögliche Fehler, die Sie aus Unwissenheit begehen, ziehen oft Versuche nach sich, Abmahnungen zu verteilen beziehungsweise teure Strafen zu kassieren.

Prüfen Sie daher, ob

- ✔ Ihre Wunsch-Domain noch zu vergeben ist. Verschiedene Anbieter wie `www.domain-abfrage.net` oder `www.checkdomain.de` bieten Ihnen Möglichkeiten zu einer Abfrage. Da die Preise der Anbieter teilweise sehr weit auseinander liegen, lohnt sich auf alle Fälle ein Preisvergleich.
- ✔ Ihre Wunsch-Domain nicht Rechte älterer Unternehmen verletzt. Wählen Sie beispielsweise die Domain »DasBestefuerBMWs.de«, dürften Sie schnell mit dem bayerischen Autobauer in Konflikte geraten.
- ✔ die Endung Ihrer Wunsch-Domain keine gesetzlichen Regeln verletzt. So ist die Endung »pro« ausschließlich freiberuflich Selbstständigen wie Anwälten vorbehalten. Seriöse Unternehmer wählen in der Regel die Endungen »de«, »com« oder »info«.

Welche Behörde was wissen muss

Formulare, Formulare, Formulare – es ist eine lästige Pflicht, aber egal, ob Sie Gewerbetreibender oder Freiberufler sind, ehe Sie nicht alle Formalitäten erledigt haben, müssen Sie von Pontius bis Pilatus laufen. Bevor Sie an den Start gehen, empfiehlt es sich beispielsweise, Ihren Lebenslauf, den Business-Plan oder auch Bescheinigungen wie die Handwerkskarte mehrfach zu kopieren.

Da es in einigen Branchen eine Vielzahl von speziellen Auflagen für die Unternehmen gibt, die sie bei den unterschiedlichsten Ämtern beantragen oder sich genehmigen lassen müssen, bieten wir hier einen Überblick über die Behörden, mit denen sich der größte Teil der Existenzgründer auseinandersetzen muss.

Gewerbeamt

Für Gewerbetreibende wie Spediteure oder Fliesenleger ist das Gewerbeamt die zentrale Stelle, die alle Daten eines gewerblich ausgerichteten Unternehmens aufnimmt. Ob Start, Veränderung oder Auflösung eines Betriebs – sobald sich in Ihrem Betrieb etwas tut, müssen Sie es dem Gewerbeamt melden.

Wenn Sie mit Ihren Plänen so weit sind, dass Sie Ihr Unternehmen beim Gewerbeamt anmelden können, müssen Sie einen großen Stapel Unterlagen vorlegen. In Abbildung 14.7 sehen Sie eine Liste, was Sie so alles benötigen. Sie finden diese Checkliste auch auf der CD, damit Sie die einzelnen Punkte an Ihre Bedürfnisse anpassen und dann alles abhaken können. Es wäre doch schade, wenn Sie auf dem Gewerbeamt feststellen müssten, dass Sie Ihren Personalausweis vergessen haben.

Unterlagen	**erledigt**
Personalausweis oder Reisepass	
Gegebenenfalls einen Nachweis für die Bevollmächtigung, dass ein Dritter ebenfalls für Ihr Unternehmen handeln darf (bei Geschäftsführern oder Prokuristen reicht der Auszug aus dem Handelsregister)	
Gegebenenfalls Erlaubnisse wie die Handwerkskarte oder die Maklererlaubnis	
Gegebenenfalls einen Handelsregisterauszug über die Eintragung in das Handelsregister	
Für einen ausländischen Handelsregisterauszug eine deutsche Übersetzung	
Weicht der Betriebsort des Unternehmens von der Anschrift der anmeldenden Person ab, wird ein Miet- oder Pachtvertrag oder die Bestätigung des Vermieters benötigt.	
Bei begründetem Anlass ein Führungszeugnis oder eine Auskunft aus dem Gewerbezentralregister	
Ihre Angaben übermittelt das Gewerbeamt an alle weiteren Behörden, mit denen Sie in Zukunft zu tun haben:	
Finanzamt	
Industrie- und Handelskammer	
Handwerkskammer	
Immissionsschutzbehörde	
Staatliches Gewerbeaufsichtsamt	
Eichamt	
Bundesagentur für Arbeit	
Berufsgenossenschaften	
Handelsregister	

Abbildung 14.7: Checkliste: Unterlagen für das Gewerbeamt

Das Gewerbeaufsichtsamt

Sobald es um einzelne Details geht, ist mit den Jungs von der Gewerbeaufsicht nicht zu spaßen! (Sollten Sie jetzt auf irgendwelche Gedanken gekommen sein: Mit den Mädels ist auch nicht zu spaßen.) Errichten Sie ein Labor, bauen Sie eine Versuchsküche auf oder hantieren Ihre Mitarbeiter in einer Produktionshalle mit gefährlichen Stoffen – müssen Sie sich mit den Vertretern des Gewerbsaufsichtsamts gut verstehen. Parallel zu Ihren bürokratischen Aufgaben überwacht die Behörde Arbeitsstätten aller Art sowie den Gefahrenschutz in den Büros oder Geschäftsräumen Ihrer Gebäude und erteilt Auflagen, wenn sie die ein oder andere Einrichtung nicht für ausreichend hält.

Das Gewerbeaufsichtsamt

- ✔ erteilt Informationen über Vorschriften
- ✔ bewertet alle immissionsschutzrechtlichen Genehmigungsverfahren
- ✔ erteilt Genehmigungen im Wasser- und Abfallrecht
- ✔ überwacht die Einhaltung der arbeitsschutzrechtlichen Bestimmungen
- ✔ erlässt Bescheide
- ✔ verhängt Sanktionen
- ✔ überwacht die Sicherheit technischer Produkte.

Die umfangreiche Liste zeigt Ihnen schon, in wie vielen Bereichen das Gewerbeaufsichtsamt herumstöbert. Sofern Sie für Ihre zukünftigen Mitarbeiter nicht nur Schreibtisch-Arbeitsplätze einrichten müssen, sollten Sie der Behörde Ihr Vorhaben möglichst frühzeitig präsentieren. Haben Sie für Ihr Unternehmen bereits Räume gemietet oder gepachtet beziehungsweise sind gerade dabei, empfiehlt es sich, die Lokalitäten vor Ort mit den Mitarbeitern des Gewerbeaufsichtsamtes zu besichtigen. Erkundigen Sie sich nach möglichen Vorschriften wie Schutzkleidung, Fluchtwege oder Sicherheitsabstände, die Sie unter Umständen einhalten müssen – nachträgliche Anpassungen oder Verbesserungen kosten Sie nur unnötig Geld und auch Zeit.

Industrie- und Handelskammer/Handwerkskammer

Für Freiberufler sind sie bedeutungslos – für Gewerbetreibende ein absolutes Muss: die Industrie- und Handelskammern beziehungsweise die Handwerkskammer. Die Kammern nehmen Sie automatisch in die Mitgliedsdatei auf, sobald Sie Ihren Betrieb starten – den hierfür nötigen Hinweis erhalten sie vom Gewerbeamt.

Die Höhe für die Mitgliedschaft ermittelt jede der insgesamt 81 Industrie- und Handelskammern in Deutschland individuell aus einem Grundbetrag und einer Umlage. So beträgt beispielsweise der niedrigste Grundbetrag für einen Kleingewerbetreibenden zwischen 30 und 75 Euro jährlich. Unternehmen, die im Handelsregister eingetragen sind, müssen mit einem Grundbetrag zwischen 150 und 300 Euro pro Jahr kalkulieren.

Seit dem 1. Januar 2004 erheben die Kammern für Unternehmer, die sich selbstständig machen, in den ersten beiden Jahren keinen Grundbetrag. Außerdem fordern die Kammern in den ersten vier Jahren keine Umlage, wenn die Unternehmen nicht im Handelsregister eingetragen sind und ihr Ertrag einen Betrag von 25.000 Euro nicht überschreitet.

Als Gegenleistung für den Beitrag bieten die Industrie- und Handelskammern ihren Mitgliedern verschiedenste Serviceangebote: Sie reichen unter anderem von kostenlosen Beratungen über Berufsaus- und Weiterbildungen bis hin zur Erstellung von Gutachten.

Arbeitsamt

Die Arbeitsämter sind für die Erteilung der *Betriebsnummer* zuständig. Diese achtstellige Nummer brauchen Sie, um Ihre Mitarbeiter bei den Krankenkassen an- und abzumelden und die Beiträge zur Kranken-, Renten- und Arbeitslosenversicherung abzurechnen. Die Mitarbeiter vom Arbeitsamt wissen in der Regel dank der Gewerbeanzeige schon über Ihre Unternehmensgründung Bescheid, wenn sie zum ersten Mal bei Ihnen anklopfen und nach der Betriebsnummer fragen. Freiberufler hingegen müssen das Arbeitsamt zunächst noch über ihre geplante Unternehmensgründung informieren.

Die Betriebsnummer müssen Sie beantragen, wenn Sie

- ✔ mindestens einen Mitarbeiter beschäftigen – auch geringfügig Beschäftigte
- ✔ einen bestehenden Betrieb übernehmen

Um die Betriebsnummer zu erhalten, müssen Sie folgende Angaben an Ihr Arbeitsamt leiten:

- ✔ Firmenadresse
- ✔ Firmenname
- ✔ Telefonnummer, Faxnummer oder E-Mail-Adresse
- ✔ Ansprechpartner
- ✔ Genaue Branchenbezeichnung, in der das Unternehmen aktiv ist
- ✔ Informationen, ob Sie nur sozialversicherungspflichtige und/oder geringfügig Beschäftigte einstellen.

Auch in einem weiteren Punkt kommen Sie nicht darum herum, das Arbeitsamt für Ihre Unternehmensgründung einzuspannen: Sobald Sie planen, ausländische Beschäftigte einzustellen, die nicht Staatsbürger der EU sind, müssen Sie bei der Behörde eine Arbeitserlaubnis für sie beantragen.

Sozialversicherungsträger

Drei Mitarbeiter im Labor, eine Sekretärin, eine Aushilfskraft? Unabhängig davon, was jeder einzelne Ihrer Arbeitnehmer verdient – Sie müssen für alle Renten- und Arbeitslosenversicherungsbeiträge an den Fiskus abführen. Bekommen Ihre Arbeiter im Jahr nicht mehr als

48.600 Euro, besteht für sie eine gesetzliche Krankenversicherungspflicht. Sie müssen die betroffenen Mitarbeiter bei den gesetzlichen Kassen anmelden. Zur Auswahl stehen:

✔ Die Allgemeine Ortskrankenkasse (AOK)

✔ Die Betriebskrankenkasse (BKK)

✔ Die Innungskrankenkasse (IKK)

Wir brauchen Ihnen ja nicht gesondert zu sagen, dass der oben angegebene Betrag höchstwahrscheinlich schon nicht mehr gilt, wenn dieses Buch gedruckt ist. Die Beitragsbemessungsgrenze ändert sich ja bald öfter als das Wetter.

Parallel zu den genannten Kassen können Angestellte ihrem Arbeitgeber mitteilen, wenn sie lieber bei einer alternativen Ersatzkasse versichert sein wollen. In Frage kommen hier unter anderem die

✔ Barmer Ersatzkasse

✔ Technikerkrankenkasse

✔ Deutsche Angestellten Krankenkasse

Beschäftigen Sie einen Mitarbeiter, der mehr als 48.600 Euro (2014) jährlich verdient, kann er selbst entscheiden, ob er sich freiwillig weiter bei den gesetzlichen Krankenkassen oder einem privaten Krankenversicherungsunternehmen versichert. Für ihn müssen Sie dann lediglich Renten- und Arbeitslosenbeiträge abführen. In allen anderen Fällen führen Sie als Chef alle Sozialversicherungsbeiträge an die jeweils ausgewählte Krankenkasse des Mitarbeiters ab. Spätestens bis zum 15. April jeden Jahres müssen Sie den Krankenkassen Rechenschaft über die beschäftigten Mitarbeiter und deren Löhne und Gehälter aus dem Vorjahr ablegen.

Finanzamt

Mit einem Besuch beim Finanzamt verhält es sich ein wenig so wie mit einem Zahnarzttermin – freiwillig und gerne geht keiner hin, aber die Notwendigkeit für die Besuche sieht jeder ein. Wenn Sie Ihre private Steuererklärung bisher einem Fachmann anvertraut haben und deswegen Ihren Sachbearbeiter gar nicht kennen, sollten Sie das vor der Gründung Ihres Unternehmens nachholen – sofern Ihr künftiger Firmenstandort nicht von Ihrem Wohnort abweicht und nicht unterschiedliche Finanzbeamte für die Bearbeitung von Lohn- oder Einkommensteuer beziehungsweise Gewerbesteuer usw. verantwortlich sind.

In einem persönlichen Gespräch können Sie den zuständigen Beamten ausführlich über Ihr Vorhaben informieren und ihm auch Ihren zuständigen Steuerberater nennen. Auch wenn Sie Ihre Unterlagen bei Ihrem Steuerberater in den besten Händen wissen, lassen Sie sich trotzdem Tipps geben, was das Finanzamt rund um Ihre Unternehmensgründung von Ihnen erwartet:

✔ Ihre Selbstständigkeit anmelden (sofern Sie freiberuflich tätig sind)

✔ eine Steuernummer beantragen

✔ Umsatz- und Gewinn für die ersten Steuervorauszahlungen schätzen und angeben

Haben Sie bereits Mitarbeiter, verlangt das Finanzamt noch ein wenig mehr von Ihnen:

- ✔ Lohnsteuer für die Löhne und Gehälter der Mitarbeiter abführen
- ✔ Solidaritätszuschlag (5,5 Prozent der Lohnsteuer) abführen
- ✔ Kirchensteuer (je nach Bundesland zwischen acht und neun Prozent der Lohnsteuer) abführen

Unternehmer, die Gewerbebetriebe leiten, erhalten automatisch vom Finanzamt einen Fragebogen, mit dem die Behörde sie steuerlich erfasst – dem Gewerbeamt sei Dank! Unabhängig davon teilen Existenzgründer sicherheitshalber dem Fiskus den Zeitpunkt mit, an dem sie planen, ihre Geschäftstätigkeit aufzunehmen, beziehungsweise es tatsächlich tun.

Planen Sie mit Ihrem Unternehmen nicht nur Geschäfte in Deutschland zu machen, sondern akquirieren Sie auch ausländische Kundschaft, benötigen Sie eine *Umsatzsteueridentifikations-Nummer (UST-ID).* Sie ermöglicht Ihnen einen weitgehend reibungslosen Ablauf Ihrer Geschäfte rund um den Globus.

Vom Türschild ins Web: Die ersten praktische Schritte

15

In diesem Kapitel

- Die Wahl des optimalen Standorts
- Die Grundausstattung für den ersten Kundenkontakt
- Meine Firma im Web
- Die richtigen Partner für Recht und Steuern

Auf die Plätze, fertig, los! Mit der formellen Gründung der Firma kann das Unternehmerleben so richtig losgehen. Fragt sich nur, wie? Im Zentrum aller Überlegungen stehen immer zwei Fragen: Wie komme ich an Kunden und wie halte ich Kunden? Dabei sind die Erfolgsfaktoren je nach Branche sehr unterschiedlich: Bei Dienstleistern entscheidet häufig der persönliche Kontakt sowie das professionelle Auftreten im richtigen und virtuellen Leben. Bei Händlern spitzt sich die Frage auf das Thema Standort zu. Denn was hilft das beste Ladenkonzept, wenn niemand ins Schaufenster guckt? Bei Produktionsbetrieben dagegen spielen Themen wie Verkehrsanbindung, Flächenbedarf und behördliche Auflagen eine wichtige Rolle.

Die Wahl des Standorts

Was hilft das beste Ladenkonzept, wenn niemand ins Schaufenster guckt? Und was habe ich von einem günstigen Produktionsgelände, wenn der nächste Autobahnanschluss 50 Kilometer entfernt und die Abwasserversorgung für drei Einödhöfe ausgerichtet ist? Bei Produktionsbetrieben spielen Themen wie Verkehrsanbindung, Flächenbedarf und behördliche Auflagen eine wichtige Rolle – bei Einzelhändlern dagegen Kaufkraft und Konsumentenverhalten.

Alles eine Frage der Lage – Das Erfolgsrezept im Handel

Kennen Sie das? Eine Bekannte (meist weiblich) überlegt seit Jahren, ob sie nicht einen kleinen Laden für Modeartikel, Accessoires oder Geschenke aufmachen kann. Die Person hat Geschmack, ein gutes Händchen für ungewöhnliche Dinge und vermag auch zu verkaufen. Endlich entschließt sie sich, eröffnet ihren persönlichen Traum – und schließt wenige Monate später wieder die Pforten. Professionelle Beobachter hätten ihr dieses Schicksal bereits am ersten Verkaufstag vorhersagen können, denn gerne werden solche Läden in ruhigen Vororten, in Seitenstraßen von Wohngebieten oder vielleicht sogar noch im eigenen Haus eröffnet. Doch genau damit verstoßen sie gegen die drei wichtigsten Erfolgsfaktoren im Handel: Lage, Lage, Lage! Die Mehrzahl Ihrer potenziellen Kunden sollte Ihr Geschäft innerhalb von fünf Minuten zu Fuß erreichen können!

Stopp, mögen Sparsame an dieser Stelle einwenden. In den Innenstädten kostet der Quadratmeter 200 Euro, bei uns in X-Dorf dagegen nur fünf Euro. Doch diejenigen, die sich die Innenstadtlage leisten, wissen, was sie tun. Täglich passieren Zehntausende Menschen Münchens Einkaufsmeile, die Neuhauser Straße, jeder Tourist läuft vom Dom aus Kölns Hohe Straße hinunter. Und wie viele passieren das Schaufenster in Ihrem Dorf?

Okay, diese Zuspitzung überzeichnet die wirkliche Entscheidungslage der meisten Händler, residieren diese doch weder an der Kö noch in Kleinkleckersdorf. Entscheidend für den Erfolg von Handelskonzepten bleibt aber das Thema Lauflage, sprich, die Lage, wo Ihre Kunden Ihr Geschäft erwarten. Und das ist meistens dort, wo schon mehrere Geschäfte ihre Waren anbieten. Ansonsten müssen Sie schon mit einem besonders ausgefeilten Angebot aufwarten, um Ihre Kunden zu locken.

»Bei meinem Sortiment brauche ich keine Laufkundschaft«, folgt als nächstes Kontra-Argument. Aber wie oft fahren Sie ein paar Kilometer, nur um eine Packung Servietten zu kaufen oder in einem einzigen Laden nach einem neuen Kleid zu schauen? Und wie häufig ertappen Sie sich, bei einem Besuch in der Stadt oder in einem Einkaufszentrum etwas gekauft zu haben, was sie gar nicht benötigen? Generell gilt: Je mehr sich Ihr Angebot an eine breite Zielgruppe wendet, desto wichtiger ist eine attraktive Lage! Beobachten Sie das Verhalten von Passanten, bevor Sie sich für einen ganz bestimmten Laden entscheiden. Manchmal liegt ein Ladenlokal »nur um die Ecke« von einer populären Einkaufsmeile und vermag es dennoch nicht, auch nur einen Passanten um diese Ecke zu locken.

Etwas anders stellt sich die Situation für Händler dar, deren Angebot man nicht so einfach in einer Tüte mit nach Hause nimmt. Nicht umsonst bevorzugen Autohändler, Baumärkte, große Supermärkte und Mitnahme-Möbelhändler Lagen am Stadtrand. Denn hier kann man vor der Tür parken und seine Einkäufe direkt vom Einkaufswagen in den Kofferraum laden. Wer samstags einmal bei Ikea war, weiß, zu welchen Kunststücken Bundesbürger dabei fähig sind. Kein Wunder, dass Ikea in Europa an Stadträndern baut, anders übrigens als im weniger motorisierten Asien, wo Ikea mitten in der Stadt zu finden ist.

Doch auch an den Ausfallstraßen zeigt sich, dass Verbraucher offenkundig eine Ansammlung von Händlern schätzen und nicht gewillt sind, zwischen den einzelnen Läden größere Entfernungen zurückzulegen. Wer also in Richtung Verbrauchermärkte denkt, kommt nicht umhin, die etwas höheren Quadratmeterpreise in den einschlägigen Gewerbeparks zu zahlen – auf dem Land fehlt wiederum die Laufkundschaft, na ja, in diesem Fall die Fahrkundschaft.

Am Ende haben Sie als Händler umso größere Erfolgschancen, wenn es Ihnen gelingt, dort zu sein, wo der Kunde Sie erwartet.

Wenn Sie jetzt diese Lagen mit Blick auf den Wettbewerb immer noch scheuen, liegen Sie immer noch falsch! Es ist besser, die Hälfte einer großen Zahl potenzieller Kunden adressieren zu können als 100 Prozent einer kleinen Zahl. Aber selbstverständlich sollten Sie vor Eröffnung eines Ladens genau prüfen, was die Konkurrenz an diesem Standort macht. Denn mit einem reinen »Me too-Konzept« drei Läden neben einem etablierten Händler werden Sie sich schwer tun. Doch Ihre Geschäftsidee hatte eh das gewisse Extra: den besseren Service, die günstigeren Angebote, die breitere Produktpalette, den modernen Auftritt, die gute Idee zur

Kundenbindung, oder? Wie Sie eine solche Alleinstellung, Ihren USP, erreichen, zeigt Ihnen in Kapitel 3 der Abschnitt *Patentiert oder Patent: Die Suche nach der Alleinstellung*.

Doppel-Whopper oder Big Mäc?

Wer mit dem Auto durch Deutschlands Städte fährt und auf der Suche nach einem schnellen Imbiss ist, hat oft die Qual der Wahl: Ein ums andere Mal liegen die Filialen der Fastfood-Ketten McDonald's und Burger King in Blickkontakt zueinander. Ob an langen Ausfallstraßen, Autobahnen oder Ortsmitten – die zwei amerikanischen Unternehmen wissen natürlich beide, wo sie die meisten Kunden mit ihrem Angebot erreichen können und siedeln sich dort an. Dafür nehmen sie sogar in Kauf, dass sie einen bestimmten Anteil ihrer potenziellen Kunden an den Wettbewerber verlieren.

Billig, billig, billig – Die Wahl des ersten Büros

Händler brauchen Laufkundschaft und damit eine gute Lage! Dass ein potenzieller Kunde dagegen bei einem Unternehmensberater oder einem anderen Dienstleister einfach so klingelt, kommt eher selten vor. Vielmehr erwarten diese Kunden, in der Regel Unternehmen, dass ihre Dienstleister ins Haus kommen. Wo diese selbst residieren, ist zweitrangig.

Das heißt, das erste Büro darf günstig sein. Aber Vorsicht: In diesem Büro werden Sie einen guten Teil Ihres Tages verbringen und daher sollten Sie sich wohlfühlen. Nur die Abgehärtetsten schaffen es, den Lärm einer unmittelbar benachbarten Autobahn oder eines Flughafens oder den Geruch einer nahe gelegenen Brauerei komplett auszublenden. Sie meinen, wir spotten? Sie werden staunen, was Ihnen alles als Büro angeboten wird, wenn Sie beginnen, die günstigen Angebote »Büro – jetzt nur 6 Euro« anzuschauen. Mal ist es ein mit Sperrholzwänden abgetrennter Teil einer Lagerhalle, mal der zweite Stock über einem Kfz-Betrieb mit entsprechendem Verkehr und Lärm. Aber keine Angst: Es gibt auch eine Menge vernünftiger Büros zu vernünftigen Preisen.

Die Grundfrage lautet dabei: Wie viel Büro brauche ich? Die erste Antwort gibt Ihr Business-Plan. Sie sollten zumindest in den ersten beiden Jahren in diesem Büro bleiben können und damit genügend Fläche für die bis dahin geplanten Mitarbeiter einplanen. Darüber hinaus benötigen Sie vielleicht einen Besprechungsraum (für Kunden ebenso wie für Partner und Mitarbeiter), einen Empfang und eine Küche. Wenn Sie Männer und Frauen einstellen möchten, müssen Sie darüber hinaus auch zwei Toiletten vorhalten.

Richtig ins Geld geht die technische Ausstattung eines Büros. Immer mehr Flächen sind aber mittlerweile nach modernen Maßstäben verkabelt, so dass Sie Ihre Telefone und Computer nur noch einstöpseln müssen. Ansonsten heißt es: Verhandeln! Außerhalb der Top-Lagen stehen viele Büroimmobilien leer und Vermieter sind durchaus bereit, für einen neuen Mieter die unerlässliche Verkabelung zu übernehmen. Wer viel online arbeitet, muss davon unabhängig noch prüfen, ob an diesem Standort DSL verfügbar ist. Gerade in ländlichen Gebieten sieht es da manchmal noch mau aus.

Nach einigen Jahrhundertsommern ist ein weiteres Thema nicht unerheblich: Wie gut ist dieses Büro klimatisiert? Nach wie vor verfügt in Deutschland nur eine Minderheit der Büroflächen über eine Klimaanlage – und gerade Ihr günstiges erstes Büro dürfte noch nicht dazu zählen. Umso wichtiger ist es zu klären, wie sich dieses Büro im Sommer gegen die Hitze schützen lässt. Das Spektrum reicht vom Durchzug bis hin zu Außenjalousien. Übrigens kommt dieser Punkt nicht nur Ihren Mitarbeitern und Ihnen zugute, sondern vor allem auch Ihrer Technik. Bei Raumtemperaturen von mehr als 30 Grad fühlen sich Server einfach nicht mehr wohl!

Checken Sie die folgenden Punkte in Ruhe, wenn Sie sich Ihre ersten Büroräume anschauen!

Hat mein Büro

- ✔ ausreichend Fläche
- ✔ genügend Zimmer
- ✔ eine Küche
- ✔ einen Besprechungsraum
- ✔ eine moderne Verkabelung
- ✔ einen Serverraum
- ✔ ausreichend Anschlüsse für Telefone und Computer
- ✔ Anschluss an ein Breitbandnetz
- ✔ eine Klimaanlage oder Klimaschutz
- ✔ Parkplätze

Gründerbude mit Anschluss

Untermieten statt selber mieten. In allen größeren Städten bieten mittlerweile Dienstleister Büros inklusive Service gerade für junge Unternehmer und Dienstleister an. Der große Vorteil: Von der Empfangsdame bis zum Technik verfügen diese Büros vom Start weg über eine professionelle Grundausstattung. Der Nachteil: Häufig entsprechen diese Büros nicht Ihren persönlichen Vorstellungen und werden auch schnell zu klein. Für den Start bleiben sie aber eine gute Alternative!

Das Büro auf der Bettkante – Für wen ein Home Office taugt

Wozu eigentlich ein Büro in den Zeiten von Mobiltelefonen, Blackberrys und Laptop? Eine berechtigte Frage und immer mehr Freelancer starten daher auch ihr Geschäft vom heimischen Schreibtisch aus. Als Dienstleister für IT-Unternehmen, Agenturen oder auch größere Unternehmen brauchen sie für ihre Arbeit eigentlich nur ihren Kopf – und den haben sie schließlich auch zu Hause auf.

Aber Vorsicht: Die Existenzgründung vom Eigenheim aus birgt Risiken!

1. Man braucht eine Menge Selbstdisziplin, um sich konsequent jeden Morgen um 8 oder 9 Uhr an seinem Schreibtisch zu setzen und zu arbeiten – wo man doch die Wäsche machen, schnell einkaufen oder endlich mal das Fahrrad reparieren könnte. Aber nur wer jeden Tag an seinem Unternehmen und in seinem Unternehmen arbeitet, wird auf Dauer erfolgreich sein.

2. Man braucht Ruhe und es kostet verdammt viel Erziehungsarbeit, bevor die Kinder akzeptieren, dass sie vor 17 Uhr nicht in das Arbeitszimmer stürmen dürfen, selbst wenn sie gerade den Fußball nicht finden oder ein Freund Hunger hat. Aber Sie brauchen diese Konzentration, um Ihre Geschäftsidee weiterzuentwickeln und die Leistung zu erbringen, für die Ihr Kunde Sie honoriert.

3. Das Home Office eignet sich prinzipiell eher für Einzelgänger denn für Teamplayer. Wenn Ihr Geschäftskonzept Sie auf Dauer als einzigen Mitarbeiter sieht, ist es wirklich fraglich, ob Sie noch Büromiete zahlen müssen. Wenn Sie aber auf Wachstum auch durch zusätzliche Mitarbeiter setzen, ist gerade zu Beginn ein gemeinsames Büro unverzichtbar. Wenn Sie einmal ein Team gefunden und zusammengeschweißt haben, dann, dann ist der richtige Zeitpunkt, um vielleicht ein oder zwei Tage von zu Hause aus zu arbeiten. Am Anfang aber sollten Sie im Büro präsent sein – und zwar jeden Tag.

Auf Wachstum programmiert – Die Standortwahl für größere Unternehmen

Manches Geschäftskonzept braucht vom ersten Tag an eine Menge Leute, denken Sie nur an einen Produktionsbetrieb oder ein Dienstleistungskonzept mit umfassendem Serviceanspruch. In einer solchen Situation beeinflussen eine Menge weiterer Faktoren die Standortentscheidung. Zum einen geht es gerade bei Produktionsbetrieben um Fragen wie Grundstückskosten, Kosten für Strom, Wasser und Müll, Umweltauflagen und Verkehrsanbindung. Je größer der Betrieb, desto größer auch der Einfluss von Fördermitteln auf eine Standortentscheidung – warum nicht zehn Kilometer weiterziehen, wenn dort die Kommune sämtliche Anschlusskosten übernimmt? Auch die Steuerthematik ist für größere Betriebe mit größeren Gewinnerwartungen relevant. Während die Großstädte hier mit hohen Hebesätzen bei der Gewerbesteuer ansetzen, sind viele ländliche Kommunen eher zurückhaltend.

Neben solch klassischen Faktoren wie Hebesätzen, Fördermittel und Grundstückkosten spielt bei Dienstleistern auch die Verfügbarkeit geeigneter Mitarbeiter eine entscheidende Rolle bei der Standortwahl. Je qualifizierter die Belegschaft sein muss, umso schwieriger wird es, einen solchen Betrieb mitten im ländlichen Raum zu errichten. Sicher, gerade jüngere Angestellte sollten sich freuen, profitieren sie in einer solchen Region doch von niedrigen Grundstücks- und Baukosten für ihr privates Eigenheim. Doch haben viele Hochqualifizierte in Städten studiert und tun sich schwer damit, aufs Land zu gehen – viele Mittelständler in Deutschland klagen darüber seit Jahren. Angesichts eines rückläufigen Arbeitskräfteangebots und einer voraussichtlichen Knappheit qualifizierter Kräfte aber in der nächsten Dekade sollte jeder Gründer diese Situation bei seiner Standortwahl berücksichtigen.

Hinzu kommt bei Dienstleistern ein zweites Thema: Die Erreichbarkeit von Kunden. Um 7 Uhr nach Hamburg, Arbeit am Projekt, Rückflug 21 Uhr – dieser Alltag für Berater lässt sich nur von größeren Städten mit entsprechenden Flug- und Bahnverbindungen aus realisieren. Wer von Oberstdorf oder Villingen-Schwenningen aus startet, muss eine Übernachtung mit entsprechenden Kosten einplanen.

Autobahnkreuz oder Zonenrandgebiet: Bei der Standortentscheidung von Unternehmen spielen eine Vielzahl höchst unterschiedlicher Faktoren eine Rolle. Die Checkliste in Abbildung 15.1 hilft, die Entscheidung zu systematisieren. Und vermeiden Sie vorschnelle Entschlüsse, denn schließlich soll Ihr Unternehmen die kommenden Jahre nicht ständig umziehen!

Faktor	**Sehr wichtig**	**Wichtig**	**unwichtig**
Nähe zum Kunden			
Laufkundschaft			
Parkplätze für Kunden			
Verkehrsanbindung			
Attraktivität des Standorts für Mitarbeiter			
Arbeitskräfteangebot			
Miete bzw. Kaufpreis			
Steuern			
Fördermittel			
Technische Ausstattung			

Abbildung 15.1: Checkliste: Standortwahl

Die Wahl des eigenen Auftritts

Die Wahl des Standorts ist nur der erste Schritt ins Unternehmerleben. Genauso wichtig ist es festzulegen, wie das Unternehmen selbst aussehen soll – vom Logo bis zum Webauftritt. Wer meint, das ist doch wirklich nicht so wichtig, sollte sich einmal selbst beobachten: Würden Sie Ihr Geld von einem Vermögensberater verwalten lassen, dessen Visitenkarte offenkundig von einem Automaten im Bahnhof gedruckt wurde? Und welche Aufmerksamkeit widmen Sie Schreiben auf einfachem Papier mit einem handgetippten Absender? Na?

Wie ich zu einer eigenen CI komme

Gute Frage, aber was ist eigentlich eine CI? CI steht für *Corporate Identity* – die Dinge, an denen man erkennt, dass Ihr Unternehmen auch wirklich Ihr Unternehmen ist und kein anderes.

Was eine gute CI ausmacht, zeigen großen Markenartikelhersteller wie

- ✔ McDonald's
- ✔ Coca Cola
- ✔ Audi – die vier Ringe

Sie können am Ende beispielsweise in ihrer Werbung sogar auf die Nennung ihres Namens verzichten und dennoch kann nahezu jeder den goldgelben M-Bogen, die typische Flaschenform oder den Cowboy der Marke zuordnen.

Keine Angst, so hoch liegt die Latte nicht bei der CI Ihrer Firma. Ganz so niedrig, wie mancher Gründer allerdings die Latte hängt, sollten Sie allerdings auch nicht versuchen zu springen. Warum nicht? Kunden kaufen Ihr Produkt oder Ihre Dienstleistung, registrieren dabei aber durchaus, wie Sie ihnen gegenübertreten. Je professioneller der Auftritt, desto eher verbinden sie damit, zumindest im Unterbewusstsein, einen gewissen Qualitätsstandard. Selbst wenn Kunden zu Beginn der Geschäftstätigkeit noch nachsichtig sind, wäre es fahrlässig, diese Nachsicht auszunutzen.

Ihr Unternehmen sollte vom ersten Tag an professionell aussehen. Das bedeutet: Ihre Firma hat einen aussagestarken Namen, ein ansprechendes Logo und ein einheitliches Auftreten gegenüber Kunden und der Öffentlichkeit!

Wie geht das? Es braucht eine Mischung aus Kreativität und Disziplin. Kreativität, um einen ausdrucksstarken Namen zu finden (siehe Kapitel 14) und ein entsprechendes Logo. Disziplin, um diese Kern-CI konsequent umzusetzen, von der Visitenkarte über das Briefpapier bis hin zum Webauftritt und zur ersten Firmenbroschüre.

Unter Umständen lohnt es sich, externe Experten zu Rate zu ziehen, zum Beispiel Werbeagenturen oder freie Designer. Dabei sollte die Agentur von der Größe her zum Unternehmen passen; für ein kleines Unternehmen heißt das zu Beginn: Eine kleine Agentur reicht vollkommen aus. Je besser sie diese briefen – Fachsprache für sagen, was einer machen soll –, desto geringer der Aufwand der Agentur und auch Ihr Budget. Am Ende der Entwicklung einer CI steht ein Style Guide – eine Übersicht, die festlegt, welche Farben und Schriften Ihr Unternehmen künftig verwendet.

Fünf Fragen, die Sie Ihrer Agentur stellen sollten

1. Haben Sie Erfahrung mit solchen Projekten?
2. Haben Sie Erfahrung in meiner Branche?
3. Kann ich Referenzkunden anrufen?
4. Welches Ergebnis kann ich von Ihnen erwarten?
5. Wie viel kostet das?

Wie Sie professioneller wirken: Visitenkarten, Briefpapier und so

Die kreative Idee steckt in der CI-Entwicklung, danach ist Disziplin gefragt. Denn jetzt müssen Sie die gute Idee in all die Materialien umsetzen, die Sie für Ihre tägliche Arbeit brauchen.

Ein wichtiges Aushängeschild: Ihre Visitenkarte

Sie brauchen eine Visitenkarte? Klar! Darauf gehört

- ✔ Ihr Name
- ✔ Ihre Anschrift
- ✔ Ihre Kontaktdaten (Festnetz, Handy, Fax und E-Mail)
- ✔ Ihre Website und je nach Branche Ihre Präsenz in sozialen Netzwerken
- ✔ der Name Ihres Unternehmens
- ✔ das Logo.

Fertigen Sie professionelle Visitenkarten an!!! All die handgemachten, kolorierten und selbstgesetzten Exemplare wirken einfach nur einfach. Und wenn Sie erwarten, dass ein Kunde Ihre Karte behält oder sogar noch weitergibt, dann geben Sie ihm etwas an die Hand, was er gerne behält.

Muss ja nicht gleich mit Veilchenduft sein: Ihr Briefpapier

Sie brauchen Briefpapier? Klar! Darauf gehört

- ✔ Ihr Name
- ✔ Ihre Anschrift
- ✔ Ihre Kontaktdaten (Festnetz, Handy, Fax und E-Mail)
- ✔ Ihre Website und je nach Branche Ihre Präsenz in sozialen Netzwerken wie Ihr Twitter-Account
- ✔ der Unternehmensname
- ✔ das Logo
- ✔ die Bankverbindung
- ✔ die Nummer des Handelsregistereintrags
- ✔ die USt-Nummer.

Richten Sie sich Ihr Briefpapier auf Ihrem Rechner vernünftig ein und denken Sie daran: Jeder Brief von Ihnen ist eine Visitenkarte und erzählt, wie professionell und sorgfältig Sie arbeiten.

Generell gilt: Alle Ihre schriftlichen Unterlagen sollten aus einem Guss sein und dem Kunden das Gefühl geben, dass er hier vom ersten Tag an professionell bedient wird.

Hiermit stelle ich Ihnen in Rechnung ...

Das gilt übrigens ganz besonders für das Thema Rechnungen! Wenn Sie am Ende des ersten Projektes oder am Ende des ersten Monats eines längerfristigen Vertrags Ihren Lohn in Rechnung stellen können, sollte dies ebenfalls CI-konform geschehen und von Beginn an sämtlichen rechtlichen Anforderungen genügen. Was heißt das? Auf eine Rechnung gehören die folgenden Informationen:

- ✔ Name und Logo Ihrer Firma
- ✔ Anschrift
- ✔ Datum
- ✔ Rechnungsnummer (die übrigens eindeutig sein muss)
- ✔ Leistungsbeschreibung
- ✔ Leistungszeitraum
- ✔ Netto-Betrag
- ✔ Spesen
- ✔ Mehrwertsteuer
- ✔ Bruttobertrag
- ✔ Kontoverbindung
- ✔ Zahlungsziel
- ✔ Steuernummer

Zugegeben, jetzt waren wir ein wenig voreilig. Denn bevor einer die erste Rechnung stellen kann, braucht er erst einmal einen ersten Kunden. Und um den zu gewinnen, sind häufig mehr schriftliche Unterlagen erforderlich als eine Visitenkarte und Briefpapier.

Broschüre, Katalog & Co.

Kunden in vielen Branchen erwarten nach wie vor eine Broschüre, aus der sie entnehmen können, was Sie eigentlich anbieten. Je nach Komplexität Ihres Produkts erweitert sich dies bis hin zu einer detaillierten Leistungsbeschreibung. Vor Ort beim Kunden kommt auch häufig eine Präsentation zum Einsatz, in der Regel mit Hilfe von PowerPoint erstellt. Diese stellt das eigene Unternehmen und sein Leistungsspektrum vor und geht zugleich auf die spezifischen Bedürfnisse des jeweiligen Kunden ein. Leider betrachten sowohl viele Gründer als auch erfahrene Hasen im Geschäft eine PowerPoint-Präsentation mehr als eine Möglichkeit, Texte in horizontalen Dokumenten unterzubringen – Spötter sprechen von »Word in quer«. Daher sollte man sich bei der Erstellung immer die 4x4-Regel ins Gedächtnis rufen: Vier Wörter, vier Zeilen, das reicht! Besser noch, es gelingt, die Inhalte in Grafiken und Bilder vorzustellen.

Je breiter Ihre potenzielle Kundengruppe, desto wichtiger ist es, dass Sie sich von Anfang an überlegen, welche Marketingmaterialien unverzichtbar sind. Die simpelste Form bilden

Handzettel, die Sie selbst, Freunde oder Schüler und Studenten an Ihrem Standort verteilen. Diese Handzettel weisen auf die neue Pizzeria, das neue Sonnenstudio oder den neuen Pflegedienst hin. Ähnlich zielgerichtet sind Anzeigen in lokalen Medien, der Tageszeitung oder auch den kostenlosen Anzeigenblättern vor Ort. Beides dient dazu, potenzielle Kunden auf den neuen Anbieter aufmerksam zu machen. Solche Formate brauchen – wer hätte es gedacht – auch wieder eine CI. Schließlich soll der Kunde Ihr Geschäft bei seinem ersten Besuch erkennen.

Was Sie ab dem Tag eins für Ihr Unternehmen alles brauchen, zeigt Ihnen die Checkliste in Abbildung 15.2, die Sie selbstverständlich auch wieder auf der CD finden.

Formulare etc.	**erledigt**
Visitenkarte	
Briefpapier	
Rechnungsformular	
Broschüre	
PowerPoint-Präsentation	
Fotos	
Flyer	

Abbildung 15.2: Checkliste: Formulare etc.

Ein Bild sagt mehr als 1000 Worte

Apropos Bilder! Mit Entsetzen beobachten wir Autoren immer wieder, wie sich Unternehmer selbst präsentieren, sprich welche Fotos sie von sich in Präsentationen und anderen Marketingmaterialien verwenden. Allzu häufig sieht das Foto nach Passbildautomat am Hauptbahnhof aus – allzu häufig war dies wohl auch der Ort der Bilderstellung. Wer sich einmal den Satz »Ein Bild sagt mehr als 1000 Worte« vergegenwärtigt hat, vermeidet diesen Kardinalfehler und investiert einige Hundert Euro in ein professionelles Fotoshooting. Neben der eigenen Person sollten auch die Produkte, das Ladenlokal oder das Team so ausschauen, wie sie arbeiten: Professionell!

Wo kommt was wie ins Web?

Wer jetzt denkt, die Autoren lebten noch im 20. Jahrhundert, denkt falsch. Wir haben dem Internetauftritt aufgrund seiner Wichtigkeit einen eigenen Absatz gewidmet. Gerade Handwerker und örtlich gebundene Dienstleister winken zwar immer noch ab, wenn es um die Frage des eigenen Webauftritts geht, aber ein solches Verhalten zeigt nur, dass sie die allumfassende Funktion des neuen Mediums (noch) nicht verstanden haben. Potenzielle Kunden geben eben mal bei Google »Maler München günstig« ein und machen diese Recherche zur Grundlage der Auswahl ihres Malers für die nächste Wohnungsrenovierung. Dieses Nutzerverhalten gilt auch für Ihre Firma.

Daher gilt: JEDE Firma braucht heute einen Internetauftritt. Nur eine Minderheit wird hier verkaufen und tatsächlich Umsätze erzielen, aber alle profitieren von der Möglichkeit, sich potenziellen Kunden vorstellen zu können. Und weil es hier am Ende um das Geschäft geht, sollte der Webauftritt, genau wie der traditionelle Auftritt gegenüber dem Kunden, professionell und CI-konform aussehen. Die Zeiten, wo einer zwei, drei Sites ins Netz stellte, auf denen nicht viel mehr stand als die Adresse, sind vorbei. Ich will heute wissen, was mein Arzt oder Anwalt kann, wie mein Handwerker erreichbar ist und wann der Frisör um die Ecke geöffnet hat!

1. **Definieren Sie die Inhalte Ihres Webauftritts.** Neben einer Startseite zählt dazu die Beschreibung Ihres Leistungsspektrums, die Vorstellung Ihres Teams und die Möglichkeiten, Sie zu kontaktieren. Wenn Sie komplexe Dienstleistungen oder Produkte verkaufen, empfehlen sich Fallstudien, die am Beispiel eines konkreten Kunden erklären, was Sie wie und warum besser machen. Wenn Sie über Verkaufsräume verfügen, will ich wissen, wie ich diese erreichen kann, per Auto, Zug und Bus, und wann. Und wenn Sie jetzt denken, dass die Inhalte feststehen, liegen Sie falsch. Leider haben sich Abmahnvereine Webauftritte als neues Betätigungsfeld ausgesucht und prüfen deren Konformität mit geltendem Recht. Daher unbedingt auch Angaben über den Verantwortlichen, die Adresse sowie die Steuernummer ins Impressum einpflegen.
2. **Bringen Sie diese Inhalte in eine webkompatible Form.** Das Internet setzt auf schnell zu erfassende Inhalte und eine leichte Leserführung. Also, vergessen Sie lange Texte und Endlos-Sätze und fassen Sie sich kurz. Das Internet ist zudem ein intuitives Medium, es überzeugt hier nicht nur die Kraft der Worte, sondern auch diejenige der Bilder!
3. **Sie benötigen einen Provider, der Ihren Webauftritt hostet** – also auf seinem Server einem breiten Publikum zur Verfügung stellt. In der Regel ist dies der Provider, über den Sie auch mailen und eventuell auch externe Serverdienste wie Speicherung abwickeln.

Am Ende sollte Ihr Internetauftritt die folgenden fünf Fragen beantworten:

1. Was macht Ihr Unternehmen?
2. Was macht Ihr Unternehmen einzigartig?
3. Wer arbeitet in Ihrem Unternehmen?
4. Wo ist Ihr Unternehmen?
5. Wie erreiche ich Ihr Unternehmen?

Und was ist mit Facebook & Co?

Sie merken: Die Autoren leben wirklich im 21. Jahrhundert! Denn Ihr Web-Auftritt ist längst nicht mehr die einzige Visitenkarte im Internet. Je nach Branche sind mittlerweile Auftritte in sozialen Netzwerken fast noch wichtiger als Ihre eigene Homepage. Warum? Weil sich das Nutzerverhalten gerade Jüngerer in den vergangenen Jahren weiter entwickelt hat. Anstatt zu googeln, suchen sie einen Begriff einfach mal in einem sozialen Netzwerk oder prüfen bei ihren Freunden, ob nicht einer von denen wiederum mit einem Anwalt, einem PR-Berater oder einem Schreiner befreundet ist – und kontaktieren damit jemanden, der Ihnen nicht ganz fremd ist.

Ein Brief – kein Schmierzettel! Die Etikette für die korrekte E-Mail

Immer häufiger ersetzt die elektronische Kommunikation die klassische Nachrichtenübertragung per Brief oder Fax. Während viele bei Briefen allerdings sehr wohl auf Form und Rechtschreibfehler achten, negieren sie diese Grundregeln bei E-Mails allzu gerne. Ein Riesenfehler! Mails mit Tippfehlern, ohne vernünftige Anrede und Grußformel erzeugen den Eindruck von Schlampigkeit und Flüchtigkeit. Und wer will schon mit einem Unternehmen zusammenarbeiten, das schlampig und flüchtig arbeitet?

Und noch etwas: Seit Anfang 2007 gilt in Deutschland, dass eine E-Mail die gleichen Pflichtangaben wie ein Geschäftsbrief enthalten muss. Das heißt: Zusätzlich zu Ihren Kontaktdaten *muss* Ihre Signatur jetzt auch Firmensitz, die Nummer Ihres Handelsregistereintrags, Gerichtsstand und bei Kapitalgesellschaften auch die Namen der Geschäftsführer/Vorstände enthalten. Und da das kaum jemand ernst nimmt, nutzen derzeit Abmahnvereine dieses »Gesetz über elektronische Handelsregister und ...«, um schnell ein paar Euro zu verdienen. Also: Unterschreiben Sie Ihre Mails immer mit einer ordentlichen Signatur! Bei der IHK können Sie dazu gratis ein Merkblatt erhalten.

Je nach Branche können drei Netzwerke für Sie entscheidend sein:

1. Facebook (`www.facebook.com`). Mehr als eine Milliarde Nutzer können nicht irren
2. XING (`www.xing.com`). Der deutsche Platzhirsch für professionelle Kontakte
3. LinkedIn (`www.linkedin.com`). Das amerikanische Pendant zu XING – und auch hierzulande immer populärer

Gute Nachricht für Gründer: Eine normale Mitgliedschaft kostet in keinem dieser Netzwerke auch nur einen einzigen Cent. Und das Einstellen von Informationen ist erheblich leichter als die Programmierung einer eigenen Website. Sprich: binnen ein oder zwei Stunden können die wesentlichen Informationen über Ihr Unternehmen online sein.

Schlechte Nachricht für Gründer: Das kriegt keiner mit. Daher müssen Sie jetzt noch einmal ein paar Stunden investieren und alle ihre Kontakte aktivieren. Die Netzwerke helfen Ihnen beim systematischen Screening Ihrer Kontakte und dann geht es ganz schnell: Sie schicken eine Freundschaftsanfrage, Ihr Bekannter antwortet und schon wächst Ihr Netzwerk. Und wenn jetzt ein Freund eines Freundes eines Freundes einen vertrauenswürdigen Anwalt in seiner Stadt sucht, dann kann das mit der Akquise manchmal schneller klappen als gedacht.

Beherzigen Sie bei all diesen Aktivitäten drei Grundregeln:

1. **Professionelles Auftreten.** Auf Ihre Facebook-Seite gehören NICHT die letzten Urlaubsfotos und lustige Schnappschüsse vom Karnevalsfest. Vielmehr ist auch dieser Auftritt eine Visitenkarte für Ihre Firma – und sollte auf potenzielle Kunden auch so wirken. Im Zweifel müssen Sie im Web 2.0 mit einer gewissen Schizophrenie leben und neben Ihrem beruflichen Account noch eine private Seite für persönliche Freunde unterhalten.
2. **Zurückhaltung.** Es ist überhaupt keine Frage, dass soziale Netzwerke bei der Akquise helfen können. Sie sind aber keine Vertriebsplattform, sondern eine Plattform, um Kontakte zu pflegen. Und wie im wirklichen Leben mag es kein Mensch, wenn er zwei Minuten nach der Kontaktaufnahme gefragt wird, ob er von seinem neuen Freund nicht mal etwas kaufen will.
3. **Geduld.** Der Aufbau eines Netzwerkes in sozialen Netzwerken dauert Zeit. Sie können ihn beschleunigen, in dem Sie sich an Diskussionen beteiligen, interessante Informationen einstellen oder von sich aus potenzielle Bekanntschaften ansprechen. Aber selbst dann gilt: Bis die ersten 100 Freunde zusammen sind, können locker ein paar Wochen vergehen.

Jetzt ist aber gut mit dem Internet ... Mitnichten! Zwei Themen sollten Sie zusätzlich noch in Ihre Überlegungen mit einbeziehen: Micro-Blogging und Empfehlungsportale. Selbst wer mit dem Wort Micro-Blogging nichts anfangen kann, hat sicher schon mal was von Twitter gehört. Und was soll meine Firma mit einem Dienst anfangen, wo man gerade mal 140 Zeichen Platz hat, um zu informieren? Sie können Aufmerksamkeit erregen und potenzielle Kunden anlocken. Das Prinzip ist dabei ähnlich wie bei den sozialen Netzwerken: Sie gewinnen durch interessante Inhalte und/oder persönliche Ansprache Freunde, in diesem Fall Follower – und der Schneeballeffekt kann zum Tragen kommen.

Und was sind Empfehlungsportale? Das bekannteste in Deutschland war Ende 2010 wohl Yelp (`www.yelp.de`), das frühere Qype. Hier schreiben Nutzer über ihre Erfahrungen mit lokalen Dienstleistern, Geschäften & Co: Restaurants, Ärzte und Modeboutiquen. Falls Sie in einem solchen Gewerbe tätig sind, sollten Sie überlegen, ob Sie nicht ein wenig Geld in die Hand nehmen, um sich in diesem Umfeld mit einem eigenen Auftritt zu präsentieren. Das hilft zwar nichts, wenn alle Besucher einhellig ihre Firma kritisieren, aber davon kann bei Ihnen doch auch keine Rede sein, oder?

Die Praxis zeigt, dass die meisten Nutzer über positive Erfahrungen auch positiv berichten. Und das wiederum registrieren neue potenzielle Kunden, die an einem freien Abend einfach mal schnell in ein solches Portal eingeben: Restaurant, Franzose, Köln – und dann gezielt eines der bewerteten und professionell beworbenen Etablissements aufsuchen. Und wenn Sie jetzt noch bedenken, dass solche Anwendungen auf immer mehr Smartphones installiert sind, dann ahnen Sie vermutlich, wie sehr Ihre Firma durch ein Empfehlungsportal zusätzliche Kunden anlocken kann.

Richtig beraten bei Steuern und Verträgen

Wenn Sie nicht gerade Jurist und Steuerexperte in einer Person sind, sollten Sie für diese beiden diffizilen Themen von Beginn an externe Ratgeber hinzuziehen – es würde Sie unverhältnismäßig viel Zeit kosten, sich in diese Materien selbst einzuarbeiten. Gerade in der ersten Zeit werden Sie staunen, mit wie viel Verträgen Sie konfrontiert werden. Das Spektrum reicht von der eigentlichen Gründung über den Mietvertrag bis zum Vertrag mit dem ersten Kunden, Lieferanten und Mitarbeiter. Es empfiehlt sich frühzeitig, für solche Standardsituationen Standardverträge vorzubereiten, die sich dann je nach Geschäftspartner individuell anpassen lassen.

Der richtige Anwalt für Sie

Fragt sich nur, wie man den richtigen Anwalt unter den rund 100.000 Menschen in Deutschland herausfindet, die an ihrem Türschild als Anwalt firmieren.

Fünf Regeln helfen bei der Auswahl:

Regel 1
Aus Erfahrung gut! Als beste Quelle für die Antwort auf die Frage nach dem richtigen Anwalt erweisen sich häufig Kollegen, insbesondere Unternehmer mit ähnlich gelagerten Interessen.

Regel 2
Die Größe muss passen. Zumindest zu Beginn ist Ihr Unternehmen ein kleines Unternehmen und dazu passt am besten eine kleine Kanzlei oder ein Einzelkämpfer vor Ort. Denn für diese ist Ihr Unternehmen ein interessanter Mandant; größere Kanzleien sind eher auf die Betreuung größerer Unternehmen ausgelegt.

Regel 3
Die Chemie muss stimmen. Ein Anwalt erhält tiefe Einblicke in ein Unternehmen, gerade auch in kritischen Situationen. Sie müssen Ihrem Anwalt daher vertrauen und sicher sein, dass es Sie und Ihre Anliegen ernst nimmt.

Regel 4
Der Preis sollte auch stimmen. Scheuen Sie sich nicht, direkt über Preise zu sprechen. Schließlich müssen Sie auch diese Kosten in Ihrem Business-Plan berücksichtigen. Tipp: Das erste Gespräch zur Kontaktaufnahme und zum gegenseitigen Beschnuppern (in der Regel ½ bis 1 Stunde) sollte auf jeden Fall kostenlos sein.

Regel 5
Der Erste ist nicht immer der Beste. Wie bei allen Lieferanten und Dienstleistern gilt auch hier: Schauen Sie sich zumindest drei Anwälte an, bevor Sie sich für einen entscheiden. Bedenken Sie: Diese Zusammenarbeit sollte zumindest einige Jahre funktionieren, wenn es gut läuft, ein ganzes Unternehmerleben lang.

So finden Sie den richtigen Steuerberater

Ein entscheidender Wegbegleiter in Ihrem Unternehmerleben wird Ihr Steuerberater. Denn er erledigt weit mehr als Ihre jährliche Steuererklärung. Erstens ist er ständiger Berater, da von der Wahl Ihrer Rechtsform bis hin zu Ihrer Vergütung eine Vielzahl von Entscheidungen unmittelbar oder mittelbar auch für das Finanzamt von Interesse ist und Sie jedes Mal wissen sollten, welche Steuern wann auf Grund Ihrer Entscheidung anfallen. Zweitens ist er ein Dienstleister, der in vielen Fällen zumindest zu Beginn Ihre Buchhaltung inklusive Lohnbuchhaltung übernimmt. Später berät er Sie dann bei der Einrichtung interner Buchhaltungs- und Controllingsysteme. Drittens ist er ein Vertrauter: Kein anderer Dienstleister erhält so tiefen Einblick in die wahre Situation Ihres Unternehmens und Ihres Privatvermögens. Wenn Sie jetzt noch bedenken, dass der Wechsel eines Steuerberaters sehr zeitaufwändig und mühsam ist, verstehen Sie sicher, warum Sie sich für dessen Auswahl Zeit lassen sollten!

Drei Fragen sollten Sie bei der Auswahl leiten:

Frage 1
Interessiert sich mein Steuerberater für mein Geschäft, versteht er es und trägt er eigene Ideen zu dessen Weiterentwicklung aus steuerlicher und betriebswirtschaftlicher Sicht bei? In der Regel finden Sie als Start-up einen solchen Partner eher in einer kleinen Kanzlei oder bei einer einzelnen Person. Hier ist die Wahrscheinlichkeit höher, dass Ihr persönlicher Steuerberater auch kurzfristig Zeit für Sie hat!

Frage 2
Vertraue ich der Person, die mich künftig berät? Wenn Sie beim ersten Gespräch zwei bis drei Personen gegenübersitzen, klären Sie direkt, wer Sie künftig beraten wird. Denn diese eine Person erhält Einblick in Ihr betriebliches und privates Vermögen und dieser einen Person müssen Sie trauen, im Idealfall viele Jahre lang.

Frage 3
Kann ich mir das leisten? Prüfen Sie mit Blick auf Ihren Business-Plan, wie viel Beratung und Dienstleistungen Sie von Ihrer Kanzlei in Anspruch nehmen können und wollen. Scheuen Sie sich nicht, über Preise und Zahlungsmodalitäten zu verhandeln, und holen Sie auch Konkurrenzangebote ein.

Der beste Berater schützt vor Torheit nicht! Als Unternehmer sind Sie für Ihre Entscheidungen verantwortlich. Ihr Steuerberater kann Sie ebenso wie andere Externe auf Grundlage dessen, was er weiß, beraten. Sie als Unternehmer müssen aber Ihren Markt, Ihren Wettbewerb und Ihr Umfeld selber einschätzen und daraus, mit Unterstützung von Beratern, die richtigen Schlüsse ziehen.

Teil VI

Das verflixte erste Jahr – jeden Tag was unternehmen

In diesem Teil ...

Sie haben es geschafft! Sie haben alle bürokratischen und sonstigen Hürden souverän gemeistert – Ihr Unternehmen ist gegründet. Viel Zeit zum Feiern bleibt Ihnen allerdings nicht, denn nun stehen Sie vor der großen Herausforderung, Ihren beruflichen Alltag zu meistern und den Überblick über die Zahlen und die Zeit zu bewahren.

In diesem Teil erklären wir, wie Sie in den ersten 365 Tagen die Finanzen Ihres Unternehmens bestens im Griff, Ihre Kunden im Fokus und die ideale Balance zwischen Arbeits- und Berufsleben behalten. Wir zeigen Ihnen, dass Sie sich Ihr Unternehmerleben um ein Vielfaches erleichtern, wenn Sie gut organisiert sind. Sie lesen, dass es durchaus effektiv ist, Aufgaben zu delegieren. Außerdem erfahren Sie, worauf Sie achten müssen, wenn Sie Kunden akquirieren oder Mitarbeiter einstellen. Ein Überblick über die Netzwerke, die für Unternehmer bestehen, zeigt Ihnen, dass Sie viele Freunde haben, wenn Sie sich in den entsprechenden Organisationen engagieren.

Auch wenn Sie nach den ersten 365 Tagen alles gut im Griff haben – am Ende dieses Teils sensibilisieren wir Sie für das alltägliche Unternehmerleben nach der turbulenten Startphase.

Wie Sie den Überblick über Zeit und Zahlen bewahren

16

In diesem Kapitel

- Gute Instrumente zur Unternehmenssteuerung
- Anhaltspunkte für Akquise und Kundenpflege
- Die richtige Balance zwischen Arbeits- und Privatleben

Unternehmer sein heißt weit mehr als etwas unternehmen und etwas voranbringen. Unternehmer heißt vor allem auch, Verantwortung zu übernehmen und sich selbst permanent auf den Prüfstand zu stellen:

- ✔ Ist mein Angebot gut genug für den Markt?
- ✔ Sind meine Kunden zufrieden?
- ✔ Rechnet sich mein Unternehmen?

Bei der Beantwortung dieser Fragen helfen verschiedene Werkzeuge der Unternehmenssteuerung sowie der Planung.

Unverzichtbare Zahlenspiele I

Auch wenn Sie es nicht hören wollen: Die effizienteste Methode zur Standortbestimmung Ihres Unternehmens sind die nackten betriebswirtschaftlichen Daten. Gerade im ersten Jahr des Unternehmerlebens fällt es schwer, dies zu akzeptieren, da man viel zu verliebt in das eigene Unternehmen und das eigene Produkt ist, viel zu sehr in der Zukunft denkt und lebt und viel zu gern über Perspektiven und Chancen nachdenkt. Ein Trugschluss: Denn ein nüchterner Blick auf die Zahlen verrät frühzeitig, was gut und, viel wichtiger, was nicht so gut läuft.

Tag der Wahrheit: Die monatliche BWA

Die BWA – die *betriebswirtschaftliche Auswertung* – ist das Standardwerkzeug der meisten Unternehmer. Geliefert wird dies in der Regel zu Beginn von einem Steuerberater, der die Buchhaltung für das Unternehmen übernommen hat. Gespeist wird die BWA mit allen Erträgen und Aufwendungen des vergangenen Monats Ihres Unternehmens.

Aufbau einer BWA am Beispiel eines Dienstleisters

Die betriebwirtschaftliche Auswertung stellt systematisch Ist- und Sollwerte gegenüber und eignet sich daher sowohl als Buchhaltungsinstrument (Wie lief der letzte Monat?) als auch als Controllingwerkzeug (Wo klaffen Plan und Ist auseinander?).

Ein Formular für Ihre BWA finden Sie in Abbildung 16.1 und auf der CD.

Betriebswirtschaftliche Auswertung (WA)							
	Bezeichnung	**Monatswert**	**Planwert**	**Abweichung Plan/Ist**	**Kumulierter Wert Ist**	**Kumulierter Wert Plan**	**Erreichte Werte in %**
1020	**Umsatzerlöse**						
1040	Veränderungen Eigene Erzeugnisse						
1045	Aktivierte Eigenleistungen						
1051	**Gesamtleistung**						
1060	Material-/Warenverbrauch						
1080	**Rohertrag**						
1090	Sonstige. betriebliche Erlöse						
1092	**Betriebl. Rohertrag**						
1100	Personalkosten						
1120	Raumkosten						
1140	Betriebliche Steuern						
1150	Versicherungen/ Beiträge						
1180	Kfz-Kosten (o. St.)						
1200	Werbe-/Reisekosten						
1220	Kosten Warenabgabe						
1240	Abschreibungen						
1250	Reparatur/ Instandhaltung						
1260	Sonstige Kosten						
1280	**Gesamtkosten**						

	Bezeichnung	Monatswert	Planwert	Abweichung Plan/Ist	Kumulierter Wert Ist	Kumulierter Wert Plan	Erreichte Werte in %
1300	**Betriebsergebnis**						
1310	Zinsaufwand						
1312	Sonst. neutraler Aufwand						
1322 1323	Zinserträge Sonst. neutraler Ertrag						
1324	Verrechnung kalkulatorischer Kosten						
1330	**Neutraler Ertrag**						
1345	**Ergebnis vor Steuern**						
1355	Steuern vom Einkommen und Ertrag						
1380	**Vorläufiges Ergebnis**						

Abbildung 16.1: Die betriebswirtschaftliche Auswertung

Schwarz auf weiß zeigt die BWA so, ob Ihr Unternehmen im vergangenen Monat Gewinn oder Verlust gemacht hat und welche Aufwendungen Ihren Umsätzen gegenüberstanden. Anhand dieser Aufstellung können Sie gut überprüfen, ob Ihre Kosten aus dem Ruder laufen, insbesondere dann, wenn Sie Ihre betriebswirtschaftliche Auswertung mit branchenüblichen Aufstellungen vergleichen.

So geht ein Berater in der Regel davon aus, dass maximal 50 Prozent seiner Aufwendungen Personalaufwendungen sein dürfen, 10 Prozent die Miete verschlingt, 20 Prozent für sonstige variable Aufwendungen – vom Telefon bis zum Kugelschreiber – anfallen und 20 Prozent Gewinnmarge übrig bleiben. Diese Faustformel variiert von Branche zu Branche, mal ist der Wareneinsatz höher, mal spielen Abschreibungen für Anlagegüter eine entscheidende Rolle. Ein Thema aber bleibt: Nach Abzug sämtlicher Kosten sollte ein Gewinn übrigbleiben!

Eine gute betriebswirtschaftliche Auswertung enthält natürlich nicht nur ein Übersichtsblatt. Auf den Folgeseiten bekommen Sie detailliert aufgelistet, welche Aufwendungen im vergangenen Monat angefallen sind, für welche Kunden welche Rechnungen gestellt und welche Rechnungen beglichen wurden. Die betriebswirtschaftliche Auswertung rundet ein Blick auf die Schulden bzw. das Eigenkapital Ihres Unternehmens ab. Auf vier bis fünf DIN-A4-Seiten bekommen Sie so einen Überblick über 30 Tage Ihres Unternehmerlebens.

Soll und Ist – Was die BWA noch leistet

Der Aufbau der betriebswirtschaftlichen Auswertung Ihres Unternehmens sollte sich an Ihrem Business-Plan orientieren, denn nur so können Sie leicht nachvollziehen, wie gut Ihr

Plan aufgeht. Im Idealfall arbeitet der Steuerberater oder Ihre Buchhaltung die Planzahlen gleich mit in die Übersichten ein, damit Sie auf einen Blick erkennen, welche Kosten aus dem Ruder laufen und wie sich die Umsätze entwickeln. An drei Stellen klaffen Soll und Ist besonders gerne auseinander:

1. **bei den Umsätzen,** die leider häufig später realisiert werden als ursprünglich geplant und gehofft.
2. **bei den Marketingaufwendungen,** denn gerade in den ersten Monaten fallen hier viele einmalige, aber unverzichtbare Aufwendungen ein. Denken Sie nur an Ihre erste Broschüre, Ihr Briefpapier, Ihren Webauftritt, Ihre Einweihungsfeier und Ihr erstes Direktmailing.
3. **bei den sonstigen Kosten.** Selbst wenn ein Unternehmer noch so gewissenhaft plant, übersieht er die ein oder andere Position: Beiträge zur Berufsgenossenschaft, Ausgaben für die Bahncard oder Parktickets, unverzichtbare Lektüre und einmalige Kosten beispielsweise für die Reparatur des Kopierers. Dieses läuft je nach Aufbau der betriebswirtschaftlichen Auswertung unter sonstige Kosten auf und erfordert nach einigen Monaten eine Überarbeitung der Planung – jetzt wissen Sie, was da alles auf Sie zukommt.

Die bitteren Fragen	**Ja**	**Nein**
Habe ich genügend Kapital?		
Habe ich meine Finanzierung auf ihre Richtigkeit überprüft?		
Habe ich falsch investiert?		
Arbeitet mein Unternehmen nicht ökonomisch?		
Arbeitet mein Unternehmen mit veralteter Technik?		
Entnehme ich dem Unternehmen zu viel Geld für mein Einkommen?		
Herrscht organisatorisches Chaos im Unternehmen?		
Habe ich nicht die richtigen Mitarbeiter für die Aufgaben?		
Leidet die Firma unter Liquiditätsengpässen?		
Geht der Umsatz zurück?		
Geht der Gewinn zurück?		
Finde ich keine Kunden?		
Zahlen meine Kunden nicht oder nur schleppend?		
Gibt es neue oder zusätzliche Konkurrenz?		
Verliert das Unternehmen Marktanteile?		
Lahmt die Konjunktur?		

Abbildung 16.2: Checkliste: sinkender Gewinn

Der Soll-/Ist-Vergleich ist in erster Linie ein Frühwarnsystem. Auf Monatsbasis wird es immer zu Abweichungen kommen und dies ist auch nicht tragisch. Wenn aber über zwei bis drei Monate die Umsätze hinterherhinken und die Aufwendungen unplanmäßig steigen, müssen Sie handeln, so unangenehm dies auch ist. Handeln kann heißen, mehr Aktivitäten in der Akquise entfalten, Handeln kann aber auch Sparen heißen. Und Sparen kann dann im schlimmsten Fall auch heißen, dass ein Unternehmer sich von Mitarbeitern erst einmal wieder trennen muss.

Die Checkliste in Abbildung 16.2 hilft Ihnen möglicherweise, die Ursache schnell zu finden und die Fehler zu korrigieren. Wir sind davon überzeugt, dass Sie diese Checkliste nach der Lektüre dieses Buches nie brauchen werden, haben sie aber dennoch auf die CD gepackt.

Nur Bares ist Wahres: Die zentrale Rolle der Liquiditätsplanung

Die betriebswirtschaftliche Auswertung verrät Ihnen einmal im Monat, wo ihr Unternehmen steht; Ihr Bankkonto macht dies täglich! Der ständige Blick auf die Liquidität ist insbesondere vor dem Hintergrund der Tatsache überlebenswichtig, dass Unternehmen durchaus auch mit temporären Verlusten am Markt bestehen bleiben können, im Falle der Illiquidität aber SO FORT Insolvenz anmelden müssen.

Die Insolvenz mehr oder minder aus Versehen ist in erschreckend vielen Fällen der entscheidende Grund für den Gang zum Konkursrichter. Was heißt Versehen?

Über Monate hinweg wissen Unternehmer, dass das Geschäft nicht so gut läuft, sie reduzieren den eigenen Lohn, strecken Zahlungsziele und verkaufen nicht unbedingt betriebsnotwendiges Vermögen. Eines Tages stellt dann ein Lieferant eine Forderung sofort fällig, das Konto ist leer, der hektische Gang zur Bank bleibt ohne Ergebnis, für das Aufspüren alternativer Finanzierungswege ist es zu spät, die Insolvenz unvermeidlich.

Advent, Advent – der Kunde rennt!

In wohl keiner anderen Branche müssen die Hersteller mit so gravierenden Umsatzunterschieden rechnen wie im Spielwarensegment. Lego, Playmobil und Co. erzielen mehr als 75 Prozent ihres Jahresumsatzes in den Monaten November und Dezember – schließlich sollen die lieben Kleinen tolle Geschenke unter dem Christbaum finden. Für Lohn- und Materialkosten beispielsweise aber müssen die Spielwarenproduzenten dennoch Monat für Monat aufkommen. Die große Differenz meistern sie mit einer ausgefeilten Liquiditätsplanung.

Auch wenn Ihr Unternehmen nicht zu den Marktführern in einer Branche zählt – eine effiziente Liquiditätsplanung verschafft auch kleinen Unternehmen einen aussagekräftigen Überblick über ihre finanzielle Lage und hindert die Chefs möglicherweise frühzeitig daran, zahlungsunfähig zu werden.

Vor solchen Turbulenzen schützt eine Liquiditätsplanung, die auf dem Business-Plan aufbaut. Anders als der Business-Plan stellt sie auf Zahlungseingänge und -ausgänge ab und nicht auf den Zeitpunkt der Umsatzerzielung bzw. Zurechnung der Aufwendung.

Muster einer Liquiditätsplanung auf Monatsbasis

In der folgenden Tabelle haben wir Ihnen musterhaft eine Liquiditätsplanung auf Monatsbasis dargestellt, die Sie auch wieder als Checkliste auf der CD finden können.

Liquiditätsplanung auf Monatsbasis			
	Januar	**Februar**	**März etc.**
Liquiditätsbestand am 1. Januar			
+ Einnahmen			
– Umsätze (Zeitpunkt des Zahlungseingangs entscheidend!)			
– alle anderen Erträge (bspw. aus Untervermietung, Verleih von Anlagevermögen etc.)			
– Finanzerträge (Zinsen etc.)			
= Summe Einnahmen			
– Ausgaben			
– Gehälter inklusive Sozialversicherung			
– Unternehmerlohn			
– Miete			
– Wareneinkauf			
– Werbung und Marketing			
– Leasingraten für Maschinen, PKW			
– Investitionen			
– Tilgung Kredite			
– Steuern (z.B. monatliche Abführung der Umsatzsteuer!)			
= Summe Auszahlungen			
Stand Liquidität am Monatsende			

Abbildung 16.3: Checkliste: Typischer Aufbau einer Liquiditätsplanung

Theoretisch müssten eine solche Liquiditätsplanung und der Business-Plan ganz gut zusammenpassen, wenn man unterstellt, dass das Geld direkt nach Leistungserbringung bzw. nach dem entsprechenden Aufwand fließt. Praktisch sieht es allerdings anders aus. Vor allem zwei Faktoren führen zu erheblichen Differenzen zwischen Geldeingang und Planung.

1. Zahlungsziele für Kunden und deren Zahlungsverhalten
2. große Ausgaben beispielsweise für Dienstwagen oder Maschinen

Solche Zahlungsverzögerungen zu verkraften, fällt gerade zu Beginn gar nicht so leicht, da Sie als Unternehmer ja erst einmal investieren müssen: Ihr Maschinenlieferant, Ihr Laptopverkäufer oder Ihr Automobilhaus wartet nicht so lange auf sein Geld wie Sie – und diese Diskrepanz verschärft Ihr Liquiditätsproblem. Ihr Business-Plan konnte Ihnen dies nicht verraten, sieht der doch vor, dass Sie diese Anlagegüter über vier oder fünf Jahre abschreiben.

Warum sich Zahlungseingänge verzögern

Ihr Unternehmen startet am 1. Januar mit einem ersten Auftrag von einem Kunden; zum 31. März stellen Sie erstmals eine Rechnung mit 30 Tagen Zahlungsziel, doch am 30. April ist Ebbe in der Kasse. Am 2. Mai meldet sich der Kunde mit Kritik an der Rechnung, fordert ein neues Exemplar und lässt sich mit der Begleichung bis Mitte Juni Zeit. In diesen 5½ Monaten müssen Sie Ihre Zahlungen aus dem Startkapital heraus leisten können.

Nur ein zahlender Kunde ist ein guter Kunde: Das Forderungsmanagement

Noch ein Formular? Ja! Eine der größten Schwierigkeiten in der Liquiditätsplanung ist die Planung der Zahlungseingänge durch Kunden. Glücklich diejenigen, die per Sofortkasse abrechnen können oder in deren Laden der Gang zur Kasse ein Geschäft abschließt.

Im Geschäft mit Unternehmen ist es dagegen üblich, auf Rechnung zu arbeiten, und diese dann schriftlich einzureichen. Gerade junge Unternehmen schreiben dabei als Zahlungsziel gerne »Sofort« auf die Rechnung, was allerdings die Buchhaltung Ihrer Kunden nur wenig beeindrucken dürfte. Beeindruckender da schon das Angebot von Skonto »2 Prozent Skonto binnen 14 Tagen«, doch schmälert dieser Rabatt Ihre Marge. Wenn Sie ihn vorher einkalkulieren können, bleibt Skonto ein probates Mittel, um Kunden zu schneller Zahlung zu bewegen. Ansonsten heißt es, 15 bis 30 Tage warten. Denn wie Ihr kleines Unternehmen auch zahlen die meisten Betriebe in Deutschland ein- bis zweimal pro Monat Rechnungen.

Darf ich Sie höflich daran erinnern, dass ...

Wenn sie denn zahlen! Gerade die öffentliche Hand ist in Deutschland dafür berüchtigt, dass sie sich monatelang Zeit lässt mit der Begleichung von Rechnungen; Monate, die gerade kleinere Unternehmen in Existenznot bringen. Aber gerade kleine Unternehmen haben auch Scheu, sich dagegen zu wehren. Zu Unrecht! In Abbildung 16.4 sehen Sie ein freundliches, aber bestimmtes Schreiben, mit dem Sie Ihre Geldforderung eintreiben können.

Karl Mustermann Unternehmensberatung
Rathausplatz 1
90000 Irgendwo

Irgendwo, 1. Februar 2016

Säumig & Co. GmbH
Herrn Karl Meier
In der Klamm 7

80000 Nirgendwo

Zahlungserinnerung zur Rechnung 253/2015 vom 1. Dezember 2015

Sehr geehrter Herr Meier,

leider ging bis zum heutigen Tag auf meinem Konto keine Zahlung für oben bezeichnete Rechnung ein. Falls Sie die Zahlung inzwischen veranlasst haben, betrachten Sie dieses Schreiben als gegenstandslos. Ansonsten gehe ich davon aus, dass meine Rechnung übersehen wurde und bitte nun um unverzügliche Begleichung. Ich bitte daher bis zum 10. Februar 2016 um die Überweisung von xyxyx,xy Euro auf mein Ihnen bekanntes Konto mit der IBAN DE23 xyxy xyxy xyxy xyxy xyx.

Mit freundlichen Grüßen

Karl Mustermann

Karl Mustermann Unternehmensberatung
Geschäftsführer
Amtsgericht Irgendwo
Steuer-Nr: 123/123/123

Bankverbindung
Kreissparkasse Irgendwo (BIC: IRGEDIW100)
IBAN: xyxy xyxy xyxy xyxy xyx.

Abbildung 16.4: So fordern Sie Ihr Geld schriftlich ein!

Jedes Unternehmen sollte ein internes Forderungsmanagement betreiben und alle 14 Tage überprüfen, welche Kunden gezahlt haben und welche Rechnungen überfällig sind. Auch Ihr kleines Mini-Unternehmen, was dann wohl bedeutet, dass Sie regelmäßig mal nachschauen, ob die ausstehenden Rechnungen auch bezahlt wurden. Mahnen Sie überfällige Rechnungen! Dabei gibt es mehrere Eskalationsstufen.

Wenn der freundliche Hinweis, der Kunde habe da wohl eine Rechnung übersehen, nicht zieht, sollten Sie vielleicht zum Telefon greifen, anstatt wütende Mahnungen zu verschicken. In der Praxis bewährt es sich immer wieder, den persönlichen Kontakt zu suchen, anstatt mit schriftlichen Eingaben zu drängen. Fragen Sie nach, warum die Zahlung ausbleibt, und machen Sie klar, dass Sie das Geld brauchen.

Wenn es sein muss, gehe ich durch alle Instanzen!

Zuletzt bleibt nur der Gang durch die Instanzen – und hier erwartet Sie eine Überraschung. Die Mahnung und die Einschaltung eines Gerichtsvollziehers verläuft in Deutschland erstaunlich unbürokratisch und geht vergleichsweise schnell. Den entscheidenden Vordruck, den Antrag auf Erlass eines Mahnbescheides, erhalten Sie ganz einfach im Schreibwarenhandel. Allerdings hat dieses Formular seine Tücken: Sie müssen beispielsweise unbedingt die Adresse Ihrer Firma (kein Postfach!) angeben, das für Sie zuständige Amtsgericht mit korrekter Anschrift einsetzen und das Formular auch unterschreiben.

Sie schmunzeln und fragen sich, wo die Tücken sind? Sie werden es kaum glauben: Bei ihrem ersten Mahnverfahren brauchen die meisten Unternehmer zwei bis drei Versuche, bevor das Gericht diesen Bescheid dem Schuldner zustellt. Seien Sie also sorgfältig beim Ausfüllen des Formulars, damit Ihnen das nicht passiert. Der hat dann zwei Wochen Zeit, zu zahlen oder zu widersprechen, bevor Sie beim gleichen Amtsgericht Vollstreckung beantragen dürfen. Mit dem Vollstreckungsbescheid wird dann in der Regel ein Gerichtsvollzieher versuchen, Ihr Geld einzutreiben.

Glaube niemals blauen Augen!

Falls Ihr Kunde nicht zahlt, kann das drei Gründe haben: kein Geld, Unzufriedenheit oder Schlampigkeit. Im dritten Fall löst ein Anruf das Problem, im zweiten Fall ein klärendes Gespräch. Im ersten Fall sollten Sie rasch die Reißleine ziehen und Ihre Arbeit einstellen, selbst wenn der Kunde versichert, er würde ja zahlen. In der Regel zahlt er nie mehr!

Das gerichtliche Mahnwesen in drei Schritten

Häufig zögern Unternehmer viel zu lange, bis sie ein Mahnverfahren in Gang setzen. Dabei zögern leider viel zu viele Kunden ihre Zahlungen so lange heraus, bis ein solches Verfahren wirklich droht. In drei Schritten kommen Unternehmer hierbei zu ihrem Geld – falls der Gerichtsvollzieher etwas Pfändbares findet.

was passiert	Zeitpunkt
Schritt 1	
Antrag auf Erlass eines Mahnbescheids	Wenn der Schuldner trotz Mahnung nicht zahlt
Schritt 2	
Antrag auf Erlass eines Vollstreckungsbescheids	2 Wochen nach Zustellung des Mahnbescheids
Schritt 3	
Pfändung	Nach Eingang Vollstreckungsbescheid

Tabelle 16.1: Drei Schritte im gerichtlichen Mahnwesen

Vorsicht vor Selbstausbeutung: Behalten Sie kalkulatorische Kosten im Griff

In vielen Fällen sind Sie selbst als Unternehmer in den ersten Monaten die größte Kostenposition Ihres Betriebs. Ihr Unternehmerlohn kostet Ihr Unternehmen richtig Geld!

Klar, dass Sie einmal einen Monat auf Ihr eigenes Gehalt verzichten, wenn das Unternehmen nicht so gut läuft, aber Vorsicht, wenn dies zur Regel wird. Denn Ihr Unternehmen muss sich rechnen und Ihnen eine Existenz ermöglichen, ansonsten ist es leider ein hoffnungsloses Unternehmen. Ein zu langer Verzicht oder ein aus Marktsicht viel zu niedriges Gehalt ist eine Subvention Ihrer eigenen Firma und wenn Sie überhaupt Subventionen benötigen, sollten diese von Dritten kommen!

Kommen Sie auch bloß nicht auf die Idee, Ihre Familie immer wieder anzupumpen, wenn das Geld knapp wird.. Selbst wenn Spötter meinen, dass sich das Gros der Pizzerien in einer Stadt nur durch die Ausbeutung der eigenen Familie rechne, sollte dies für Ihr Unternehmen kein Vorbild sein!

Gleiches gilt für das Thema kalkulatorische Miete. Es macht Sinn, das Unternehmen im eigenen Haus zu starten, wenn dort genügend Platz ist. Es macht aber keinen Sinn, dafür keine Miete zu veranschlagen, da Sie ja alternativ ein Büro bräuchten. Wenn Ihr Unternehmen ordentlich läuft, sollte es für die Fläche in Ihrem Haus, die es beansprucht, auch Miete zahlen. Das akzeptiert selbst das Finanzamt – und das will schon was heißen.

Zahlenspiele: Wie Sie auf einen Blick erkennen, ob Ihr Betrieb gut läuft

Es gibt eine Reihe von Kennzahlen, die Sie im Auge behalten sollten und die Ihnen helfen, den Überblick bei all den Zahlen zu bewahren. Nehmen Sie sich zumindest einmal pro Quartal Zeit, solche Daten zu ermitteln und ihre Entwicklung zu verfolgen. Dabei kommt es nicht auf die zweite Stelle hinter dem Komma an. Wichtig ist, dass Sie sehen, ob Ihr Unternehmen in die richtige Richtung läuft

Der Deckungsbeitrag: Welcher Anteil vom Umsatz bleibt im Unternehmen?

Den Deckungsbeitrag Ihrer Umsätze können Sie leicht in zwei Schritten ermitteln. Ganz einfach:

1. **Ermitteln Sie Ihre Nettoumsätze.**
2. **Ziehen Sie Ihre variablen Kosten ab.**

Noch nicht verstanden? Dann noch mal ganz langsam ein paar Begriffserklärungen und die Rechnung Schritt für Schritt:

1. **Was sind Nettoumsätze?** Ganz einfach; es sind Ihre Umsätze abzüglich der Mehrwertsteuer, die Sie ja ans Finanzamt abführen müssen. Sie erhalten sie, indem Sie Ihre Umsätze mit einem Faktor von 0,19 (voller Mehrwertsteuersatz) bzw. 0,07 (ermäßigter Mehrwertsteuersatz, insbesondere für Lebensmittel und Druckerzeugnisse) multiplizieren und danach diese Summe von Ihren in der BWA ausgewiesenen Umsätzen abziehen.
2. **Was sind variable Kosten?** Unter variablen Kosten werden alle die Kosten zusammengefasst, die direkt bei der Umsatzerzielung anfallen. Anders herum ausgedrückt wird es noch klarer: Würden Sie keinen Euro Umsatz machen, hätten Sie immer noch Kosten, fixe Kosten, für Mitarbeiter, Miete und Ihr Anlagevermögen. Die variablen Kosten für Wareneinkauf oder den Transport von Waren würden demgegenüber entfallen.
3. **Was ist der Deckungsbeitrag?** Der Deckungsbeitrag errechnet sich ganz einfach durch Abzug dieser variablen Kosten von den Nettoumsätzen

   Nettoumsatz – variable Kosten = Deckungsbeitrag

Doch was sagt der Deckungsbeitrag aus? Indem Sie diesen Deckungsbeitrag für Ihr Unternehmen oder noch besser für jedes verkaufte Produkt bzw. jede Dienstleistung errechnen, erhalten Sie einen Anhaltspunkt, wie viel Prozent vom Umsatz Ihnen zur Deckung der fixen Kosten sowie zur Gewinnerzielung übrigbleiben.

Dieses Instrument können – und müssen Sie, wenn Sie wachsen – weiter verfeinern. Große Betriebe splitten den Deckungsbeitrag in mehrere Stufen auf, wobei sie zuerst nur die variablen Kosten dem Produkt zurechnen, danach auch fixe Kosten wie Mitarbeiter, die dieses Produkt produzieren und vermarkten. Am Ende, und das ist das Entscheidende, am Ende aller Rechnungen sollte ein Gewinn für Ihr Unternehmen übrigbleiben.

Der Deckungsbeitrag in Prozent: Die Handelsspanne

Insbesondere im Einzelhandel macht der Wareneinkauf einen guten Teil der Kosten aus und das sind variable Kosten. Denn würden Sie auf Umsatz verzichten, müssten Sie auch keine Produkte einkaufen. Aus der Gegenüberstellung von Umsätzen und variablen Kosten erhalten Sie Ihre Handelsspanne.

Handelsspanne = (Nettoumsatz – variable Kosten) × 100/Nettoumsatz

Zwei Überlegungen lassen sich auf Basis Ihrer Handelsspanne anstellen:

- Erstens eine betriebsinterne Sicht. Je geringer Ihre Handelsspanne, umso schwieriger wird es, aus dem verbleibenden Betrag die restlichen fixen Kosten sowie Ihren Unternehmerlohn zu bezahlen. Je nach Wettbewerbssituation müssen Sie aber mit einer vergleichsweise geringen Handelsspanne auskommen, denn Ihre Kalkulation hängt ja wesentlich auch vom Preisverhalten Ihrer Konkurrenten ab. Der Ausweg: Masse statt Klasse! Unternehmen wie Aldi, Schlecker & Co. demonstrieren, wie man mit geringen Handelsspannen große Umsätze und damit am Ende auch anständige Gewinne erzielen kann.
- Die Handelsspanne hilft darüber hinaus, das eigene Unternehmen im Branchenvergleich richtig einzuordnen: So liefern Verbände und Kammern für viele Branchen Richtgrößen für Deckungsbeiträge und Handelsspannen. Wenn Sie Ihre persönliche Situation mit diesen Richtgrößen vergleichen, bekommen Sie gute Anhaltspunkte darüber, wie Sie am Markt dastehen.

Der Schlüssel zum langfristigen Erfolg: Die Gewinnschwelle

Der Deckungsbeitrag zeigt, ob es Ihnen gelingt, mit Ihren Umsätzen zumindest die variablen Kosten zu decken. Um langfristig unternehmerisch tätig zu bleiben, müssen Sie aber auch Ihre Fixkosten sowie einen Gewinn erwirtschaften können.

Sie müssen also unbedingt wissen, ab wann Ihr Unternehmen Gewinne erwirtschaftet und genau dies verrät der *Break-even-Point*, die *Gewinnschwelle*. Er stellt zwei Größen gegenüber: Die *Fixkosten* und den *Deckungsbeitrag pro Euro Umsatz*.

Der Deckungsbeitrag pro Euro ergibt sich, wenn Sie den Umsatz durch den Deckungsbeitrag teilen.

Danach können Sie mit der folgenden Formel ausrechnen, wie viel Umsatz Sie mindestens machen müssen, um Ihre Kosten zu decken.

Break-even = Fixkosten/Deckungsbeitrag (Nettoumsatz – variable Kosten) pro Euro Umsatz

Eigentlich ist es ganz einfach: So lange Ihr Unternehmen oberhalb der Gewinnschwelle arbeitet, ist es profitabel und damit lebensfähig. Je nach Saison können Sie mal für ein bis zwei Monate in die Verlustzone rutschen, über das Jahr hinweg sollten Sie aber oberhalb des Break-even-Points operieren. Klar, Sie wollen ja am Ende des Jahres einen Gewinn erwirtschaftet haben!

Zahlen, Zahlen, Zahlen – als ob ein Unternehmen sich allein durch eine Aneinanderreihung von null bis neun darstellen ließe. Es lässt sich, keine Frage, aber darüber hinaus sollten Sie zusätzlich noch einige Werkzeuge benutzen, die Ihnen mehr über Ihre Kunden und Ihren Markt verraten.

So rechnen Sie Ihre Gewinnschwelle aus

Ein Designladen hat im ersten Monat einen Umsatz von 15.000 Euro erzielt und dafür Waren im Wert von 7.000 Euro eingekauft; die monatlichen Fixkosten für Miete, Marketing und Personal liegen bei 10.000 Euro. Da die Kosten für den Wareneinkauf (7.000 Euro) sowie die fixen Kosten (10.000 Euro) höher liegen als der Umsatz, hat der Laden im ersten Monat 2.000 Euro Verlust gemacht.

Um die Gewinnschwelle zu erreichen, müsste dieser Laden beim Umsatz also ein wenig zulegen. Na klar, er bräuchte 2.000 Euro mehr Umsatz, mögen Sie jetzt entgegnen. Aber diese Antwort ist falsch, denn mehr Umsatz bedeutet auch mehr Wareneinsatz. Und genau dieses Verhältnis errechnet sich mit einer Standardformel zur Gewinnschwelle:

Zuerst subtrahieren Sie die variablen Kosten von dem Nettoumsatz und teilen dieses Ergebnis durch den Nettoumsatz. Dann dividieren Sie Ihre Fixkosten durch diesen Betrag. In unserem Beispiel bedeutet das:

$$\frac{10.000\ \textit{Fixkosten}}{(15.000\ \textit{Nettoumsatz} - 7.000\ \textit{variable Kosten})\ /\ 15.000\ \textit{Nettoumsatz}}$$

Das Ergebnis dieser Formel lautet 18.750 Euro. Wenn Sie also einen Umsatz von 18.750 Euro erreichen, haben Sie die Gewinnzone erreicht. Und das Beste dabei: Wenn Sie diese Schwelle überschritten haben, steigt Ihr Gewinn überproportional, da die fixen Kosten nicht im gleichen Verhältnis steigen wie die variablen Kosten.

Würden Sie mich weiterempfehlen? Die Kundenbindung

Die Unternehmensberatung Bain & Company propagierte vor einiger Zeit eine einfache Idee für ein kompliziertes Thema: Mit einer simplen Frage versuchten sich die Berater und ihre Kunden der Frage zu nähern, wie zufrieden deren Abnehmer sind. Die Frage lautet: Würden Sie dieses Unternehmen weiterempfehlen? Und die Antwort verrät Bände: Selbst wenn auf die direkte Frage, ob man zufrieden sei, noch mit »Ja, ja« geantwortet wird, zwingt einen die Empfehlung, darüber nachzudenken, ob man dies denn wirklich guten Gewissens tun könne. Die Empfehlung ist schließlich persönlich, was zur Folge hat, dass Menschen hier eher vorsichtiger agieren als im Umgang mit sich selbst. Denken Sie nur daran, welchen Frisör Sie empfehlen würden und wen Sie schon alles an Ihren Kopf gelassen haben!

Sie brauchen im ersten Jahr sicher nicht eine ganze Heerschar von Beratungsprofis, um mehr über Ihre Kunden zu erfahren; den Grundgedanken sollten Sie aber von Beginn an beherzigen: Um Ihr Angebot weiterzuentwickeln, um Kunden zu binden und neue Kunden zielgerichtet anzusprechen, müssen Sie verstehen, wie zufrieden Ihre Kunden sind. Der einfachste Indikator ist wiederkehrender Umsatz: Wenn ein Kunde wöchentlich bei Ihnen ordert oder sein Schnitzel verzehrt, kann Ihr Angebot gar nicht so schlecht sein. Aber wissen Sie, ob er nur deshalb dieses Schnitzel isst, weil es im Umkreis von zehn Kilometern sonst keins gibt?

Zur Beantwortung hilft Marktforschung, im Falle des Schnitzels das persönliche Gespräch. Statt des einfachen »Schmeckt's?«, das wir alle aus Restaurantbesuchen kennen, sollten Sie ab und an ein längeres Gespräch suchen. Sie werden staunen, wie bereitwillig Menschen Auskunft geben, wenn man sie nur bittet und ihnen den Eindruck vermittelt, zuhören zu können. Je nach Gewerbe lässt sich ein solches Gespräch durch Gästebücher, Onlineforen oder Ähnliches ersetzen. Es ist wichtig, dass Sie lernen, was Ihren Kunden wichtig ist, und daraus Konsequenzen ziehen.

Selbst etablierte Unternehmen können bei solchen Befragungen eine Menge dazulernen. So wollen Bankkunden gar nicht so sehr ständig neue Produkte und schicke Filialen, sondern einfach nur eine solide Beratung durch einen bekannten Ansprechpartner. Wer selbst erlebt hat, wie sein Bankberater zum dritten Mal binnen Jahresfrist wechselt, kennt den Optimierungsbedarf in dieser etablierten Industrie.

Wollen Sie mich kennen lernen? Die Akquise

Einen ähnlich systematischen Ansatz wie bei der Messung der Kundenzufriedenheit sollten Sie von Beginn an in der Akquise verfolgen. Die Grundlage dafür bilden simple Methoden der Marktforschung.

Ein Beispiel: Seit vier Jahren arbeitet ein Steuerberater mit Erfolg für einen Hamburger Architekten. Dieser empfiehlt ihn an einen Kollegen weiter, der ebenfalls hochzufrieden ist und über seine bisherige Kanzlei schimpft. Für den Steuerberater Grund genug, die Architekten seiner Heimatstadt systematisch anzugehen. Per Gelbe Seiten verschafft er sich sämtliche Adressen, entwirft ein Anschreiben mit einem aktuellen Thema und dem Angebot eines zweistündigen Seminars, publiziert im örtlichen Fachmagazin, fasst bei den Angeschriebenen telefonisch nach – und hat zwölf Monate später fünf neue Architekten als Kunden gewonnen.

Drei Dinge machte dieser Steuerberater richtig:

- ✔ Er konzentrierte sich auf eine Zielgruppe in einer Region.
- ✔ Er bot dieser Zielgruppe echten Mehrwert.
- ✔ Er blieb am Ball.

Und Sie? Viel zu häufig springen Unternehmer von Gelegenheit zu Gelegenheit und vernachlässigen einen strategischen Ansatz. Langfristig bringt aber eine systematische Bearbeitung einer Zielgruppe Ihr Unternehmen erheblich weiter, da Sie so einzelne Prozesse skalieren, sprich mehrmals bei verschiedenen Kunden anwenden können, und Ihr Bekanntheitsgrad in einer Zielgruppe steigt.

Unverzichtbare Zeiteinteilung

Haben junge Unternehmer ein Privatleben? JA! Sie haben ein Privatleben und sie wären verdammt schlecht beraten, wenn sie dieses aufgeben würden. Die viel zitierte Balance zwischen

Arbeits- und Privatleben, neudeutsch Work-Life-Balance ist vor allem für Unternehmer ein wichtiges Thema.

Besonders für Jungunternehmer ist es gar nicht so leicht, mit der Arbeit aufzuhören. Gerade in der Anfangszeit laufen alle Fäden in einem Unternehmen beim Gründer zusammen. Er entscheidet, er akquiriert, er führt die Gespräche mit Beratern und Banken, er baut eine Produktion oder ein Warenlager auf, er ... Kurz: Im ersten Jahr ist das Unternehmerleben ein Fulltime-Job, wenn man unter Fulltime die Zeit zwischen Aufstehen und Schlafengehen versteht. Das Angenehme dabei: Viele spüren gar nicht, wie die Zeit vergeht, realisieren sie doch ihren Traum. Das Unangenehme: Für ihre Umgebung entwickelt sich ein solches Leben schnell zum Alptraum. Immer wieder betonen daher Unternehmer die zentrale Bedeutung von drei guten Vorsätzen:

1. **Widme einen Tag in der Woche deiner Familie.** Man muss nicht überzeugter Christ sein, um die Weisheit des Sonntags zu loben. Ein Tag in der Woche sollten auch Sie für Ihre Familie und Freunde reservieren und im Zweifelsfall für ein paar Stunden auch auf Blackberry und Handy verzichten. Ihre Familie und/oder Ihre Freunde werden es Ihnen danken – und Sie selbst profitieren am meisten von einer intakten Umgebung!

2. **Bleib gesund und tue etwas dafür.** Die Zeiten, in der der Bauch eines Wirtschaftswunder-Magnaten als Zeichen des Erfolgs galt, sind endgültig vorbei. Mit ein wenig Sport und gesunder Ernährung helfen Sie vor allem sich selbst und Ihrem Unternehmen. Sie werden staunen, welch gute Ideen Ihnen beispielsweise in den Morgenstunden beim Joggen oder am Abend im Schwimmbad kommen können.

3. **Gönne dir Auszeiten.** Während Regel eins und zwei bei vielen Unternehmern noch auf Verständnis stößt, herrscht bei Regel 3 Unglauben: Urlaub? Ich? Die Antwort heißt: Ja! Es gibt gleich drei triftige Gründe:

   - Ihre Familie wird es Ihnen danken.
   - Der Abstand zum Alltag hilft Ihnen, eingefahrene Ideen neu zu überdenken und neue Ansätze auszuknobeln.
   - Das Gros Ihrer Kunden ist um Weihnachten, Ostern und in der Sommerhitze sowieso nicht ansprechbar, weshalb Ihre Abwesenheit kaum jemandem auffallen wird. (Es sei denn, Sie wären in einer Branche, wo man gerade in der Saison viel kauft und danach alles umtauscht. Aber auch diese Branchen haben »saure Gurken«-Zeiten – und die sollten Sie für sich persönlich nutzen!)

Wie sich Gründer das Unternehmerleben erleichtern

17

In diesem Kapitel

- Organisieren Sie Ihre tägliche Arbeit
- Akquirieren Sie gezielt
- Bauen Sie Netzwerke auf

Jeder Tag hat nur 24 Stunden, diese Grundregel können Unternehmer niemals außer Kraft setzen, selbst wenn sie es noch so gerne machen würden. In diesen 24 Stunden gilt es, Kunden zu akquirieren und zu betreuen, das eigene Netzwerk aufzubauen und zu erweitern, Mitarbeiter zu finden, zu schulen und zu leiten, den Einkauf und das Rechnungswesen zu organisieren ... – ach ja, und essen und schlafen müssen Sie auch noch ab und an.

Die größte Gefahr bei dieser Aufgabenfülle ist falsche Priorisierung! Sie gefährden die Existenz Ihres Unternehmens, wenn Sie zu lange Ihr Produkt optimieren, Ihre Arbeitsabläufe organisieren und Ihre Mitarbeiter motivieren, anstatt auf Kundenfang zu gehen! Sie gefährden aber genauso die Existenz, wenn Sie rund um die Uhr akquirieren und Ihr Produkt das Problem beim Kunden nicht löst oder schlimmstenfalls sogar neue schafft.

Planen Sie Ihren Arbeitsalltag!

In den ersten Tagen eines Unternehmerlebens dominiert oft das Chaos: Tausend Kleinigkeiten – vom Einkauf des Kopierpapiers bis zur Auswahl der Reinigungsfirma – verhindern, dass sich ein geregelter Tagesablauf einstellt. Nach einigen Wochen kehrt Routine ein, und diese Routine gilt es zu organisieren. In der Regel bewegen sich Unternehmer hierbei zwischen drei Polen:

1. dem Kunden
2. dem Produkt
3. der Organisation

Genau zwischen diesen drei großen Themen müssen Sie Ihre Balance finden; sprich: Sie brauchen Zeit für neue und bestehende Kunden, Zeit für die permanente Arbeit an Ihrem Produkt bzw. an Ihrer Dienstleistung und Zeit für die Führung und Kontrolle Ihres Unternehmens samt Zahlen.

Glücklich die, die als Team starten, denn in der Regel teilen sich junge Unternehmerteams ihre Arbeit genau nach diesen Themen auf, auch wenn sie sich dann nicht so nennen: Ein Geschäftsführer, neudeutsch der Chief Executive Officer (CEO) steht für Strategie und Vertrieb, einer, der Chief Financial Officer (CFO) für betriebswirtschaftliche Themen, und ein dritter, der Chief Technology Officer (CTO) für das Produkt. Je nach persönlicher Vorbildung und Neigung tritt ein Chief Sales Officer dazu, der den Vertrieb leitet, und dem CEO mehr Zeit beispielsweise für Strategie und Technologie lässt.

Leider ist dies nur der Idealfall und zumeist auf größere Unternehmen beschränkt, die mit einer Venture-Capital-Finanzierung oder als Spin-off eines Konzerns starten. In der Regel sind Sie allein, sprich Sie sind CEO, CFO, CTO und CSO in einer Position! Und diesen ganz verschiedenen Ansprüchen müssen Sie Herr werden.

So planen Sie Ihren Tag

Starten Sie beispielsweise als Berater um 08:30 Uhr mit einer kurzen Lektüre der Zeitungen und der Durchsicht Ihrer E-Mail. Um 09:30 Uhr haben Sie einen Kundentermin, danach einen Lunchtermin mit einem potenziellen Vertriebspartner. Ab 14:00 Uhr sind Sie im Büro, schauen die aktuelle betriebswirtschaftliche Auswertung Ihres Steuerberaters sowie die aktuellen Kontoauszüge durch, bevor Sie von 17:00 Uhr bis 19:00 Uhr die Präsentation Ihres Beratungskonzepts optimieren. Merken Sie was? In diesem Fall waren Sie CEO, CFO und CTO an einem Tag und haben in allen Bereichen Ihr Unternehmen ein wenig nach vorne gebracht.

Genauso sollten die Tage eines Unternehmers aussehen! Sicher, wer im Einzelhandel tätig ist, wird mehr Zeit im Geschäft verbringen. Aber: Auch der Händler braucht Zeit für neue Marketingideen, betriebswirtschaftliche Themen wie Einkauf und Kalkulation sowie der Durchsicht von Innovationen für sein Geschäft. Klar, dass der Handwerker überwiegend beim Kunden arbeitet. Aber auch hier gilt: Auch er muss kalkulieren, abrechnen und einkaufen, auch er muss wissen, was die Konkurrenz macht und welche neuen Materialien und Techniken auf den Markt kommen.

Die Technik des Planens

Heute stehen sich zwei Lager unversöhnlich gegenüber: Filofax oder Outlook; Print vs. Web. Ob Sie Ihre Termine lieber in eine Kladde eintragen oder online erfassen, ist aber eigentlich zweitrangig. Hauptsache, Sie planen und halten sich an Ihre Planung. Drei Dinge sprechen im 21. Jahrhundert indes für eine elektronische Erfassung:

- ✔ Sie erlaubt eine gemeinsame Planung im Team und mit Kunden.
- ✔ Eine solche Planung sorgt für Transparenz.
- ✔ Ehrlich gesagt schauen gerade Jüngere eher skeptisch auf die Fossile, die in ihren Kladden radieren und wühlen.

Welche Form der elektronischen Zeiterfassung Sie einsetzen, bleibt Ihnen überlassen. Allerdings setzen die meisten Unternehmen, und damit auch ihre Kunden, auf Outlook, und stimmen Termine mit Dienstleistern und Lieferanten mittlerweile ebenfalls elektronisch ab.

Platz für das Ungewisse und für das Gewisse!

»Ich bin die kommenden Wochen total ausgebucht!« Dieser Satz könnte von zweierlei zeugen: einem sehr gut laufenden Geschäft oder schlechter Planung. Als Unternehmer sollten Sie immer Zeit haben, Zeit für neue Kunden, Zeit für potenzielle Mitarbeiter, Zeit für attraktive Partner. Diese Zeit haben Sie nur, wenn Sie sie planen, das heißt, jeder Terminplan sollte ein bis zwei Stunden Reserve pro Tag vorsehen, in dem Sie die Termine wahrnehmen können, die kurzfristig attraktive Möglichkeiten eröffnen. Das Gleiche gilt auch auf längere Sicht. Wer von Januar bis März sämtliche Tage bereits eingeteilt hat, kann nicht mehr reagieren, wenn im Februar ein neuer Kunde kommt. Und wenn der höhere Preise akzeptieren würde, wäre dies sehr, sehr ärgerlich. Planen Sie also Reserven ein!

Planen Sie zugleich Routinen ein. Viele große Beraterfirmen setzen auf einen Bürotag, hochtrabend auch *Office Day* genannt, aus gutem Grund.

- ✔ Wenigstens einmal in der Woche sehen sich alle Mitarbeiter.
- ✔ Dieser Tag bietet Gelegenheit, Unerledigtes aufzuarbeiten.

Diesen Office Day sollten Sie sich zum Vorbild nehmen. Bleiben Sie einen Tag pro Woche im Büro und nehmen Sie sich Zeit für Abrechnungen, Angebote und den Einkauf. Nehmen Sie sich aber vor allem Zeit für Mitarbeiter; in einem Teammeeting genauso wie in Einzelgesprächen. Denken Sie immer daran, wie Sie als Angestellter geschimpft haben, dass der Chef nie Zeit gehabt hätte – dies demotiviert und vergrault insbesondere fähige Mitarbeiter!

Der Austausch mit den Mitarbeitern birgt aber auch eine Gefahr: Zeitdiebstahl. Allzu gerne erzählen viele ihrem verständnisvollen Chef von privaten Nöten und Freuden, selbstverständlich während der Arbeitszeit. Verhindern lässt sich dies nur, wenn Sie vom ersten Tag an klare Regeln vorgeben, wie Mitarbeiter wann mit Ihnen kommunizieren können.

Gespräche auf dem Flur vor der Kaffeemaschine sind nicht die einzige Zeitfalle für Unternehmer. Lesen Sie weiter hinten im Kasten *Unnötige Zeitfresser*, wie Sie die acht gängigsten Stundenfresser vermeiden:

Jeder von uns hat als Angestellter bereits viel Zeit in Zeitfallen verbracht und manchmal hat man es sogar gerne gemacht. Als Unternehmer aber sollten Sie sich möglichst wenig ablenken lassen und Ihre ganze Kraft dazu einsetzen, Ihr Unternehmen zum Erfolg zu führen.

Vier goldene Regeln für den Arbeitsalltag

1. Machen Sie einmal pro Woche einen Terminplan.
2. Planen Sie ein bis zwei Stunden pro Tag für unvorhergesehene Aufgaben.
3. Planen Sie einen Tag pro Woche für Büroarbeiten und Meetings.
4. Halten Sie Ihren Terminplan.

In *Zeitmanagement für Dummies* – erschienen bei Wiley-VCH – finden Sie mehr zum Thema.

Unnötige Zeitfresser

- **Mitarbeiter** – Chef, nicht Freund! Kommunizieren Sie regelmäßig mit Ihrem Team, vermeiden Sie aber auch hier die Vermischung von beruflichen und privaten Themen.
- **Kunde I** – der Nächste bitte! Nicht jeder Kunde ist ein guter Kunde. Wer stundenlang verhandelt, wenig ordert und viel reklamiert, sollte zur Konkurrenz gehen.
- **Kunde II** – nichts ist umsonst. Wenn Kunden ein Akquisegespräch für eine stundenlange Beratung nutzen, sollten Sie entweder abkürzen oder abrechnen.
- **Lieferanten** – Sie sind der Kunde und damit König. Behandeln Sie Ihre Lieferanten, wie Sie es selbst als Lieferant erwarten würden, aber setzen Sie klare Zeitlimits.
- **Einkauf** – Ihre Zeit kostet Geld! Klar sollte man günstige Einkaufsmöglichkeiten nutzen, aber stundenlange Recherchen für einen 10-Cent-Vorteil rechnen sich nicht.
- **Meeting** – nie ohne Agenda. Egal ob Treffen mit Mitarbeitern, Kunden oder Lieferanten: Jedes Meeting braucht eine Agenda und wenn diese durchgesprochen ist, ist das Meeting zu Ende.
- **PowerPoint** – weniger ist mehr. Wer ausgefeilte Grafiken braucht, sollte einen Grafiker einschalten.
- **Telefon** – viele Freunde, wenig Zeit. Trennen Sie von Beginn an berufliche von privaten Kontakten und pflegen Sie die privaten in den Abendstunden.
- **Spam** – Mailflut ohne Sinn. Investieren Sie in einen wirksamen Viren- und Spamschutz und aktualisieren Sie diesen regelmäßig.
- **Surfen** – kleine Fluchten aus dem Alltag. Nutzen Sie das Web im Beruf beruflich und suchen Sie am Abend nach Urlaubszielen, Lektüre und MP3-Files.

Priorisieren, delegieren, negieren – Wie man in den ersten Monaten besteht

Bislang drehte sich die Terminplanung primär um Sie, doch die Wirklichkeit ist komplexer. Kein Unternehmer agiert ganz allein; entweder hat er Mitarbeiter oder zumindest Dienstleister, die ihn bei bestimmten Themen unterstützen. Das Problem vieler Unternehmer ist allerdings, dass sie meinen, sie müssten und könnten am Ende dann doch alles allein oder zumindest allein am besten – und graben sich so die nächste Zeitfalle.

Sie entkommen ihr nur, wenn Sie von Beginn an systematisch definieren, was Sie selber machen müssen, was Mitarbeiter übernehmen können und welche Aufgaben Sie an Dritte weitergeben wollen. Moment, könnte man einwenden, und darauf hinweisen, dass im ersten Unternehmerjahr die Budgets klein und entsprechend klein auch die Möglichkeiten des Delegierens seien. Doch häufiger, als Sie vielleicht denken, ist dies ein Trugschluss. Bevor Sie an Ihrem Laptop ein Logo und eine Website entwickelt haben, die Ihren Vorstellungen entspricht und die läuft, vergehen günstigstenfalls Tage, wenn nicht Wochen. Hätten Sie diese Zeit für die Kundenakquise verwandt, hätten Sie sich den Webdesigner locker leisten können. Das Gleiche gilt für den Aufbau eines Controllings. Während Sie stundenlang mit Excelformeln kämpfen, haben viele Steuerberater standardisierte Tools auf Lager. Nutzen Sie diese!

Spezialaufgaben für Spezialisten: Nutzen Sie von Beginn an Dienstleister für Aufgaben, die Sie selbst unverhältnismäßig viel Zeit kosten würden. Dies gilt insbesondere für grafische und betriebswirtschaftliche Arbeiten, es sei denn, Sie sind genau in diesen Bereichen tätig!

Wenn Sie keine, aber auch gar keine Ahnung von Controlling haben, dann legen wir Ihnen *Controlling für Dummies* ans Herz, das alle Grundlagen verständlich erklärt.

Die hohe Kunst des Delegierens

Von zentraler Bedeutung für den Erfolg eines Unternehmens ist die intelligente Einbindung der Mitarbeiter vom ersten Tag an. Allzu gerne werden sie gerade zu Beginn mehr als verlängerter Arm des Unternehmers und Zuarbeiter gesehen; viele Angestellte fügen sich allzu gern auch in eine solche Rolle mit wenig Verantwortung. Für Sie als Unternehmer bringt dies aber wenig, da Sie am Ende doch alles selber denken müssen. Besser ist es, von Beginn klar zu definieren, was ein Mitarbeiter machen soll – und ihn dies dann auch machen zu lassen. Dies bedingt mehr Zeiteinsatz bei der Formulierung einer Stellenbeschreibung sowie der Auswahl eines geeigneten Kandidaten. Das erspart dann aber in den Folgemonaten einen erheblichen Zeiteinsatz und verschafft Ihnen somit Freiraum. *Erfolgreich führen für Dummies* geht genauer auf das Thema Delegieren und andere Dinge ein, die Ihnen helfen, ein guter Chef zu werden.

Die ebenso hohe Kunst des Negierens

Ein Thema dominiert das Unternehmerleben: Priorisieren! Und doch tappen die meisten immer wieder in dieselben Fallen. Anstatt sich auf Kunden, Strategie, Produkte und Mitarbeiter zu konzentrieren, verbringen sie Stunden und Tage mit Randthemen – Verbandstagen, Hintergrundgesprächen, Lieferantenmessen und Events. Warum? Es ist eine Mischung aus Nicht-nein-sagen-Können und schlechtem Zeitmanagement. Beides können, beides sollten Sie aber trainieren. Auch eine noch so nett formulierte Einladung zu einem Event, auf dem Sie weder Kunden, potenzielle Kunden oder andere Stakeholder treffen können, bedeutet für Sie in erster Linie Zeitverlust! Und den können und sollten Sie sich nicht leisten!

Vom Nutzen von Off-Site-Meetings und Brainstormings

Ein Tag pro Woche im Büro, vier Tage beim Kunden – das Leben eines Beraters. Ein Tag pro Woche im Büro, vier bis fünf Tage im Laden – das Leben eines Händlers. Ein Tag pro Woche im Büro, vier Tage auf Montage – das Leben eines Handwerkers. Egal, was Sie aber machen, ein- bis zweimal pro Jahr sollten Sie sich eine Unterbrechung gönnen. Wir reden nicht von Urlaub, sondern von Brainstorming, Off-Site-Meetings oder wie auch immer Sie eine Gelegenheit nennen möchten, grundsätzlicher über Ihr Unternehmen und seine Perspektiven nachzudenken.

Denn seien wir ehrlich: Selbst bei noch so guter Planung kommt man im Alltag nicht dazu, einige Stunden am Stück über neue Produkte und Dienstleistungen nachzudenken und neue Kundengruppen auszuspähen. Genau dazu sind solche Brainstormings da. Was bei großen Unternehmen gerne in den Luxushotels dieser Welt stattfindet, kann in Ihrem Unternehmen selbstverständlich im heimischen Garten, bei einer Bergwanderung oder am Strand geschehen. Aber es sollte geschehen.

Am besten laden Sie Ihr gesamtes Team dazu ein: Denn Sie werden staunen, was sich jeder Einzelne so denkt. Immerhin verbringen auch diese Menschen einen guten Teil ihres Lebens jetzt in Ihrer Firma und identifizieren sich auch damit. Geben Sie ihnen daher die Chance, auch deren Zukunft mitzugestalten. Sie danken es nicht nur mit frischen Ideen, sondern vor allem mit Loyalität.

Und wenn Sie noch kein Team haben, gönnen Sie sich trotzdem eine Auszeit: Reservieren Sie einen Tag pro Quartal für grundsätzliche Themen, aktualisieren Sie danach Ihren Business-Plan und starten Sie mit neuen Ideen ins nächste Quartal!

Den Kunden stets im Blick

Mandanten, Käufer, Patienten: Wie auch immer in Ihrem Fall der Abnehmer Ihrer Produkte bzw. Dienstleistungen heißt – klar ist, dass der Erfolg Ihres Unternehmens an dessen Bereitschaft hängt, für Ihr Angebot zu zahlen. Daher muss der Kunde auch im Zentrum sämtlicher Überlegungen von Unternehmen stehen: Was will er? Welchen Preis akzeptiert er? Was will er nicht?

In den ersten Monaten des Unternehmerlebens ist man dabei noch froh um jeden Kunden, Hauptsache, er zahlt! Mit der Zeit gilt es aber zu lernen, welche Kunden profitabel sind, welche Kunden wie viel Pflege und Beratung bedürfen und welche Kunden man am Ende besser heute als morgen los wäre.

Der erste Kunde – ein Glücksgefühl. Egal, ob im Geschäft zum ersten Mal die Kasse klingelt oder bei einem Berater der unterschriebene Vertrag in der Post liegt, das Gefühl ist großartig. Denn erst die Akzeptanz des Kunden zeigt, dass die Geschäftsidee in der Realität bestehen kann – und genau darauf hatte man ja in den Monaten der Planung und Vorbereitung gesetzt.

Wo du bist, da will auch ich sein

Häufig kommt der erste Kunde aus gewachsenen Beziehungen des Unternehmens, auf Grund von Mundpropaganda oder sogar durch Zufall. In vielen Fällen ist der erste Kunde des neuen Unternehmens der beste Kunde des Gründers bei seinem alten Arbeitgeber. Trotz Konkurrenzausschlussklauseln und Wettbewerbsverboten nehmen viele Jungunternehmer ein oder zwei Kunden aus der alten Firma mit. Diese ist am Ende häufig machtlos, denn ein Streit mit einem wechselwilligen Kunden bringt ihr am Ende vor allem eines: Ärger.

BEISPIEL

Ein Klassiker ist der Start mit Altkunden in der Beratungsbranche. So bereitete ein kleines Münchener Beratungsteam über zwölf Monate hinweg systematisch die Selbstständigkeit aus einer bestehenden Consultingfirma heraus vor. Rund drei Monate vor dem geplanten Start informierten sie ihre Beratungsmandate – und bekamen gleich von zwei Seiten signalisiert, dass man unbedingt zur neuen Gesellschaft als Kunden wechseln wolle.

Was tun? Bangen Herzens berichteten die Gründer in spe ihrem Arbeitgeber von ihren Plänen und der drohenden Abwanderung von Kunden. Der direkte Effekt schien ihren Befürchtungen recht zu geben: Der Eigner tobte und drohte mit Klagen. Am Ende siegte aber die Vernunft: Die Jungunternehmer kündigten, gründeten eine eigene Firma und teilten die Erlöse mit ihrem alten Chef – danach waren sie frei!

Kommissar Zufall

Wenn Sie ohne das Polster von Altkunden starten, rechnen Sie in Ihre ersten Akquiseversuche ruhig eine gute Portion Zufall ein, achten Sie aber darauf, solch unverlangt erhaltene Chancen auch wahrzunehmen. Der Klassiker ist heute der Anruf eines potenziellen Kunden auf Grund eines gelungenen und gut zu findenden Webauftritts. In der Sekunde seines Anrufs zeigt es sich, wie gut Sie auf Ihr Geschäft vorbereitet sind:

- ✔ **Professionelle Begrüßung.** Unternehmen melden sich nicht mit »Hallo« oder »Müller«, sondern begrüßen den Anrufer und nennen dabei sowohl ihren Namen als auch den Firmennamen.
- ✔ **Professionelle Gesprächsführung.** Auch wenn jemand anruft, ist es an Ihnen, ihn binnen weniger Minuten für Ihr Produkt oder Ihre Dienstleistung zu interessieren und so eine Geschäftsbeziehung anzubahnen. Haben Sie die wichtigsten Argumente parat und achten Sie zugleich darauf, auf die Bedürfnisse Ihres Gesprächspartners einzugehen.
- ✔ **Professionelle Verfolgung.** Am Ende eines solchen Gesprächs sollten Sie drei Dinge wissen: Wie heißt der Kontakt, wie erreichen Sie ihn und wie geht es weiter? Im Idealfall verabreden Sie ein persönliches Treffen, entweder in Ihren neuen Büros oder beim Kunden.

Woher nehmen, wenn nicht stehlen?

Moment, mögen Sie jetzt einwenden: Akquise heißt also, dass ich Kunden von meinem alten Arbeitgeber mitnehme und ansonsten auf mein Telefon und meine Mailbox starre? Nein, natürlich nicht. Akquise bedeutet vor allem Aktion. Versuchen Sie dabei, Ihre Zielgruppe so gezielt wie möglich anzusprechen. Denn jeder Streuverlust kostet Zeit und Geld, von beidem haben Sie zu Beginn zu wenig.

Theoretisch gäbe es nämlich unzählige Möglichkeiten, jetzt auf Ihr Unternehmen aufmerksam zu machen:

- TV-Spots
- Werbung in Zeitungen und Zeitschriften oder anderen Medien
- Internetwerbung
- Teilnahme an Messen und Kongressen
- Veranstaltung eigener Events
- Direktansprache durch eigene oder selbstständige Außendienstler
- Direktmailings mit eigenen Marketingmaterialien
- ...

Darf ich mich vorstellen ...?

Nur: Was tun, wenn das Geld knapp ist? Die hier bislang vorgestellten Maßnahmen sind mit nicht unerheblichen Kosten verbunden und lohnen sich zudem nur, wenn ein Unternehmen sie auch noch kontinuierlich betreibt. Viele Gründer konzentrieren sich deshalb auf einige wenige ausgewählte Marketingmaßnahmen. Im Mittelpunkt steht: der persönliche Kontakt, per Telefon, E-Mail, Brief oder im Gespräch.

Aber wen soll ich denn anrufen, besuchen, anschreiben oder anmailen? Auf diese Frage gibt es drei Antworten:

1. Schon bei der Erstellung des Business-Plans haben Sie sich, hoffentlich, ausgiebig mit Ihren potenziellen Kunden beschäftigt, und deren Profil und Verhalten analysiert. Auf diese Daten können Sie jetzt zurückgreifen.
2. Ihr Angebot richtet sich an eine ganz bestimmte Zielgruppe, eine Branche, eine Region oder einen Berufsstand. Über diese Zielgruppe gibt es jede Menge öffentlich zugängliche Daten, allen voran die unverwüstlichen Gelben Seiten.
3. Es gibt professionelle Unternehmen, häufig Tochtergesellschaften von Verlagen, die Adressen verkaufen. Hier können Sie sich Ihren Wunschkunden nach Einkommen, Bildung, Wohnort, Beschäftigung etc. zusammenstellen lassen, gegen entsprechende Bezahlung selbstverständlich. Vorsicht: So bequem das Angebot ist, so sorgfältig müssen Sie aber doch mit den Daten umgehen. Zwischen »Volltreffern« verbergen sich eine ganze Menge Karteileichen.

Egal, welchen Weg Sie auch wählen: Das Wichtigste bei der Akquise ist Stetigkeit. Geben Sie nicht auf, wenn ein potenzieller Kunde Sie beim ersten Mal abwimmelt oder nicht zurückruft. Vielleicht hatte er gerade keine Zeit, keinen Bedarf oder einfach nur schlechte Laune. Wenn Sie überzeugt sind, dass Ihr Produkt bei diesem Unternehmen und ähnlichen ein Problem löst, melden Sie sich ein zweites und ein drittes Mal. Sie werden staunen, wie oft dann doch noch eine Tür aufgeht.

Allerdings bedarf ein solches Vorgehen der Geduld und diese Geduld haben die wenigsten Unternehmer zu Beginn. Sie hoffen ja vor allem auf eines: eine Bestätigung ihrer Geschäftsidee am Markt. Und außerdem brauchen Sie schlicht und ergreifend Einnahmen.

Manch einer lässt sich in dieser Situation verleiten und probiert im Wochentakt immer neue Marketingideen aus: hier eine Anzeige, da ein Anruf, hier ein Anschreiben, da ein Plakat. Das Resultat ist in der Regel mau, da insbesondere die klassische Werbung nachgewiesenermaßen erst in einer gewissen Stetigkeit, ja Penetranz wirkt. Falls solche Initiativen doch einen Kunden bringen, bleibt dies häufig ein Zufall – den Sprung zum richtigen Unternehmen hat man damit noch nicht geschafft.

Heute schon telefoniert? – Die Kaltakquise

»Guten Tag, mein Name ist Friedrich Müller von der Druckerei Müller & Konsorten. Darf ich Ihnen kurz erläutern, warum Sie mit Digitaldruck eine bessere Qualität Ihrer Flyer zu niedrigeren Preisen erreichen können?« So oder so ähnlich beginnt ein Telefongespräch mit potenziellen Kunden, wenn, ja wenn Sie es schaffen, direkt zu Ihrem Ansprechpartner vorzudringen. In der Hälfte aller Fälle scheitern Sie an unwirschen Vorzimmerdamen oder überlasteten Zentralen – eine der größten Herausforderungen bei der Kaltakquise per Telefon.

Und dennoch erweisen sich solche Aktionen immer wieder als effiziente Moglichkeit der Erstansprache. Denn erstens werden Sie staunen, ein wie hoher Prozentsatz potenzieller Kunden Ihnen dann doch zuhört, und zweitens lernen Sie auch durch Abweisungen eine ganze Menge. Wenn Sie im oben genannten Beispiel immer wieder mit dem Hinweis aus der Leitung fliegen, »Das machen wir schon«, sollten Sie unbedingt an Ihrem USP weiterarbeiten.

Eine Faustregel für solche Aktionen ist, dass zumindest jeder zehnte bis zwanzigste Anruf zum Erfolg, sprich zum persönlichen Gespräch führen sollte. Wenn es Ihr Budget zulässt, können Sie im Übrigen solche Aktionen auch durch Dienstleister erledigen lassen. Deren größter Vorteil: Sie lassen sich durch fünf gescheiterte Telefonate nicht so rasch entmutigen und machen einfach weiter.

Der Weg zu einer ausgeglichenen Kundenstruktur

Nicht jeder Kunde ist ein guter Kunde. Dazu macht ihn erst die Tatsache, dass er zum Profit des Unternehmens beiträgt!

Gerade zu Beginn der Tätigkeit nehmen es viele Unternehmer mit der Profitabilität nicht so genau; Hauptsache, es kommt Geld in die Kasse. Um Referenzkunden an Land zu ziehen, kann ein solches Vorgehen durchaus sinnvoll sein, auf Dauer führt es aber unweigerlich zum Ruin, spätestens dann, wenn die Einnahmen vom Kunden Ihre Ausgaben nicht decken. In den ersten Monaten wird dies häufig noch gar nicht so deutlich; der Unternehmer arbeitet selbst mit und zahlt sich nur einen geringen Unternehmerlohn. Wenn dann aber Mitarbeiter zum Einsatz kommen, wird die Deckungslücke offenbar.

Ich mache ARPU und du?

Nur ein aussagekräftiges Controlling vom ersten Tag an verhindert solche Kalkulationsfehler. Dieses Controlling muss zeigen, wie viel Einnahmen mit welchem Kunden erzielt wurden und welcher Waren- und Zeiteinsatz dagegen stand. Moderne betriebswirtschaftliche Messzahlen wie der ARPU – der *average return per unit* – helfen, den Überblick zu bewahren. Denn anhand eines solchen Durchschnittsumsatzes lässt sich rasch erkennen, welcher Kunde besonders lukrativ ist, und anhand von Branchendaten, wie gut man selbst im Vergleich zu den Wettbewerbern wirtschaftet.

So einfach wie das ABC – die ABC-Analyse

Dieser Analyse muss eine zweite folgen, eine klassische ABC-Analyse. Eigentlich ist das ganz simpel: Sie sortieren Ihre Kunden in drei Klassen, eben A, B und C, anhand bestimmter Kriterien, im Wesentlichen Umsatz und Ergebnisbeitrag. Die A-Kunden sind die wichtigsten, die C-Kunden die eher unbedeutenden Kunden. Wenn Sie das geschafft haben, wissen Sie wesentlich genauer, um welchen Kunden Sie sich wirklich kümmern müssen: Denn in der Regel stellen Sie fest, dass Sie einige wenige Kunden haben, die richtig Umsatz bringen und Ihnen eine auskömmliche Marge lassen. Sie unterscheiden

- ✔ **A-Kunden.** Diese Kategorie sollten Sie regelmäßig treffen, Anfragen und Beschwerden dieser Kunden verlangen nach besonders schneller Bearbeitung.
- ✔ **B-Kunden.** Sie tätigen zwar kleinere Aufträge und/oder feilschen um den Preis, aber auch sie rechnen sich und sollten entsprechend behandelt werden.
- ✔ **C-Kunden.** Sie kaufen wenig, feilschen viel und nörgeln häufig.

Natürlich sollte es Ihr Bestreben sein, auch diese Kunden zufrieden zu stellen. Aber wenn Sie auf Ihr knappes Zeitbudget schauen, sollten Sie keine Minute zaudern, Herrn C einmal stehen zu lassen, um Herrn A wie gewohnt vorzüglich zu bedienen.

Ist das nicht banal? Ja, aber Sie werden staunen, wie viel Zeit Sie mit C-Kunden verbringen – wenn Sie nicht aufpassen. Denn C-Kunden melden sich von sich aus, lassen sich ausgiebig beraten, haben immer Zeit für einen Schwatz und halten gerne auch mal Termine nicht ein. Das alles kostet Zeit, Zeit, die Ihnen für Ihre A-Kunden fehlt.

Ein Freund, ein echter Freund …

Immer wieder kommen wir in diesem Buch auf ein Thema zurück: Kundenakquise! Denn am Ende steht und fällt der Erfolg Ihres Unternehmens mit dem Erfolg im Vertrieb. Ihr Produkt kann noch so gut sein, Ihr Team noch so motiviert, wenn Sie nicht verkaufen, überleben Sie nicht lange am Markt. Die Wege zum Erfolg im Verkauf sind vielfältig.

An erster Stelle steht sicher die Direktansprache potenzieller Kunden sowie begleitende Marketingmaßnahmen. Doch unterschätzen Sie niemals den Wert von Empfehlungen. Beobachten Sie sich selbst: Gehen Sie nicht lieber zu einem Zahnarzt, den Ihnen ein Freund empfohlen hat, oder bevorzugen Sie nicht auch Restaurants, über die Sie bereits etwas wissen? Na dann, dann sorgen Sie dafür, dass man auch von Ihrem Unternehmen weiß.

Dies ist kein Aufruf zur Vereinsmeierei! Manch einer vergisst vor lauter Engagements im Schützenverein, beim Karneval und im Sport, dass er eigentlich auch noch eine Firma führen müsste. Und vor lauter Aufgaben in diesen Ämtern vergisst dieser auch noch allzu häufig, dass er das eigentlich ja nur macht, um sein Unternehmen nach vorne zu bringen. Also: Wenn Sie sich aus beruflichen Zwecken engagieren, machen Sie dies bewusst und dosiert. Falls sie es aus privaten Motiven machen, auch gut. Aber denken Sie hierbei bitte daran, dass auch Ihr Tag nur 24 Stunden hat.

Dies ist vielmehr ein Aufruf, *Netzwerke* zu bauen und zu pflegen. Netzwerke zu Kunden, potenziellen Kunden und Multiplikatoren, Menschen, die häufig von Dritten um Rat bei der Auswahl von Unternehmen gefragt werden. Die folgenden Abschnitte stellen einige Plattformen vor.

Bei der Auswahl sollten Sie sich von zwei Überlegungen leiten lassen:

1. Sie dürfen ganz egoistisch überlegen, ob Sie in diesen Kreisen Menschen treffen, die Ihrem Unternehmen weiterhelfen.
2. Sie müssen sich aber klar sein, dass ein Abendessen bei den Rotariern oder eine Runde Golf keine Vertriebsveranstaltung sind und lediglich langfristig Ihr Unternehmen fördern. Kurzfristig sollten Sie sich auch unabhängig von Ihren beruflichen Interessen in diesen Kreisen wohl fühlen.

Die klassische Welt der Rotarier, Innungen & Co.

Schon in der Antike spielten Netzwerke eine entscheidende Rolle für das berufliche Fortkommen. Wer Zugang zu Senatoren besaß, kam schon im alten Rom leichter an öffentliche Aufträge. Im Mittelalter lief dann gar nichts mehr ohne die Mitgliedschaft in einer Zunft.

Die hier übliche Pflege von Kontakten ist bis heute ein entscheidender Schlüssel zum Erfolg, fragt sich nur, welches Schlüsselloch für Ihr Unternehmen passt. Und das ist gar nicht so einfach. Drei Überlegungen könnten Ihre Auswahl leiten:

- ✔ **Wo treffe ich meine Kunden?**

  Wenn Sie regional als Händler oder Handwerker aktiv sind, haben Sie einen relativ breiten unspezifischen Kundenkreis. Diese können Sie eher in relativ breiten Netzwerken treffen, seien es Sportvereine, kulturelle Fördereinrichtungen oder in der örtlichen Politik. Je spezifischer dagegen Ihr Kundenkreis, umso eher kommen kleinere Kreise in Frage. Kein Wunder, dass einschlägige Klubs wie die Rotarier von Firmenanwälten und Wirtschaftsprüfern nur so wimmeln.

- ✔ **Wie viel Zeit habe ich zur Verfügung?**

  Viele Netzwerke erwarten von ihren Mitgliedern Engagement; so gehört bei Rotariern und dem Lion's Club persönlicher Einsatz für einen guten Zweck einfach dazu. Ihre örtliche Partei erwartet von Ihnen auch, dass Sie Plakate kleben und vor der Wahl Luftballons auf dem Marktplatz verteilen. Nur wenn Sie die Spielregeln dieser Organisationen einhalten, gewinnen Sie die Förderer und Freunde für Ihr Unternehmen, die Sie anstreben. Ansonsten sind Sie auch rasch als Trittbrettfahrer verschrien, mit entsprechend negativen Konsequenzen für Ihr Unternehmen.

- **Was kann ich gut?**

  Ein Netzwerk wird Ihr Engagement umso mehr schätzen, je mehr Sie zu diesem Netzwerk beitragen können. Am einfachsten erklärt sich das im Sport: Es macht einfach mehr Spaß, mit einem trainierten Menschen Golf oder Tennis zu spielen als mit einem Anfänger. Gleiches gilt aber auch in anderen Bereichen.

Wenn Sie Ihre Wahl getroffen haben, erwarten Sie keine Wunderdinge. Anders als Kaltakquise oder eine Werbeanzeige wirken Netzwerke langfristig. Sie gewinnen an Glaubwürdigkeit und Reputation bei Multiplikatoren, Ihr Name wird bekannt, »man spricht über Sie«.

Xingen statt Golfen – Die Welt der Online-Netzwerke

Der Siegeszug des Internets ermöglicht auch ganz andere Formen des Netzwerkens. An die Stelle des Abendessens mit Austausch von Visitenkarten tritt der Online-Kontakt. Im deutschsprachigen Raum nimmt neben Facebook die Hamburger Firma Xing (`www.xing.de`), LinkedIn (`www.linkedin.com`), eine zentrale Rolle ein. Millionen Mitglieder nutzen die Online-Plattform mittlerweile für den Auf- und Ausbau ihres ganz persönlichen Netzwerkens.

Jeder kennt jeden über drei Ecken

Diesem uralten Gedanken folgend stellt Xing Verbindungen zwischen seinen Mitgliedern her. Stellen Sie sich vor, Sie haben gerade Ihre PR-Agentur in Hamburg eröffnet und wollen Hightech-Firmen als Kunden gewinnen. Dann geben Sie einfach die Namen bekannter Hightech-Unternehmer oder auch nur Suchbegriffe in das System ein und erhalten eine Liste der Mitglieder von Xing in Ihrer Stadt inklusive Hinweisen, über wen sie wen kennen. Im nächsten Schritt bitten Sie entweder diese Freunde, einen Kontakt herzustellen, oder mailen potenzielle Kunden direkt an. Das funktioniert? Das funktioniert! Ein Münchener Callcenter gewinnt mittlerweile die Mehrzahl der Kunden auf diesem Weg; ein bis zwei Stunden verbringt der Geschäftsführer pro Tag beim xingen. Seiner Überzeugung ist diese Form der Kontaktaufnahme erheblich effizienter als klassische Alternativen wie Messebesuche, Mailings oder gar Offline-Netzwerke. »Beide Seiten wissen, auf was sie sich einlassen und was der jeweils andere kann und will.«

Mitarbeiter machen stark

Für viele ist der Schritt vom Angestellten zum Unternehmer gar nicht so schwierig: Sie sind es gewohnt, selbstständig zu arbeiten, sich selbst zu organisieren und ihr Ding zu machen. Ein richtig flaues Gefühl im Magen bekommen sie erst, wenn sie zum ersten Mal Mitarbeiter einstellen müssen, aus zwei Gründen:

1. Sie entscheiden nach ein oder zwei Vorstellungsgesprächen darüber, mit wem Sie künftig mehr Zeit verbringen als mit dem eigenen Ehepartner.

2. Sie übernehmen Verantwortung für diese Menschen; Verantwortung, dass am Monatsletzten das Gehalt auf deren Konten kommt, Verantwortung, dass dieses Gehalt auch während deren Urlaubs und im Krankheitsfalle fließt, und Verantwortung, dass diese Menschen vernünftig beschäftigt werden.

Aber keine Angst: Es macht Spaß und stolz, Mitarbeiter zu beschäftigen. Denn deren Know-how und Einsatzbereitschaft bringt Ihr Unternehmen voran und deren Beschäftigung macht Sie erst zu einem Arbeitgeber.

Wie Sie Ihren ersten Mitarbeiter finden und auch binden, erfahren Sie in Kapitel 19.

18 365 + 1 – Was sich im zweiten Unternehmerjahr ändert

In diesem Kapitel

- Der Ernstfall für Ihr Geschäftsmodell
- Geänderte Regeln der Finanzierung
- Der erste Abschluss und die ersten Steuerforderungen
- Das zweite Budget
- Der Alltag und seine Tücken

Das erste Jahr als Unternehmer erleben die meisten als Ausnahmezustand: Ständig steht man vor neuen Herausforderungen, ständig stellen sich noch nie gestellte Fragen und verlangen unmittelbare Antworten. Zugleich müssen Sie ein Netzwerk aufbauen, Kunden und Lieferanten binden, Mitarbeiter und gute Dienstleister finden ... – die Liste ließe sich anhand der Themen der vergangenen Kapitel beliebig fortsetzen.

Im Jahr zwei wissen Sie als Unternehmer, welche Formulare wer möchte, wie eine Rechnung auszusehen hat und wie Sie Ihr Produkt optimal verpacken und versenden. Sie haben Geschäftsräume, einen Mietvertrag, Lieferanten, Dienstleister wie einen Anwalt und einen Steuerberater und vielleicht auch schon Mitarbeiter.

Wird es jetzt langweilig? Im Gegenteil: Jetzt geht es erst richtig los. Denn jetzt wird aus Ihrem Experimentierfeld Unternehmen ein richtiges Unternehmen, ein Unternehmen, das auf eigenen Füßen steht, wächst und Gewinne erwirtschaftet; ein Unternehmen, das der Markt kennt und die Wettbewerber fürchten; ein Unternehmen, wo gute Leute gerne als Mitarbeiter anfangen. Kurz: Ein Unternehmen, auf das Sie stolz sein können.

Wie gut ist Ihr Geschäftsmodell wirklich?

Am Anfang profitiert ein Unternehmen von der Neugier der Kunden, die als Test mal einen kleineren Auftrag platzieren. Hinzu kommen einige Käufe oder Bestellungen von Freunden und Bekannten, die ihren Teil dazu beitragen wollen, dass das Unternehmen zu laufen beginnt. Diese Anfangserfolge tragen ein Unternehmen ganz gut über die ersten Monate. Wenn man jetzt noch berücksichtigt, dass es ja einige Wochen, ja Monate dauert, bevor ein Unternehmen richtig läuft, versteht man die hohe Bedeutung des Jahres 2 – das Jahr des Alltagstestes. Jetzt gelten keine Ausreden über die einmaligen Arbeiten zu Beginn mehr; jetzt laufen Ausreden über Kunden, die das Unternehmen ja erst einmal kennen lernen müssten, ins Leere. Jetzt zeigt sich, ob Ihr Unternehmen wie geplant läuft.

Der Praxistest hat zwei Seiten: eine externe, die Marktseite, und eine interne, Ihre Organisation.

Am Markt etabliert?

Fangen wir mit dem Markt und Ihren Kunden an. Wenn es gut läuft, hat sich Ihr Unternehmen am Markt etabliert. Was heißt das? Den wichtigsten Beleg finden Sie jeden Monat in den Auswertungen Ihres Steuerberaters oder Ihrer Buchhaltung, der in Kapitel 16 vorgestellten betriebswirtschaftlichen Analyse (BWA): die Umsätze. Bringen Ihre Kunden die geplanten Umsätze mit einer entsprechenden Marge?

Außerdem dürften sich nach einem Jahr die ersten Stammkunden herauskristallisiert haben. Ein am Markt etabliertes Unternehmen profitiert von seiner Bekanntheit und wird von potenziellen Kunden auch angefragt; sprich, Sie als Unternehmer müssen nicht mehr jeden einzelnen Kunden anbaggern. Ein Einzelhandelsbetrieb oder ein Dienstleister für Privatkunden sollte einen ersten Kundenstamm um sich geschart haben; Menschen, die einmal pro Woche ihr Gemüse in Ihrem Laden kaufen oder sich von Ihnen die Haare schneiden lassen.

Noch besser wäre es, wenn Ihre Branche in Ihrer Stadt Ihre Produkte bzw. Ihre Dienstleistungen als vorbildlich wahrnimmt. Ein guter Beleg, wie gut sich ein Unternehmen etabliert hat, sind Anfragen von Branchenverbänden für Vorträge oder Beiträge, Anfragen zu Artikeln in regionalen oder Fachmedien oder eine aktive Ansprache durch Multiplikatoren in der Branche. Sie alle signalisieren: Ihr Unternehmen ist so interessant, dass wir als Fach-Community damit in Kontakt kommen oder bleiben wollen – der Ritterschlag für Ihr Unternehmen.

Crossing the Chasm

Venture-Capital-Geber sehen in der Etablierung eines Produkts am Markt die kritischste Phase für ein Unternehmen. Sie verwenden dabei gerne den Begriff *crossing the Chasm*, den erstmals der Amerikaner Geoffrey A. Moore 1991 in einem Bestseller benutzte, der sich bis heute mehr als 300.000-mal verkaufte.

Das Buch lehnt sich eng an den Lebenszyklus neuer Technologien und deren Akzeptanz bei verschiedenen Nutzergruppen an: Im Normalfall unterteilt man innovators, early adopters, early majority, late majority und laggards (wie so häufig klingen die deutschen Begriffe dagegen umständlich: Innovatoren, frühe Imitatoren, frühe und späte Mehrheit sowie Nachzügler).

Moore beobachtet, dass es insbesondere zwischen den Innovatoren und der Mehrheit grundlegende Unterschiede gibt: Während Erstere das Neue schätzen und damit auch den Unternehmen zu Anfangserfolgen am Markt verhelfen, wägt die Mehrheit erheblich nüchterner Kosten und Nutzen eines neuen Produkts ab. Wenn das Unternehmen in dieser Phase sein Marketing auf das Thema Innovation konzentriert, scheitert es in vielen Fällen. Nach Moore muss es, um den Abgrund zu überwinden, in dieser Phase seine Organisation hin zu einer vertriebsorientierten Unternehmung mit einem entsprechenden Marketing, Vertriebspartnern und einem Preis- und Produktkonzept schaffen. Genau daran scheitern indes viele Unternehmen, wie Venture-Capital-Geber immer wieder leidvoll erfahren

Treu, treu, treu sind alle meine Kunden

Die Gretchenfrage für Unternehmer lautet: Ist der Kunde wechselwillig? Unternehmen, die ihre Kunden optimal bedienen, müssen nicht befürchten, dass sie ihre Klientel an die Konkurrenz verlieren. Dennoch ist Vorsicht geboten: Selbst aus zufriedenen, treuen Kunden können schnell kritische, verärgerte Kunden werden. Sie als Unternehmer müssen spätestens ab dem zweiten Jahr daher regelmäßig kontrollieren, ob Sie genügend über Ihre Kunden wissen.

In Abbildung 18.1 (und natürlich auch wieder auf der CD) finden Sie eine Checkliste, mit der Sie prüfen können, wie gut Sie auf Ihre Kunden eingehen.

Gehen Sie ausreichend auf Ihre Kunden ein?	**Ja**	**Nein**
Kann ich sagen, wie zufrieden meine Kunden sind?		
Kann ich sagen, warum meine Kunden zufrieden sind?		
Kann ich sagen, warum meine Kunden unzufrieden sind?		
Weiß ich, warum ich Kunden verliere?		
Schule ich meine Mitarbeiter regelmäßig in punkto Service?		
Weiß ich, wie meine Mitarbeiter die Kundenbeschwerden erfassen bzw. auswerten?		
Verwende ich die Beschwerdeneingänge oder Reklamationen, um meinen Service/mein Produkt zu verbessern?		

Abbildung 18.1: Checkliste: Kundenbehandlung

Um herauszufinden, ob sich Ihre Kunden bei Ihnen gut aufgehoben fühlen oder möglicherweise demnächst lieber zur Konkurrenz gehen wollen, brauchen Sie einen sehr engen Kontakt zu Ihren Kunden. Sie als pfiffiger Unternehmer schaffen sich hierfür gleich mehrere Möglichkeiten:

✔ **Bieten Sie eine E-Mail-Adresse, eine kostenfreie Telefonnummer oder einen Kummerkasten** in Ihrem Geschäft, Ihrer Praxis oder Ihrem Büro an. Erklären Sie Ihren Kunden mit einem kurzen Text, dass er seinen Ärger oder seine Beschwerden jederzeit kundtun kann und Sie entsprechend darauf reagieren.

✔ **Suchen Sie den Kontakt zu bisherigen oder bereits verloren gegangenen Kunden.** Trauen Sie sich, sie anzurufen und nach den Gründen ihres Wechsels zu fragen. Statistiken zeigen, dass es erheblich teurer und aufwändiger ist, einen neuen Kunden zu akquirieren als einen bereits vorhandenen zu halten. Also legen Sie sich ins Zeug und lassen Sie Ihre Kunden nicht einfach abwandern.

✔ **Beobachten Sie bei der Konkurrenz, wie zufrieden die Kunden dort sind beziehungsweise was sie kritisieren** (zu kleine Auswahl, zu teuer, zu unfreundlich usw.). Ziehen Sie aus diesen Informationen anschließend Rückschlüsse für Ihr eigenes Unternehmen.

Selbst wenn die Kritik der Kunden hart ist und ihre Beschwerden möglicherweise kleinlich – fassen Sie die Aussagen als Hilfe auf. In den meisten Fällen lassen sich die Kundenwünsche mit kleinen Korrekturen problemlos umsetzen. Der direkte Kontakt zu Ihren Kunden bringt Ihnen die Informationen, die Sie benötigen, um Ihren Business-Plan beziehungsweise Ihre Verkaufs- oder Produktionsstrategie passgenau auf den Kunden auszurichten.

Soziale Netzwerke verschaffen dem Dialog mit dem Kunden eine ganz neue Qualität. Auf Facebook, via Twitter, in Bewertungsportalen wie Yelp, aber auch in Blogs auf firmeneigenen Websites kommentieren immer mehr Nutzer ihre Erfahrungen mit großen Markenartiklern, den Läden in der Innenstadt – und dem Zahnarzt um die Ecke. Unternehmer müssen vor diesem Hintergrund zumindest drei Dinge gewährleisten:

1. **Ständige Beobachtung:** Screenen Sie die wichtigsten Portale und googlen Sie einfach ab und an mal ihren Firmennamen. Schon die Diskussionen können Ihnen wichtige Tipps geben, was bei Ihnen gut ... und was nicht so gut läuft.

2. **Dialog annehmen:** Wenn Sie über eine Webseite mit Dialogfunktion verfügen oder in sozialen Netzwerken präsent sind, sollten Sie Anfragen immer zeitnah beantworten und auch kritische Meinungsäußerungen stehen lassen. Nichts wirkt online verheerender als der Versuch einer Zensur.

3. **Chancen nutzen:** Je größer ihre Online-Fangemeinde ist, desto mehr sollten Sie versuchen, diese Interessierten in Ihre Marketingstrategie einzubinden. Das Spektrum reicht von Preisnachlässen bei der Empfehlung von Neukunden über Aktionen ausschließlich für Ihre Online-Community bis hin zu deren Einbindung in die Entwicklung neuer Produkte und Dienste.

Lehnen Sie sich nicht zu früh entspannt zurück. Beschäftigen Sie sich auch mit der Dauerfrage: Wie verhindere ich, dass mein Kunde erneut wechselt?

Unternehmen, die ihre Kunden genauestens kennen und einen sehr engen Kontakt zu ihnen pflegen, müssen selten fürchten, dass sie zur Konkurrenz abwandern. In der Regel steckt hinter der Treue ihrer Kunden allerdings mehr als nur ein gutes Produkt oder eine tolle Dienstleistung. Unternehmen mit einem sehr treuen Kundenstamm bieten ihrer Klientel zusätzlichen Service an, mit dem sie nicht nur die Kunden binden, sondern sich auch gleichzeitig von der Konkurrenz abheben:

- ✔ **Hotline:** Telefonisch bieten Sie während der Geschäftszeiten oder über ein global operierendes Callcenter sogar 24 Stunden pro Tag die Möglichkeit, Kunden bei dringenden Anfragen weiterzuhelfen.

- ✔ **Reservierung:** Kunden können sich Waren zurücklegen lassen, um noch einmal in Ruhe zu überlegen, ob sie das Produkt tatsächlich kaufen wollen.

- ✔ **Lieferservice:** Dieser liefert die gekaufte Ware ab einem bestimmten Rechnungsbetrag in einem festgelegten Umkreis kostenlos nach Hause.

- ✔ **Service im Geschäft:** Eine gut ausgestattete Kinderspielecke kann den Eltern einen ruhigen und entspannten Einkauf ermöglichen; andere Geschäfte setzen auf gastronomische Konzepte, so dass er in Ruhe shoppen kann, während sie einen Espresso trinkt.

✔ **Verpackungsservice:** Hier haben Kunden die Möglichkeit, die im Geschäft gekauften Produkte geschenkfertig einpacken zu lassen.

✔ **Sonderanfertigungen:** Auf Wunsch des Kunden werden Produkte so weit wie möglich an den individuellen Geschmack oder die individuellen Maße ohne oder nur zu einem geringen Aufpreis angepasst.

✔ **Gutscheine** erleichtern den Kunden die Wahl beziehungsweise die Suche nach dem wirklich passenden Produkt. Der zusätzliche Vorteil: Sie gewinnen auf diese Weise sogar noch neue Kundschaft.

✔ **Treuebonus:** Der zehnte Besuch beim Frisör oder das zehnte Produkt in der Reinigung geht auf Kosten des Hauses – ein hervorragendes Mittel der Kundenbindung.

Solche Maßnahmen der Kundenbindung sind für Ihr Unternehmen sehr wertvoll, da sie Ihnen Werbungskosten und kostspielige Kundenakquise ersparen. Außerdem haben Untersuchungen ergeben, dass Unternehmer erst dann Gewinne erwirtschaften, wenn ihre Kunden mindestens drei Jahre lang ihre Produkte oder Dienstleistungen konsumieren. Warum dauert das so lange? Das liegt ganz einfach daran, dass Sie am Anfang erst einmal einen ganzen Berg von Kosten wieder herausholen müssen, den Sie aufgewendet haben, um den Kunden auf sich bzw. Ihr Produkt oder Ihre Dienstleistung aufmerksam zu machen: Kosten für Werbung und Verkaufsförderung oder auch die Einrichtung von Webseiten.

Treue Kunden gewinnen

Der amerikanische Autovermieter Enterprise Rent-A-Car verdankt sein Unternehmenswachstum seit Jahren seinem hervorragenden Kundenbeziehungsmanagement. Um sich einem Überblick über die Zufriedenheit seiner Kunden zu verschaffen, kreierte Enterprise Rent-A-Car einen eigenen Index – den so genannten *Enterprise Service Quality Index* (ESCi-Score). Mit seiner Hilfe ist der Autovermieter regelmäßig über alle mehr als 5.000 Filialen weltweit informiert, wie zufrieden seine Kunden mit seinem Angebot sind. Jeder Standort und jeder Mitarbeiter muss sich an dem Ergebnis messen lassen. Seit Einführung des Index stieg die Zahl der zufriedenen Kunden um ein Vielfaches, da die Verantwortlichen alles daran setzen, einen möglichst guten Wert für den Index zu erreichen. So beliefern Mitarbeiter von Enterprise Rent-A-Car beispielsweise in den USA ihre Kunden an bestimmten Werktagen mit Donuts und pflegen auf diese Weise einen freundlichen und serviceorientierten Kundenkontakt.

Die Mühe, die sich der US-Autovermieter macht, zahlt sich nicht nur finanziell aus: Zufriedene, treue Kunden empfehlen Unternehmen, bei denen sie besonders gerne einkaufen, an neue Kunden weiter, die sich dann ebenfalls zu einer treuen Klientel entwickeln können. Sie müssen nicht unbedingt Donuts ausliefern, um Pluspunkte bei Ihren Kunden zu sammeln – aber selbst als Kleinunternehmer oder Ein-Mann-Betrieb fällt Ihnen bestimmt der ein oder andere Trick ein, um Ihre Kunden glücklich und zufrieden zu stimmen.

Unternehmen, die sich kaum um ein erfolgreiches Kundenbeziehungsmanagement bemühen, verlieren im Durchschnitt zwischen 15 und 20 Prozent ihrer Kunden pro Jahr. Um diese Fluktuation zu kompensieren, müssen sie sich aktiv um neue Kunden bemühen. Diese neuen Kunden allerdings kommen sie sehr teuer, da sie erst wieder die oben aufgeführten Werbekosten usw. »einspielen« müssen.

Studien belegen, dass es ein Unternehmen fünfmal mehr kostet, neue Kunden zu gewinnen, als bereits vorhandene Kunden zu halten. Unter bestimmten Umständen entstehen für ein Unternehmen sogar bis zu 16-mal mehr Kosten, bis ein neu akquirierter Kunde denselben Gewinn in die Kasse spült wie ein treuer, zufriedener Altkunde.

Egal, ob Sie am Anfang Ihrer Unternehmensgründung stehen oder bereits voll in der Detailplanung stecken – um Erfolg zu haben, gilt es, einen wesentlichen Teil Ihrer zeitlichen und finanziellen Ressourcen frühzeitig und intensiv für Ihre bereits vorhandenen Kunden aufzubringen. Letztendlich entscheidet die Größe und Treue Ihres Kundenstamms über Umsatz und Gewinn Ihres Unternehmens.

Aller Anfang ist schwer

Lassen Sie den Kopf bloß nicht hängen, wenn Sie am Ende des ersten Jahres noch nicht die Eröffnungsrede auf der Jahrestagung Ihres Branchenverbandes halten durften. Aber seien Sie nach 365 Tagen harter Arbeit schonungslos ehrlich zu sich, wo Sie jetzt wirklich stehen.

Das erste Geschäftsmodell ist nicht immer das beste

»Wir vermitteln über das Internet Experten für Telefongespräche« – mit dieser einfachen Idee trat 1999 ein Team um den ehemaligen Procter & Gamble-Manager Sylvius Bardt mit dem Unternehmen Questico an. Die Ideen für Experten reichten von Anwälten bis zu Tierhelfern; das Geschäftsprinzip sollte gleich bleiben: Der Kunde suchte sich im Internet seinen Experten anhand dessen Beschreibung und Beurteilungen durch bestehende Kunden aus, rief ihn über eine Plattform an und führte sein persönliches Beratungsgespräch; Questico rechnete dieses Gespräch über seine Plattform ab und verdiente an jedem Gespräch.

Allein: Das Bedürfnis der Kunden, per Telefon mit Experten über ihre persönlichen Probleme zu diskutieren, blieb gering – mit einer Ausnahme: Die Möglichkeit, Kartenleger und andere Astrologen anzurufen, wurde eifrig genutzt. Für die Questico-Gründer eine schwierige Entscheidung: Sollten sie an ihrem Geschäftsmodell festhalten, dessen Zeit noch kommen würde, oder auf das Thema Esoterik setzen? Sie machten Zweites und hatten nach einer vergleichsweise kurzen Anlaufzeit enormen Erfolg. Heute ist Questico ein profitables Unternehmen mit rasant wachsenden Umsätzen, einer eigenen Astro-Zeitschrift, der auflagenstärksten in Europa, sowie einem eigenen Fernsehsender, AstroTV.

Wenn Ihre Umsätze hinter Ihren Erwartungen zurückbleiben, kann das daran liegen, dass

- ✔ Ihre Kunden sich erst an Ihr Unternehmen gewöhnen müssen
- ✔ Ihr Geschäftsmodell und Ihr Business-Plan noch nicht optimal auf Ihren Markt passen
- ✔ Ihr Produkt bzw. Ihre Dienstleistungen im Vergleich zum Wettbewerb schlicht und ergreifend zu schlecht sind

Sich dies einzugestehen, tut weh, ist aber notwendig, um im zweiten Jahr Dinge besser zu machen. Und Sie wollen doch ein wirklich gutes Unternehmen, oder? Und auf jeden Fall wollten Sie etwas unternehmen, was Ihren Lebensunterhalt sichert!

Wie gut ist meine Organisation?

Genauso kritisch wie Ihren Markt sollten Sie auch Ihre eigene Arbeit, Ihre eigene Organisation hinterfragen. Denn selbst wenn Kunden Ihr Unternehmen schätzen und weiterempfehlen, muss Ihre Firma auch in der Lage sein, diese Aufträge abzuarbeiten. Und auch diese Organisation gehört nach den Anfangsturbulenzen auf den Prüfstein.

- ✔ Machen Sie als Unternehmer das, was Ihrer Firma den meisten Mehrwert bringt?
- ✔ Sind Ihre Mitarbeiter sinnvoll eingesetzt?
- ✔ Sind Ihre Prozesse eingespielt – von der Bestellung bis zur Buchhaltung?
- ✔ Entwickelt sich ein Teamgeist?

Diese Fragen sollten Sie sich spätestens nach zwölf Monaten in einer ruhigen Stunde stellen, im Idealfall mit »Ja!« beantworten und ansonsten Zeit für eine Optimierung Ihrer internen Strukturen reservieren.

Warum? Wenn der Laden gut läuft, kann es doch ruhig etwas chaotisch zugehen, denken sich viele in dieser Situation. Aber dies ist ein schwerwiegender Fehler. Warum?

1. Weil es noch besser laufen könnte, wenn Ihr Unternehmen besser organisiert wäre und Sie sich ein wenig mehr Zeit für die Kundenakquise und -betreuung nehmen könnten.
2. Weil noch lange nicht gesagt ist, dass es auf Dauer so gut läuft, und es von Jahr zu Jahr schwerer fällt, gewachsene Strukturen zu verändern.
3. Weil Sie ganz einfach Unternehmer sind und Unternehmer immer bestrebt sein sollten, ihr Unternehmen voranzubringen. Seien Sie Unternehmer.

Was intern schieflaufen kann: Ihre Checkliste für den 366. Tag sehen Sie in Abbildung 18.2. Wir haben sie auch auf die CD gepackt, damit Sie sich die Liste ausdrucken und wirklich in Ruhe durcharbeiten können.

Thema	Frage	Ja	Nein
Einkauf	Gibt es feste Lieferanten?		
	Kenne ich meine Lieferanten?		
Personal	Ist klar, was Mitarbeiter selber entscheiden können?		
	Gibt es Arbeitsplatzbeschreibungen für jeden Mitarbeiter?		
	Gibt es ein Organigramm?		
IT	Läuft meine IT reibungslos?		
	Ist geregelt, wer welche Probleme in der IT beseitigt?		
	Gibt es Regeln, wie die IT aktualisiert wird?		
Finanzen	Gibt es einen festen Plan für den Rechnungslauf?		
	Gibt es feste Standards für die Belegerfassung und Buchhaltung?		
	Überprüfe ich regelmäßig meine Liquidität?		
	Bin ich mit meinem Steuerberater zufrieden?		

Abbildung 18.2: Checkliste für den 366. Tag

Wenn Sie all diese Fragen mit einem klaren Ja! beantworten können, kann man nur sagen: Alle Achtung!. Ansonsten wissen Sie jetzt aber zumindest, woran Sie im zweiten Jahr unter anderem arbeiten müssen.

Wenn die Einnahmen kleiner als die Ausgaben sind

Wenn die Umsätze ausbleiben, die Kosten aber gleichzeitig planmäßig auflaufen, dann haben Sie ein Problem, Früher oder später wird Ihnen nämlich dann ganz einfach das Geld ausgehen. Das gilt selbst für den Fall, dass Sie für die ersten fünf bis sieben Jahren mit Verlusten gerechnet hatten – was nicht unüblich ist. Wenn Sie aber im ersten Jahr bereits weniger einnehmen als geplant, reicht das Geld niemals mehr bis zum siebten Jahr.

BEISPIEL

Biotech-Unternehmen stellen mit ihrer hohen Forschungsintensität und den planmäßigen Anlaufverlusten in Millionenhöhe eine Ausnahme dar. In der Regel übersteigen aber die Einnahmen nach der Anlaufzeit die Ausgaben und ermöglichen so eine laufende Finanzierung des neuen Unternehmens aus dem Cashflow. Das heißt: Monat für Monat fließt mehr Geld in die Kasse als für Mitarbeiter, Miete und Wareneinkauf ausgegeben werden muss.

Verfallen Sie bloß nicht dem Irrglauben, das Plus auf Ihrem Konto wäre gleich Gewinn, denn:

1. Im zweiten Jahr stehen Ihnen nicht mehr die gleichen Finanzierungsquellen zur Verfügung wie beim Start, in vielen Fällen läuft die Gründungsförderung aus oder sinkt zumindest.
2. Die Tilgung der Fördermittel und anderer Kredite beginnt – auch die muss Ihr Unternehmen aus dem laufenden Cashflow bestreiten.
3. Auch der Fiskus fordert seinen Teil von Ihren Erträgen als Einkommen- und Gewerbesteuer sowie als Vorauszahlung auf zu erwartende künftige Steuerzahlungen.

Schluss mit der Kohle vom Staat

In der Regel erhalten Sie bei einer Förderung Ihres Unternehmens zu Beginn Geld auf Ihr Konto. Diese Knete können Sie dann in Maschinen, IT oder einen Fuhrpark investieren und mit diesem Startkapital dann wirtschaften. Einen Nachschuss gibt es in der Regel nicht; das bedeutet: Ab jetzt müssen diese Maschinen, die IT oder der Fuhrpark so viel Geld einspielen, dass Ihr Unternehmen seine laufenden Kosten decken kann. Gleiches gilt auch für die persönliche Förderung, wie sie zum Teil die Agenturen für Arbeit gewähren. Auch hier heißt es nach spätestens 15 Monaten: Schluss mit der Kohle. Der Staat wollte den Start fördern – und ab sofort stehen Sie auf Ihren eigenen Beinen.

Ein guter Business-Plan berücksichtigt diese veränderte Finanzierung von Beginn an und sieht vor, dass sich ein Unternehmen spätestens nach 365 Tagen selber trägt. Allzu gerne stecken aber Unternehmer den Kopf in den Sand, sehen die Subvention als Teil des Umsatzes und erschrecken, wenn dieser Teil der Einnahmen plötzlich wegfällt. Sorgen Sie dafür, dass Ihnen das nicht passiert. Und wie können Sie dafür sorgen? Durch eine realistische und gute Planung.

Der Staat will sein Geld zurück

Je nach Ausgestaltung des Förderprogramms beginnt bereits im Jahr zwei schon die Rückzahlung der Gründungsförderung oder zumindest die Zinszahlung auf die langfristigen Kredite. Das heißt: Ihr Unternehmen muss ab heute nicht nur Sie, Ihre Mitarbeiter und die laufenden Kosten tragen, sondern auch Zins und vielleicht sogar Tilgung für Ihr Startgeld. Nicht anders verläuft es, wenn Sie Ihr Geld aus privaten Quellen bekommen haben. Früher oder später verlangen auch Freunde, Familie und Bekannte ihr Geld zurück oder zumindest eine gewisse Verzinsung auf ihr Kapital.

Und auch der Fiskus langt jetzt zu

Noch mehr Geld an den Staat? Klar, die Steuern werden fällig. Auch als Unternehmen müssen Sie einmal pro Jahr eine Einkommensteuererklärung abgeben, als Kapitalgesellschaft eine Körperschaftsteuererklärung. Auf Grundlage dieser Erklärung bemisst das Finanzamt Ihre Steuerlast – und die Kommune verlangt ihren Anteil als Gewerbesteuer. Wie und was Sie an das Finanzamt abführen müssen, können Sie in Kapitel 13 nachlesen.

Das Thema Steuern lässt sich als Unternehmer von zwei Seiten betrachten. Ja, die Steuern sind ein Ärgernis, schmälern die Liquidität und damit den Handlungsspielraum und die Erstellung einer Steuererklärung kostet auch noch Zeit und Geld. Auf der anderen Seite zahlen Sie aber Steuern auf Gewinne – und das heißt, Ihr Unternehmen floriert, Glückwunsch.

Einziger Wermutstropfen: Wenn Ihr Unternehmen floriert, treffen Sie die Forderungen des Fiskus in Jahr 2 gleich doppelt. Denn erstens verlangt er seinen Anteil am Gewinn des Vorjahres und zweitens möchte er ab sofort auch Vorauszahlungen auf die vermutliche Steuerlast des laufenden Jahres. Wenn Sie jetzt anfangen, über die Diskriminierung von Unternehmen zu schimpfen, bedenken Sie eines: Als Angestellter hat Ihr Arbeitgeber Ihre Steuern jeden Monat an den Fiskus abgeführt – und jetzt sind Sie Ihr eigener Arbeitgeber. Aber ab jetzt fließt wirklich Geld. Und das nicht für das Jahr 1 nachträglich. Nein, im zweiten Jahr werden sie doppelt belastet. Spätestens jetzt, auf Basis Ihres ersten Abschlusses und der ersten Steuererklärung, verlangt der Fiskus nämlich Abschlagszahlungen von Ihnen, Quartal für Quartal.

Wenn das zweite Jahr nicht so gut anläuft, können Unternehmer auf Basis ihrer Planung und eventuell erster Monatsabschlüsse versuchen, den Fiskus zu überzeugen, dass die Vorauszahlungen nun wirklich zu hoch sind. Gerade bei jungen Unternehmen geben sich Finanzbeamte hier erstaunlich konziliant!

Gehen Sie auf Nummer sicher und legen Sie einen Teil Ihrer bereits erwirtschafteten Überschüsse konsequent auf ein separates Konto. Wenn der Fiskus dann seinen Anteil fordert, liegt dieser bereits parat – und hat in der Zwischenzeit sogar noch ein wenig Zinsen erwirtschaftet. Als Daumenregel können Sie als Unternehmer mit einer kleinen Firma zu Beginn mit einer Steuerquote von 25 bis 30 Prozent rechnen. Sprich: Dieser Anteil Ihrer Nettoumsätze gehört gar nicht Ihnen – sondern dem Finanzamt!

Besser planen mit mehr Erfahrung – Das zweite Budget

Ihr Business-Plan hat Sie tagelange Arbeit gekostet und nach zwölf Monaten sollen Sie schon wieder planen? Na klar! Ohne Budget läuft auch im zweiten Jahr Ihrer Existenz nichts. Warum eigentlich?

- ✔ Ein solcher Plan bildet die Basis, um über Themen wie neue Mitarbeiter, neue Finanzierungen, neue Büros oder neue Maschinen entscheiden zu können. Denn nur wenn Sie expandieren, benötigen Sie diese Ressourcen, die aber nicht von heute auf morgen verfügbar sind. Das bedeutet: Wenn der Umsatz über Sie hereinbricht, ist es zu spät, neue Kräfte einzustellen und auszubilden und den Maschinenpark zu erweitern. In der Zwischenzeit gehen Ihnen Aufträge und, wenn Sie Pech haben, auch gleich Kunden flöten.
- ✔ Ein solcher Plan und die dadurch möglichen Plan-/Ist-Vergleiche ist die beste Möglichkeit, den Erfolg des eigenen Unternehmens ständig zu überprüfen.

Dabei ist das zweite Budget in der Regel wesentlich praxisnäher als sein Vorgänger. Im ersten Jahr haben Sie gelernt, was tatsächlich wie viel Aufwand verlangt, wo schnell mal Mehrkosten anfallen und welche Umsätze sich wie rechnen. All das fließt in das zweite Budget an und macht dieses zu einem wesentlich verlässlicheren Begleiter als der erste Business-Plan vom grünen Tisch.

Mitarbeiter finden und binden

19

In diesem Kapitel

- Worauf Sie bei der Suche nach Mitarbeitern achten müssen
- Wie Sie überhaupt passende Arbeitnehmer finden
- Warum Sie Ihre Mitarbeiter begeistern sollten

Zugegeben, aller Anfang ist schwer! Ihr Unternehmen ist neu, Ihr Budget klein und Ihr Ruf als Arbeitgeber bislang ungehört. Da dürfen Sie es niemanden verübeln, dass er nicht sofort vor Ihrer Bürotür steht, um sich freudestrahlend bei Ihnen zu bewerben. Um dennoch Personal zu finden, ist es notwendig, eigene Aktivitäten zu entfalten und sich unverdrossen auf die Suche nach dem richtigen Mitarbeiter zu machen.

In diesem Kapitel erfahren Sie aber nicht nur, wie Sie passendes Personal finden. Vielmehr können Sie sich auch darüber informieren, worauf Sie bei der Suche nach Ihren ersten Arbeitnehmern überhaupt achten müssen. Schließlich ist nichts schlimmer für ein Unternehmen, als ständig unzufriedene, nörgelnde oder womöglich gar fachlich unqualifizierte Mitarbeiter in den eigenen Reihen zu beheimaten.

Da wir natürlich davon ausgehen, dass Sie bei Ihrer Mitarbeitersuche die idealen Kandidaten finden, haben wir in diesem Kapitel alle wesentlichen Informationen zusammengestellt, die Ihnen weiter helfen, Ihre Perlen auch langfristig an Ihr Unternehmen zu binden.

Teamplayer oder Querulant – was will ich eigentlich von meinem Mitarbeiter?

Klar, Ihr zukünftiger Angestellter soll all seine Aufgaben erledigen – am besten eigenverantwortlich und selbstständig und idealerweise zu Ihrer größten Zufriedenheit. Vermutlich fänden Sie es toll, wenn er auch persönlich gut mit Ihnen, Ihren Kunden und Lieferanten auskommen würde. Und wenn er dann auch noch kreative oder gar visionäre Ideen für die weitere Entwicklung Ihrer Firma präsentieren könnte … Nun, solche Mitarbeiter sind wahrscheinlich höchst selten und, selbst wenn Sie bei Ihrer Suche erfolgreich wären, nahezu unbezahlbar.

Dennoch sollten Sie sich jetzt nicht abschrecken lassen: Um sich den Einstieg als Arbeitgeber zu erleichtern beziehungsweise die Suche nach dem idealen Mitarbeiter zu vereinfachen, sollten Sie ein paar Tricks und Kniffe kennen, wie Sie den richtigen Mann oder die richtige Frau finden:

- ✔ Erstellen Sie eine Stellenbeschreibung. Darin legen Sie detailliert fest, was Ihren neuen Mitarbeiter fachlich auszeichnen und was er genau leisten soll.

- Nehmen Sie sich Zeit. Sie werden viel Zeit mit Ihrem neuen Kollegen verbringen, also treffen Sie sich ruhig zwei- oder dreimal, bevor Sie ihm oder ihr eine Zusage geben.
- Klären Sie die marktüblichen Konditionen vorab. Gehalt, Urlaubsgeld, Arbeitszeit und Sozialleistungen – informieren Sie sich im Vorfeld des Vorstellungsgesprächs ausführlich über die branchenüblichen Angebote, damit Sie Ihrem Gesprächspartner gegenüber von Beginn an Kompetenz beweisen.
- Holen Sie Referenzen ein. Zeugnisse sind Formalien, einen besseren Eindruck erhalten Sie, wenn Sie ehemalige Chefs Ihrer Wunschkandidaten vor Vertragsabschluss kontaktieren.
- Hören Sie auf Ihren Bauch. Ein kleines Team funktioniert nur dann, wenn die Chemie zwischen den Beteiligten stimmt. Hände weg von hoch qualifizierten, aber Ihnen nicht sympathischen Bewerbern.

Falls Sie als Apotheker, Mediziner oder IT-Ddienstleister nach Mitarbeitern Ausschau halten, liegt es nahe, welche fachlichen Qualifikationen potenzielle Bewerber mitbringen sollten: Eine Ausbildung und/oder mehrere Jahre Erfahrung als pharmazeutisch-kaufmännische Angestellte, medizinisch-technische Assistentin oder als Softwareprogrammierer. Mittels Universitätsdiplomen, Abschluss- oder Arbeitszeugnissen lässt sich der berufliche Werdegang eines Kandidaten schnell nachvollziehen.

Schwieriger wird es dagegen, wenn Sie mehr über die Persönlichkeit Ihrer Bewerber erfahren wollen. Ehe Sie jedoch Ihren Gegenüber kritisch beäugen, sollten Sie sich genau überlegen, auf welche Charaktereigenschaften Sie bei Ihrem potenziellen Mitarbeiter unbedingt Wert legen.

Notieren Sie sich auf einem Zettel zunächst Ihre eigenen Gewohnheiten: Sind Sie ein großer Schweiger oder lassen Sie sich gerne einmal zu einem Schwätzchen verleiten? Agieren Sie als Eigenbrödler oder wollen Sie immer alles im Team diskutieren und entscheiden? Zählen Sie zu Frühaufstehern oder kommen Sie meist erst gegen zehn Uhr ins Büro? Ertragen Sie Kritik? Neigen Sie dazu, cholerisch zu werden, wenn etwas nicht nach Plan läuft? Und all diese Charakterzüge und Gewohnheiten können Sie nun wie ein großes Puzzle zusammenstecken, um herauszufinden, welche Mitarbeiter mit welchen Eigenheiten Sie Tag für Tag gerne um sich hätten beziehungsweise mit welchen Bewerbern eine konstruktive Zusammenarbeit sicherlich gar nicht klappen kann.

Wie Sie Ihre ersten Mitarbeiter finden

Früher war alles klar geregelt: Suchte ein Chef nach einem Mitarbeiter, setzte er in der Regel eine Annonce in die regionalen beziehungsweise überregionalen Zeitungen und hoffte, dass kurze Zeit später ein passender Bewerber vorstellig wurde. Daneben meldete er die freie Arbeitsstelle vielleicht noch dem früheren Arbeitsamt.

Heute dagegen bieten sich Ihnen, wenn Sie sich nicht allein auf die Agentur für Arbeit verlassen wollen, wesentlich vielfältigere Möglichkeiten, Ihre Arzthelferin, Rechtsanwaltsassistentin oder einen top qualifizierten Betriebswirt zu finden, nämlich

- ✔ Stellenanzeigen in Zeitungen
- ✔ Jobbörsen im Internet
- ✔ Headhunter
- ✔ Ihr virtuelles und soziales Netzwerk

Insbesondere das Internet erweist sich für Arbeitgeber auf Mitarbeitersuche mehr und mehr als Fundgrube: Einerseits können Sie selbst Ihre Stellenanzeige ins Netz stellen, andererseits finden Sie im Internet jede Menge Profile von Mitarbeitern auf Jobsuche.

Wer via Internet nach potenziellen Bewerbern Ausschau hält, hat einen gravierenden Vorteil: Er kann in aller Ruhe die Profile möglicher Kandidaten studieren und dann entscheiden, ob er sie zum Vorstellungsgespräche einladen will oder nicht. Auf diese Weise erspart er sich, dutzende Bewerbungsmappen an diejenigen Kandidaten zurückzusenden, die für ihn – aus was für Gründen auch immer – nicht infrage kommen.

Um sich viel Mühe und Arbeit bei der Mitarbeitersuche zu ersparen, sollten Sie die Stellenanzeige stets so exakt wie möglich verfassen: Schildern Sie die anstehenden Aufgaben des Beschäftigten möglichst detailliert und exakt. Sparen Sie auch beim Anforderungsprofil nicht mit Worten: Je genauer Sie beschreiben, welche Qualifikationen und Eigenschaften – fachlich oder menschlich – mitbringen soll, desto eher werden Sie auch den richtigen Kandidaten finden.

Clevere Chefs auf Bewerbersuche erkundigen sich zudem intensiv bei Freunden und Bekannten, ob sie nicht jemanden wüssten, der die offene Stelle übernehmen könnte. In der Mehrzahl der Fälle finden Arbeitgeber ihre ersten Bewerber über Netzwerke. Eine Freundin einer Freundin hat von Ihrem Unternehmen erzählt und bei einem Gesellen oder einer jungen Kauffrau Interesse ausgelöst; eine andere hat von einem Lieferanten gehört, dass Sie starten wollen, und sie möchte gerne einmal bei einem Unternehmen von Beginn an dabei sein.

So oder so ähnlich beginnen viele Geschichten über die ersten Angestellten. Wenn es Sie beruhigt: Dies ist nicht nur bei Ihrer Reinigungsfirma oder Ihrer Schreinerei so, sondern auch bei heutigen Börsenschwergewichten wie Google, Microsoft oder SAP. Die ersten Angestellten waren Freunde, Freunde von Freunden oder Menschen, die von Freunden von Freunden etwas gehört hatten.

Wollen wir es gemeinsam probieren?

Die wirkliche Herausforderung beginnt aber erst, wenn die ersten Bewerbungen auf Ihrem Tisch liegen. Sauber geordnete Mappen mit einem netten Passbild und ein paar Zeugnissen im Anhang. Und nun? Es hilft nichts, die ersten Bewerber müssen Sie sich schon selbst angucken. Greifen Sie sich die Checkliste, in der Sie genau festgehalten haben, welche Qualifikationen Sie von Ihren Angestellten erwarten und welche persönlichen Eigenschaften Ihnen wichtig sind. Das hilft Ihnen in dieser Phase enorm! Am Ende müssen Sie Ihre Bewerber einfach mögen, schließlich arbeiten Sie gerade in den Anfangsmonaten sehr eng mit diesen Menschen zusammen. Und das sollte Spaß machen. Also, was auch immer einschlägige Ratgeber an rationalen Kriterien vorschlagen, vertrauen Sie auch ein wenig Ihrem Bauchgefühl.

Wenn Sie auf die folgenden Aspekte achten und die vorliegenden Dokumente genauestens studieren, mindern Sie das Risiko, die falsche Wahl für Ihren zukünftigen Mitarbeiter zu treffen:

Lebenslauf	Zu viele Stellenwechsel könnten darauf hindeuten, dass es der Bewerber auch bei Ihnen nicht lange aushält oder Sie es nicht mit ihm.
Zeugnisse bei jüngeren Bewerbern	Hier sollten die Noten in den für Ihr Unternehmen wichtigen Fächern stimmen: Deutsch, Mathematik, Englisch, Naturwissenschaften.
Zeugnisse bei älteren Bewerbern	Hier sollten Sie die Formulierungen nicht misstrauisch stimmen. Im Zweifelsfall rufen Sie den Aussteller des Zeugnisses lieber persönlich an und fragen nach.
Foto	Man traut seinen Augen nicht, wie häufig Urlaubsschnappschüsse oder Jugendfotos Bewerbungen zieren. Dies zeugt von mangelnder Ernsthaftigkeit.
Anschreiben	Standard oder maßgeschneidert? Meist lässt sich bereits bei der ersten Lektüre erkennen, ob der Bewerber eine Standardbewerbung schickt oder sich ein wenig mit Ihrem Unternehmen – soweit überhaupt schon möglich – beschäftigt hat. Letzteres können Sie verlangen.
Auftreten	Auch wenn Sie neu am Markt sind und Ihr Büro klein ist, sollten Bewerber angemessen gekleidet erscheinen.
Formen	Seien Sie ruhig konservativ und achten Sie auf Händedruck, Namensnennung und Sitzhaltung. Ihre Kunden werden es Ihnen danken!
Interesse	Bewerber sollten im persönlichen Gespräch mehr über Ihren Job erfahren wollen, ansonsten könnten Sie auch im Alltag ähnlich desinteressiert agieren.
Sympathie	Gerade wenn Sie nur wenige Mitarbeiter haben, ist es ganz wichtig, dass die Chemie stimmt. Wenn ein Bewerber hochqualifiziert, Ihnen aber abgrundtief unsympathisch ist, dann passt er einfach nicht zu Ihnen.

Abbildung 19.1: Checkliste: Bewerbungsunterlagen

Um erste Dissonanzen oder Irritationen bei Ihren potenziellen Mitarbeitern zu vermeiden, sollten Sie während des Bewerbungsgesprächs ein paar Themen von sich aus couragiert und offen ansprechen: Dazu zählen unter anderem

- ✔ die Höhe des Gehalts
- ✔ die Abgeltung möglicher Überstunden
- ✔ die zukünftigen Perspektiven beziehungsweise Entwicklungschancen des Arbeitnehmers.

Um diesen Gesprächsstoff drücken sich viele Unternehmer zu Beginn gerne herum. Offenheit zahlt sich aber gerade hier aus, vor allem dann, wenn Sie mittels einiger vertrauenswürdiger Quellen belegen können, warum Sie dieses oder jenes Gehalt bezahlen wollen. Gerade die Agenturen für Arbeit oder auch die örtlichen Kammern und Branchenverbände helfen Ihnen in diesen Fragen mit erstaunlich gutem Material weiter. Damit Sie ein Kandidat nicht während eines Bewerbungsgespräch überraschend mit Punkten wie diesen konfrontiert, tun Sie gut daran, im Vorfeld eine kleine Checkliste mit allen relevanten Zahlen und Daten zu erstellen. Sie enthält

- ✔ Monatsgehalt
- ✔ Sonderzahlungen wie Weihnachtsgeld und Urlaubsgeld
- ✔ variable Gehaltsbestandteile wie Prämien für Vertriebskräfte
- ✔ branchenübliche Sozialleistungen – vom Zuschuss zum öffentlichen Nahverkehr bis zur berufsständischen Versicherung
- ✔ Wochenarbeitszeit
- ✔ Urlaubsanspruch
- ✔ Dauer der Probezeit.

So binden Sie Ihre ersten Mitarbeiter

Angestellte sind natürlich erst einmal eine Investition, denn Sie investieren in erster Linie Zeit, um Ihre Mitarbeiter so weit zu bringen, dass sie Sie entlasten und Ihr Unternehmen voranbringen. Umso ärgerlicher ist es, wenn Mitarbeiter nach relativ kurzer Zeit wieder gehen, da sie ein besseres Angebot von der Konkurrenz haben oder einfach unzufrieden sind.

Ist es Ihnen schon einmal passiert, dass ein Chef seinen Angestellten vor Ihnen rund gemacht hat? Beispielsweise, weil er Ihnen nicht noch die Hosenmodelle X und Y gezeigt hat? Oder weil der Mitarbeiter nicht schnell oder aufmerksam genug war? Oder weil der Chef einfache schlechte Laune hatte und der Mitarbeiter ihm scheinbar im Weg stand? Haben Sie etwas peinlich berührt zur Seite geschaut? Oder sich geräuspert? Vielleicht haben Sie dem armen Tropf auch heimlich zugezwinkert und sich fest vorgenommen, dass Ihnen als Chef so was nicht passiert?

Wunderbar! Denn unter solchen Voraussetzungen

- ✔ gehen Sie stets intensiv auf die Persönlichkeit Ihrer Mitarbeiter ein
- ✔ haben Sie ein erfolgreiches Motivationskonzept gewählt
- ✔ verbreiten Sie weder Angst noch Schrecken
- ✔ üben Sie keinen Leistungs- oder sonstigen Druck auf Ihre Mitarbeiter aus
- ✔ sind Sie selbstkritisch statt selbstverliebt
- ✔ kommunizieren Sie klar und verständlich – auch in schwierigen Zeiten und bei schlechten Nachrichten

- hören Sie ausgesprochen gut zu
- agieren Sie stets mit Augenmaß
- akzeptieren Sie Ihre Mitarbeiter als Partner und nicht als Untergebene.

Wird Ihnen jetzt gerade ein wenig mulmig, wenn Sie all diese Eigenschaften lesen? Denken Sie, »Na ja, ich mag ja geduldig sein, aber so nett bin ich vor allem unter Stress nicht immer!« Keine Sorge, viele der Punkte, die wir gerade aufgezählt haben, machen viele Chefs automatisch richtig, sofern sie nicht zu der Fraktion der cholerischen, herrischen oder rechthaberischen Bosse zählen.

Um seine Mitarbeiter an das Unternehmen zu binden, ist ein angemessener und höflicher Umgang mit seinen Angestellten für jeden Chef die erste Richtlinie. Nur so gelingt es ihm, seinen Mitarbeitern das notwendige Vertrauen beziehungsweise die nötige Freude am Arbeitsplatz zu verschaffen, damit sie die erwünschten Leistungen bringen.

Eine möglichst angenehme Arbeitsatmosphäre und eine langfristige Zusammenarbeit erreichen Arbeitgeber, indem sie ihr Mitarbeiterteam motivieren. Dafür sollten Unternehmer über den höflichen und respektvollen Umgang mit ihren Angestellten hinaus einige Punkte fest für ihre Mitarbeiterführung einplanen:

- Mitarbeitergespräche
- Zielvereinbarungsgespräche
- Teamsitzungen
- Bonus- und/oder Prämiensysteme
- Fort- und Weiterbildungsmaßnahmen
- Gemeinsame Ausflüge
- Kleine Aufmerksamkeiten wie kostenlose Getränke, Sonderkonditionen im Fitnessstudio um die Ecke und so weiter

Sie werden staunen, viele dieser mehr oder weniger kleinen Aufmerksamkeiten erhöht die Motivation Ihrer Mitarbeiter um ein Vielfaches. Sie fühlen sich bei Ihnen im Unternehmen toll aufgenommen, bestens verstanden und haben obendrein auch noch das Gefühl, dass sie sich bei Ihnen beruflich weiterentwickeln können. Wer seinen Mitarbeitern dieses Gefühl vermittelt, muss keinesfalls fürchten, dass die Konkurrenz nur mit ein paar Scheinchen mehr locken muss, um Ihren Mitarbeiter für sich zu gewinnen.

Um sich und Ihren Mitarbeitern den Alltag und auch den Umgang miteinander zu erleichtern, stellen Sie zu guter Letzt noch ein paar klare Regeln auf, um den täglichen Ablauf in Ihrem Unternehmen zu strukturieren:

- Führen Sie klare Abläufe in allen Arbeitsräumen wie dem Labor, der Marketingabteilung oder der Verpackungsstation ein.
- Regeln Sie, wer welche Aufgaben erledigt.

- ✔ Legen Sie den Umgang mit den Kunden, Mandanten, Lieferanten sowie den anderen Mitarbeitern fest. Höflichkeit, Hilfsbereitschaft und Zuverlässigkeit sind nur eine kleine Auswahl an Eigenschaften, die Sie verankern sollten.
- ✔ Betonen Sie, dass Sie Wert auf Pünktlichkeit, Eigenverantwortlichkeit, Selbstständigkeit und Sauberkeit legen.

Auf diese Weise vermeiden Sie unnötige Reibungspunkte – zum einen zwischen Ihren Mitarbeitern, zum anderen gegenüber Ihren Kunden und Lieferanten.

Alle für einen – einer für alle

In einem Physiotheraphiezentrum in Süddeutschland beschäftigt ein Chef drei Mitarbeiter. Immer wieder traten zwischen den Beschäftigten und dem Arbeitgeber kleinere Streitigkeiten auf. Als der Boss beschloss, sein Team zu einem zweitätigen Abenteuer-Workshop in einen nahe gelegenen Klettergarten einzuladen, wendete sich alles zum Guten. Tagsüber bewältigten die vier als Team schwierige Kletterübungen, abends unterhielten sie sich über ihre Konflikte.

Der Vorwurf der drei Mitarbeiter: »Du hörst nie zu und nimmst Dir nie Zeit für unsere Belange!« Die Kritik des Chefs: »Ich bin froh, wenn wir ausgelastet sind und Ihr mault rum, wenn Ihr mal eine Überstunde machen müsst.« Nachdem er seinen Mitarbeitern die schwierige finanzielle Situation des Physiotherapiezentrums kurz dargestellt hat, verstanden die drei, warum er oft nicht den Kopf dafür hatte, ihnen zuzuhören. Inzwischen machen sie einmal pro Woche eine Teamsitzung, in der sie miteinander sprechen, Lösungen erörtern, und nicht nur die Arbeitseinteilung diskutieren. Positive Nebenwirkung: Die Patienten haben sie schon für die gute Stimmung im Team gelobt.

Nehmen Sie sich immer Zeit für Ihre Mitarbeiter. Chef sein bedeutet nicht, nur Anweisungen zu geben! Chef sein bedeutet, individuell auf seine Leute einzugehen, sie zu motivieren und zu begeistern! So schaffen Sie es, ein funktionstüchtiges, leistungsstarkes Team zu formen, in dem jeder einzelne sein Bestes geben möchte.

Wenn Sie mehr über Mitarbeiterführung und Teamleitung erfahren wollen, finden Sie in *Teams erfolgreich leiten für Dummies* oder in *Erfolgreich führen für Dummies* viele wertvolle Hinweise und Tipps.

Teil VII

Der Top-Ten-Teil

Der **Top-Ten-** Teil

web Extras

Die Checklisten und Mustertexte aus dem Buch finden Sie auf der CD, die dem Buch beiliegt, und zum Download unter `www.downloads.fuer-dummies.de`.

In diesem Teil …

Im Top-Ten-Teil führen wir auf, welche Aspekte Sie regelmäßig prüfen sollten, um erfolgreich zu sein. Anschließend listen wir auf, in welche typischen Fallen Sie tappen könnten, wenn Sie zu unbedarft gründen oder bestimmte Kriterien über einen längeren Zeitraum vernachlässigen. Am Schluss finden Sie zehn Internetadressen, die Sie ausführlich und übersichtlich über alle Aspekte einer Existenzgründung informieren und Ihnen erste Fragen zielgerichtet beantworten.

20 Zehn Punkte, die Unternehmer regelmäßig checken müssen

In diesem Kapitel

- Zahlen, Daten, Fakten prüfen
- Äußere Umstände im Blick behalten

Die ersten Schritte als Unternehmer haben Sie vielleicht schon glorreich gemeistert: Sie erzielen ausreichend Umsätze und Gewinne, der Kundenstamm wächst stetig, Ihre Mitarbeiter sind engagiert. Herzlichen Glückwunsch! Damit es allerdings auch in Zukunft so bleibt, dürfen Sie sich von Ihren Anfangserfolgen nicht den Kopf verdrehen lassen. Prüfen Sie immer wieder kritisch, ob Sie für Ihr Unternehmen alle Voraussetzungen erfüllen, damit es weiter erfolgreich ist.

Wie messe ich meinen Erfolg? Auf der Suche nach dem sicheren Halt

Ihr Unternehmen ist schon fast ein Jahr alt? Dann sollten Sie eine erste Bilanz ziehen. Natürlich können Sie den Erfolg (hoffentlich) Ihres Unternehmens in einem ersten Schritt an der Gewinn-und-Verlust-Rechnung und der Bilanz festmachen. Ein Blick auf das Ende der Rechnung zeigt, ob Sie effektiv investiert und üppigen Gewinn erzielt haben. Sie erkennen auch, ob Ihr Unternehmen genügend Reserven für das nächste Geschäftsjahr hat.

Auch wenn die Ergebnisse über Erfolg oder Misserfolg eines Unternehmens entscheiden – viele erfolgreiche Unternehmer berücksichtigen noch weitere Faktoren, um ihren Erfolg zu messen:

- ✔ die eigene Zufriedenheit im Joballtag
- ✔ das Image Ihres Unternehmens
- ✔ das Verhältnis zwischen Freizeit und Arbeitszeit
- ✔ Ihr Einkommen

Vor der Gründung haben Sie Ihre ganz persönlichen und wirtschaftlichen Ziele für sich und Ihr Unternehmen festgelegt. Um nach dem Start Ihren Erfolg zu messen, ziehen Sie auch all diese Kriterien mit heran. Sie zeigen Ihnen, inwieweit Sie noch auf dem richtigen Weg sind beziehungsweise ob Sie als Selbstständiger erfolgreich agieren.

Wie viele neue Kunden lerne ich kennen? New Bizz ist alles

Wenn James Bond in seinen legendären Thrillern Alarmanlagen auslöst, schrillen die Glocken meist extrem laut und nervtötend. Auch wenn Sie nicht im tiefsten Russland in ein unterirdisches Atomforschungslabor einbrechen oder ähnlich riskante Manöver wagen – verkehren bei Ihnen immer nur dieselben Kunden, die Sie schon alle beim Namen kennen, dann sollten auch bei Ihnen die Alarmglocken loslegen.

Rund um den Globus gibt es wohl kein Unternehmen, das noch nie einen Kunden verloren hat. Abtrünnige Kunden tun jedem Unternehmen finanziell weh, daher ist es enorm wichtig, dass Sie regelmäßig neue Verbraucher oder Auftraggeber anlocken beziehungsweise kennen lernen. Gehen Sie immer wieder mit sich ins Gericht, ob Ihre Akquise für die Gewinnung neuer Kunden ausreicht. Kontrollieren Sie, ob Ihr Kundenstamm wächst oder stagniert – sprich, ob Sie abtrünnige Kunden durch neue ersetzen können.

Mag mich mein Kunde? Kunden halten ist viel billiger als neue zu gewinnen

Sind Sie gerade auf der Suche nach Abwechslung? Wollen Sie mal ein neues italienisches Restaurant ausprobieren oder sind Sie mit Ihrem Physiotherapeuten nicht mehr zufrieden und würden Ihren Rücken gerne jemand anderem anvertrauen? Wahrscheinlich erkundigen Sie sich zunächst bei Ihren Freunden und Bekannten, ob sie einen Tipp für Sie haben.

All die italienischen Gastwirte oder Krankengymnasten, die Ihnen Ihre Freunde auf Ihre Fragen hin nennen, haben alles richtig gemacht: Denn nur wer mit seinen Produkten, seinem Service und seinen Preisen tatsächlich überzeugt, stellt seine Kunden so zufrieden, dass sie ihn weiterempfehlen.

Erkundigen Sie sich in regelmäßigen Abständen bei Ihren Kunden, wie zufrieden sie mit Ihnen sind. Finden Sie heraus, ob Ihre Kunden noch unerfüllte Wünsche haben oder ob sie sich bei Ihnen rundum wohl fühlen. Sobald Sie nur ein kleines »ja, aber« hören, müssen Sie sich schleunigst um den Kunden kümmern. Vielleicht reicht es ja schon, ihm während der Wartezeit in Ihrer Praxis oder dem Beratungsgespräch in Ihrem Büro neben einem Glas Wasser zusätzlich eine Tasse Tee anzubieten. Denken Sie immer daran, dass es ungleich viel mehr Aufwand und Investition kostet, neue Kunden zu gewinnen, als bereits vorhandene Kunden zu verwöhnen.

Alles auf Lager? Die großen Folgen kleiner Fehler im Einkauf

Kaum ein anderer Bereich kann einen Unternehmer so schnell in die Enge treiben wie eine falsche Einkaufsstrategie:

- ✔ Kaufen Sie zu teuer ein, verringern Sie Ihre Marge und damit Ihren potenziellen Gewinn.
- ✔ Kaufen Sie zu viel ein, besteht die Gefahr, dass Sie die Produkte noch mit hohen Rabatten loswerden müssen.
- ✔ Kaufen Sie zu wenig ein, verärgern Sie Ihre Kunden, weil sie in Ihrem Laden umsonst nach dem Produkt Ausschau halten.
- ✔ Achten Sie zu wenig auf die Qualität der eingekauften Ware, verlieren Sie Ihre Kundschaft möglicherweise an die Konkurrenz, weil die bessere Qualität anbietet.

Um eine regelmäßige Kontrolle Ihrer Lagerbestände beziehungsweise Ihrer Lieferverträge kommen Sie nicht herum, wenn Sie derlei Risiken vermeiden wollen. Prüfen Sie immer wieder, ob Sie noch marktgerechte Preise für die eingekaufte Ware bezahlen, und testen Sie konsequent deren Qualität. Halten Sie sich auf dem Laufenden, ob überhaupt noch Nachfrage nach diesen oder jenen Waren besteht. Schrecken Sie nicht davor zurück, mit Ihren Zulieferern neu zu verhandeln und Ihre Konditionen durchzusetzen.

Heute schon geändert? Die hohe Kunst der permanenten Plan-Revision

Im Leben kommt oft alles anders, als man denkt: Plötzlich taucht der ideale Lebenspartner auf, obwohl man jahrelang überzeugter Single war. Oder plötzlich entschließt man sich, doch seinen alten VW-Käfer gegen ein BMW-Cabrio einzutauschen, weil man keine Lust mehr alt, im Winter ohne funktionierende Heizung durch die Gegend zu düsen.

All diese Veränderungen meistern die Betroffenen problemlos, weil sie für diese neue Lebenssituation offen sind. Bemerken Sie also, dass Ihre Geschäftspläne längst nicht mehr der Realität entsprechen, dann trennen Sie sich von den veralteten Fakten. Trauen Sie sich, Ihre Pläne zu revidieren und besser auf die gegebenen Konditionen auszurichten. Lehnen Sie sich nicht zurück und ruhen Sie sich nicht darauf aus, dass Sie Ihre Pläne ja erst vor einem halben Jahr korrigiert haben. Halten Sie sich immer vor Augen, sobald sich die Fakten ändern, müssen Sie Ihre Meinung ändern.

Läuft es nach Plan? Der Blick auf die Zahlen

Vermutlich haben Sie in den vergangenen Wochen und Monaten stundenlang Zahlenkolonnen gewälzt und immer wieder neue Kapitalbedarfs- oder Personalkostenpläne ermittelt, Investitionsziele erarbeitet und Umsatzprognosen erstellt. Doch auch wenn die Tasten Ihres

Taschenrechners glühen und Sie keine Zahlenreihen mehr sehen können – ziehen Sie Ihre Finanzkennzahlen alle drei bis sechs Monate aus der Schublade und vergleichen Sie die Soll- mit Ihren Ist-Zahlen. Je früher Sie erkennen, dass Sie zum Beispiel prognostizierte Umsätze nicht erreichen, desto leichter fällt es Ihnen, entsprechende Maßnahmen zu treffen, um böse Überraschungen zu verhindern. Gehen Sie keinesfalls davon aus, dass Ihre ermittelten (theoretischen) Kennzahlen automatisch mit den Ergebnissen aus der Praxis übereinstimmen.

Habe ich noch Bargeld? Die unverzichtbare Liquiditätsplanung

Ihr Banker wollte ihn, Ihr Partner bestimmt auch und Ihnen hat er weitergeholfen, einen Überblick über die Einnahmen und Ausgaben Ihres Unternehmens in den ersten Monaten zu bekommen – der Liquiditätsplan. Monat für Monat wussten Sie bestens, wann in Ihrem Unternehmen finanzielle Engpässe entstehen beziehungsweise wann Sie dicke Gewinne einstreichen.

Auch wenn Ihr Banker oder Geschäftspartner nach dem Start Ihres Unternehmens von Ihnen keinen Liquiditätsplan mehr fordert, seien Sie unnachgiebig zu sich selbst. Erstellen Sie sich immer wieder neue Liquiditätspläne, damit Sie für kritische Phasen ausreichend Kapital zurücklegen. Mit Hilfe eines realistisch veranschlagten Plans verringern Sie das Risiko, Waren, Versicherungen oder Ihre Pacht nicht mehr begleichen zu können. Mehr zum Thema Liquiditätsplan finden Sie in Kapitel 16.

Habe ich noch Reserven? Vorsorge für Finanzamt, Sozialkassen & Co

Sie sind alle gleich – das Finanzamt, die Krankenkasse, die Anbieter Ihrer privaten Renten- und Berufsunfähigkeitsversicherung – egal, wie Ihr Geschäft läuft, die Steuern oder Beitragszahlungen buchen alle pünktlich wie ein Uhrwerk ab. Dabei spielt es keine Rolle, ob der Betrag monatlich, quartalsweise oder jährlich fällig wird. Sobald einer von ihnen sein Geld nicht bekommt, flattern Ihnen ruckzuck Mahnungen ins Haus. Gerade Versicherungskonzerne drohen schnell damit, Ihren Vertrag aufzulösen beziehungsweise im Schadensfall nicht zu zahlen.

Da Sie immer ausreichend abgesichert sein sollten, dürfen Ihre Reserven nie so weit zusammenschnurren, dass Sie nicht mehr für Ihre Versicherungen aufkommen können. Deckt der Reservepuffer die Beiträge für einige Monate im Voraus ab, wird es Ihnen bestimmt auch leichter fallen, entspannt zu arbeiten. Stellen Sie sich eine Liste zusammen, auf der Sie alle monatlichen Kosten für die Sozialkassen und das Finanzamt notieren. Rechnen Sie diesen Betrag für etwa ein halbes Jahr hoch und prüfen Sie, ob Ihre Rücklagen dafür reichen. Falls nein, sollten Sie die Differenz möglichst schnell auffüllen.

Sind meine Mitarbeiter motiviert? Von der inneren und äußeren Kündigung

Ihre Mitarbeiter sind Ihr wichtigstes Kapital – ohne ihr Engagement und ihre Leistungsbereitschaft läuft in Ihrem Unternehmen gar nichts. Ein marktgerechtes Gehalt allein reicht den wenigsten Beschäftigten inzwischen aus, um mit ihrem Arbeitgeber vollauf zufrieden zu sein. Sie fordern Eigenverantwortlichkeit, Freiräume, Lob und herausfordernde Aufgaben. Für einen Unternehmer gibt es nichts Schlimmeres als Mitarbeiter, die innerlich gekündigt haben: Sie sind häufig krank, wollen keine Überstunden machen, schimpfen über ihren Arbeitgeber oder verbreiten eine gereizte, missmutige Stimmung unter den Kollegen.

Trauen Sie sich daher auf die Flure und hören Sie sich um, was der Flurfunk so trommelt. Zeigen Sie ihnen, dass Sie für sie da sind, indem Sie viele Gespräche mit ihnen führen. Demonstrieren Sie, dass Sie Ihnen viel zutrauen und tolle Leistungen registrieren. Fordern Sie den Ehrgeiz Ihres Personals mit bestimmten Zielen heraus. Informieren Sie die Mitarbeiter über die Geschehnisse und Entscheidungen in Ihrem Unternehmen – machen Sie ihnen klar, dass sie ein entscheidender Erfolgsfaktor für den Betrieb sind.

Und sonst? Was passiert eigentlich am Markt?

Sie gehen mit sich ins Gericht, Sie reden mit Ihren Mitarbeitern, Sie forschen nach, ob Ihre Kunden zufrieden sind. Sie haben also alle Hände voll zu tun! Für das Leben draußen allerdings müssten Sie sich auch noch Zeit nehmen.

Märkte, die sich über Jahre nicht verändern, sind wohl absolut die Ausnahme. Die Einflüsse auf den Markt können extrem vielfältig sein: Im Zeitalter der Globalisierung verringern die Chinesen die Herstellungskosten für Schuhe und Textilien. Ein steigender Ölpreis verteuert den Warentransport. Ein boomender Arbeitsmarkt erschwert Unternehmen die Suche nach passenden Mitarbeitern. Innovationen verdrängen bis dato etablierte Produkte oder Dienstleistungen.

Manchmal ist es aber auch nur die Konkurrenz von gegenüber, die Ihnen das Leben schwer macht – beispielsweise indem sie plötzlich genau die gleichen Waren wie Sie anbietet – zu günstigeren Preisen. Lassen Sie den Markt daher nie aus den Augen und beobachten Sie, ob der Markt, auf dem Sie agieren, in Bewegung ist beziehungsweise welche Einflüsse gerade am stärksten sind. Reagieren Sie entschlossen auf mögliche Veränderungen, um im Wettbewerb nicht zurückzufallen.

Zehn Fallen, in die Sie nicht tappen sollten

21

In diesem Kapitel

- Zahlen, Daten, Fakten missachten
- Korrekturen verweigern
- Den Blickwinkel nicht verändern

Ob in Internetforen, bei Unternehmer-Stammtischen oder in Gesprächen mit potenziellen Geldgebern – wer sich selbstständig machen will, sollte sich frühzeitig für alle Eventualitäten wappnen. Auch wenn Sie davon überzeugt sind, dass Ihnen die Fehler, die Ihnen Ihr Gegenüber schildert, nie passieren würden, hören Sie dennoch gut zu. Manchmal löst eine kleine, scheinbar unwichtige Entscheidung eine Kettenreaktion aus, die sich am Ende verheerend auf die Entwicklung Ihres Unternehmens auswirken kann. Denken Sie nur daran, wie oft Sie schon in Ihrem alltäglichen Leben Entscheidungen getroffen oder Dinge getan haben, die Sie anschließend gar nicht mehr nachvollziehen konnten und deren Korrektur Sie Zeit und Geld gekostet haben.

In diesem Kapitel erfahren Sie, in welche Fallen Gründer oft tappen. Wir geben Ihnen Tipps, wie Sie diese Stolpersteine souverän umgehen und Ihr Unternehmen wie ein Baby vor Schwierigkeiten behüten.

Unrealistisch planen

Natürlich ist die Euphorie groß, wenn Sie beschlossen haben, den Schritt in die Selbstständigkeit zu wagen. Wie alle Existenzgründer würden Sie wahrscheinlich am liebsten sofort Waren einkaufen, das Büro einrichten oder die erste Marketing-Aktion starten. Ihr Elan ist vermutlich nahezu unerschöpflich – und verleitet Sie dazu, für Ihre Geschäftspläne unrealistische Annahmen zu treffen. Sie kalkulieren mit zu hohen Umsätzen, Gewinnen und Preisen, einer zu großen Kundenzahl oder zu niedrigen Produktions- und Lagerkosten.

Eine derart unrealistische Planung kann für Ihr Unternehmen schnell das Aus bedeuten. In der Regel verfügen Existenzgründer nicht unbegrenzt über finanzielle Reserven, mit denen sie längerfristige Zeiträume überbrücken können. Gerade zu Beginn einer Gründung türmen sich oft noch Kosten auf, die Sie nicht beachtet oder unterschätzt haben und die das vorhandene Budget zusätzlich belasten.

Kontrollieren Sie daher regelmäßig, ob Sie für Ihre Planungen wirklich marktgerechte und realistische Daten und Zahlen verwenden. Kalkulieren Sie gerade zu Anfang lieber konservativ – sobald das Unternehmen läuft, können Sie Ihre Planungen immer noch den tatsächlichen Geschäftskonditionen anpassen. Hinweise, wie Sie realistisch planen, finden Sie in Kapitel 8 und 10.

Kundenwünsche ignorieren

»König Kunde«, »Chef der Selbstständigen«, »der Kunde hat immer Recht« – all die Redewendungen, die es in Deutschland über die Verbraucher gibt, zeigen den Respekt, den Unternehmen vor den Kunden haben sollten.

Glauben Sie nie, dass Sie sicher wissen, welche Wünsche und Bedürfnisse Ihre Kunden haben. Was heute als Produkt oder Dienstleistung bei Ihren Konsumenten noch en vogue ist, können sie morgen bereits ad acta gelegt haben. Versuchen Sie niemals, Ihren Kunden allein Ihre eigenen Ideen von ihren Bedürfnissen oder Wünschen anzubieten. In diesem Spiel ziehen Sie garantiert den Kürzeren, denn Ihre Kunden sind zu keinem Zeitpunkt verpflichtet, bei Ihnen einzukaufen. Sobald ihnen Ihr Angebot nicht mehr verlockend oder attraktiv erscheint, wechseln sie zur Konkurrenz – und Ihre Umsatz- und Gewinnzahlen schrumpfen vermutlich unaufhörlich zusammen.

Tun Sie alles, um einen engen Kontakt zu Ihren Kunden aufzubauen. Versuchen Sie, regelmäßig mit ihnen ins Gespräch zu kommen und sie nach ihren Wünschen und Bedürfnissen zu fragen. Prüfen Sie anschließend penibel Ihr Sortiment, um herauszufinden, ob Sie mit diesem Angebot das Interesse Ihrer Kunden befriedigen.

Kapitel 5 verrät Ihnen, wie Sie mehr über Ihre Kunden erfahren beziehungsweise wie Sie wunschgerecht auf sie eingehen.

Akquise vergessen

Angesichts des Arbeitspensums, das Sie vor allem vor und zu Beginn Ihrer Gründung bewältigen müssen, ist es für Sie verlockend, davon auszugehen, dass die Kunden wie von selbst auftauchen. Den Gefallen tun sie Ihnen aber nicht. Bedenken Sie nur, mit welcher Masse an Informationen Sie jeden Tag konfrontiert werden – Ihren potenziellen Kunden geht es nicht anders. Via Zeitung, Radio, TV, Internet, Werbeplakaten auf den Straßen oder in den Räumen der Geschäfte – nahezu überall prasseln Neuigkeiten, Klatschgeschichten oder Informationen über Sonderangebote auf einen nieder. Und nebenbei sollen Ihre Kunden auch noch registrieren, dass Sie ein Unternehmen gegründet haben und auf Kundschaft warten? Das können Sie ganz schnell vergessen!

Ohne Kundenakquise wird es Ihnen erheblich schwerer fallen, Ihr Unternehmen in Schwung zu bringen als mit entsprechendem Engagement. Gerade in der Anfangszeit ist es sehr wichtig, Aufmerksamkeit zu erregen, um Referenzkunden zu gewinnen und die Mundpropaganda anzukurbeln. Sehen Passanten im Vorbeigehen beispielsweise, dass in Ihrem Laden immer einige Kunden sind, werden sie neugierig und kommen ebenfalls rein. Im besten Fall erzählen sie ihren Freunden und Bekannten von dem neuen Geschäft oder Café um die Ecke und machen so Werbung für Sie.

Aber auch später sollten Sie die Kundenakquise nicht vergessen – schließlich wollen Sie Ihren Kundenstamm vergrößern oder abgewanderte Kunden wieder anlocken. Durch eine gezielte Akquise können Sie verhindern, bei Ihren Kunden in Vergessenheit zu geraten, weil Sie möglicherweise mal einen Auftrag abgelehnt haben und das Augenmerk des Kunden nur noch auf die Konkurrenz gerichtet ist. Informieren Sie sich in Kapitel 16 über die verschiedenen Möglichkeiten einer zielgerichteten Akquise.

Konkurrenz missachten

Eine gesunde Portion Selbstbewusstsein erleichtert Ihnen Ihre Unternehmensgründung und die anschließenden Geschäftsprozesse. Von dieser Stärke dürfen Sie sich allerdings nicht verleiten lassen und nur noch auf Ihre eigenen Produkte oder Dienstleistungen schauen. Bedenken Sie immer, dass Sie keinen Markt ausschließlich für sich erobern können: Sie werden immer mit Wettbewerbern um die Kunden buhlen. Es wäre daher einer der gröbsten Fehler, die Konkurrenz zu missachten und kein Augenmerk mehr darauf zu richten, was, wer, wie und zu welchem Preis anbietet.

Sobald Sie anfangen, nur noch Ihr eigenes Süppchen zu kochen, laufen Sie Gefahr, Trends zu verschlafen. Die Folge: Früher oder später hängen die Wettbewerber Sie ab, weil Ihre Angebote nicht mehr aktuell, innovativ oder attraktiv sind. Trotz lukrativer Preise können Sie dann nicht verhindern, dass die Kunden lieber bei der Konkurrenz einkaufen.

Je umkämpfter ein Markt, desto aufmerksamer müssen Sie Ihre Konkurrenz beobachten. Versuchen Sie frühzeitig, herauszufinden, was Ihre Wettbewerber planen. Je mehr Informationen Sie über Ihre Wettbewerber finden, desto besser können Sie Ihre Geschäftsstrategien darauf ausrichten. Wie Sie alles Wesentliche über Ihre Konkurrenz herausfinden, erklärt Kapitel 6 ausführlich.

Zu risikoreich agieren

Die hohen Summen, die Existenzgründer für den Aufbau ihres Unternehmens brauchen, beeindrucken in der Regel nur anfangs. Mit der Zeit gewöhnen sich viele an die Zahlen mit vier, fünf oder sechs Nullen am Ende. Geht die Rechnung des Unternehmensgründers dann auch noch in den ersten Monaten reibungslos auf, verschwindet die Furcht vor den großen Geldbeträgen bei einigen völlig. Großzügig erhöhen sie den Wareneinkauf, leisten sich einen zweiten Firmenwagen oder achten nicht mehr so streng auf die Kosten rund um ihr Unternehmen. Die Risikobereitschaft wächst enorm – »es wird schon gutgehen«, lautet plötzlich die Devise.

Läuft das Geschäft allerdings nicht so, wie es sich der Gründer erhofft hat, gerät er schnell finanziell unter Druck.

Ehe Sie Ihre bisherigen Geschäftsstrategien verändern oder erweitern, sollten Sie zunächst immer den Markt analysieren. Wägen Sie das Risiko, das Sie eingehen wollen, genauestens mit Hilfe der Marktdaten ab. Rechnen Sie stets den Fall durch, dass Ihre Planung nicht oder nur in Teilen eintritt. Kontrollieren Sie, welche Auswirkungen eine risikobehaftete Entscheidung auf Ihre Liquiditätsplanung hat. Mehr zum Thema Liquiditätsplanung lesen Sie in Kapitel 16.

Zu ängstlich agieren

Viele Menschen zögern große Entscheidungen lange heraus – sie müssen erst Mut sammeln, um ja oder nein zu sagen. Der Entschluss, ein Unternehmen zu gründen, ist natürlich mit einem gewissen Risiko behaftet: Erzielt das Geschäft Gewinne? Wirft es genügend Geld für die Lebenshaltungskosten ab? Schaffe ich es, mich gegen die Konkurrenz durchzusetzen? Finde ich im Falle einer Insolvenz oder einer Geschäftsschließung wieder einen festen Job?

Wenn Sie beschlossen haben, sich selbstständig zu machen, dürfen Sie nicht zu zögerlich agieren. Um ideale Marktbedingungen für Ihr Unternehmen zu schaffen, müssen Sie in den allermeisten Fällen bereit sein, zunächst Kapital zu investieren. Einkünfte erzielen Sie erst dann, wenn Sie die Voraussetzungen dafür erfüllen. Sie geraten schnell in eine Sackgasse, wenn Sie aus lauter Furcht vor roten Zahlen oder ausbleibendem Umsatz gar nicht oder zu wenig investieren.

Sind Sie möglicherweise sogar in der komfortablen Situation, Geld auf der hohen Kante und erfolgversprechende weiterführende Pläne für Ihr Geschäft zu haben, sollten Sie sich nicht verleiten lassen, das Kapital für »schlechte Zeiten« zurückzulegen. Unter Umständen verbessert eine sofortige Investition Ihre Marktposition so nachhaltig, dass sich Ihre Einkünfte deutlich erhöhen. Die Sicherheit, nicht zu viel zu riskieren, geben Ihnen in der Regel Ihre Finanzpläne: Sofern Sie die Übersichten gewissenhaft und realistisch erstellt haben, erkennen Sie schnell, ob der geplante Schritt oder die nächste Investition sinnvoll und effektiv sind. Wie Sie eine Gewinn-und-Verlust-Rechnung, eine Bilanz oder einen Liquiditätsplan richtig interpretieren, können Sie in Kapitel 8 lesen.

Zu stur an Idee und Plan festhalten

Ihre Geschäftsidee hat Ihnen schon jahrelang im Kopf herum gespukt – und natürlich sind Sie davon überzeugt, dass Ihre Idee etwas ganz Besonders ist. Doch egal, wie Sie kalkulieren, die Rechnung will nicht aufgehen. Unter Umständen ist der Markt zu eng, die Kundengruppe zu klein, die Konkurrenz bereits seit Jahren fest etabliert, die Herstellung des Produkts zu aufwändig – die Gründe für die roten Zahlen am Ende Ihrer Rechnung kann vielerlei Ursachen haben.

Auch wenn die Erkenntnis ernüchternd ist – halten Sie nicht stur an Ihrer Idee fest. Das Motto »Ein Versuch ist es wert« treibt Sie möglicherweise sehr schnell in den Ruin, wenn Sie Ihre Idee wider besseres Wissen unbedingt verwirklichen wollen.

Selbst wenn die Schwierigkeiten erst kurz vor der Gründung Ihres Unternehmens auftreten, sollten Sie so flexibel sein, Ihre Pläne noch ändern zu können. Möglicherweise müssen Sie ja auch nur an einem kleinen Rädchen drehen, um Ihre Idee doch noch erfolgreich umzusetzen. Zeichnet sich ab, dass Sie Ihre Zielgruppe nur schwer erreichen, wäre der Weg ins Internet beispielsweise eine alternative Option.

Welche Eigenschaften Sie als Gründer mitbringen müssen, um in schwierigen Situationen mit kühlem Kopf zu reagieren, zeigt Ihnen Kapitel 2.

Keine schöpferischen Pausen einlegen

Sobald Sie ernsthaft in Erwägung ziehen, ein eigenes Unternehmen zu gründen, türmt sich die Arbeit wie der Himalaya vor Ihnen auf: Sie müssen Ihre potenziellen Kunden und Wettbewerber analysieren, den Business-Plan schreiben, Geldgeber und passende Räumlichkeiten suchen, Behördengänge erledigen usw. Nach der Gründung wollen Sie möglichst schnell Gewinn erwirtschaften und Ihren Laden in Schwung bringen. An Urlaub oder eine Verschnaufpause ist in dieser Phase logischerweise nicht zu denken.

Doch selbst der fitteste Unternehmer sollte sich irgendwann einmal zurücklehnen und eine Auszeit nehmen. In den alltäglichen Verwaltungs- und Organisationsaufgaben, der Kundenakquise oder der Produktionskontrolle droht Ihre Kreativität auf der Strecke zu bleiben. Sie verlieren unter diesen Umständen vielleicht sogar den Blick für Ihr Geschäft beziehungsweise den Markt. Trauen Sie sich, schöpferische Pausenn einzulegen, um ab und zu Distanz zu Ihrem Unternehmen zu gewinnen.

Zu früh expandieren

Um sich gegen die Konkurrenz durchzusetzen, vergrößern viele Unternehmer schon kurze Zeit nach ihrer Gründung ihr Warensortiment – meist auf Pump und ohne sicher zu wissen, ob die Nachfrage nach diesen Produkten tatsächlich so groß ist. Immer wieder gibt es auch Unternehmer, die zu früh Mitarbeiter einstellen und so ihre Fixkosten erheblich nach oben treiben.

Machen Sie erst Ihre Hausaufgaben, ehe Sie sich entscheiden, zu expandieren. Knöpfen Sie sich alle wesentlichen Finanzpläne vor, die für eine mögliche Expansion relevant sind: Kapitalbedarfsplanung, Liquiditätsplan, Umsatz- und Gewinnplan sowie die Übersicht über die Personalkosten. Erst wenn Sie sich sicher sind, dass Ihre erwarteten Umsätze die zusätzlichen Kosten über einen langen Zeitraum decken, steht einer schnellen Expansion nichts im Wege.

Wie Sie Ihre Finanzübersichten aufstellen, erfahren Sie in Kapitel 7 und 8.

Zu spät expandieren

Die Furcht, zu früh zu expandieren, verleitet viele Unternehmer dazu, lange abzuwarten, ehe sie sich vergrößern. In vielen Fällen dauert die Entscheidung für eine Expansion allerdings auch zu lange. Sind beispielsweise Ihre Kunden mit Ihren Angeboten zufrieden, wollen sie immer wieder Aufträge an Sie vergeben. Sobald Sie jedoch einige Male ablehnen mussten, weil Sie bereits ausgebucht sind, laufen Sie Gefahr, Ihren Kundenstamm zu verlieren. Selbst Lob kann sich in solchen Fällen negativ auswirken: »Der ist zwar gut und zuverlässig, ist aber immer ausgebucht!«

Wägen Sie rechtzeitig ab, wann Sie Hilfe brauchen und zusätzliches Personal einstellen müssen. Leider gibt es keine Formel, die Ihnen verrät, wann der ideale Zeitpunkt für eine Expansion gegeben ist. Stimmen jedoch Ihre Umsatz- und Gewinnzahlen über einen längeren Zeitraum, trauen Sie sich ruhig, Ihr Unternehmen zu vergrößern.

Damit Sie unkompliziert prüfen können, ob Sie anfällig sind, in eine der Fallen zu tappen, sollten Sie sich Zeit für die Checkliste in Abbildung 21.1 nehmen. Sie gibt Ihnen Hinweise über alle Bereiche, die bei Ihnen als Brandherd entstehen könnten – und befindet sich selbstverständlich auch wieder auf der CD.

Bin ich anfällig, in eine unternehmerische Falle zu tappen?	**Trifft voll zu**	**Trifft teils zu**	**Trifft kaum zu**	**Trifft nicht zu**
Meine Person				
Ich habe gute unternehmerische Qualitäten				
Ich habe gute Führungskenntnisse				
Ich bin gut auf die Gründung vorbereitet				
Finanzen				
Ich verfüge über eine ausreichende Kapitalmenge				
Die Zinsbelastung ist tragbar				
Das Gehalt richtet sich nach dem Gewinn				
Investitionen				
Ich habe einen guten Standort				
Ich expandiere zeitgemäß				
Ich habe ausreichende Absatzchancen				
Rechnungswesen				
Ich habe eine gute Kosten- und Liquiditätskontrolle				
Ich habe eine gute Kalkulation				
Ich habe ein strenges Mahnwesen				
Kunden				
Ich habe einen großen Kundenstamm				
Ich biete guten Kundenservice				
Ich pflege intensive Kundenbeziehungen				
Wettbewerber				
Es gibt hohen Wettbewerbsdruck				
Es gibt eine steigende Zahl an Wettbewerbern				
ich habe gute Kenntnisse über Wettbewerber				

Bin ich anfällig, in eine unternehmerische Falle zu tappen?	**Trifft voll zu**	**Trifft teils zu**	**Trifft kaum zu**	**Trifft nicht zu**
Markt				
Ich habe gute Marktkenntnisse				
Ich habe eine sinnvolle Preisgestaltung				
Ich habe eine gute Verkaufsorganisation				
Produktion				
Ich habe tragbare Produktionskosten				
Ich habe eine hohe Kapazitätsauslastung				
Die Produktion ist sehr flexibel				
Mitarbeiter				
Die Mitarbeiter sind hoch qualifiziert				
Die Mitarbeiter sind hoch engagiert				
Ich habe eine gute Mitarbeiterentwicklung				

Abbildung 21.1: Checkliste: Versteckte Fallen

Die zehn wichtigsten Internetadressen für Gründer

22

In diesem Kapitel

- Informative Internetseiten studieren
- Weiterführende Tipps verfolgen

Noch nie war es so leicht wie heute, detaillierte Informationen über quasi alle Lebensbereiche zu finden. Unabhängig davon, ob Sie Ihren Urlaub planen, Ihr Auto verkaufen oder die neuesten Nachrichten lesen wollen – das Internet bietet Ihnen fast ausnahmslos alle Informationen, die Sie suchen.

Für Existenzgründer ist das World Wide Web eine unerschöpfliche Fundgrube. Von Tipps für die Erstellung eines Business-Plans, Daten über die Konkurrenz und Fakten über Ihre potenziellen Zulieferer oder Kunden bis hin zu den richtigen Formularen für die Behörden finden Sie dort alles, was Sie für Ihre Existenzgründung an Informationen brauchen. Genau der richtige Platz, um Ihr Vorhaben Existenzgründung zu starten.

In diesem Kapitel haben wir für Sie zehn Internetseiten ausgewählt, die wichtige Inhalte und weiterführende Tipps für eine Existenzgründung enthalten. Sie zeigen verständlich und übersichtlich, worauf es bei einer Gründung ankommt.

www.bmwi.de

Sie suchen nach einer Informationsquelle, die Ihnen einen ersten Überblick über das Thema Existenzgründung gibt? Sie wollen leicht und schnell Fakten zu den verschiedenen Bereichen einer Existenzgründung sammeln? Sie halten Ausschau nach Förderprogrammen, die Ihnen Ihr eigenes Unternehmen erst ermöglichen? Dann sind Sie auf den Internetseiten des Bundesministeriums für Wirtschaft und Technologie unter den Stichwörtern Mittelstand und Existenzgründung genau richtig. Die Behörde hat ihre Internetseiten für Existenzgründer mit allem ausgestattet, was junge Unternehmer vor und während einer Gründung beschäftigt. Neben den Basisinformationen finden Sie:

- ✔ eine Datenbank mit Förderprogrammen
- ✔ ein Softwarepaket, das ausführliche Planungshilfen enthält und von Existenzgründern heruntergeladen oder bestellt werden kann
- ✔ Publikationen über Existenzgründungen

www.existenzgruender.de

Sie wollen ein Schuhgeschäft eröffnen, ein Biotechnologie-Unternehmen gründen, Gesellschaftsspiele produzieren oder Unternehmen zu Themen wie Outsourcing oder Konfliktmanagement beraten? Unter `www.existenzgruender.de` erfahren Sie detailliert, wie Sie vorgehen müssen. Schritt für Schritt erklärt das Existenzgründer-Portal des Bundeswirtschaftsministeriums, woran Sie alles denken müssen und wie Sie am besten vorgehen. Das Portal informiert wie

- ✔ Sie die ersten Schritte meistern
- ✔ Sie Ihre Gründung planen
- ✔ Sie Ihre Gründung finanzieren
- ✔ Sie Ihr Unternehmen führen
- ✔ und wo Sie sich Rat von Experten einholen können
- ✔ Ihr Gründungsfahrplan aussehen müsste
- ✔ Ihr Zeitplan aussehen sollte.

www.kfw.de

Die KfW-Bankengruppe schreibt das Thema Finanzen und Kredite ganz groß. Das Institut könnte eine der ersten Adressen sein, die Sie aufsuchen, um Kapital für Ihr Unternehmen aufzustöbern. Die KfW-Bankengruppe genießt bei mittelständischen Unternehmen und Existenzgründern den Ruf eines fairen und zuverlässigen Partners.

Um sich im Vorfeld Ihrer Finanzierung einen Eindruck zu verschaffen, was die KfW Ihnen möglicherweise anbietet, lohnt es sich, die Seiten der Bankengruppe genauer zu studieren. Sie machen Angaben zu

- ✔ den Kreditgrößen
- ✔ den Konditionen
- ✔ den Förderbedingungen
- ✔ den Sicherheiten
- ✔ den Finanzierungsvoraussetzungen
- ✔ und zu Beispielen, denen die KfW bereits Kredite gewährt hat.

www.business-angels.de

Es gibt nur wenige Branchen in Deutschland, in denen Sie so viele Engel finden wie in der Gründerszene. Wie die Engel in Kinderphantasien halten sich auch die so genannten Business Angel sehr bedeckt. Kaum ein Unternehmensgründer kann erzählen, dass ihn ein Business Angel angerufen oder aufgesucht hat.

Wenn Sie darauf setzen, für die Finanzierung Ihrer Idee einen Business Angel zu gewinnen, müssen Sie die zurückhaltenden Geldgeber selbst ausfindig machen und kontaktieren. Ein paar Fährten, wie Sie erste Kontakte zu Ihren möglichen Engeln knüpfen, finden Sie auf `www.business-angels.de`.

Die Seite informiert unter anderem über

- ✔ Netzwerke
- ✔ Partner
- ✔ Sponsoren
- ✔ Veranstaltungen
- ✔ Trends

www.deutscher-gruenderpreis.de

Sie wollen ein Unternehmen gründen? Okay, los geht's! Sie wollen ein detailliertes und fachkundiges Urteil über Ihre Idee? Kein Problem! Sie sind noch auf der Suche nach einem Förderer? Wird erledigt! Wollen Sie für Ihre Idee und Ihre Arbeit einen Preis gewinnen? Dann müssen Sie die nächsten Klicks zu `www.deutscher-gruenderpreis.de` führen.

Auf der Plattform erfahren Sie alles über einen der größten Gründerwettbewerbe in Deutschland, den die Unternehmensberatung McKinsey, die Sparkassen und das Magazin Stern im Jahr 1997 ins Leben gerufen haben. Inzwischen zählen neben dem Stern, die Sparkassen, Porsche und das ZDF zu den Partnern des Deutschen Gründerpreises. Seit seiner Gründung haben sich etwa 9.300 Gründerteams an dem Startup-Wettbewerb beteiligt. Das Projekt

- ✔ unterstützt Gründer auf dem Weg in die Selbstständigkeit.
- ✔ zeichnet unternehmerische Leistung aus.
- ✔ bringt das Know-how der Partner ein.
- ✔ verfügt über ein umfangreiches Netzwerk.
- ✔ schafft bessere Rahmenbedingungen für die Gründung.
- ✔ informiert die breite Öffentlichkeit über die Gründungsvorhaben.

www.existenzgruender-netzwerk.de

»Vier Augen sehen mehr als zwei« Dieses alte Sprichwort lässt sich für Existenzgründer hervorragend übertragen: »Mehr Leute wissen mehr als einer allein.« Sicherlich hilft es Ihnen, andere Gründer kennen zu lernen, um sich mit ihnen über ihre Erfahrungen, Erfolge oder die bösen Überraschungen auszutauschen, die sie möglicherweise bereits gemacht haben. Der ein oder andere hält garantiert wertvolle Tipps parat oder kann einen wichtigen Kontakt herstellen. Unter `www.existenzgruender-netzwerk.de` tummeln sich jede Menge Gründer, die aufgeschlossen und informativ über ihr Geschäft berichten. Das Netzwerk enthält aus den verschiedensten Wirtschaftsbereichen

- Projekte von Existenzgründern
- Erfahrungen von Existenzgründern

Falls Sie nicht nur an den Berichten anderer Gründer interessiert sind, sondern konkrete Hilfe oder Absichten verfolgen, kommen Sie auf der Plattform ebenfalls weiter. Sie finden

- Geschäftspartner
- Geldgeber
- oder sogar Unternehmen zur Übernahme.

www.dihk.de

Es ist egal, wo Sie Ihre Idee umsetzen wollen – zwischen Kiel und Konstanz hat die Deutsche Industrie- und Handelskammer immer einen Ansprechpartner für Sie parat. Ob irgendwo zwischen Nürnberg und Hof, Dresden und Leipzig oder Stuttgart und Freiburg – auf `www.dihk.de` finden Sie die Adressen von mehr als 80 DIHK-Niederlassungen, die Sie ausführlich über das Thema Unternehmensgründung beraten. Wer sich im Vorfeld bereits gründlich auf das Gespräch mit der DIHK vorbereiten will, erhält alle nötigen Informationen und Daten auf den weiteren DIHK-Internetseiten:

- Software für Business-Pläne
- Anmeldeformulare für Gründer-Aktionen der IHK
- Hintergrundwissen für Existenzgründungen

www.gruendungskatalog.de

Je weiter Sie mit Ihren Gründungsvorhaben vorankommen, desto detaillierter und kniffliger werden in der Regel Ihre Fragen. Oft helfen dann selbst die informativsten Internetseiten nicht mehr weiter. In schwierigen Fällen kann Ihnen `www.gruendungskatalog.de` möglicherweise die passenden Antworten liefern. Dort finden Sie eine Link-Sammlung, die sich mit ausgewählten Themen rund um die Existenzgründung befasst. Das Portal gibt unter anderem Informationen über

- regionale Gründungsvorhaben
- Gesetzesänderungen für Existenzgründer
- Gründernetzwerke
- Gründerwettbewerbe
- Kostenlose Newsletter
- Business Angels
- Erfolgreiche Gründungen

www.xing.de

Möglicherweise haben Sie schon einige Kundenkontakte und Ihr eigenes Unternehmen ist schon schön angelaufen. Dennoch sollten Sie nicht vergessen, sich ein großes Netzwerk zu schaffen. Es hilft Ihnen, sich gelegentlich mit anderen Unternehmen, Freunden oder Existenzgründern über Erfolge, Missgeschicke oder Fragen auszutauschen.

Auf `www.xing.de` tummeln sich viele Selbstständige, aber auch potenzielle Kunden. Neben dem Adressbuch bietet Xing noch zusätzliche Kontaktmöglichkeiten, durch die sich Gleichgesinnte, Kunden oder vielleicht auch Partner finden können:

- ✔ Gruppen mit thematischen Schwerpunkten
- ✔ Gruppen mit einem bestimmten regionalen Einzugsgebiet
- ✔ öffentliche Events unter verschiedenen Mottos

www.123recht.net

Alles, was Recht ist – erfahren Sie auf den Webseiten von `www.123recht.net`. Rund um Ihre Gründung, aber auch im anschließenden Arbeitsalltag tauchen immer wieder juristische Fragen auf, über die Sie sich informieren müssen. Oft sind es nur scheinbare Kleinigkeiten, die sich – wenn Sie nicht sofort eine Lösung finden – später als massives Problem für Ihr Unternehmen herausstellen können. Das Portal bietet Ihnen unter anderem ausführliche Auskünfte über

- ✔ Mietrecht
- ✔ Computerrecht
- ✔ Immobilienrecht
- ✔ Arbeitsrecht
- ✔ Internetrecht

Gleichzeitig erfahren Sie nach dem Studium der Seiten alles über

- ✔ Gebühren
- ✔ Kosten
- ✔ Pflichtversicherungen
- ✔ Musterverträge
- ✔ Musterbriefe

Helfen Ihnen selbst all diese Informationen nicht mehr weiter, vermittelt Ihnen `www.123recht.net` auf seinem Portal auch noch einen passenden Anwalt für Ihre juristischen Probleme.

Sauber planen: Ein Beispiel-Business-Plan

A

In diesem Kapitel

- Einen deutschen Business-Plan Schritt für Schritt kennen lernen
- Für den eigenen Betrieb lernen

Gerade für Macher, für Unternehmer, ist es ermüdend, Seite für Seite Theorie zu lesen. Deshalb zum Abschluss ein Stück Praxis zum Anfassen. Hier finden Sie den kompletten Business-Plan der Faktum GmbH, einer Beratungsgesellschaft für Finanzmarktkommunikation.

Das Elevator Statement

Mit dem journalistischen und dem beraterischen Know-how der beiden Gründer wird die Faktum in der Region München und darüber hinaus börsennotierten und börsennahen Unternehmen Finanzkommunikation aus einem Guss anbieten und insbesondere Unternehmen auf dem Weg an die Börse beraten und unterstützen.

Die Dienstleistung

Mit einem Börsengang müssen sich Unternehmen einer wesentlich größeren Öffentlichkeit stellen und fortan die Informationsbedürfnisse einer Vielzahl neuer Zielgruppen wie Investoren, Analysten und Finanzjournalisten bedienen lernen. Faktum unterstützt und berät die Vorstände kleinerer und mittelständischer Unternehmen (Small- und Midcaps) auf diesem Weg und kann dabei einen Großteil der erforderlichen Dokumente wie Präsentationen, Websites, Pressemitteilungen oder Geschäftsberichte, in Abstimmung mit dem Kunden, selbstständig produzieren. Die Agentur stellt zudem die notwendigen Kontakte zu Finanzjournalisten und weiteren Multiplikatoren am Kapitalmarkt her.

In einem zweiten Schritt wird Faktum diese Dienstleistungen auch bereits börsennotierten Unternehmen sowie börsennahen Unternehmen wie Private-Equity-Firmen, Rechtsanwälten und Steuerberatern anbieten. Für beide Zielgruppen umfasst das Leistungsspektrum im Wesentlichen die folgenden Bausteine:

- ✔ Pressearbeit (vom persönlichen Gespräch bis zur Pressemitteilung)
- ✔ Publikationen (vom Geschäftsbericht bis zum Newsletter)
- ✔ Präsentationen (von der Equity Story bis zur Rede bei der Hauptversammlung)
- ✔ Investor Relations (vom Vorstandscoaching bis hin zum Investorenscreening)
- ✔ Events (Pressekonferenzen, Investoren-Roundtables, Hauptversammlungen)

FAKTUM GmbH

BERATUNGSGESELLSCHAFT FÜR
FINANZKOMMUNIKATION
Anja Meyer
Kurt Müller

Business-Plan

Stand: 01. Februar 2016

D-11111 Beispiel, Postfach 222, Musterstraße 3, Tel. 0999/9999-9,
Telefax 0999/9999-88, www.faktum.de

Abbildung A.1: Ein schönes, ordentliches Deckblatt ist die halbe Miete.

Selbstverständlich finden Sie diesen Business-Plan auch auf der CD zum Buch. Wenn Sie mögen, können Sie ihn als Vorlage nehmen und ihn auf Ihre Firmenidee hin abwandeln.

Die Stärke der Faktum liegt in ihrer Kombination aus journalistischer und beraterischer Erfahrung. Ein Gründer arbeitete über viele Jahre hinweg als Wirtschaftsjournalist und verfügt daher über ein entsprechendes Netzwerk. Der zweite Gründer sammelte viele Jahre Berufserfahrung in Agenturen und den Kommunikationsabteilungen großer süddeutscher Unternehmen. Die zweite Stärke der Faktum liegt in ihrer Verankerung in der Region München, der wirtschaftlich stärksten Region in Deutschland. Da sich das Gros der Wettbewerber am Börsenplatz Frankfurt tummelt und viele Unternehmer in der Zeit des Börsengangs kurze Wege schätzen, ergibt sich hier vom ersten Tag an ein sehr gutes Akquiseargument.

Die Gründer

Anja Meyer, 39, kennt beide Seiten des Schreibtischs in der Kommunikationsbranche. Nach einem Volkswirtschaftsstudium startete sie als Wirtschaftsjournalistin und arbeitete über mehrere Jahre für renommierte Tageszeitungen und Magazine. Danach baute sie eine kleine Münchener Investor-Relations-Agentur mit auf, die Ende 2004 an eine der führenden Netzwerkagenturen in Deutschland verkauft wurde.

Kurt Müller, 42, startete direkt nach dem Volkswirtschaftsstudium bei der deutschen Niederlassung einer der großen internationalen Public-Relations-Netzwerke. In den 90er Jahren wechselte er auf Unternehmensseite und verantwortete unter anderem die Kommunikation zweier in München ansässiger DAX-Unternehmen mit.

Der Markt

Dank des neuen Börsensegments Entry Standard und einem freundlichen Kapitalmarktumfeld wächst der Markt für Börsengänge und damit auch der Bedarf für entsprechende Kommunikationsberatung. Wie bereits im New-Economy-Boom haben die alteingessenen Anbieter die Trendwende am Kapitalmarkt viel zu spät erkannt und können heute die steigende Zahl der Anfragen auf Grund von Personalmangel kaum bedienen.

Der größere Markt für Investor-Relations(IR)- und Public-Relations(PR)-Beratung börsennotierter und börsennaher Unternehmen wächst ebenfalls deutlich, da immer mehr Unternehmen einen Teil ihrer Marketingbudgets weg von der klassischen Werbung hin zur gezielten Ansprache von Medien und Investoren verlagern.

Genaue Marktdaten können selbst die führenden Branchenverbände nur mit einem großen Unsicherheitsfaktor zur Verfügung stellen, da die Branche zum einen sehr zersplittert ist, zum anderen eine Vielzahl von Teildisziplinen abdeckt. Schätzungen beispielsweise der Fachhochschule Düsseldorf gehen davon aus, dass der Markt im vergangenen Jahr ein Volumen von knapp fünf Milliarden Euro erreicht haben könnte und jährlich mit Raten von fünf bis sieben Prozent wächst. Der Löwenanteil dieses Umsatzes entfällt auf die Unternehmenskommunikation, zu der auch die Finanzkommunikation bzw. Investor Relations zählt.

Der Wettbewerb

Der Markt für Agenturen in Deutschland ist zersplittet. Selbst die größten Netzwerke wie Pleon erreichen schätzungsweise nicht einmal einen Marktanteil von fünf Prozent. Um die potenziellen Kunden konkurrieren eine Vielzahl von Dienstleistern jeglicher Größenordnung. Das Spektrum reicht von Tochtergesellschaften weltweit agierender Kommunikationsnetzwerke bis hin zu Ein-Mann-/Ein-Kunden-Unternehmen.

Als relevanten Wettbewerb identifiziert Faktum zwei Teilgruppen:

1. die Player für Finanzkommunikation am Standort München. Davon gibt es erstaunlich wenig, denn das Geschäft konzentriert sich auf den Börsenplatz Frankfurt. In München residieren zum einen Niederlassungen internationaler und nationaler Netzwerke mit Tätigkeitsschwerpunkten jenseits des Kapitalmarkts, zum anderen eine Handvoll kleinerer Spezialanbieter.
2. die bundesweit führenden Anbieter von Finanzkommunikation. Diese lassen sich wiederum in zwei Gruppen unterteilen. Zum einen agieren in Deutschland internationale Anbieter zumeist angelsächsischer Herkunft. Ihr großer Vorteil ist die globale Vernetzung, ihr Nachteil die mangelhafte Verankerung im deutschen Markt. Zum anderen haben sich in den vergangenen Jahren einige deutsche Anbieter wie Kirchhoff und CNC erfolgreich im Markt positioniert. Diese konzentrieren sich aber auf größere Börsengänge und große börsennotierte Unternehmen, da hier die absoluten Honorarvolumina wesentlich höher sind.

Der Markteintritt

Die Macher von Faktum verfügen auf Grund ihrer beruflichen Vergangenheit über ein weit gespanntes Netzwerk zu Unternehmen sowie Multiplikatoren. Bereits im Vorfeld der Selbstständigkeit gibt es Anfragen von Kundenseite, voraussichtlich können die Gründer aus ihrer bisherigen Tätigkeit bereits mit zwei bis drei Kunden vom ersten Tag an rechnen. Auf dieser Ebene planen die Faktum-Macher zu Beginn, gezielt ihr Netzwerk anzusprechen und dieses zugleich durch intelligentes Networking ständig zu erweitern. Diesem Zweck dienen in den ersten drei Monaten nach Start unter anderem persönliche Anschreiben und Anrufe bei mehr als 500 potenziellen Kunden und Empfehlern in der Region sowie ein erstes Agenturfest in den neuen Räumen des Unternehmens.

Das Marketing

Faktum konzentriert sich bei seiner Kundenakquise auf die Pflege und die Erweiterung des Netzwerkes, da es auf Grund von Empfehlungen die besten Chancen sieht, neue Kunden zu akquirieren. Unterstützt wird diese Arbeit durch zwei Marketing-Maßnahmen:

1. **Intelligente Kaltakquise mit Hilfe von Workshops.** In Branchen mit einer potenziell hohen Nachfrage veranstaltet Faktum Workshops zum Selbstkostenpreis zu relevanten Themen. Das Spektrum reicht von Seminaren zum Thema »So kommt Ihr Unternehmen in die Presse« bis hin zu Roundtables, bei denen Unternehmen und Investoren zusammentreffen.

2. **Medienarbeit.** Von Beginn an beobachtet Faktum genau, welche Medien wie über Finanzkommunikation berichten, und bringt sich mit eigenen Beiträgen, Statements und Infomaterialien aktiv in solche Diskussionen ein.

3. **Online-Präsenz.** Nur zögerlich nähern sich viele Agenturen dem Thema Web 2.0 und genau hier will sich Faktum von Beginn an einen Vorsprung verschaffen. Faktum wird in den wesentlichen Foren mit eigenen Beiträgen sein, regelmäßig bloggen und seine Neuigkeiten sowohl als Social Media Release (eine Pressemitteilung inklusive Tags und Links) als auch als Podcast anbieten.

Die Preispolitik

Bei den Preisen orientiert sich Faktum an branchenüblichen Stundensätzen. Diese reichen von 80 Euro für Tätigkeiten eines Back-Office wie der Versand von Pressemitteilungen oder die Organisation von Pressekonferenzen bis hin zu 230 Euro für die strategische Beratung durch einen Geschäftsführer.

Zwei Besonderheiten sollen die Preispolitik von Faktum vom Wettbewerb abheben:

1. **Eine Erfolgsbeteiligung.** Faktum wird sein Honorar bei börsennotierten Unternehmen oder bei Börsengängen teilweise (bis zu 25 Prozent) an die Entwicklung des Börsenkurses bzw. an die Höhe des Ausgabepreises koppeln und wird so seinen Anspruch, zielgerichtet auf hohem Niveau zu arbeiten, unterstreichen. Auch bei nicht börsennotierten Unternehmen bietet Faktum eine erfolgsabhängige Bezahlung an, beispielsweise gekoppelt an die Zahl der veröffentlichten Beiträge oder an die aus den Faktum-Aktivitäten gewonnenen Kundendaten.

2. **Rabatte für langfristige Kunden.** Faktum will Kunden durch erhebliche Preisnachlässe beim Abschluss von Jahresverträgen binden. Preisnachlässe gewährt das Unternehmen auch für Kunden, die als potenzielle Empfehler interessant sein könnten.

Die Organisation

Die beiden Gründer akquirieren und betreuen jeweils eigene Kunden und bauen sich hierfür Teams auf. Zudem übernimmt jeder der beiden Querschnittsfunktionen. Der Schwerpunkt von Meyer liegt dabei auf internen Themen wie Finanzen und Personal, während Müller das Marketing vorantreiben will. Die Abwicklung der Prozesse sowie die Verwaltung soll von Beginn an eine erfahrene Büroleiterin übernehmen.

Das Personal

Neben den zwei Gründern sollen nach einer Anlaufzeit vier bis sechs Mitarbeiter für das Unternehmen arbeiten. Faktum plant dabei sowohl die Einstellung von Trainees, um diese in der eigenen Branche auszubilden, als auch die Einstellung von Junior-Beratern. Darüber hinaus ist der ständige Einsatz zumindest eines Praktikanten für Recherchetätigkeiten sowie zur Unterstützung der Administration geplant.

Die Personalkosten bleiben auch bei sechs Mitarbeitern überschaubar, da das Gehaltsniveau in der Branche niedrig liegt. Trainees verdienen hier 1200 bis 1500 Euro pro Monat; junge Berater 2000 bis 3000 Euro. Die erfahrene Büroleiterin profitiert demgegenüber vom Gehaltsgefüge anderer Branchen und startet mit einem Gehalt von 3500 Euro. Die Geschäftsführer selbst zahlen sich ein höheres Gehalt, passen dies aber den jeweiligen Marktgegebenheiten flexibel an. Von Beginn an ist angedacht, ein vergleichsweise niedriges Fixum durch eine variable Vergütung zu ergänzen, die sich sowohl am individuellen als auch am unternehmerischen Erfolg bemisst.

Insgesamt werden die Personalkosten auf Dauer 50 bis 60 Prozent der Gesamtkosten ausmachen. Im ersten Jahr liegt dieser Anteil höher, aber die Einbeziehung des Unternehmerlohns der beiden Gründer sichert hier die nötige Flexibilität.

Der Standort

Neben den Personalkosten sind die Mietkosten die zweite große Kostenposition einer Agentur (ca. 15 Prozent). Eine Agentur, die Vorstände berät, muss in einem entsprechenden Umfeld residieren, ohne dass eine 1a-Lage entsprechende Preise suggerieren darf. Die Gründer haben ein entsprechendes Büro fünf Autominuten entfernt vom Zentrum Münchens in einem Altbau zu einem Mietpreis von knapp zwölf Euro pro Quadratmeter gefunden.

Die Risiken und Chancen

Die Chancen von Faktum ergeben sich im Wesentlichen aus dem Marktumfeld (Knappheit, nicht befriedigter Bedarf) sowie dem hervorragenden Netzwerk der Gründer. Auf Grund ihrer jahrelangen einschlägigen Erfahrung sind sie von Beginn an in der Lage, ihren Kunden ein breites Spektrum von Dienstleistungen – vom Geschäftsbericht bis hin zur Vorbereitung auf Einzelgespräche mit Investoren und Journalisten – rund um die Finanzkommunikation anzubieten.

Die Risiken ergeben sich aus der Abhängigkeit von den zwei Gründerpersönlichkeiten und ihrem Netzwerk. Beide haben bislang noch nicht zusammengearbeitet, so dass sich erst in den kommenden Monaten herausstellen wird, wie gut sie als Team harmonieren. Intensive Gespräche sowie die Erfahrungen von Meyer aus ihrer ersten Gründung machen dieses Risiko aber überschaubar. Darüber hinaus ist Faktum von der jeweiligen Börsenkonjunktur abhängig. Faktum ist sich dieses Risikos bewusst und wird daher von Beginn an gezielt auch börsennahe Unternehmen wie Berater, Anwälte und Wirtschaftsprüfer ansprechen, um so diese Abhängigkeit zu verringern.

Ein weiteres Risiko ergibt sich aus dem gewählten Preismodell, da die erfolgsabhängige Vergütung, gerade in Form von Aktien und Aktienoptionen, ebenfalls abhängig von der Lage an den Kapitalmärkten ist. Faktum begrenzt daher bewusst die Erfolgskomponente auf 25 Prozent des Gesamthonorars. Da das Unternehmen zugleich eine Gewinnmarge von 15 bis 20 Prozent anstrebt, erscheint dieses Risiko beherrschbar.

Angesichts der Personalknappheit in der Branche ist auch die Rekrutierung von Mitarbeitern als Risiko zu betrachten. Meyer und Müller rechnen aber damit, dass sie über die Jahre hinweg ausreichend Kontakte in der Branche geknüpft haben, um vom Start weg als attraktiver Arbeitgeber wahrgenommen zu werden.

Die Stärken und Schwächen

Beim Kunden steht Faktum für Fakten, kurze Wege und kompetente Beratung. Auf Grund ihrer journalistischen Vergangenheit ist es insbesondere Meyer gewohnt, eigenständig Fakten zu recherchieren und die Argumentation mit entsprechenden Markt- und Unternehmensdaten zu hinterlegen. Auf Grund des Teams können die Gründer von Beginn an gewährleisten, dass ihre Kunden schnell und persönlich betreut werden. Der Werdegang der beiden Gründer stellt darüber hinaus sicher, dass sowohl betriebswirtschaftliche als auch journalistische und kommunikative Fragen zügig beantwortet werden können.

Die Zusammenstellung der Gründerteams birgt aber auch eine Schwäche: Es fehlt ein Teammitglied mit Kapitalmarkt-Hintergrund, der vom ersten Tag an als Bindeglied zu Investoren und Analysten funktionieren kann. Faktum möchte nach einem erfolgreichen Start entweder einen solchen Know-how-Träger als dritten Geschäftsführer gewinnen oder alternativ eine Kooperation mit einer genau auf dieses Thema spezialisierten Agentur anstreben.

Eine Schwäche könnte darüber hinaus aus der Tatsache entstehen, dass beide Gründer phasenweise als Freiberufler gearbeitet haben. Für den Erfolg der Agentur wird es entscheidend sein, dass sich beide von Beginn an auf Themen wie Kundenakquise und -betreuung konzentrieren, und das Texten beispielsweise Mitarbeitern überlassen.

Die Finanzen

Der folgende Business-Plan für das erste Jahr zeigt, dass Faktum vom ersten Jahr an schwarze Zahlen schreiben kann. Dies bedeutet zugleich, dass sich der Kapitalbedarf auf das Stammkapital der GmbH von 50.000 Euro beschränkt. Mit diesem weit über den gesetzlichen Mindestanforderungen liegenden Stammkapital wollen die Gründer eine reibungslose Eigenfinanzierung für den Start in jedem Fall sicherstellen und beispielsweise im ersten Quartal auch die notwendigen Investitionen in IT und Büromöbel tätigen.

Auf Grund der heute bereits vorliegenden Anfragen geht Faktum davon aus, bereits in den ersten Monaten expandieren zu können. Pro Quartal soll zumindest ein neuer Mitarbeiter eingestellt werden. Auf Grund des zu erwartenden Wachstums wollen sich die beiden Gründer nur in den ersten drei Monaten ein reduziertes Startgehalt zahlen und danach aufstocken. Falls sich Auftragseingänge verzögern, würde dieser Unternehmerlohn aber auch im zweiten Quartal als Puffer dienen.

Die daraus abgeleitete Liquiditätsplanung berücksichtigt daher im Wesentlichen die Tatsache, dass die Kunden in der Regel binnen eines Monats zahlen. Der daraus entstehende Kapitalbedarf für den ersten Monat lässt sich problemlos aus der Einzahlung des Eigenkapitals bedienen.

Einnahmen	1. Quartal	2. Quartal	3. Quartal	4. Quartal	Jahr
Investor Relations Kunden					**157.000**
ABC AG		13.000	6.000	6.000	25.000
kirstens AG	15.000	15.000			30.000
PKW AG	12.000	18.000	18.000	18.000	66.000
XY ungelöst AG		12.000	12.000	12.000	36.000
IR-Kunden neu (jeweils bewertet mit der Wahrscheinlichkeit der Akquise [Hope])					**40.000**
Hope: Getready (50%)					
Hope: Bewell (75%)			20.000	20.000	
PR-Kunden					**104.500**
ahrens GmbH	9.000	9.000	9.000	9.000	36.000
fitness KG	7.000	10.500	10.500	10.500	38.500
Mick & Muck KG aA		6.000	6.000		12.000
Stars AG		6.000	6.000	6.000	18.000
Börsengänge					**115.000**
Morgen AG		30.000	40.000		70.000
Übermorgen AG			45.000		45.000
Gewinne aus Erfolgsbeteiligung				**25.000**	**25.000**
Summe Einnahmen	**43.000**	**119.500**	**172.500**	**106.500**	**441.500**

Ausgaben	**1. Quartal**	**2. Quartal**	**3. Quartal**	**4. Quartal**	**Jahr**
Personal					
Gehälter	42.000	66.000	70.500	75.000	253.500
Sozialabgaben	3.300	4.500	5.400	6.300	20.700
Prämien				10.000	10.000
Miete					
Miete	5.400	5.400	5.400	5.400	21.600
Mietnebenkosten	1.200	1.200	1.200	1.200	4.800
lfd. Ausgaben					
Telefon/Internet	1.400	1.700	1.700	1.700	6.800
Bürobedarf/Porto	2.500	1.200	1.200	1.200	4.800
Bücher/Zeitschriften	900	900	900	900	3.600
Werbekosten	1.000	3.000	1.000	3.000	8.000
Beratungskosten	3.000	1.000	1.000	1.000	6.000
Technik					
Leasing Telefonanlage	900	900	900	900	3.600
Wartung EDV	2.000	1.500	1.500	1.500	6.500
Reisen/Spesen	3.000	3.000	3.000	3.000	12.000
Pauschal-Ausgaben	1.500	1.500	1.500	1.500	6.000
Ausgaben insges.	**66.600**	**91.800**	**95.200**	**112.600**	**366.200**
Einnahmen	**43.000**	**119.500**	**172.500**	**106.500**	**441.500**
Überschuss vor Steuern	**–23.600**	**27.700**	**77.300**	**– 6.100**	**75.300**
Steuern (40%)					**30.120**
Cashflow nach Steuern					**45.180**
Mitarbeiter					6,0
Umsatz pro Mitarbeiter					73.583
Marge					17,1%

Hier hat's geklappt: Ein erfolgreiches Beispiel

B

In diesem Kapitel

- Über den erfolgreichen Aufbau eines Einzelhandelskonzepts lernen
- Rückschlüsse für das eigene Geschäftskonzept ziehen

Dieses Buch richtet eigentlich den Blick nach vorn: auf Ihr Unternehmen und Ihren Erfolg. Abschließend stellen wir Ihnen dennoch ein Stück Vergangenheit vor: Die Historie eines Designladens von der Gründung bis zur Auflösung. Aber wenn der alte Spruch stimmen sollte, dass man aus Fehlern klug wird, könnte der Blick zurück Ihren Blick nach vorn noch einmal erweitern.

Die Geschäftsidee

Modernes skandinavisches sowie italienisches Design in guten Einzelhandelslagen, verkauft von kompetenten Beraterinnen vorzugsweise an Frauen mit entsprechendem Familieneinkommen – diese Geschäftsidee setzte ein Kölner Ehepaar erfolgreich um. Nachdem die Kinder mehr oder minder selbstständig waren, wollte vor allem der aus einer Unternehmerfamilie stammende Mann nicht länger für Dritte arbeiten und gab daher seinen kaufmännischen Geschäftsführer-Posten auf.

Beide machten mit der Idee einer Einzelhandelskette ihr Hobby zum Beruf, denn beide sammelten begeistert Industriedesign – vom Geschirr über Dekorationsgegenstände bis hin zu Klassikern von Marken wie Braun. Die Idee lag zu dieser Zeit auch nahezu auf der Straße, denn immer wieder hatte sich das Ehepaar über das bestehende Angebot im Handel geärgert: Auf der einen Seite gab es (noch) die klassischen Porzellanhäuser und Kaufhäuser, die aber mehrheitlich einen konservativen Geschmack bedienten. Auf der anderen Seite gab es Boutiquen wie Nanu-Nana, die im Wesentlichen von Billigangeboten lebten. Nischenanbieter waren zwar in jeder Stadt zu finden, nur lagen diese außerhalb der Lauflagen.

Die Gründung

Nach längerer Beobachtung des Marktes entschieden sich die beiden, in ein bestehendes Unternehmen einzusteigen. Dabei gaben drei Gründe den Ausschlag:

1. Sie konnten bei der Zusammenarbeit mit den bisherigen Eignern die Grundzüge des Einzelhandels erlernen – den beide bislang nur als Konsumenten kannten.
2. Sie hatten für den Start Zugriff auf erfahrene Mitarbeiter im Verkauf.
3. Sie konnten en passant Kontakte zu wichtigen Lieferanten etablieren und zum Teil auch von Beginn an Waren exklusiv in ihrer Region vertreiben.

Der Einstieg in das bestehende Unternehmen verlief in zwei Schritten:

1. Sechs Monate lang arbeiteten sie in den bestehenden Geschäften des Verkäufers mit, bevor sie dann einen der Läden samt Warenbestand kauften. Die drei langjährigen Mitarbeiter wurden informiert und erklärten sich mit dem Übergang auf die neuen Eigentümer einverstanden.
2. Das Ehepaar gründete im zweiten Schritt eine neue Gesellschaft in Form einer GmbH und ließ die Marke auch entsprechend schützen. Die Rechtsform einer GmbH wählten sie, um ihr privates Vermögen im Falle eines Scheiterns weitgehend schützen zu können. Schließlich hatten beide noch keinen einzigen Tag als Händler gearbeitet.

Der Kapitalbedarf

Der Erwerb des Ladens war mit einem erheblichen Kapitalbedarf verbunden, insbesondere, da die neuen Unternehmer mit dem Laden auch einen entsprechenden Warenbestand erwarben. Da beide vom Erfolg ihres Konzepts überzeugt waren und mit der Ware ja auch eine gewisse Sicherheit gekauft wurde, setzten sie beim Erwerb ihr bis dahin erspartes Kapital ein. Sie verkauften ihr Eigenheim und zogen in die Nähe ihres ersten Ladenlokals in eine Mietwohnung. Mit diesem Schritt verschafften sie sich genügend finanziellen Spielraum, um die ersten Monate überstehen zu können.

Der erste Laden

Das erste Ladenlokal lag in einer der meistfrequentierten Einkaufszentren Kölns in idealer Lage, unmittelbar in Nähe der zentralen Rolltreppen im Erdgeschoss. Der Verkäufer hatte hier zwar schon Designobjekte zu vertreiben versucht, hatte aber sehr stark auf margenträchtige Kleinmöbel und teure Ware gesetzt.

Das Ehepaar setzte vom ersten Tag auf sein eigenes Konzept: Alltagsgegenstände wie Geschirr, Gläser, Küchenartikel, Heimtextilien oder Geschenkartikel in guter Form von ausgewählten Herstellern, insbesondere aus Skandinavien und Italien, in einer mittleren bis gehobenen Preisklasse. Allerdings hatte es mit dem Laden auch noch einen gewissen Warenbestand an Kleinmöbeln erworben, die es erst einmal verkaufen musste, um den finanziellen Spielraum für eigene Einkäufe zu bekommen.

Die ersten Schwierigkeiten

Nach Anfangserfolgen gingen die Umsätze im Vergleich zu den Umsätzen des bisherigen Verkäufers beträchtlich zurück. Zu Beginn führten dies die zwei Existenzgründer auf ihr eigenes Unvermögen zurück und nahmen sich vor, besser zu verkaufen und ihre Waren besser zu präsentieren. Sie räumten ihre Schaufenster ständig um und schoben Tag für Tag andere Waren nach vorne, um Kunden anzulocken. Vergeblich!

Mit der Zeit erkannten sie dann ihre drei zentralen Fehler:

1. **Die falsche Ware.** Kunden erkannten nicht, was denn nun wirklich neu bei diesem Geschäft sei, und behandelten den Laden so wie seinen Vorgänger.
2. **Zu wenig Ware.** Im Vergleich zu anderen Läden stand im Ladenlokal vergleichsweise wenig herum. Das Ehepaar fand dies einfach schöner und außerdem fehlte ihnen auch das Kapital, um jetzt noch einmal in großem Stil einzukaufen. Auf Kunden wirkten die spartanisch bestückten Regale dagegen eher abschreckend. Sie suchten mehr Auswahl.
3. **Zu teure Ware.** Weder der alte Unternehmer noch die neuen Eigner kalkulierten übertrieben. Sie nahmen branchenübliche Aufschläge auf die Einkaufspreise und verteidigten dies auch gegen Rabattsucher. Obwohl noch niemand etwas von »Geiz ist geil« gehört hatte, hatten in dieser Zeit aber Ketten wie Aldi und Saturn das Einkaufsverhalten zu ändern begonnen – die Kunden wollten Schnäppchen jagen und schlagen.

Ihre Fehler erkannten die Gründer zum Teil selbst, zum Teil brachten sie auch Gespräche mit Kunden, Lieferanten und auch Konkurrenten weiter. Ganz naiv fragten diese beispielsweise Anbieter in anderen Städten bei Stippvisiten, was sich denn besonders gut verkaufe und warum.

Die zweite Finanzierung

Das Ehepaar hatte den Laden im Frühjahr übernommen, mittlerweile war es September. Das Weihnachtsgeschäft, das in dieser Branche bis zu einem Drittel zum Jahresumsatz beiträgt, sollte und musste es bringen. Und dies würde nur funktionieren, wenn der Laden mit Waren gut bestückt wäre. Aber der Kauf entsprechender Produkte würde noch einmal bis zu 100.000 Mark erfordern. Das Ehepaar griff dazu seine eiserne Reserve an und lieh sich zugleich Geld von den typischen 3Fs (Family, Fools and Friends), in diesem Fall von den Eltern.

Mit diesem Geld kauften die zwei Unternehmer auf dem zentralen Branchentreff, der Frankfurter Konsumgütermesse, in großem Stil ein. Die Aufträge waren für ein einzelnes Geschäft zum Teil so ungewöhnlich hoch, dass die Branche über die neuen Ideenhaber sprach – na ja, zum Teil auch spottete.

Der Durchbruch

Ab Oktober traf die bestellte Ware palettenweise ein. Das Ehepaar stapelte sie im viel zu kleinen Lager des Ladens, in der Garage, im Keller und zum Schluss in den Zimmern der Kinder. Sie begannen zugleich sofort die Regale des Ladens zu füllen und beispielsweise im Eingang ein oder zwei Produkte zu Sonderpreisen aufzutürmen.

Und dieses Konzept zog! Ab November lagen die täglichen Umsätze doppelt so hoch wie zu Zeiten des Vorgängers; im Dezember war der Laden teilweise so voll, dass sich die fünf bis sechs Verkäufer nicht mehr bewegen konnten und nur noch hinter dem Kassentisch Waren annahmen und kassierten – ein angenehmer Zustand. Bereits nach Abschluss dieses Weihnachtsgeschäfts konnte das Ehepaar den Kredit der Eltern zurückzahlen und die eiserne Reserve wieder füllen.

Die Expansion

In den ersten zwei Jahren experimentierte das Ehepaar immer wieder in seinem Laden mit neuen Waren, neuen Preisstrategien und neuen Aktionen. Sie servierten Espresso und verkauften die Maschinen, sie importierten frühzeitig Alessi und trommelten lokal für das neue Design aus Italien, sie dekorierten Wohnideen und verkauften das eine oder andere Schaufenster komplett. Auf Dauer wurde dies allerdings langweilig – und so starteten sie die Suche nach weiteren Ladenlokalen.

Lage, Lage, Lage: Bei der Auswahl neuer Geschäfte stand immer die Frage im Vordergrund, in welchem Maße ihre Zielgruppe hier regelmäßig vorbeikäme. Denn zweierlei hatten sie in ihrem ersten Laden gelernt:

1. Die Schaufensterdekoration und die Aktionen im Eingang spielten eine entscheidende Rolle, um Laufkundschaft in den Laden zu ziehen. Einmal im Laden erwarben diese häufig mehr als ein Produkt.
2. Sie erreichten ihre Zielgruppe der einkommensstarken Frauen ab 35 Jahren gut und zwar vor allem aufgrund der guten Lage des Geschäftes, denn so konnten sie ihren Einkauf mit anderen Besorgungen verbinden.

Zwei mögliche Lagen standen im Zentrum der Überlegungen: Weitere Einkaufszentren in attraktiven Stadtrandlagen sowie die führenden Einkaufsstraßen der Republik. Am Ende probierten sie beides: Ein neues Einkaufszentrum im Rheinland sowie eine bevorzugte Einkaufsstraße in ihrer Heimatstadt.

Die Erfahrung

Beide Läden liefen, aber sie liefen längst nicht so gut wie das Muttergeschäft. Im Nachhinein lässt sich dies vor allem auf Fehler in der Personalführung zurückführen: Während sie im Stammgeschäft häufig präsent waren, verließen sich beide in den neuen Läden auf angestellte erfahrene Mitarbeiter. Diese erledigten ihren Job ordentlich, aber ohne das Engagement eines Unternehmers. Vorsichtige Versuche, über Gewinnbeteiligung Angestellte zu Unternehmern zu formen, verliefen im Sande.

Der Ausstieg

Angesichts der wachsenden Routine und dem Wunsch, nach dem ersten Erfolg wieder etwas Neues anzupacken, suchte das Ehepaar ab dem fünften Jahr nach einer Möglichkeit, das Unternehmen wieder zu veräußern. Gespräche mit Interessenten scheiterten indes wiederholt an den unterschiedlichen Kaufpreisvorstellungen.

Mit dem Vorlauf eines halben Jahres entschied sich das Ehepaar daher, die Läden mit einem grandiosen Schlussverkauf aufzulösen. Eine Idee, die sich als äußerst erfolgreich erwies, denn noch nie hatten die Läden in so kurzer Zeit solche Umsätze und solche Margen abgeworfen wie in dieser Zeit. Der lange Vorlauf gab den Mitarbeitern zugleich die Möglichkeit, rechtzeitig einen neuen Job zu finden (was allen gelang).

Das Fazit

Das Ehepaar gründete noch weitere Unternehmen, da es erkannt hatte: Unternehmer sein macht Spaß! Unternehmertum bedeutet allerdings auch, finanzielle Risiken einzugehen, denn zu Beginn konnte keiner garantieren, ob die Kunden das neue Ladenkonzept annehmen würden. Darüber hinaus erwies es sich, dass es Branchenfremde erheblich schwerer haben, in ein neues Metier einzusteigen, da ihnen viele Selbstverständlichkeiten der Branche fremd sind. Auswege hieraus bieten nur das »Try and error«-Verfahren sowie fragen, fragen, fragen!

Stichwortverzeichnis

C

D

E

F

Q

R

S

T

U